현장밀착형

사출금형설계

박태원·최수진·장석주 공저

도서출판 GS인터비전

머 리 말

금형산업은 뿌리산업을 대표하는 중심산업으로 자동차, 전기·전자, 통신, 조선, 반도체 등의 국가주력산업을 주도하는 핵심기반 산업이며 소재를 부품으로 부품을 제품으로 완성하기 위한 제조분야 핵심기술이 집적되어 있는 산업이다.

금형산업은 금형수요 산업의 설계나 납기 및 품질에 민감하며, 금형수요처의 주문생산 방식에 의해 특정 제품을 생산하는 기술집약형 산업이다.

금형산업과 같은 생산기반 기술은 이론 보다는 현장경험에 의해 전수되었으나 현재는 금형부품을 가공하는 기계 및 컴퓨터 등 하드웨어와 그들을 지원하는 전용 소프트웨어의 발달로 인해 기술자료가 데이터베이스 형태로 전수되고 있다.

우리나라의 금형산업은 선진국과 대등한 기술수준을 보유하고 있으며, 납기와 가격 측면에서는 우위를 보이고 있으나, 중국, 동남아시아 등 인건비가 저렴한 국가들의 가격 경쟁력에 의한 추격으로 인하여 고정밀 고부가가치 금형기술을 축적하기 위한 노력이 절실히 필요한 실정이다.

특히, 금형기술은 이론과 현장기술이 복합된 현장지향형의 복합기술이며, 공산품의 80% 이상은 금형에 의해 만들어지므로 제품의 품질 및 생산성 향상을 추구하기 위해서는 고부가가치의 금형기술 개발을 위한 기술, 인력, 장비 등 종합적인 시스템구축이 절실히 요구되고 있다.

최근 우리나라 금형산업은 대·내외적인 환경변화와 생산인구의 감소로 노동집약적 형태에서 무인화·자동화 형태로 진화하고 있으며, 4차 산업혁명시대에 접어드는 현재 각 기업의 규모에 맞게 스마트팩토리의 구축을 진행하고 있다. 금형산업의 스마트팩토리에서 가장 중요한 기본사항은 고품질 제품을 양산하기 위한 기준과 표준의 설정이다.

본 교재는 설계를 하기 위한 기본사항에서부터 제작시 현장에서 발생하는 다양한 문제해결에 대한 축적된 데이터를 기반으로 합리적인 사출성형 및 금형제작을 위한 기준과 표준을 공정흐름에 맞게 서술하였다.

끝으로 이 책의 출판을 맡아 수고해주신 GS인터비전 송기수 대표님과 직원 여러분께 감사드린다.

차 례

1

사출 금형의 개요

1.1 금형설계 개요

1.1.1 金型 (PRESS & MOLD) 의 정의

금속 또는 비금속이 갖는 가소성을 이용하여 절삭이나 연삭 등의 방법에 의존하지 않고 동일한 형태, 균질의 완성품 또는 부품을 성형하기 위해서 사용되는 대량생산용의 금속 또는 비금속재의 틀을 총칭하는 말이다.

※ ISTA (국제금형협회) International Standard Tooling Association에서 정의

(1) 금형(Die & mould)의 일반적 정의

- 넓은 의미로 금속재료의 성질을 이용하여 재료를 가공성형 하는 것.
- 좁은 의미로 금속재료를 사용하여 만들어진 틀(형).
- 학술적 의미는 제품을 생산하는 도구로 '틀' 또는 '형'
- 기술적 의미는 동일한 형상의 제품이나 부품을 반복하여 대량으로 생산할 수 있는 틀

(2) 금형의 국제적 명칭

- 우리나라에서 다이(Die)와 몰드(Mould)를 통칭하는 의미로 '**금형**'
- 일본에서는 '金型(금형)' 또는 '型(형)',
- 중국, 대만, 홍콩, 싱가포르 등 소위 중화경제권에 속하는 국가에서는 '**模具**'
- 영국을 비롯하여 독일, 프랑스, 미국 등 선진국에서는 'Special Tooling'

즉, 금형이란 재료의 소성이나 유동성을 이용하여 가공하고자 하는 재료를 성형 가공하여 제품을 얻기 위한 주요 재질이 금속으로 된 틀을 말한다.

예를 들어, 자동차 차체는 금속판을 프레스금형으로 성형 가공하며, 전화기는 플라스틱 재료를 Mold금형에 사출 성형하여 제작한다.

이런 금속, 플라스틱, 고무, 유리등의 소재를 목적에 맞는 제품으로 성형 가공할 때 사용하는 것이 금형이며 금형의 품질이 제품의 품질을 결정하는 중요한 요인이 된다.

1.1.2 금형의 종류

금형은 금속가공용의 Press금형(Die)과 비금속 가공용의 Mold(사출) 금형으로 크게 나눈다. 이 책은 Mold 금형의 사출금형에 대해서 주로 설명하기로 한다.

Mold금형은 사출(射出)성형, 압축(壓縮)성형, 이송(移送)성형, 압출(押出)성형, 진공(眞空)성형, 적층(積層)성형, 열(熱)성형, 발포(發泡)성형, 주형(注型)등이 있다.

1.1.3 금형설계 담당자의 역할

금형은 능률이 좋고, 정도가 높은 것이 좋으므로 좋은 공구강을 사용하여 고정도로 제작하는 것이 가장 이상적이지만, 모든 금형을 이런 최적의 조건으로 제작한다면 금형의 가격이 높아져서 경제적으로 불합리하다. 따라서 생산량, 제품의 품질 요구정도, 가격 및 부품 가공설비 등을 검토하여 가장 적합한 구조와 재료 및 가공정도로 제작하는 것이 바람직하다고 본다.

금형 설계자는 고객의 요구조건인 품질, 가격, 납기를 정확하게 인식하고 모두 만족하는 금형이면서도 경제적인 면을 고려하여 최적의 금형이 되도록 설계하는 것이 중요하다.

금형의 분류		성형재료	금형재질
용도상 분류	**성형방법상 분류**		
프레스금형	전단금형	금속판	탄소공구강, 합금공구강
	벤딩금형	강판, 동판, 알루미늄합금판	고속도강, 기계구조용강
	드로잉금형	청동판	회주철,초경합금,아연합금
	성형금형	비금속판	Ferro-TiC 등
	압축금형	종이, 코르크, 가죽 등	
플라스틱금형	**사출금형**	**열가소성 수지**	합금강, 알루미늄, 합금주철
	압축금형	열경화성 수지	베릴륨강 등
	이송금형	열경화성 수지	
	압출금형	열가소성 수지	
	블로금형	열가소성 수지	
	진공금형	열가소성 수지필름	
	압공금형	열가소성 수지필름	
	발포금형	열가소성 수지	
다이캐스팅 금형		아연합금, 알루미늄합금,	내열강
		주석, 납 등	
주조금형		금속	
단조금형		금속	
고무금형		고무, 실리콘	
분말야금금형		금속분말	
유리금형	압출성형금형	유리	합금공구강, 주철 등
	블로성형금형		
요업금형		요업분말	합금공구강, 초경합금 등

1.2 사출성형법

사출성형법은 가열하여 용융상태로 된 플라스틱 재료를 밀폐된 금형의 캐비티와 코어 사이에 형성시킨 공간안에 고속, 고압으로 충전시켜 금형내에서 냉각, 고화시킨 후 성형품으로 취출하는 가공방법으로서, 사출성형은 반드시 재료, 성형기, 금형의 3가지의 요소가 필요하다.

1.2.1 사출성형의 공정

사출성형 가공공정을 쉽게 정의하면 『플라스틱 재료를 녹여서 금형에 주입한 후 냉각하여 고화시켜 형성된 물질을 취출 하는 것』 이라고 말할 수 있다.

가소화 공정에서 녹인 플라스틱 재료가 사출공정에서 금형에 사출충전 시켜 금형의 냉각기능에 의해 냉각된다. 어떤 온도에서 적정밀도를 유지하여 압력을 증가시키는 것이 보압공정이다. 보압공정이 끝나면 사출행정부는 다음 가소화 공정으로 들어간다.

형체행정부에서는 보압공정이 끝나도 성형품 취출 시 필요한 소정의 온도로 될 때까지 냉각공정이 지속된다. 성형품 취출이 가능한 온도까지 냉각시키면 금형이 열려 금형의 이젝터 기구에 의해 이형된 성형품이 취출되고 그 후, 금형은 닫혀 1Cycle이 완료된다.

즉, 사출성형가공의 1Cycle 공정은 다음과 같다.

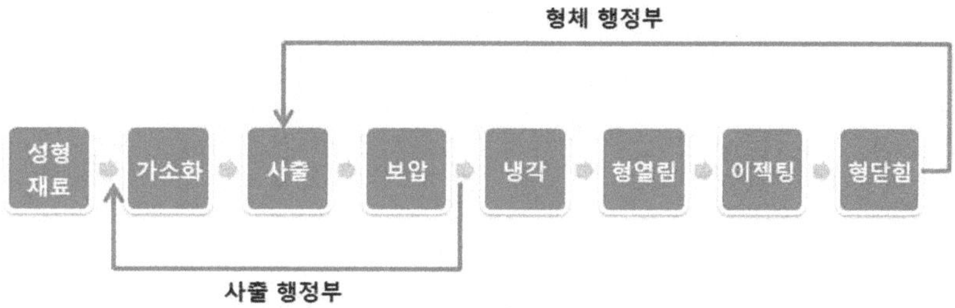

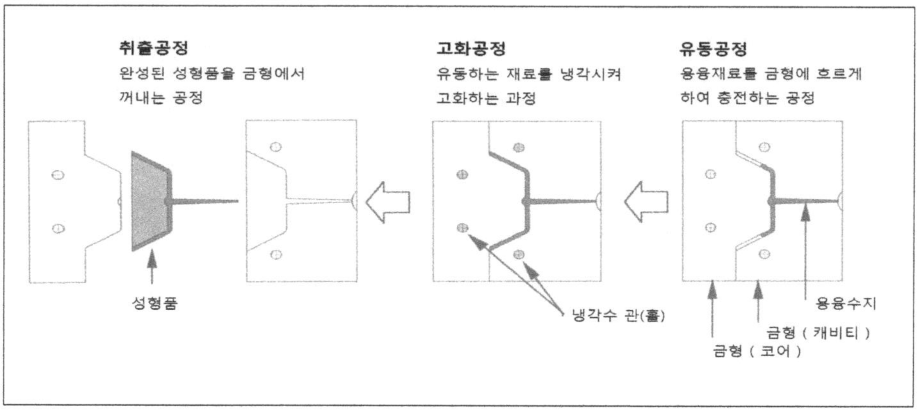

1.2.2 사출성형법의 특징

장점

① 대부분 후가공이 필요 없이 완성품을 얻을 수 있다.
② 원재료 손실이 극히 적다.
③ 성형 사이클이 짧고 양산성이 높다.
④ 복잡한 형상이라도 비교적 쉽게 가공이 가능하다.
⑤ 거의 단일공정으로 제품을 만들 수 있다.

단점

① 성형기 및 금형에 필요한 비용이 비싸다.
② 용융수지를 충전하기 때문에 게이트 입구의 흔적이 남는다.
③ 성형품을 금형에서 취출하기 위한 이젝터 기구의 흔적이 남는다.
④ 고정측과 가동측과의 파팅면(PL면)에 버(Burr)가 발생하기 쉽다.
⑤ 살 두께 편차에 의해 수축이 발생한다.
⑥ 금형의 입자선, 분할선, 또는 수지의 합류부(웰드라인)에는 제품에 선이 나타난다.
⑦ 수지에 따라서 휨, 뒤틀림이 발생하여 평면도, 직각도를 얻기가 힘들다.
⑧ 빼기구배 필요성에 의해 빼기구배 방향의 면에 구배를 설치하여야 한다.
⑨ 성형 후의 치수변화(수축률)가 크다.
⑩ 성형조건 변경에 의해 치수가 크게 변화하는 경우가 있다.
⑪ 금속에 비해 강도가 약하다.
⑫ 용융수지가 흘러 재합류하는 부분(웰드)에 강도가 약해지기 쉽다.
⑬ 성형조건에 의해 물성이 크게 변화한다.

1.2.3 사출성형 기초

사출성형에 대한 이해는 설계자가 사출성형 후 나타나는 Trouble을 미리 예측하여 설계에 반영함으로써 최적의 제품을 만드는 데 있다.

(1) 살 두께에 따른 변형

① 살 두께의 불균형에 따른 변형의 경향

※ 살 두께에 따른 성형품의 특성 "살 두께가 크면 성형시의 치수 수축률이 크게 된다." 는 원칙

원인은 용융수지가 금형 내에 유입될 때 금형표면에 가까운 부분은 급냉하고 저밀도가 되며, 내부는 표면층의 단열효과에 따라 서냉되어 결정화가 진행되며 고밀도가 된다. 살 두께가 두꺼울수록 이러한 경향은 두드러져 고밀도 층이 두꺼워져 성형수축률이 커지게 된다.

② 살 두께의 불균일에 따른 변형과 개선의 예

<table>
<tr><th>불균일에 따른 변형</th><th>개 선</th></tr>
<tr><td>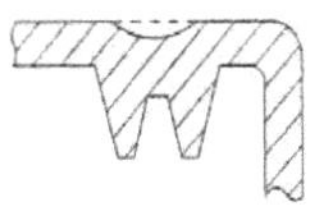</td><td>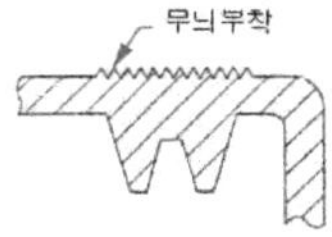
</td></tr>
<tr><td>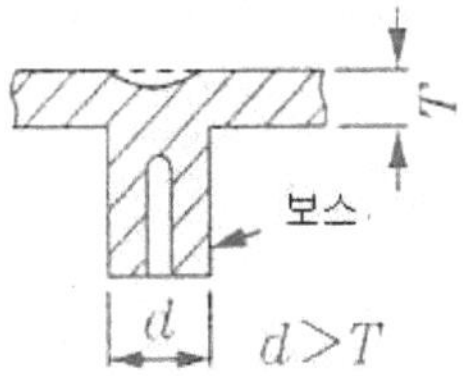
</td><td>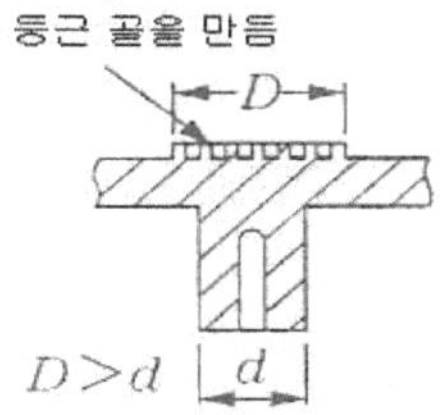
</td></tr>
<tr><td>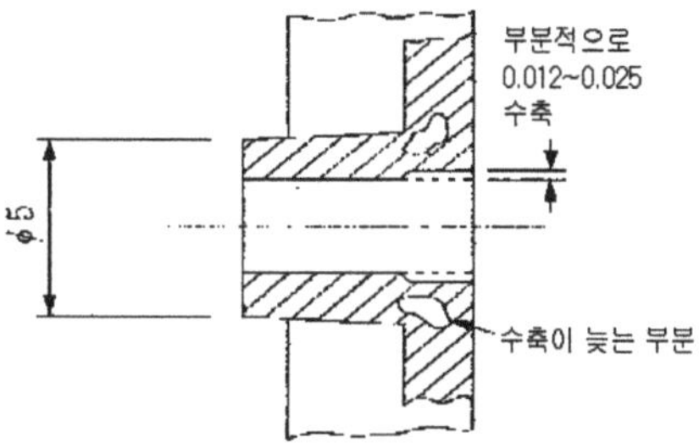
</td><td>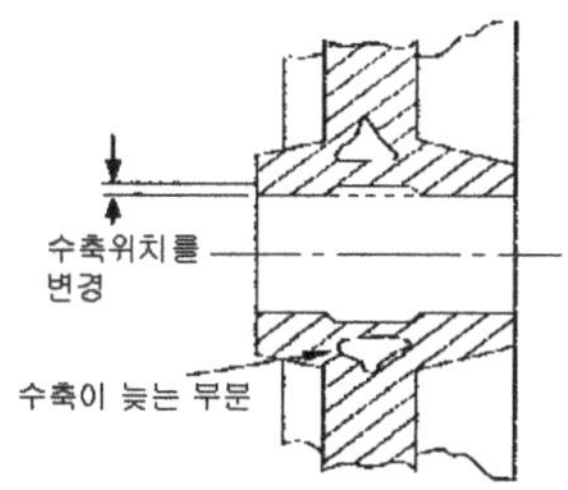
</td></tr>
<tr><td>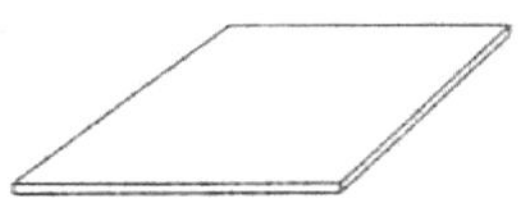</td><td>평면의 휨을 돌기를 붙여서 해결
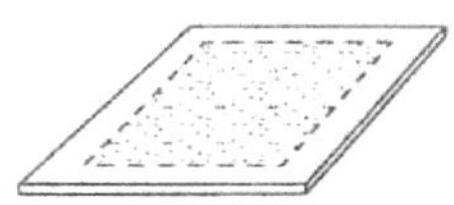</td></tr>
<tr><td></td><td></td></tr>
<tr><td>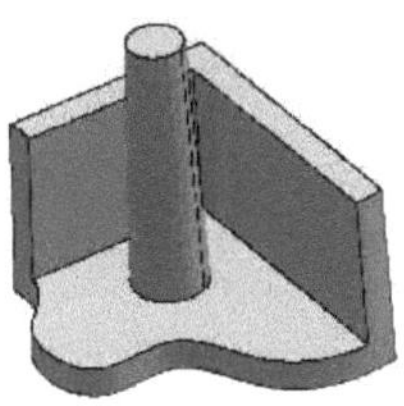</td><td>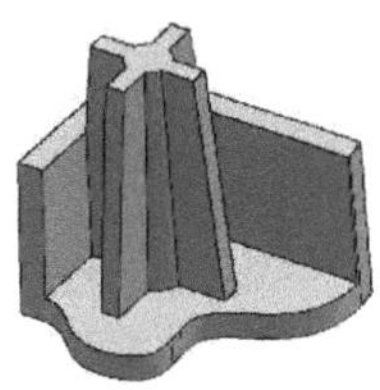</td></tr>
</table>

③ 균일한 살 두께를 고려한 설계

※ 살 두께가 불균일하면 예측 곤란한 복잡한 형상이 일어나므로, 성형 사이클 단축 및 재료비 절감을 고려하여 살 두께의 균일화를 도모해야 한다.

수정 전	수정 후	수정 전	수정 후

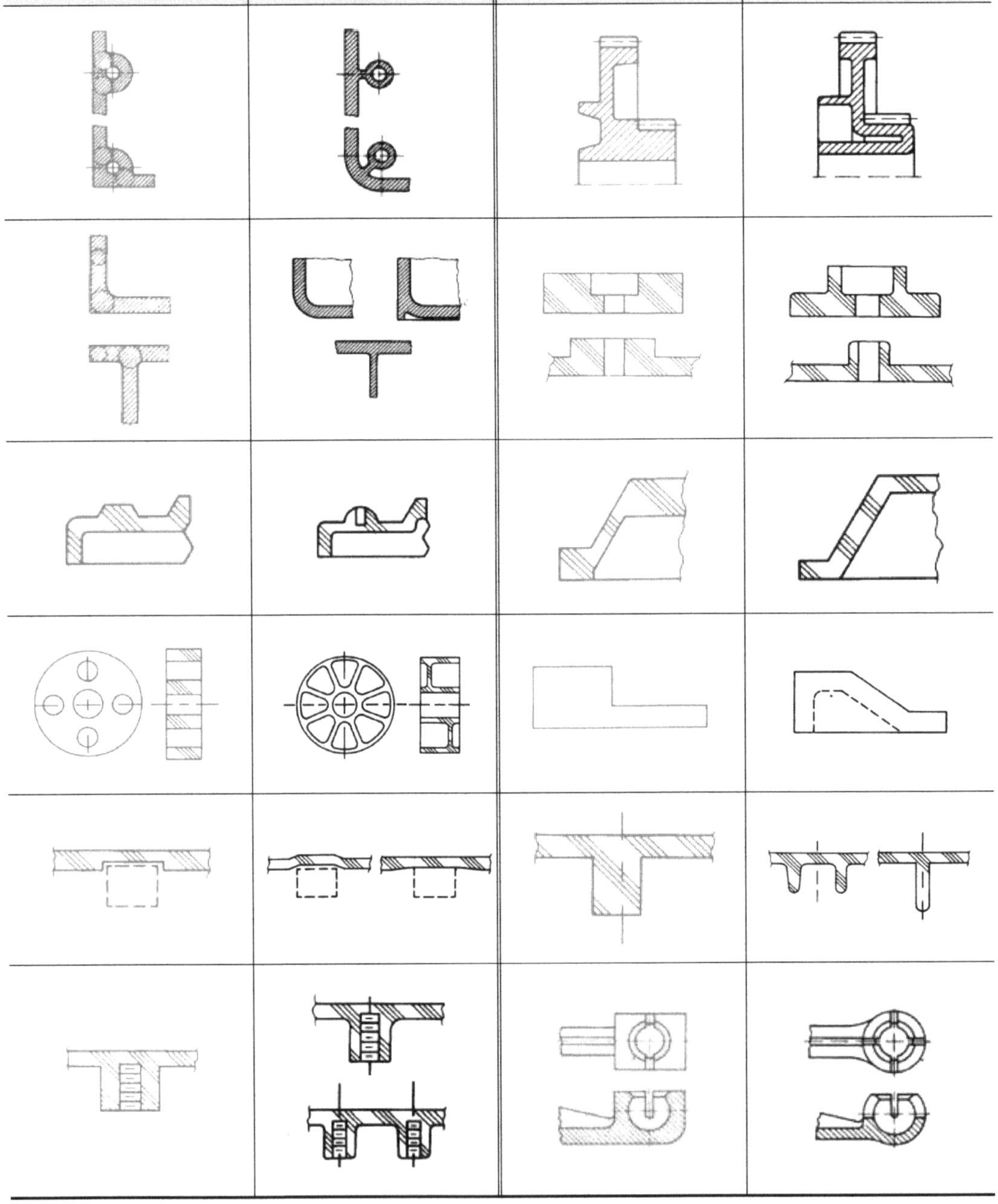

(2) 형상에 따른 변형

① 형상에 따른 변형의 경향

냉각이 늦으면 수지의 밀도가 높게 된다. 아래와 같이 성형품 형상에 따라 냉각 상태가 결정되기 때문에 변형의 경향에 대한 예측이 가능하다.

② 형상에 따른 변형의 예

	기본형상	냉각(열이동)	변형경향	대 책
a	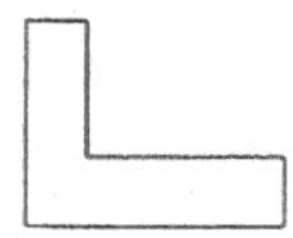	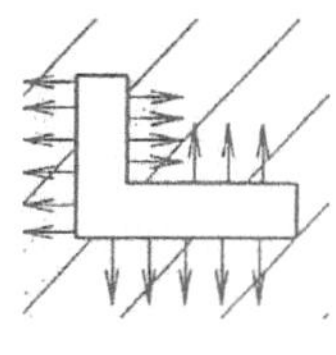	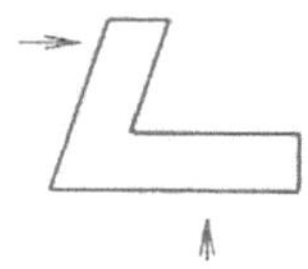	a ~ f 에 기본변형경향을 도해하였으나 실제로 제품 양단면은 냉각이 빠르기 때문에 뒤틀림이 3차원으로 된다. 따라서 아래와 같은 형상에 따른 변형 대책도 응용해야 한다. ③ 형상에 따른 변형의 대책을 참조
b	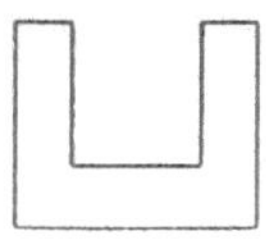	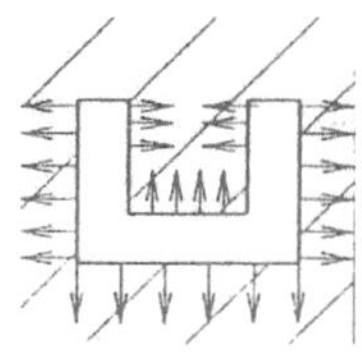	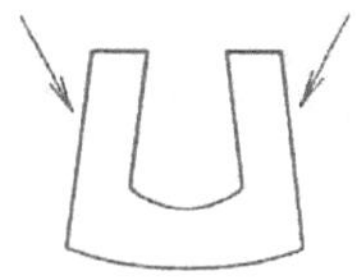	
c	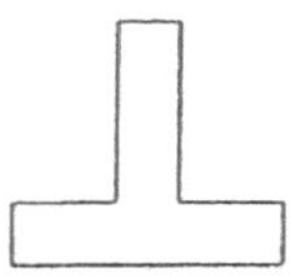	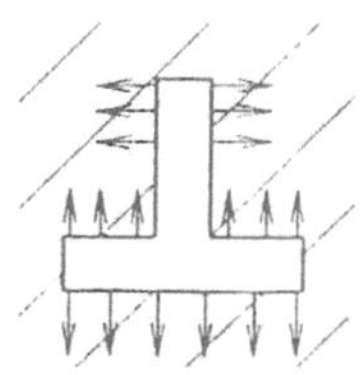	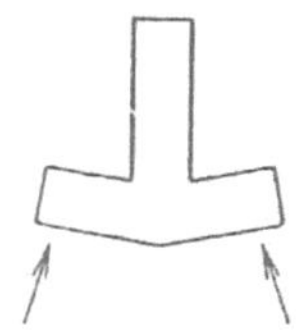	
d	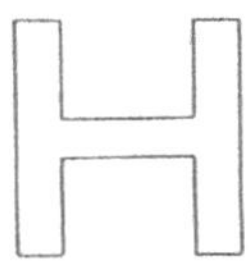	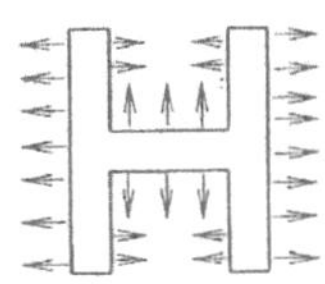	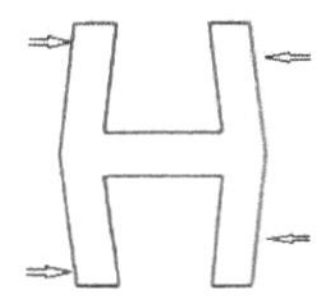	
e	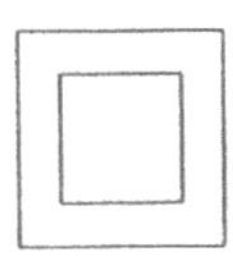	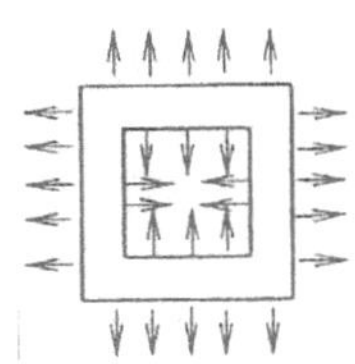	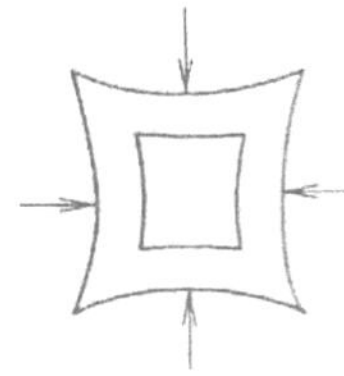	
f	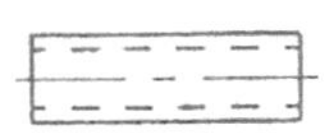	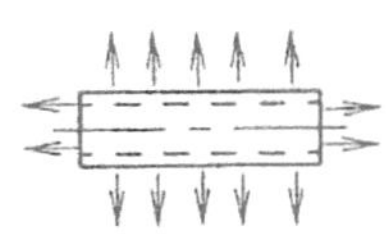		

③ 형상에 따른 변형의 대책

a에 대한 대책	b에 대한 대책
1.리브를 설치한다 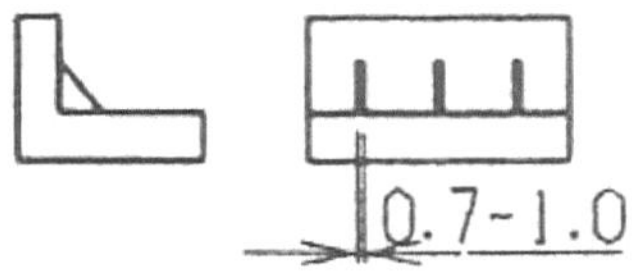 2.살빼기를 한다 3.안밖으로 R을 준다.  효과면에서 1, 2, 3 순이나 변형의 경향은 잠재하고 있어 직각도는 거의 불가능	1.리브추가 2. 살빼기 추가 3.양측으로 R을 준다 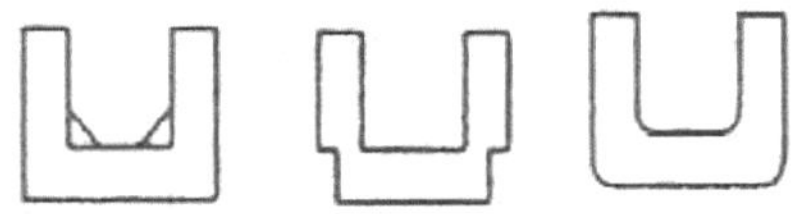 4. 조립후 변형을 교정 하도록 한다. 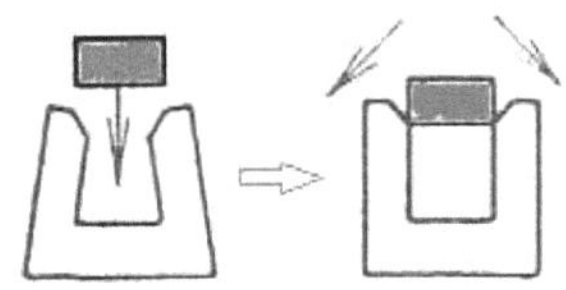
c에 대한 대책	**d에 대한 대책**
1.리브를 추가한다 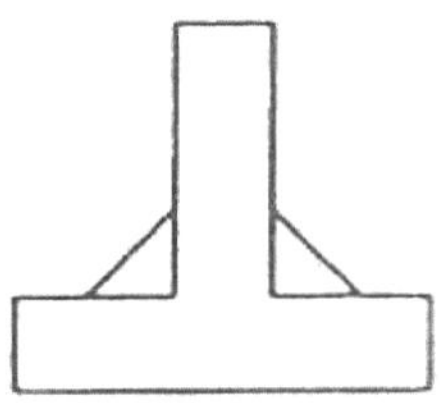	1.리브를 부착 한다. 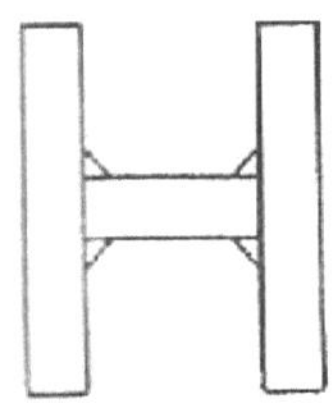
e에 대한 대책	**f에 대한 대책**
1. 리브를 추가 한다 2. 필요부이외는 도피 처리 한다. 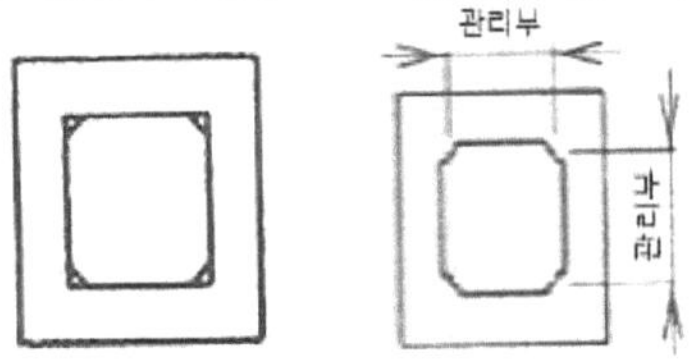 3. 코너에 R을 준다 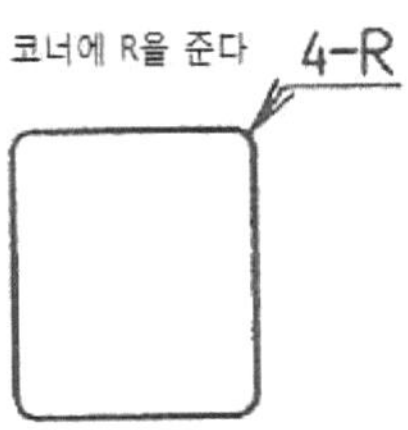 	1. 필요부 이외는 도피 처리 한다 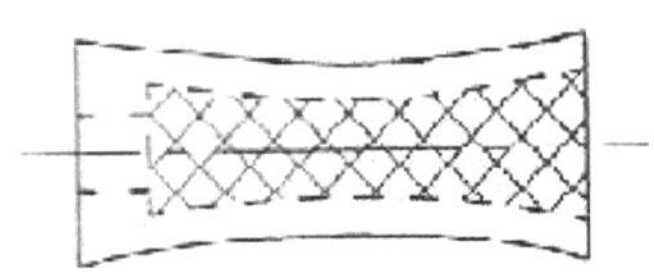

④ 형상에 따른 변형을 고려한 설계

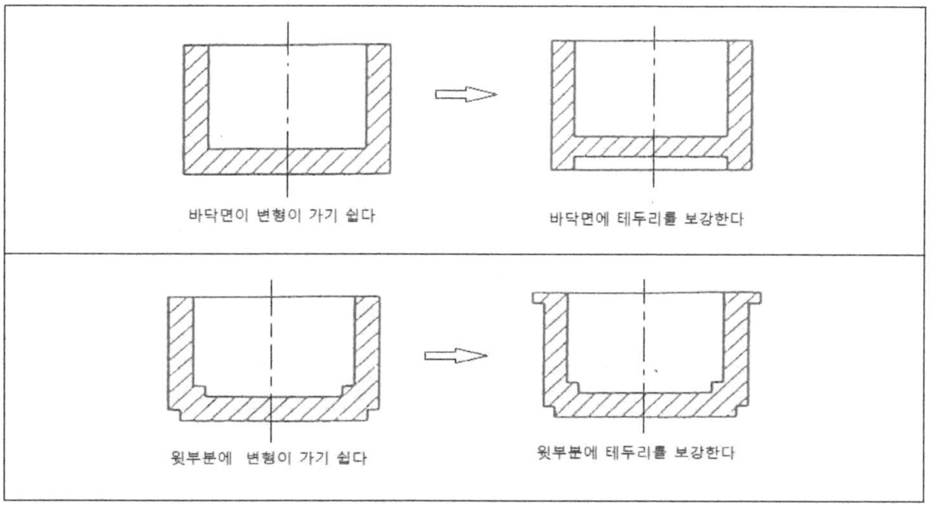

리브는 성형품의 보강과 변형을 방지하기 위해 대부분 적용되고 있다.
리브 설계시 다음을 고려하여야 한다.

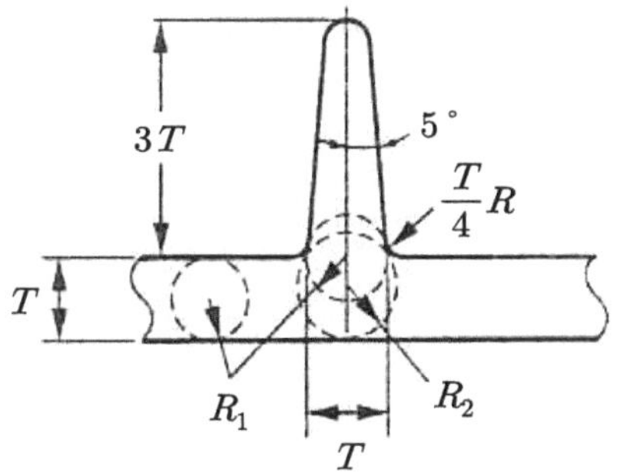

(a)

① 리브는 원활한 취출을 위해 1° 의 구배가 필요하다.

② 리브의 하단부 응력의 집중을 분산시키기 위해 바닥부에 R을 준다.
(R은 리브 두께의 1/4~1/8 정도로 한다.)

③ 리브의 하측 두께는 리브 두께의 50~70% 정도로 한다.

④ 리브의 높이는 리브 두께의 1.5배 이하로 하는 것이 적당하며 설계상 보강이 필요할 경우 수량을 늘리는 것이 효과 적이다.

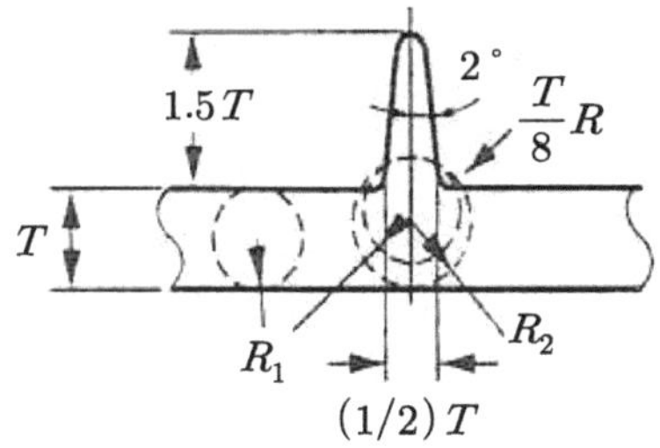

(b)

(a)는 리브의 높이가 바닥두께의 50%가 넘어서 싱크가 생기는 경우이고 (b)는 리브의 높이가 바닥두께의 50%를 넘지 않아서 싱크가 발생하지 않는 경우이다.

*** 변형 예방 대책**

- 보강리브를 설치하여 잔류응력에 따른 변형을 방지 한다.
- 보강리브는 높게 설치하는 것보다 수를 증가하되, 피치는 제품 살 두께의 4배 이상이 적당하다.
- 보강리브 설치할 때 싱크 및 리브 뿌리부에 응력 집중에 의한 크랙을 주의해야 한다.
- 치수 정밀도가 필요한 부분은 성형품 변형부분에서 제외한다.
- 변형이 심한 경우는 조립 후 교정하는 방법도 고려한다.

*** 리브설치 실제 예**

Bad Design	Good Design	Bad Design	Good Design
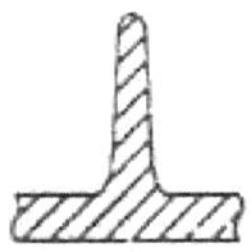	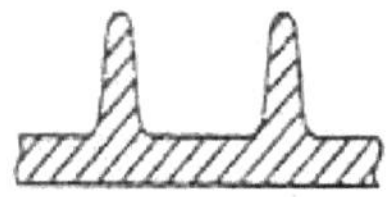	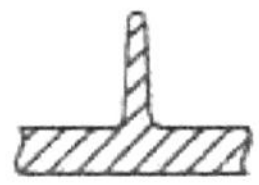	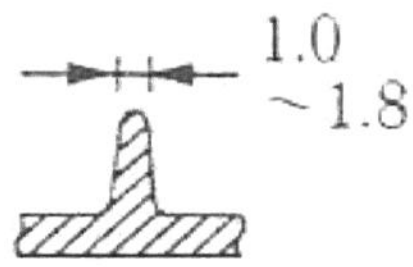
높은 리브보다 리브 높이를 낮게, 개수는 많게 한다.		가늘고 긴 리브는 금형가공이 어렵다. 선단의 두께는 1.0~1.8 mm 추천	
	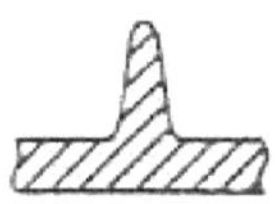		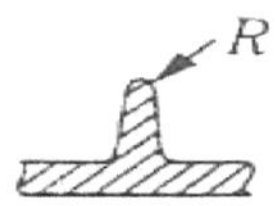
두꺼운 리브는 싱크 발생이 우려, 살 두께를 줄인다.		높이를 낮춘다.	
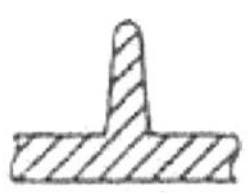	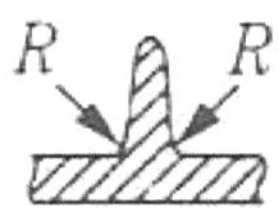	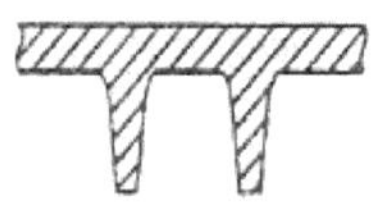	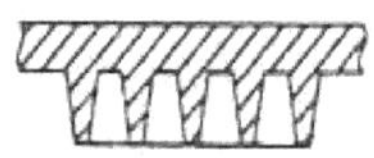
리브부의 뿌리에 응력집중이 예상되므로 필요한 R을 붙인다. 응력이 분산되고. 수지의 흐름이 좋아지며. 이형성이 좋아진다.		격자로 연결한 예	
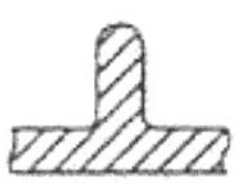	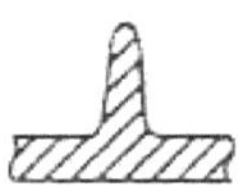	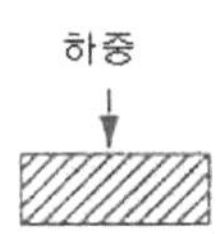	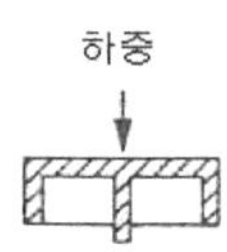
필요에 따라 적정한 빼기구배를 준다.		하중방향에 리브를 부착한다.	

Bad Design	Good Design	설 명
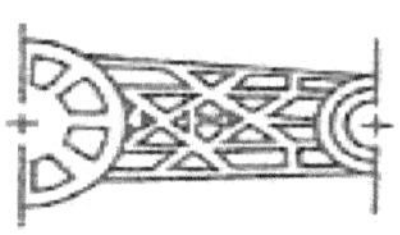		리브를 간단하게 해서 동일강도, 제작간단, 성형 사이클을 줄임
	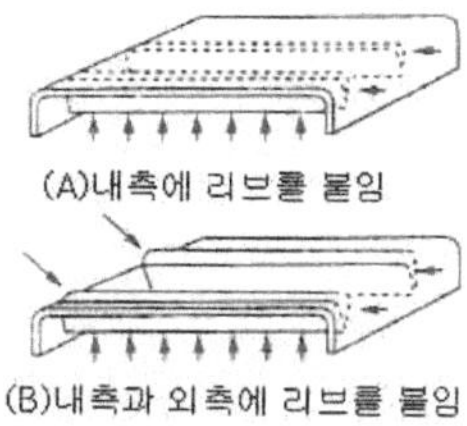	내/외측에 리브를 부착
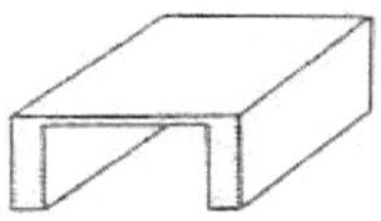	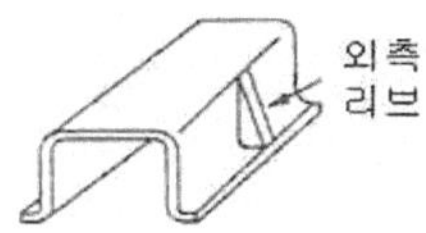	성형품 강도 및 흐름개선
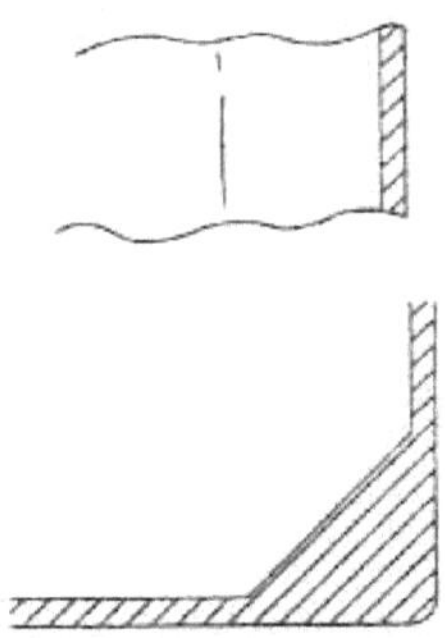	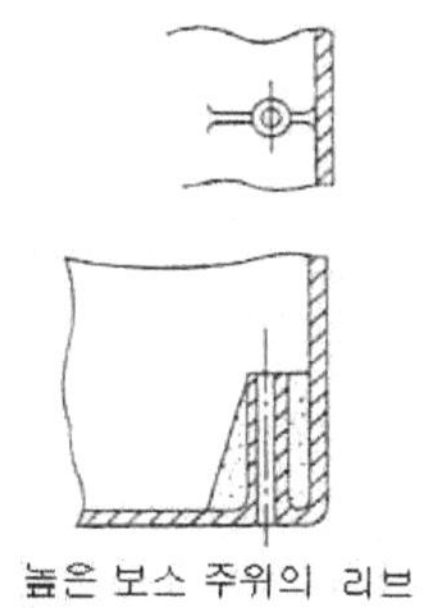	보스주위에 리브부착 • 치수 정도가 필요한 부분은 성형품 변형부분에서 뺀다. • 변형이 심한 경우 조립 후 교정하는 방법도 고려
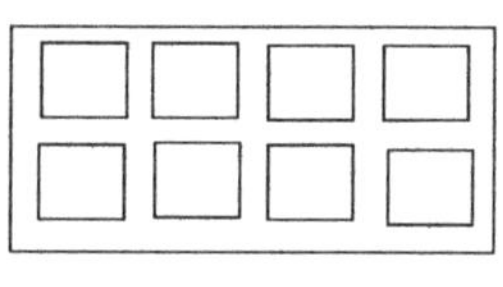	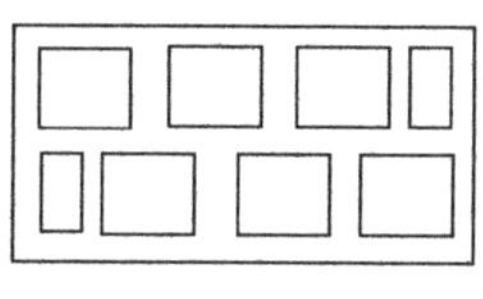	교차부의 불균일 수축을 줄인다.
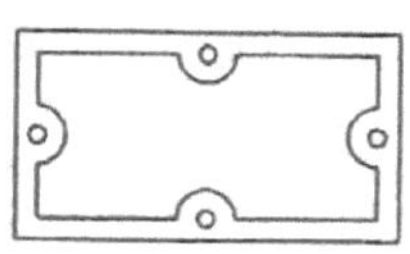	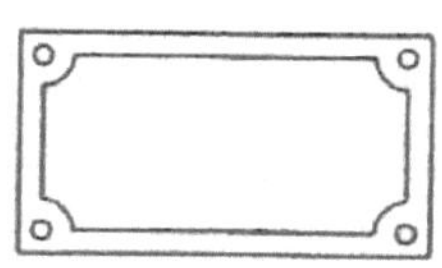	성형품의 강도 및 흐름을 개선한다.
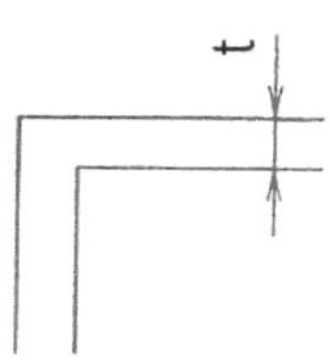	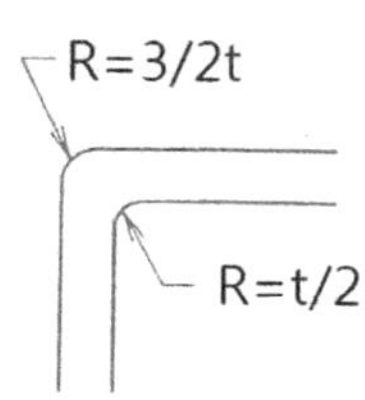	Edge부에 R을 추가함으로써 응력이 분산되고 수지의 흐름이 좋아지며 이형성이 좋아진다.

(3) 성형품에 구멍이 있는 경우

*** 구멍에 대한 주의사항**

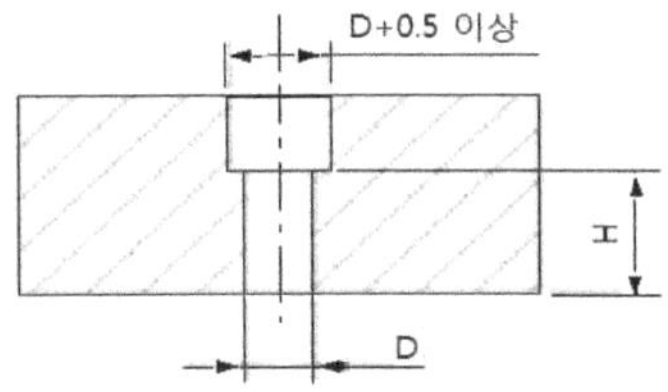

- 구멍과 구멍의 피치는 구멍경의 2배 이상이 필요하다.
- 구멍 주변의 살 두께는 구멍경 정도로 두껍게 한다.
- 구멍의 중심은 성형품의 테두리로부터 구멍지름의 3배 이상 떨어져야 한다.
- 수지의 흐름방향에 직각인 1.5㎜ 이하의 구멍은 피하고 구멍의 깊이(H)는 구멍경의 2배 이하여야 한다. (구멍부분 Core Pin 파손 대책)
- Pin으로 상하 결합되는 구멍은 편심이 되기 쉬우므로 한쪽 구멍을 크게 한다.

(4) Weld Line에 대하여

*** 구멍은 게이트위치 반대측에 웰드라인이 발생한다.**

Weld 발생부분 강도는 다른 부분의 강도에 비해 60%정도이다.

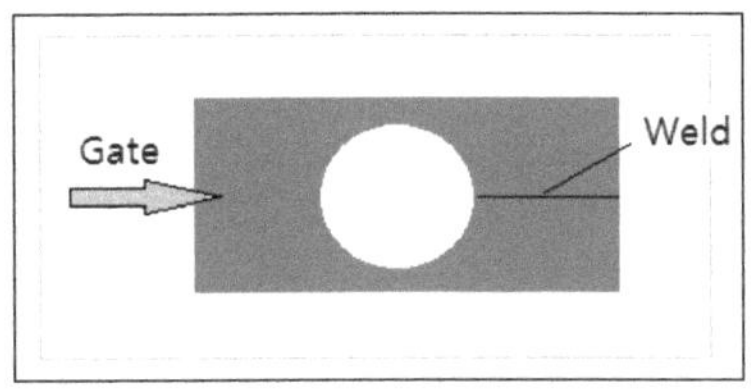

- 조립용 구멍은 강도 부족이 될 수 있으므로 Boss를 이용하는 편이 낫다.
- 수축률은 다른 부분보다 크다. (구멍경이 작아진다)

① **정의** :

용융수지가 2개 이상의 흐름이 합류하는 부분에 수지가 완전히 융합되지 않아 생기는 가는 선

② **발생원인** :

- 제품의 형상에 먼저 도착한 수지의 흐름방향에 따라 발생
- 용융수지의 유동성이 불충분한 경우
- 합류하는 부분에 공기 또는 휘발성분이 있거나 이물질이 혼입된 경우

③ **대책** :

- 수지의 유동성이 좋은 경우는 잘 보이지 않으나, 유동성이 좋지 않은 경우에는 성형 조건 변경으로 Weld Line의 선두께나 깊이 조정이 가능하다.
- Gate 위치 변경이나 Weld Line 위치를 다른 곳으로 이동시킨다.

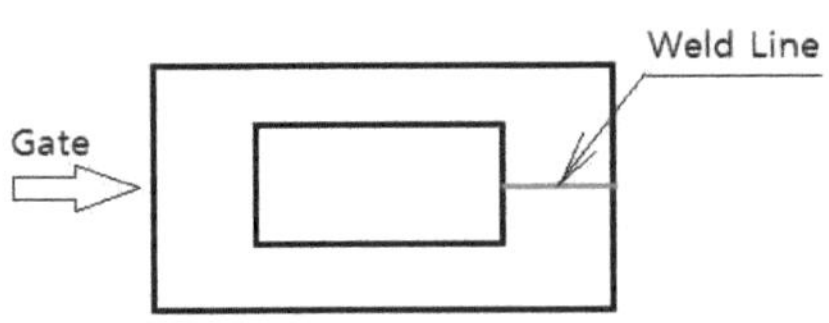

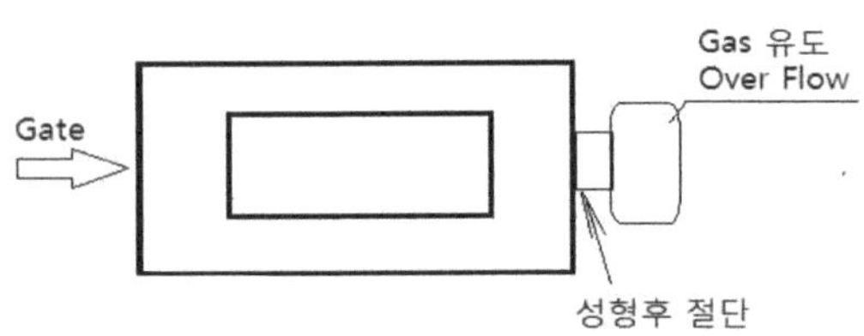

(5) 빼기구배에 대하여

① 정의

수지가 냉각, 고화할 때 수축에 따라 일어나는 이형저항을 줄이기 위한 목적으로, 빼기구배가 없으면 이형시 성형품 변형의 원인이 된다.

② 방법

- 수축률이 적은 수지는 빼기 구배가 커야 한다. (ABS, PC : 1° ~ 2° , PA, POM : 0.5° ~ 1°)
- Glass 함유된 수지는 1° 정도 크게 해야 한다.
- 외측보다 내측을 1° 정도 크게 해야 한다. (안쪽으로 수축되므로)
- 리브로 한 경우

내측리브	외측리브	구배량(일반적)
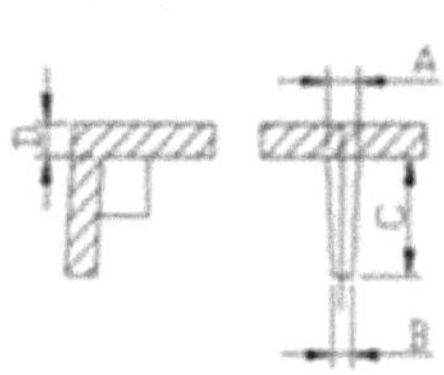	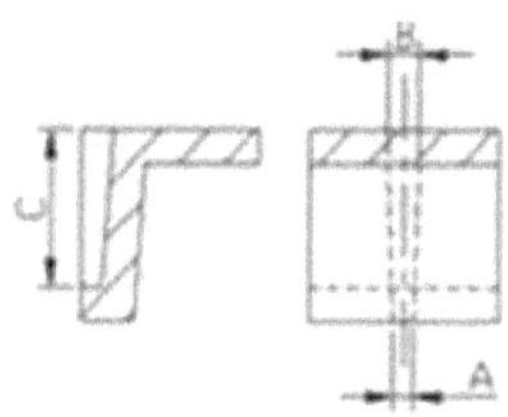	A≤ (0.5~0.7) D (Sink 대책) 0.5(A-B)/C=1/500~1/200

*** 보스인 경우**

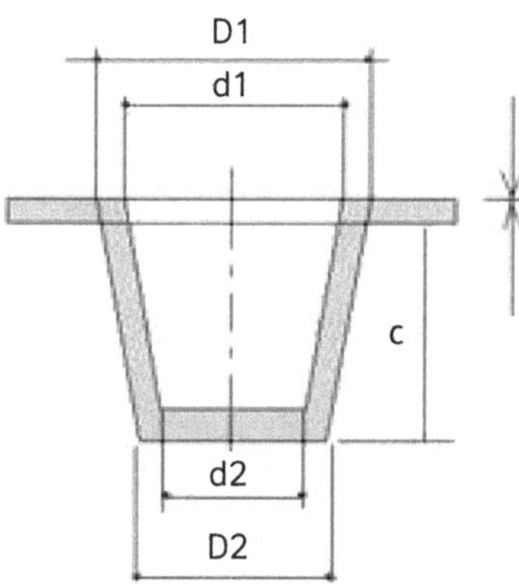

고정측 : 0.5(d1-d2) / c = 1/50 ~ 1/30

가동측 : 0.5(D1-D2) / c = 1/100 ~ 1/50

1.3 금형의 표준화

금형설계는 성형품설계에 의해 좌우되므로 금형의 표준화는 제품설계의 표준화에 큰 영향을 받는다. 그러나 제품설계는 쉽게 표준화하기 힘들기 때문에 금형표준화에는 큰 제약이 따른다. 또, 금형사용자의 의향도 금형의 표준화는 큰 영향을 주고 있다.

금형설계의 표준화를 생각할 때, 다음과 같이 분류된다.

1) 금형 사용을 위한 표준화
2) 금형 구상 설계를 위한 표준화
3) 금형 가공을 위한 표준화
   - 도면을 작성하기 위한 제도표준이 필요하지만 여기서는 제외한다.

1.3.1 금형 사용을 위한 표준화

이것은 금형 제작자가 표준을 작성하는 것이 아니고, 금형 사용자가 작성하는 것이지만, 만약 금형사용자로부터 특별한 지시가 없는 경우를 위하여 금형 제작자도 사내표준을 작성하여 두는 것이 필요하다.

1) 설치판의 폭과 너비, 두께 : 금형 설치를 용이.
2) 스프루 Ø , 성형기 노즐선단 R, 로케이트링 크기 Ø : 설치시의 기준 및 성형 생산 관리 용이.
3) 금형 총 두께 : 금형 설치시에 성형기의 조정시간을 단축.
4) 금형재료에 대하여 금형 각 부품의 재질선정기준 및 표면처리기준 : Cost와 품질에 의해 어떤 것을 사용할 것인가, 또 표면처리는 할 것인가에 대한 기준을 설정.
5) 냉각장치 관련부분 : 냉각수 접속기구의 크기, 입출구의 위치, 특히, 자동금형 교환장치를 사용할 경우에는 절대적으로 필요.

1.3.2. 금형 구상설계를 위한 표준화

금형설계에 의해 금형제작 비용이 결정적이다. 그러므로 금형제작 목적을 달성하고 아울러 금형제작 Cost에 유리한 금형구조로 하는 것이 필요하다.

1) 종류가 비슷한 성형품별 금형구조의 표준화 : Cost에 유리한 금형구조 및 금형 견적 제출시 간편하다.

2) 부분조립별 금형구조의 표준화 : 실제로는 비슷한 것도 금형구조가 크게 변하는 경우가 있으므로 부분별 상세구조 표준이 필요하다.

3) 사내 금형부품의 표준화 : 몰드베이스 및 구입부품은 일반적으로 표준화 되어 있으므로 사내 제작부품도 종류를 축소하여 재고품을 줄일 필요가 있다.

4) 각 구성 요소설계의 표준화

- 파팅면의 선정기준, 캐비티 수 결정, 입자분할 결정, 볼트위치 및 크기선정 기준
- 캐비티와 코어의 일체식 또는 입자식의 결정기준 및 고정방식 결정기준
- 형판의 강도 계산식
- 게이트 종류에 따라 게이트위치 선정기준
- 러너 치수표준 및 러너 밸런스 계산식
- 핫 러너시스템 선정기준 및 히터용량 계산식
- 이젝터 방식 선정기준 및 사용부품 표준
- 언더컷 처리방식 선정기준 및 사용부품 표준
- 경사슬라이더 길이 계산식, 치수표준, 고정방식
- 냉각회로 기준에 대한 일 계산식, 구멍Ø , 접속니플Ø 등의 표준
- 스프링, 체결볼트, 로크핀의 표준

1.3.3 금형 가공을 위한 표준화

1) 금형 구상설계를 위한 표준화시 금형가공에 대한 고려가 되어 있어야 한다.

2) 금형 표면정도 기준

3) 가공법을 고려한 치수 기입방식의 기준

4) 가공정도 규격

5) 사용기계 공구의 표준화

1.4 MOLD 금형설계의 조건

우수한 금형설계는 다음의 조건이 필요하다. 그러나 이것은 이상적인 설계이자 최적설계라고는 말하지 않는다.

1) 성형품으로써 필요한 형상과 치수정도를 고려한 구조일 것.

금형은 필요한 성형품을 판매하기 위해 제작하는 것이므로, 이 조건은 절대적으로 준수해야 한다.

2) 성형품의 다듬질 또는 2차가공이 없도록 할 것.

이 조건을 만족 시킨 것은 좋지만 성형품의 Cost면에서 총생산수량이 극히 적을 때는 반대로 2차 가공을 필요로 하는 금형이 최적설계금형이 되는 경우가 있다.

3) 성형능률이 좋은 금형구조로 되어 있을 것. 성형능률을 향상하기 위해서는,

- 단시간에 사출이 되는 러너 시스템일 것.
- 러너 및 게이트의 제거가 용이할 것.
- 성형품의 냉각이 빨리되는 냉각방식일 것.
- 성형품의 취출(이젝팅)이 빠르고 확실히 되는 구조일 것.
- 성형불량이 발생하지 않는 구조일 것.

상기항목이 필요하지만, 이것은 성형품 Cost면에서 최적인가를 평가할 필요가 있다.

4) 내구성이 있는 구조일 것.

이 내구성은 성형품 총생산수량에서 요구되는 것이기에, 필요생산수를 만족하는 금형이어야 하지만, 너무 금형수명이 길게 설계가 되면 과잉 품질설계가 되어 최적설계라 할 수 없다. 성형품 Cost면에서 평가할 필요가 있다.

5) 제작기간이 짧고, 제작비용이 적게 나오는 구조일 것.

가장 적은 공수로 가공되는 구조가 일반적으로 최적금형설계라 할 수 있다.

1.5 MOLD설계 작업 FLOW

단계	내용	서류
1 금형견적검토	납기, 품질, 비용, 사용설비 검토 및 결정	
	참고샘플 및 도면, CAD&Modeling Data등의 유, 무	
2 부품사양서 접수	설계 가능도면인가 확인 후 접수	사양서 접수 이력서
	납기, 품질, 비용, 고객선, 양산처 확인	
3 부품사양서 검토	사양서 체크 및 검토	제품사양서 체크시트
	사양서 이상부 개선 요구서 작성	
	금형설계 완료일정 계획	금형설계 예정표
4 금형 설계	수축, 변형적용 기준치수도 검토	
	금형 관계도(LAYOUT)작성	
	금형구상 검토회 실시-제품사양서, 금형기준치수 체크시트 조사, 승인	
	LAYOUT검토(사용자와 합의 후)	MOLD 금형제작 사양서(금형-056) 작성
	조립도면 작성(구입부품표 포함)	금형사양 검토 의뢰서(금형-092)승인의뢰
	MAIN입자, 선출도	BUY PARTS LIST
	부품도면(PLATE,각 부품도), 전기도면 설계	
	부품표 작성	금형제작 부품표
	금형 설계자 자기체크	
	조사	MOLD금형설계 조사지 체크시트
	승인	
5 공정설계	각 부품 및 구입품의 공정설계 지연	도면등록표
6 제작(가공)	기계가공	
7 조립, 시작	부품 형상 확인 및 조립조정, TRY 지원	
8 부품 검사	시작품의 형상확인 및 검사지원	
9 부품 검사	검사완료 DATA를 확인하고 제품설계와 합의하여 결정	
10 금형 수정	검토결과 사용불가부 도면수정 후 출도	--금형설계 조정 보고서
11 특이사항 신청서작성	검토결과 사용가능 부는 특이사항 신청서작성	--금형 사양변경 신청서
12 금형 검사	금형수정 결과 부품사양을 만족하면 인정의뢰	
13 표준화 작업	금형제작 완료후	--금형제작 기술정보 이력서

1.5.1 사양서 접수 이력서

- 금형제작용으로 적합한 도면인가를 보고 접수한다.
- 접수 기준에 부적합 할 때는 제품설계에 피드백하고 참고용으로 보관한다.
- 접수 기준에 적합 할 때는 품번 및 품명을 정확히 기록한다.
- 접수일은 금형관리 접수일을 기록하고 변경 내용에 금형 제작용이라고 기록한다.
- 접수자란에 접수자 성명을, 비고란에 금형관리 접수번호를 기록한다.
- 개조 또는 사양 변경시 품번을 반드시 확인하고 변경 품번으로 새 번호를 기록한다.

1.5.2 제품 사양서 검토

- 금형제작용으로 적합한 도면인가.
- 성형재료는 명확하며 그에 따른 재료는 확인 가능한가.
- 측정기준은 명확하며 측정 치구는 필요하지 않은가.
- 제품기능은 이해하고 있는가.
- 금형 제작시 형상 및 공차는 만족시킬 수 있는가.(특히,Burr,휨)
- 가공공정 단축을 위한 형상 변경할 부분은 없는가.
- 사양서에 중요관리 포인트는 없는가.
- 외관품의 경우 전극 & 부품승인 내용은 없는가.
- 외관범위와 무광택가공(부식) 및 윤활면 사양은 명확히 지시되어 있는가.
- CAD Data 또는 Modeling Data는 있는가?
- PL(파팅라인)면과 입자분할 제약, Ejector Pin 위치 제약은 없는가.
- Gate 위치와 凹, 凸량은 지시되어 있는가.
- Cavity 번호와 위치 및 凹, 凸량은 지시되어 있는가.
- 기본적인 빼기구배 및 코너 R은 반영되어 있는가. (리브, 보스 등)
- 이형성의 문제(백화)는 고려되어 있는가.
- Gas Vent는 설치할 수 있으며 웰드라인 문제는 해결 가능한가.
- 변형 또는 휨, 수축 또는 쇼트에 대한 문제는 고려되어 있는가.
- 참고도 및 참고 샘플은 있는가.
- 새로운 기술을 요구하는 것은 없는가.
- 윤활부 또는 경면부의 면조도 관리방법은 표기되어 있으며 만족시킬 수 있는 제품인가.
  - 금형재료의 종류 및 제품 형상에 따라 측정 및 랩핑 가능 검토

1.5.3 금형설계 예정표

- 사양서 검토가 완료되면 전체적인 설계일정을 작성한다.
- Follow금형을 예상하여 각자 Level에 맞추되 설계 단축 목표를 기본으로 한다.
- 예정일과 예정시간, 완료일과 소요시간을 기록하고 지연 시 지연대책을 기록한다.
- 단납기 금형 또는 설계지연이 예상되면 구입 부품표와 Main입자 도면을 우선 출도 한다.
- 총 소요일수 및 시간을 기록하고 도면을 보낼 때 도면 확인자의 승인을 득한다.

1.5.4 금형 기준 치수 검토

- 제품사양서 체크 내용은 반영된 도면인가.(사양서 또는 Fax)
- 금형재료의 특성은 확인했으며 수축률은 정확하다고 판단하는가.
- 유사금형의 Data를 확인한 후 기준치수를 설정하였는가.
- 제품기능을 이해하고, 중요치수 관리 포인트는 표시하였는가.
- Copy한 사양서에 빨간색 펜으로 Center 값을 기록하였는가.
- 중요 포인트는 추후 조정을 고려하여 설계하고 사각형으로 표시하였는가.
- 가공공정 단축을 위한 형상 변경할 부분은 없는가.
- 제품공차에 대하여 적절한 치수인가.
- 외관범위와 무광택가공(부식) 및 윤활면 사양은 있는가. (사양을 기록할 것.)
- 예상치 못한 변형, 성형조건에 대하여 조정가능한 치수로 설정하였는가.
- PL(파팅라인)면과 입자분할은 충분히 검토되었는가. (Burr방향포함)
- Ejector Pin 위치 및 크기는 밸런스를 고려하였는가.
- Gate 위치와 凹, 凸량은 적당하다고 판단하는가.
- Cavity 번호, 위치, 크기, 凹凸량은 적당하다고 판단하는가.
- 부식(무광택가공(부식))의 면 조도를 고려한 빼기구배를 설정하였는가.
- 이형성(백화, 밸런스)의 문제, 수축, 쇼트 발생원인의 살 두께는 충분히 검토하였는가.
- 웰드와 쇼트 대책으로 Air Vent 및 도피 처리는 검토되었는가.
- Insert금형일 경우, Press 사양과의 상관관계는 확인했는가.
- Burr, 휨, 변형 등 체크항목을 고객과 협의하였는가.
- 기준 치수 검토시 경면부에 대하여 가공면조도와 랩핑면 조도는 가공 가능한 구조이며 도면에 표기할 수 있도록 검토하였는가.(ex, Rmax 0.8이하일 경우)
  - 예를 들어, Rmax 0.8이하의 경우, 가공5μm, Lap후 0.40μm이하로 가공할 것.

1.5.5 MOLD 금형제작 사양서

- 고객명과 ITEM(기종), 품번과 품명은 도면 보관 시 필요하므로 명확히 기록한다.
- 성형 가공선은 양산처, 금형 가공선은 KOPO社에서 할 것인지 외주 회사명을 기록한다.
- 월생산수와 총생산 수는 단위 K를 사용하며 캐비티수를 무시하고 계산한다.
- 성형수지는 사양서 기준이며 색상, Maker, KOPO社의 고유번호까지 상세히 기록하고, 수축률은 직각방향과 유동방향까지 자세히 기록한다.
- 목표 Cycle Time은 설계자가 예측하여 목표를 세운다.
- 냉각수 관계는 PT1/8 깊이 12, 구멍Ø6.0 평행회로를 표준으로 하고, 최소한 형판에는 설치해야하며 외관품의 경우, Ø크기와 Main입자 또는 코어에도 추가 검토한다.
- Sprue Bush의 SR과 구멍은 DATA BASE 표준을 기준으로 한다.
- 금형 Size는 FUTABA 기준으로하고 설치판 크기는 클램프식인 경우, 형판보다 50 ㎜ 크게 하고, 볼트식인 경우 성형기 사양을 확인 후 기록한다.
- 표면처리는 금형과 성형품을 분리하여 기록하고, Maker, 규격을 상세히 기록한다.
- 조각의 의미는 캐비티 번호 이외에 각인(刻印) 또는 일부인(日附印)을 말한다.
- 캐비티 번호는 1,2,3,4를 표준으로 하되 제품에 따라 달라질 수 있다.
- 부품번호, 품명 등 중요내용은 금형변경 이력란에 반드시 기록한다.

1.5.6 금형 사양 검토 의뢰서

- 이 의뢰서는 금형설계 사양을 금형사용자에게 조립도 및 Lay Out의 승인을 득하여 금형제작 완료 후 발생할 수 있는 설계변경을 예방하기 위함이다.
  단, 사업부금형과 국내수주 금형인 경우, 별도양식으로 대체할 수 있다.
- 단일품목의 금형은 물론, ITEM별 SET금형인 경우, 전체를 동시에 작성하여 승인을 의뢰할 수 있다.
- 고객명, 기종(機種), 생산수량, 양산(量産)예정일은 정확히 기록한다.
- 품번, 품명, 원재료, 형재질, 캐비티수, 제작처, 사용성형기(예상), 금형구조, 게이트방식, 몰드베이스 크기 등을 작성한다.
- 기타 주기사항은 금형사용자에게 승인을 득할 필요가 있다고 생각하는 내용을 작성한다.
  : 예를 들면, 제품이나 러너를 취출 하는데 로봇이 필요 등.
- 작성 후 승인자의 승인을 받고 금형사용부서에 검토를 의뢰한다.
- 회답이 오면 반드시 변경요구사항을 확인, 조치할 사항이 있는가를 확인한다.

1.5.7 BUY PARTS LIST (구입부품 리스트)

- 작성은 기본적으로 Access Program으로 자동작성을 원칙으로한다.
- 기본적으로 표준품(MISUMI社 등) 구입품을 사용하되 가능한 완성품만 선택하고 추가공이 필요한 것은 국내 협력업체를 이용하거나 사내에서 직접 제작하도록 유도한다.
  단, Cost가 저렴하고 납기에 문제가 없어야한다.
- 향후 초정밀금형을 제외한 일반금형은 Mold Base를 국산화하도록 준비한다.
- 구입품으로 가능한 것은 납기에 문제가 없는 한, 제작하지 않도록 재확인한다.
- Mold No에 금형번호를, Maker에 회사명을, Page에는 1/1, 1/2, 2/2 등으로 상세하게 기록하여 구입품에 누락되지 않도록 주의한다.
- 구입품번호는 701~799번을 사용하는 것을 원칙으로 한다.
- 구입품은 납기에 문제가 없도록 조립도가 완료하면 선출도(발주) 할 수 있도록 한다.

1.5.8 금형제작 부품표

- 부품표는 도면을 관리하는데 아주 중요한 역할을 하고 있다. 왜냐하면 부품 각각의 품번과 이름을 붙여 금형제작하기 위해 필요한 부품들이 빠지지 않도록 설계자와 출도자, 공정설계자가 이 표를 보고 체크하기 때문이다. 그러므로 설계자는 부품이 추가 또는 삭제시에 반드시 부품표에 그 이력을 남겨야 한다.
- 부품표는 제작용 부품과 추가공용 부품만 작성하고 구입부품 작성하지 않는다.
- 작성순서는 품질표준의 금형도면 관리요령에 명기되어 있으며, 표기하면 다음과 같다.

※ 성형. Die Casting 등의 금형부품 분류 예.

품번	부품형태	품번	부품형태
100	관계도(기준치수도)	701~799	구입부품
200	조립도	801~899	구입부품중 추가공품
201~299	Plate류	001~099	기타류
301~399	고정측 입자	000-1/2, 2/2	매수표시
401~499	가동측 입자	000-A, 000-B	전극표시
501~599	고정측 입자 추가	000-1, 000-2	도면추가
601~699	고정측 입자 추가		

1.5.9 MOLD 금형설계 조사자 체크시트

- 제품도에 무리한 형상 및 공차는 없는가.
- 제품변형 및 휨은 문제가 없는가.
- 제품 언더컷의 처리는 적절한가.
- 금형재료의 수축률은 적절한가.
- 지정된 성형기의 사양은 적절한가.
  - Locating Ring, Nozzle선단R, Sprue, Ejector Rod 위치 및 크기 등
- PL(파팅라인) 위치는 적당한가.
- Runner, Gate 위치 및 크기는 적절한가.
- Ejector Pin 위치, 수량, 밸런스는 적절한가.
- 턱걸이 위치는 부딪치지 않는가.
- Gas Vent는 적절한가.
- 금형의 재료, 구조 등은 고객의 요구사항에 만족하는가.
- Lay Out은 문제없는가. (금형의 강도, 각 부품의 배치)
- 금형조립, 분해, 형합은 용이한가.
- Ejecting 수량은 적당한가.
- 총 금형두께는 성형기에 설치 가능한가.
- 금형설치 방법은 Clamp식인가, Bolt식인가.
- 금형구조는 성형기 사양에 적합한가.
- 역조립 방지대책 (방오법)은 있는가.
- 금형품번 및 품명은 정확하게 표기되어 있는가.
- 설계자간의 호환성과 표준화부품을 위배하지는 않았는가.
- 외관품의 경우 사양서 요구사항이 정확히 기록되어 있는가.

1.5.10 도면 등록표

- 설계가 완료되면 등록번호를 부여한다. ex)2001년 110번째인 경우, 01-110
- 도면함 관리번호는 도면관리자가 부여한다.
- 발주원은 회사명 또는 회사약자, Item에는 기종명을 기입한다.
- 품번과 품명을 기록하고, 형번은 제작순번을 기입한다.
  ex)플라스틱 금형인 경우 PLA-1, PLA-2,... 다이캐스팅 금형인 경우 KAD-1, KAD-2...
- 등록 년, 월, 일을 기록하고 설계자 및 Follow 담당자를 기입한다.
- 비고란에는 품번 변경 등, 중요이력을 기입하여 모든 이력을 알 수 있도록 한다.

1.5.11 금형설계 사양변경, 조정, 불량 보고서

- 출도한 도면을 수정하여 재 출도시에는 반드시 보고서를 작성한다.
- 출도 할 때는 가공완료 요구납기를 기록하여 공정설계가 참고할 수 있도록 한다.
- 불량내용, 원인, 처치내용, 대책은 명확하고 상세하게 작성하도록 한다.
- 범(凡)미스, 기술적인 미스인지를 선택한다.
- 가공구분에 신규제작, 현물수정 표기를 하고, 부품번호와 부품명, 제작수량을 작성한다.
- 반드시 체크 또는 승인을 득한 후에 출도 한다.
- 사양변경에 대해서는 간략화 또는 제품사양서 등으로 보고서를 대체할 수 있다.
- 기술적으로 중요한 내용이거나, 제작공정 수가 30 h를 초과한 것은 전체 설계자에게 발표하여 정보를 공유, 동일한 문제점은 재 발생 되지 않도록 해야 한다.
- 보관자는 교육 내용란에 서명을 확인하고 1년간 보관한다.

1.5.12 금형 사양변경 신청서

- 부품측정을 하여 사양서에 만족하지 못한 것은 사양변경을 요구해야 한다.
- 신청서는 기본적으로 검사실에서 자동작성 하지만 설계자가 직접 쓰거나 조정할 수 있다.
- 변형이 심하거나 측정이 불완전한 곳은 변경 의뢰치를 상향조정하여 의뢰해야한다.
- 관리번호를 부여하고, 사본을 발송대장에 보관하며, 특이사항 결과가 나오면 반드시 접수번호를 부여한 후, 승인을 득하여 접수대장에 보관기간을 기록(예: 1년간)하여 보관한다.
- NG부에 대해서는 원인조사를 철저히 하여 수정하되 향후 Sample대응 일정을 확인하여 수정을 진행하여야 한다.

1.5.13 금형제작 기술정보 이력서

- 금형검수가 완료한 금형에서 특수한 구조, 처음 사용한 금형재료, 제품형성이 독특할 때 등 금형 합격 시 어려움이 많았던 금형에 대해서 그 내용과 원인, 대책, 결과(이후의 대응)를 알기 쉽도록 간략 명확하게 그림 등을 표기하여 다른 설계자가 참고 할 수 있도록 하여 동일한 문제점이 재 발생 되지 않도록 하는데 그 목적이 있다.
- 특히, 수축률, 변형, 러너 밸런스, 특별한 성형조건 등은 자세하게 기록 보관한다.
- 등록번호를 부여 관리하고 설계자에게 교육을 하여 Level Up 될 수 있도록 한다.

1.6 MOLD금형 등급기준

요인 \ 점수	20	15	10	5
1. 신작 금형시 부품치수의 허용공차	공차:0.06이하 ex)±0.03	공차:0.1이하 ex)±0.05	공차:0.2이하 ex)±0.10	공차:0.2이상 ex)±0.15, ±0.2
2. 부품치수의 허용공차 적용범위	공차의 70%	공차의 80%~90%	공차의 100%	무 및 지표 무
3. 사용상 유해 (기스, 버 등)	없을 것	0.05이내	0.1이내	지표 무
4. Taper량(구배 지시)	빼기구배 "0"지표 (L=10㎜이하)	-	-	-
5. 생산량	120만 Shot 이상	120~50만 Shot	50~30만 Shot	30만 Shot
6. 사용	PA, PPS 등 특수재료	PBT, PE, PP 등	POM, ABS 등	PC, PMMA 등
7. Cavity 수량	16개 이상	8개 이상	4개 이상	1개 이상
8. Insert 유, 무	Insert 6개소 이상	Insert 3개소 이상	Insert 1개소 이상	무
9. 도면 & Sample 유,무	무	유사품 유	참고 유	KA에서 2형목 이상
10. 성형품 치수 및 면조도	외관품(부식 有) 또는 경면부	기능품(3개소이상) 또는 윤활부	기능품 (3개소 이하) 또는 면조도 무	일반적인 게임기류
11. 성형품의 Size	대물(Ø100범위 상당)	中中物 (Ø50 범위 상당)	중물 (Ø20 범위 상당)	소물 (Ø20 범위 이하상당)

등급 판정	AA	A	B	
	160점 이상	120점 이상	90점 이상	90점 이하
등급 판정 (일반적으로 간략화)	• 3D : P, L+대형품+형상상급 • 2D : P, L+대형품+형상상급+슬라이더	• 대형품+형상상급 • 중중형품+형상상급+슬라이더+특수재료 • 3D : P, L 소형품+형상상급+슬라이더	• 소형품+형상중급+슬라이더+3판플레이트 • 대형품+형상중급+슬라이더 또는 3판플레이트 • 3D : P, L 소형품+형상중급	• 2D, 3D소형품+보통형상+2판플레이트 • 대형품+보통형상+2판플레이트
	PAD/Case, 松下/Case	CSR/Cover, PAD/Plate FAIT/2색	일체형 Slide CSR/Rotor Slap	C/P Knob 및 구동 부품류

1.7 외관품 금형설계시 검토항목

- 부품 사양서에 금형재료 기입유무는 확인하였는가.
  - 재료명, 재료품번, 색깔
- 금형재료에 따라 금형제작시 주의점 및 수지의 특징은 확인하였는가.
  - 흐름성, Taper, Gate위치, Runner 의 크기
- 외관범위 및 무광택가공(부식)사양은 확인하였는가.(광택, 무광, 무광택가공(부식)거칠기)
  - 이형할 때 무광택가공(부식)거칠기에 따라서 제품측면에 발생하는 긁힘과 관계가 있으므로 측면무광택가공(부식)는 몇 %로 할 것인가를 제품설계와 협의하였는가.
- 부품사양서에 지시한 윤활면의 면조도는 만족시킬 수 있는가.
  - MSR-3(수지의 종류에 따라서 큰 차이가 있음)
- Gate 위치, 종류, 크기, 도피처리는 결정하였는가.
- 리브나 보스에 의해 외관부 윗면에 수축발생 가능부에 대하여 충분히 검토하였는가.
  - 리브의 부분적인 살빼기는 가능한가.
- P/L과 분할라인은 제품설계와 협의하였는가.
- 제품 이형및 제품치수를 만족시킬 수 있는 Taper를 설정하였는가.
  - 제품 치수정도 때문에 Taper를 취할 수 없는 경우는 E/Pin 보강하였는가.
  - E/Pin 보강이 어려울 경우 치수관리부를(선단, 근본) 제품설계와 협의하였는가.
- 윗면의 살 두께는 균일한가.
  - 수지의 흐름, 냉각 차이에 의한 웰드 및 수축의 원인이 된다.
- Gas Vent는 적절한 위치에 설정하였는가.
  - Gate 반대편에 Gas Vent는 있는가.
  - 수지가 가장 늦게 충전되는 부위
- 전극 승인검토 항목(Modleing Data 있는 경우)
  - 빼기구배는 있으며 이형에 문제 없겠는가
  - 2D 도면과 일치하는가(공차포함 Center치로 그려져 있는가 : 특히, 외형치수 공차 확인 필요)
  - 상기 항목 부적합 시 반드시 제품설계에 Modeling 수정을 요구 한다.
  - 부득이 금형에서 Modeling 수정할 경우 반드시 수정후 Modeling Data를 전송하여 승인을 득한 후 가공 Start 하도록 한다.
  - Modeling Data가 있는 경우 어떠한 경우라도 Data를 사용하여 가공에 임하도록 지시를 한다.
  - 황삭 또는 다듬질용 전극에서 부득이 수(手)다듬질 R작업이 필요한 경우, 도면에 그 지시를 명기하고 가능하면 조립자와 협의하도록 한다.

1.8 갱신 금형 설계시 검토항목

- 제품기능 및 갱신목적은 이해하였는가.
- 전형의 최종 금형도면과 Trouble 대책에 대한 최종이력은 관리되어 있는가.
  - 특히 전형이 외주 제작 금형시 최종이력 및 도면입수 중요
  - 외주 제작금형에 대한 사전 이력관리 및 도면관리 주지요함
- 전형의 참고 Sample은 확인 및 검토되어 있는가.
  - 특히 사업부 이관형의 경우 도면이 없을시 Sample을 통해서 PL 및 E/Pin위치, Gate 위치, 외관적Trouble 가능성을 사전검토 반영한다.
- 전형의 최종 Data는 확인되었으며 이론 수축률과 실 수축률은 비교검토 되어있는가.
  - 중요Point에 대하여 반드시 비교검토 할 것
  - 전형의 중요Point에 대하여 필요시 재측정 필요성 있음 (치수관리부 확인 및 특이사항 활용위함)
- 도면상 특이표시가 있을시 제품 Spec과 특이사항 치수의 적용우선순위 확인은 하였는가
  - 기본적으로 제품 Spec기준 원칙
- 최종 사양서상의 불일치되는 곳은 없는가.
  - 최종 Sample과 도면의 불일치관계 및 생산형에 따른 Cavity No위치 등
- 증산형(1개→2개)에 있어 Runner Balance 및 Gate위치 및 크기는 충분히 검토되어 있는가.
- 외관품의 경우 외관적 Trouble (Weld, Sink)에 대한 충분히 검토 반영하였는가.
- 변형 가능성이 큰 부품에 있어서 이력 및 Data참조, 실제 변형량을 확인 대응하였는가.
- 가공성을 위한 형상변경 필요부에 대하여 검토 반영하였는가.
  - 갱신형의 경우, 비교적 제작 리드타임이 짧기 때문에 납기확인 및 관리중요

1.9 개조 및 수리 금형 설계시 검토항목

- 제품의 기능, 개조목적, 개조 및 수리내용은 이해하였는가.
- 개조부의 표기는 명확한 사양서인가.
  - 변형기호, 개소확인
- 개조형상 및 공차는 금형수정 가능한가.
- 금형의 구조는 이해하였는가.

- 금형의 PL 및 입자분할은 충분한 검토를 하였는가.
- 개조, 수리 이전의 최종Sample 및 Runner는 확인하였는가.
- 측정Data는 확인하였으며, 실제 수축률과 이론 수축률은 비교하여 적용하였는가.
  - Main Point부 금형치수 확인 및 사양서의 금형 기준치수 확인
- 현물수정 입자의 관련 Point는 반드시 측정하였는가.
  - 외주 설계도 도면과 입자가 불일치 한 것이 많으므로 주의
- 금형이력서는 있으며 내용은 파악하였는가.
- CAD DATA의 有, 無 및 활용은 가능한가.
- 금형이동후 상태는 확인하였는가.
  - 부식, 긁힘, 균열, 파손 등
- 도면 미반영 및 누락부분은 없는가.
- 입자의 용접, 금형 재료의 열처리가공 有, 無 상태는 확인했는가.
- 다듬질 및 양산담당자와 협의는 하였는가.
  - 양산Trouble, 금형상태 등

2

사출 금형설계 요령

2.1 금형구조

2.1.1 2장 금형의 기본구조

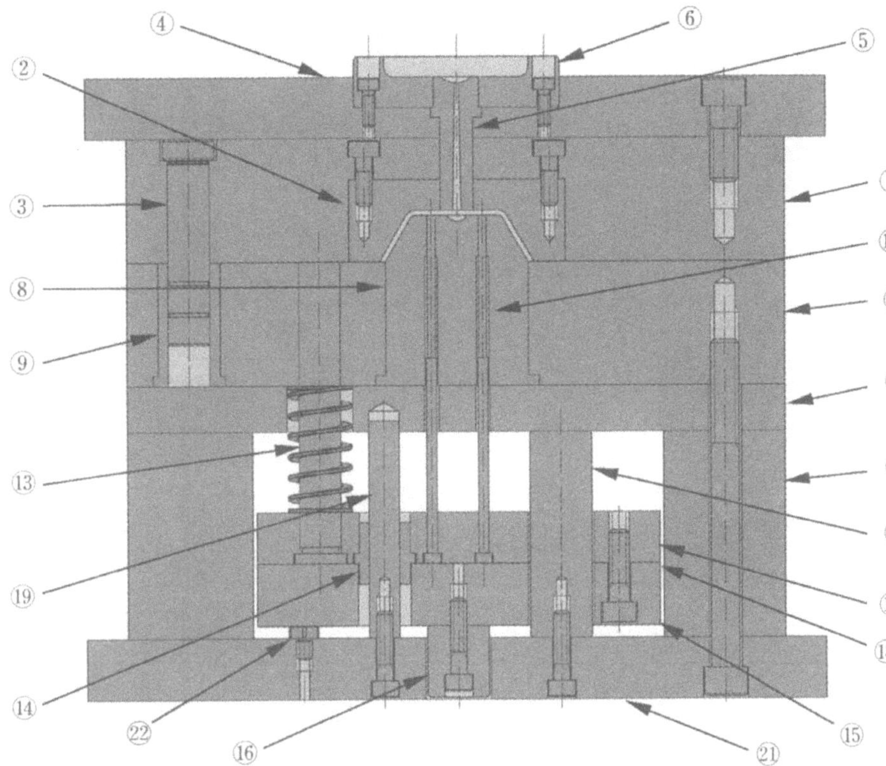

NO	부품명				
1	고정측 형판	9	가이드 부시	17	스페이스 블록
2	캐비티(상코어)	10	받침판	18	이젝터시스템(11~16)
3	가이드 핀	11	이젝터 플레이트(상)	19	이젝터 가이드핀
4	고정측 설치판(취부판)	12	이젝터 핀	20	서포트 필러
5	스프루부시	13	리턴 핀	21	가동측설치판(취부판)
6	로케이트 링	14	이젝터 가이드부시	22	스톱핀
7	가동측 형판	15	이젝터 플레이트(하)	-	
8	코어	16	이젝터 로드	-	

2.1.2 3장 금형의 기본구조

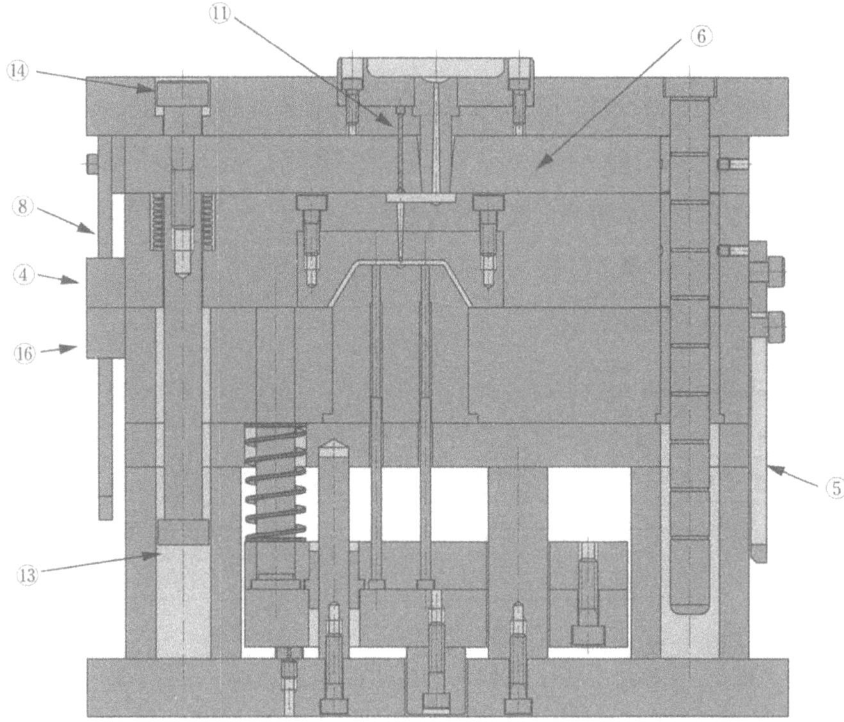

NO	부 품 명	NO	부 품 명
4	슬라이더 홀더	11	러너 록 핀
5	인장링크	13	풀러 볼트
6	러너 스트리퍼 플레이트	14	스톱 볼트
8	릴리즈 바	16	캠 홀더

2.2 금형부품의 설계요령

2.2.1 고정측 설치판

사출성형기에 고정측 금형을 설치하기 위한 플레이트로 사출압력에 의한 고정측의 휨 방지를 위한 역할도 겸한다.

(1) 설계시 검토사항

- 성형기에 설치는 클램프식 체결과, 성형기를 지정하여 볼트 구멍위치에 맞게 볼트로 체결하는 직접체결식이 있다. 직접체결식이 바람직하나 회사에 따라 일반적으로 클램프식으로 설계하기도 한다.
- 로케이트링과 스프루 부시는 기본적으로 표준부품을 구입하여 사용한다.
  로케이트 링은 복수(複數)의 성형기에 사용 가능토록 겸용 Type도 검토할 경우가 있다.
- Ⓐ부분의 볼트는 M16으로 추천 (기타 표준규격사용)

Locate Ring	Sprue Bush
a) ∅100 : LRBS 100-15	a) ∅13:SBBD 13-L*-SR*-P*-A2-LKC
b) ∅120 : LRBW 120	b) ∅16:SBBD 16-L*-SR*-P*-A2-LKC
c) BOLT : CB 6-15	-

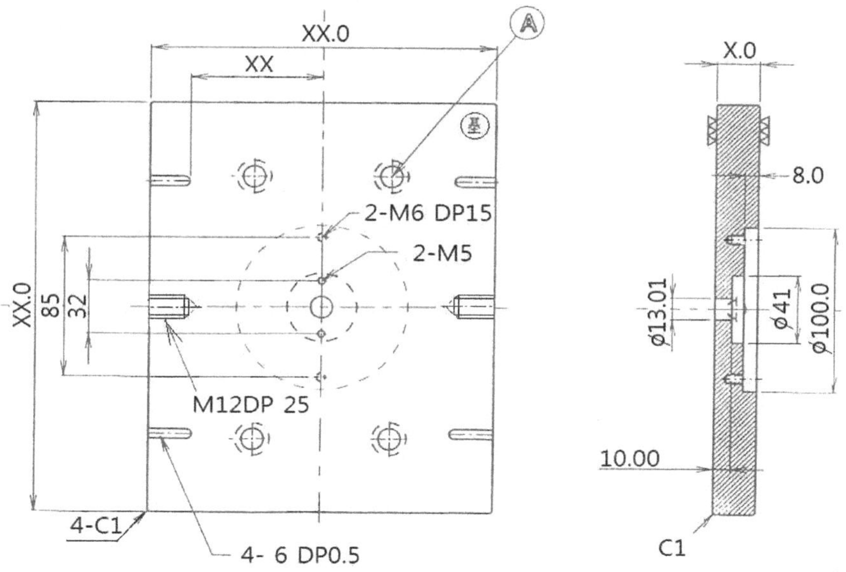

2.2.2 러너 스트리퍼 플레이트(Stripper Plate)

3장 플레이트 구조에서 러너를 취출하기 위해 작동하는 플레이트로 사출압력에 의한 휨방지 역할도 겸한다.

(1) 설계시 검토사항

A부의 Screw Plug는 표준품(MISUMI社 등) 구입품 MSW 및 MSWS를 사용하고 특히 M8 이하는 피치가 표준이므로 피치를 기입하지 않아도 무방하다. M10 이상은 반드시 피치를 기입하여야 한다 (例:M10-P1.5)

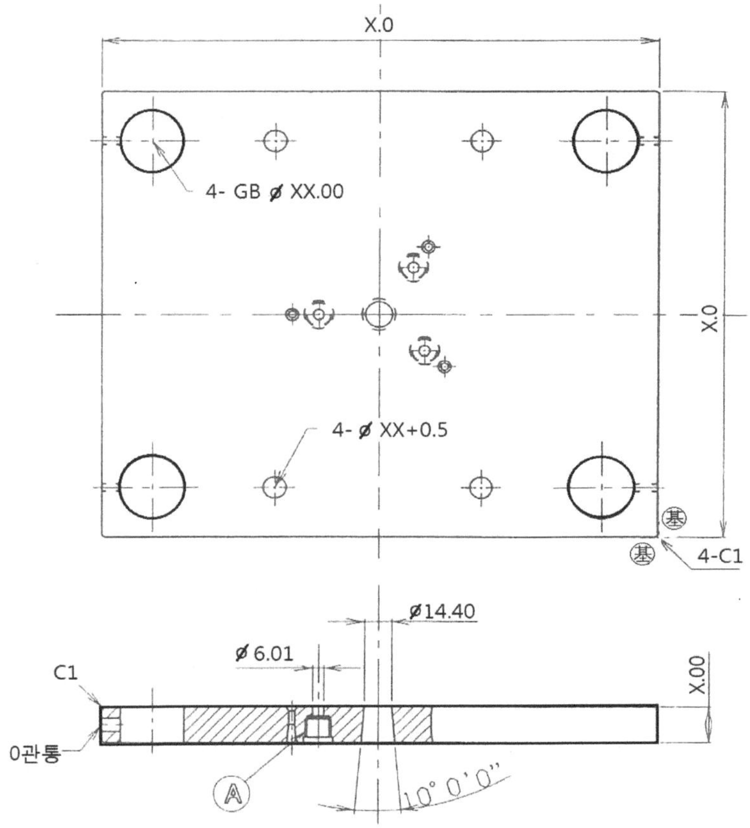

2.2.3 고정측 형판

형판은 캐비티를 지지하고 사출압력과 형체력으로부터 캐비티가 파손되지 않도록 보호기능을 하며, 가이드 핀과 부시로 고정측과 가동측의 위치결정기능 및 금형의 온도조절 기능을 한다.

(1) 설계시 검토사항

- 캐비티가 들어가는 포켓 Type식과 관통식이 있다.
- 캐비티 설치용 볼트 구멍을 설치한다.
- 캐비티를 빼내기 위한 구멍을 설치한다.
- 냉각수 구멍 및 체결부의 탭, 여러 가공구멍들이 서로 간섭이 없도록 설치한다.
- 스프루 부시의 구멍을 설치한다.
- 기타 치수기입 요령은 가동측 형판 참조

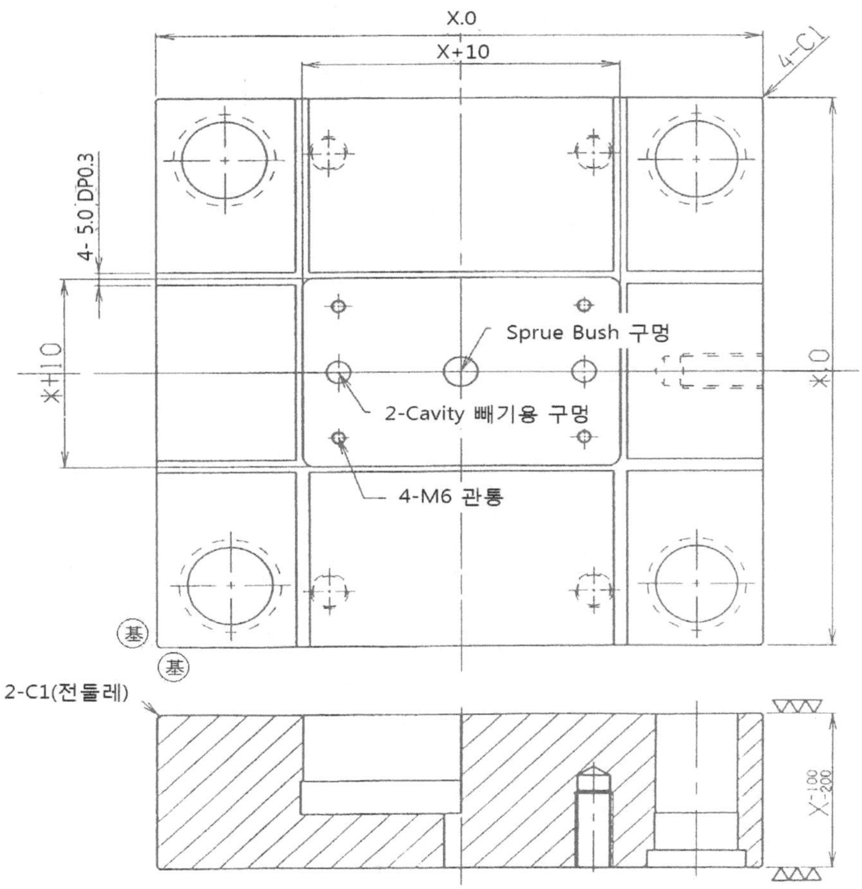

2.2.4 가동측 형판

형판은 코어를 지지하고 사출압력과 형체력으로 부터 코어가 파손되지 않도록 보호기능을 하며, 가이드 핀과 부시로 고정측과 가동측의 위치결정기능 및 금형의 온도조절 기능을 한다. 또한, 이젝터 기구부에 공간이 생기므로 받침판과 서포트판의 지지력으로 휨 방지의 기능을 한다.

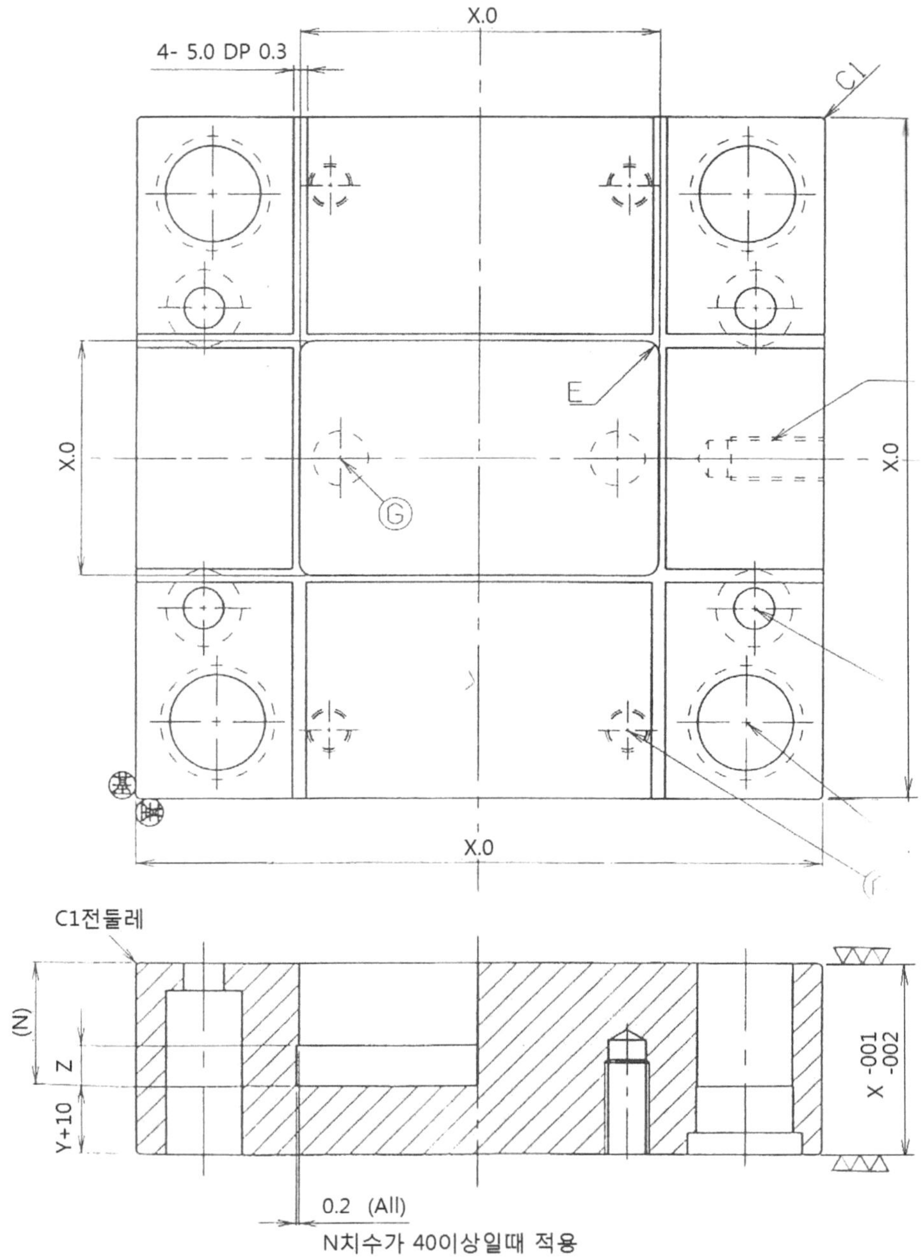

2.2.5 받침판

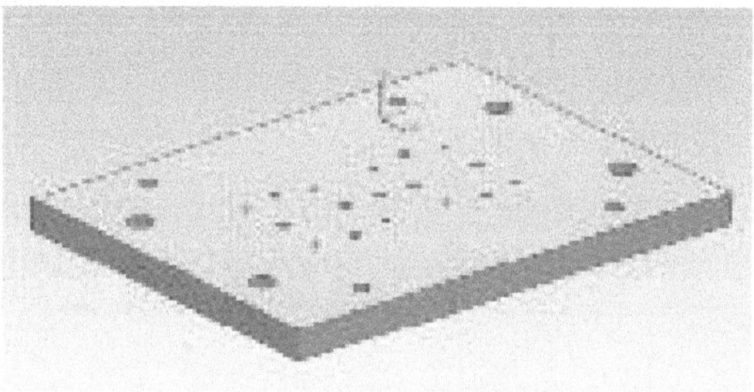

가동측 입자(코어)의 받침역할과 아울러 형체압이나 수지압에 의하여 입자가 밀리거나 처짐을 방지하기 위한 판으로써, 일반적으로 제품 높이가 짧을 때는 가동측 형판에 포켓식으로 설치하지만 길어서 가공이 어려울 경우 형판과 분리하여 가공을 쉽게 하기 위한 것이다.

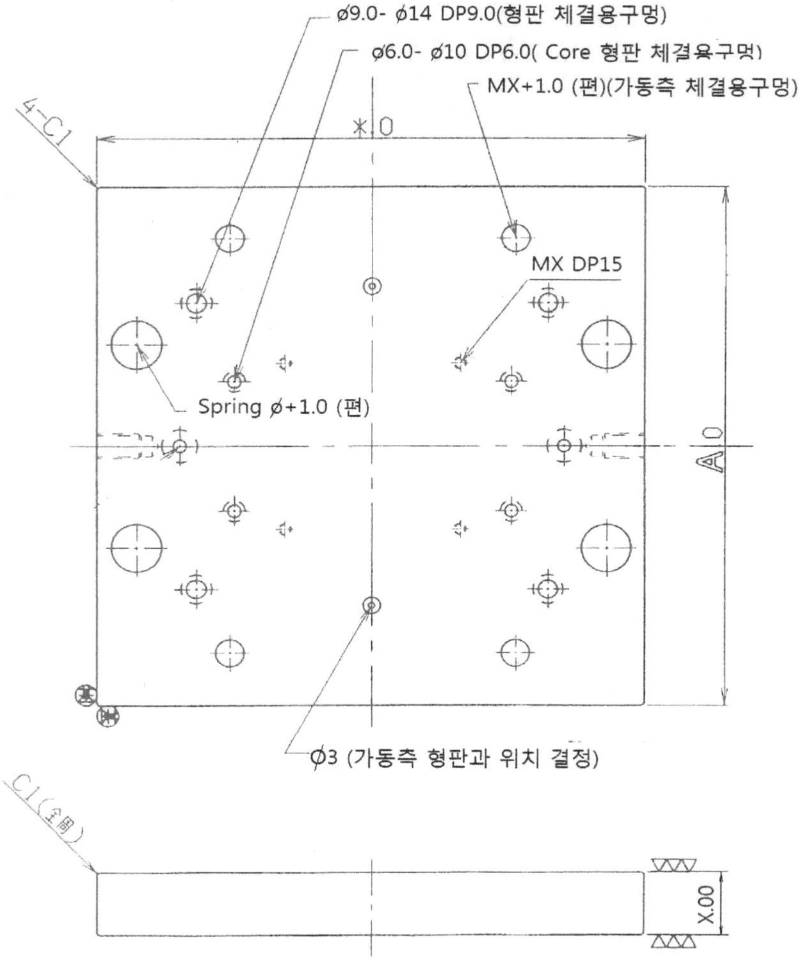

2.2.6 Space Block

이젝터 플레이트 작동시 필요한 공간을 만들기 위한 즉, Stroke를 확보해 주기 위한 블록이다.

(1) 설계시 검토사항

- 가동측형판 또는 받침판을 양단에서 지지하도록 되어있으므로 불필요하게 길지 않도록 한다.
- 정밀품은 높이공차를 0.005이내가 되도록 하며 동시가공을 원칙으로 한다.
- 사용 규격에 따른 치수사항

치수 / 사용규격	A	B	C	D	E
2020	200	80	38	20	2-∅14
2025	250	130	38	20	2-∅14
2030	300	180	38	20	2-∅14
2525	250	108	48	25	2-∅16
2535	350	204	48	25	2-∅16
3040	400	238	58	30	2-∅16

(본 규격은 FUTABA규격 사용함)

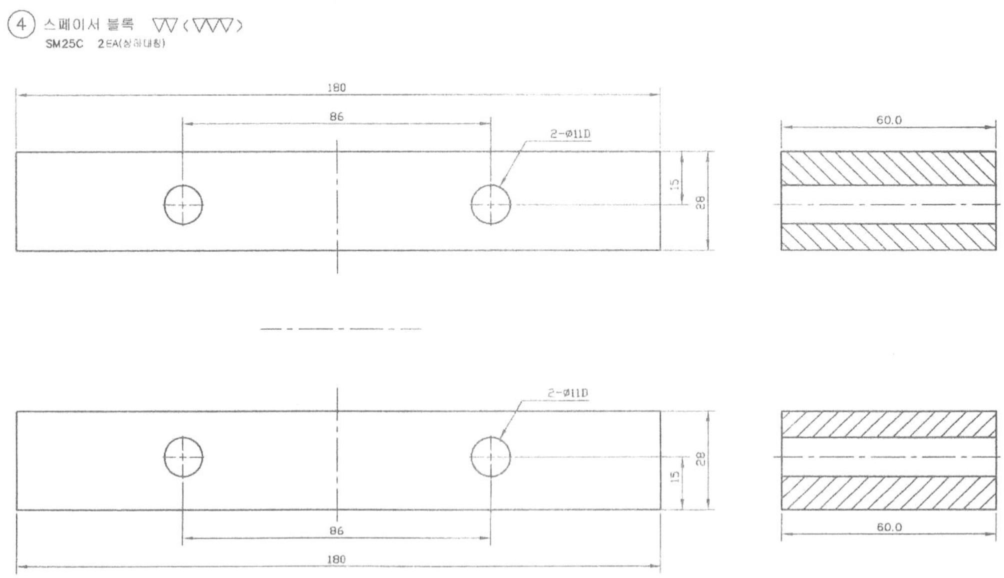

2.2.7 EJECTOR PLATE(上)

이젝터핀, 리턴핀 등의 위치결정 및 지지와 조정을 하는 플레이트이다.

(1) 설계시 검토사항

- 부드러운 작동을 위해서 E/Guide Bush를 사용한다.
- Ejector Bushings : EGBH20-15 사용
- Return Pins : RP4TZ **-L 사용 (L= 실제길이 -0.03)
- Bolt : CB 8-20, 4EA

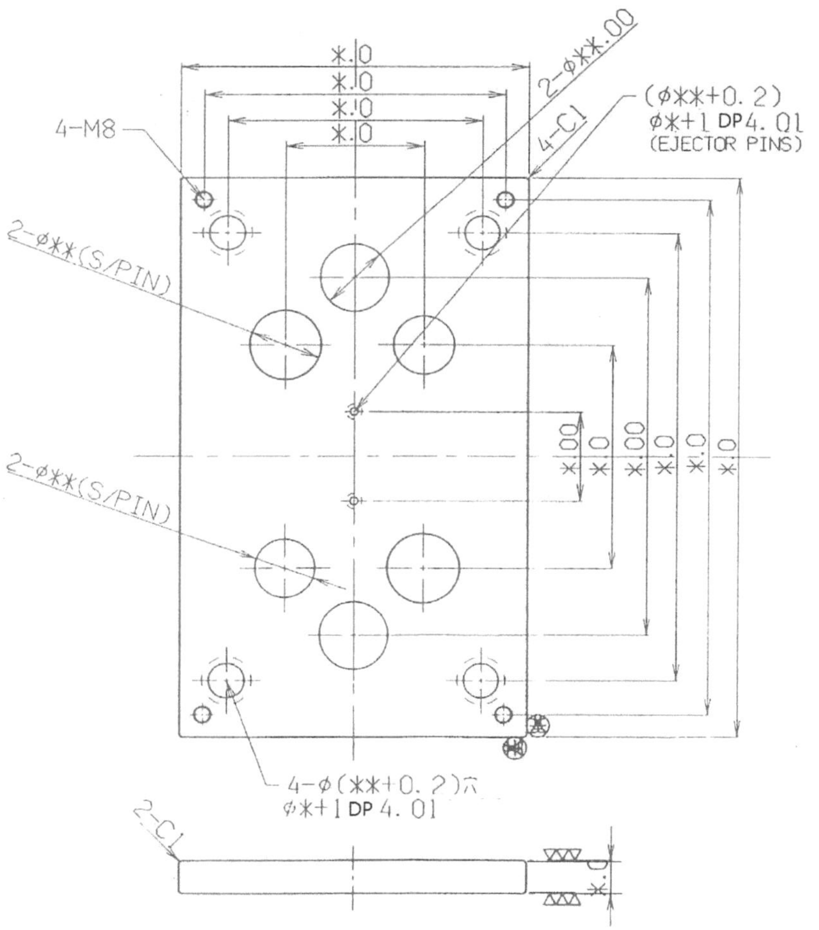

2.2.8 EJECTOR PLATE(下)

이젝터핀, 리턴핀등을 받쳐주며, 성형기의 이젝터 로드의 이젝팅 전달을 하는 플레이트이다.

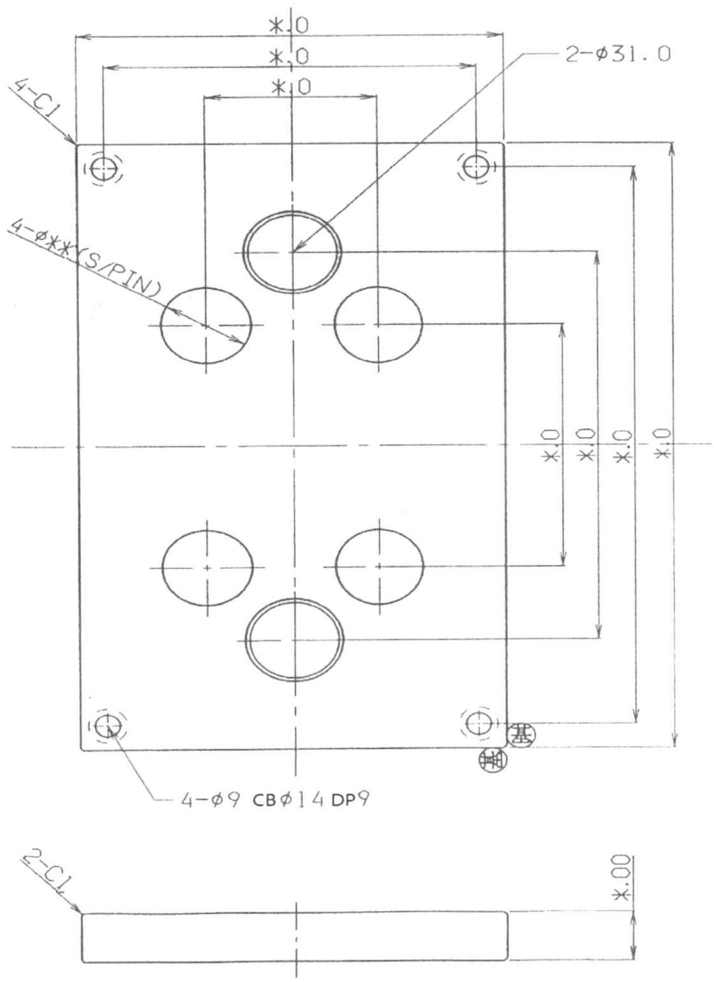

2.2.9 가동측 설치판

금형을 성형기에 고정하기 위한 플레이트로 볼트식과 클램프식으로 나누어진다.

(1) 설계시 검토사항

- 이젝터 로드는 H형에서는 Center에 1개, 대형에서는 성형기 사양에 맞춰 2~4개로 설계하되 일반적으로 Rod지름 보다 5 ㎜정도 크게 구멍을 가공한다.
- 볼트식은 성형기 사양의 볼트위치와 크기를 확인하고 구멍가공을 한다.

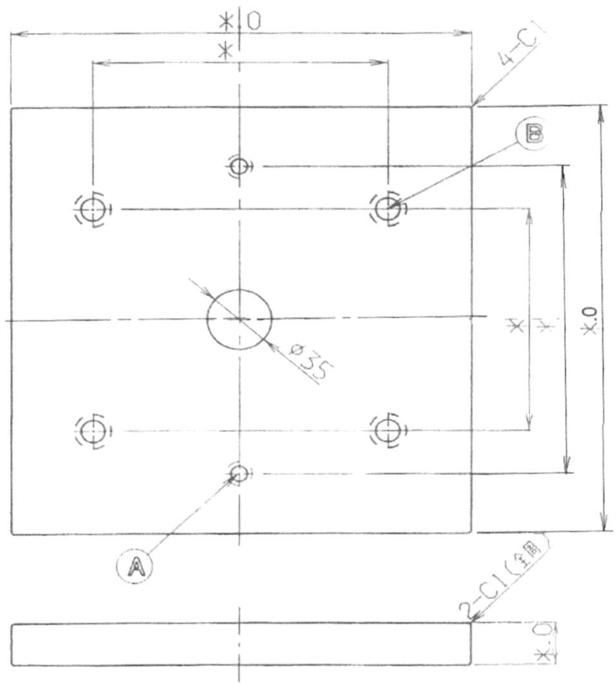

Ⓐ부 사용 Bolt

구입품 종류	사용Bolt	도면 작성법
EGH8, 10	M5	Ø5.5DPØ9.5
EGH13, 16	M6	Ø6.5DPØ11
EGH20, 25	M8	Ø9.0DPØ14
EGH30, 40	M10	Ø**DP

Ⓑ부 사용 BOLT

사용 BOLT	도면 작성법
M12	Ø15DPØ20
M16	Ø18DPØ26
M20	Ø22DPØ32

2.2.10 로케이트링

사출성형기의 노즐과 금형의 스프루 부시의 위치결정 역할을 한다.

(1) 설계시 검토사항

- 일반적으로 금형의 중심부에 체결하며 로케이트링의 바깥지름 D는 성형기의 부착 구멍에 비하여 0.2~0.4적게 함으로써 금형을 성형기에 부착하기 쉽게 한다.
- A, D, d, d1,d2, T, t의 치수는 표준품(MISUMI社 등) 카달로그를 참조
- 로케이트링의 구조 (재질 : SM45C)

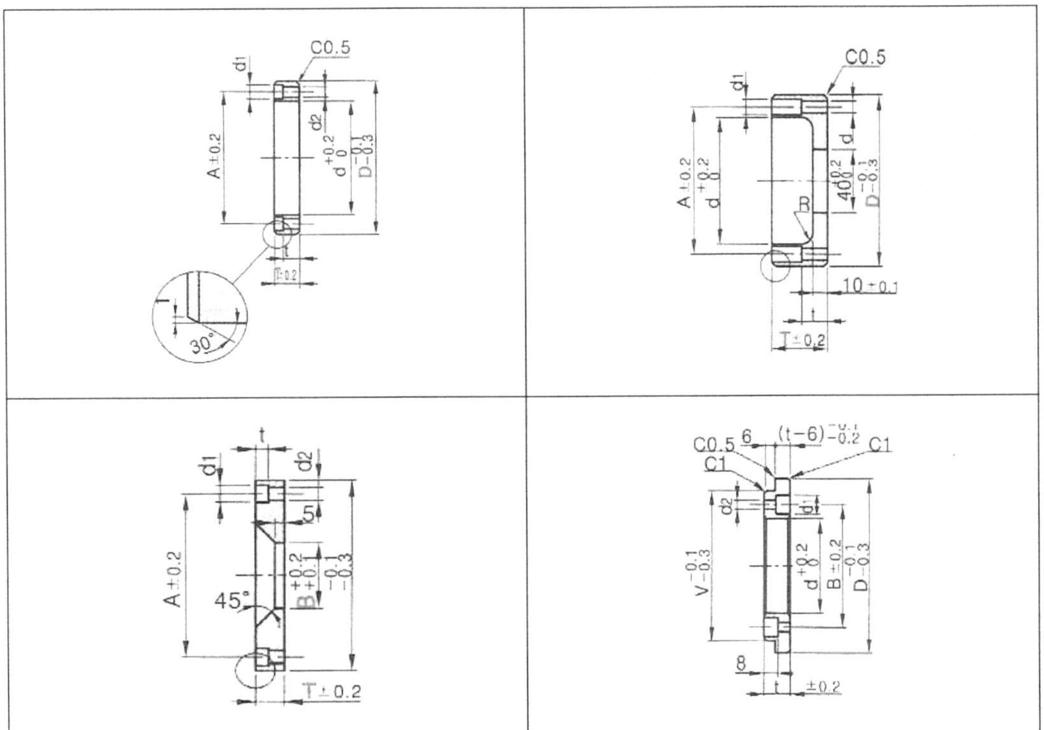

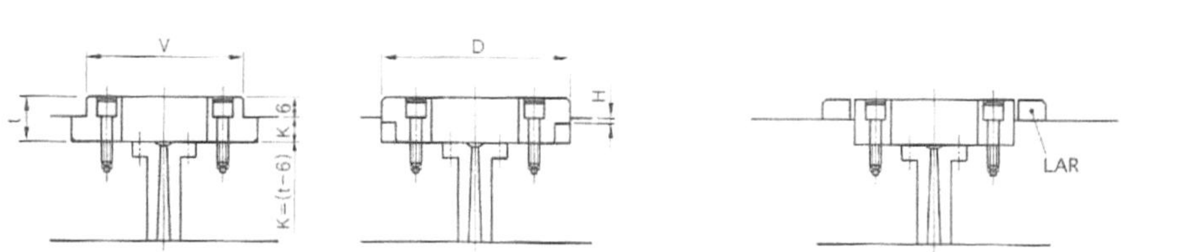

●안과 밖의 모든 방향에서 장착할 수 있습니다.
●사출기에 맞추어 로케이트 링의 외경을 선택할 수 있습니다.
No.=100・120・130일 때 K=8, H=2
No.=100-16・120-16・130-16일 때 K=10, H=4

●로케이트 링 바깥쪽에 LAR을 끼워 넣으면, 로케이트 링을 교환하지 않고도 한 사이즈 큰 로케이트 링으로 간단히 변경할 수 있습니다.

리브서블 로케이트 링 　　로케이트용 어댑터 링

2.2.11 스프루 부시

성형기의 노즐에 접촉해서 성형기에서 가소화, 용융된 수지가 금형에 주입되는 입구에 해당되며, 러너를 거쳐 캐비티에 보내는 역할을 한다.

(1) 설계시 검토사항

- 스프루부시 R은 성형기의 노즐 선단 R보다 1 ㎜ 정도 크게 한다.
- 스프루부시 입구부의 지름 R은 성형기의 노즐구멍보다 0.5 ㎜정도 크게 한다.
- 스프루의 테이퍼 각도는 2° ~ 4° 가 바람직하다.
- 스프루부시의 길이는 되도록 짧게 하는 것이 좋다.
- 3장 플레이트에서는 스프루부시와 러너플레이트 끼워맞춤 부분은 10° ~ 30° 의 테이퍼를 준다.
- 스프루부시의 구조 (표준품(MISUMI社 등) Catalog 참조)

  ① 2매 플레이트 구조에 사용되는 스프루부시 (재질:SKD61)

  - A, D, L, P, SR부는 MISUMI社 카달로그 참조.

  ② 3매 플레이트 구조에 사용되는 스프루부시 (재질:SKD61)

  - A, D, G, L, P, V, SR부는 표준품(MISUMI社 등) CATALOG 참조.

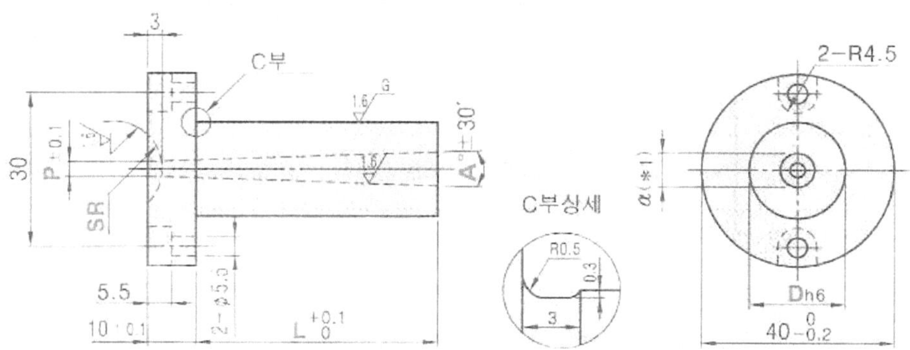

(2) 실 끌기(Drooling) 방지 SPRUE BUSH

주기

① KOPO社 사내금형은 가능한 적용하는 것을 원칙으로 한다.
② 본 기구 사용시 금형에 반드시 콜드슬러그 부를 설치한다.
③ 노즐터치부에 금속판은 양산처에서 대응한다.
④ 노즐선단부 온도를 의도적으로 낮게한 금형에는 파손우려가 있으므로 사용을 금한다.
- 실끌기 방지용 성형조건이 아닌 경우에는 일반적인 성형조건에서 사용 할 것.
⑤ 유리섬유가 들어간 엔플라에는 가능한 한 사용하지 말 것.
불가피하게 사용이 필요할 경우 마모율이 높기 때문에 교환을 자주 하도록 한다.

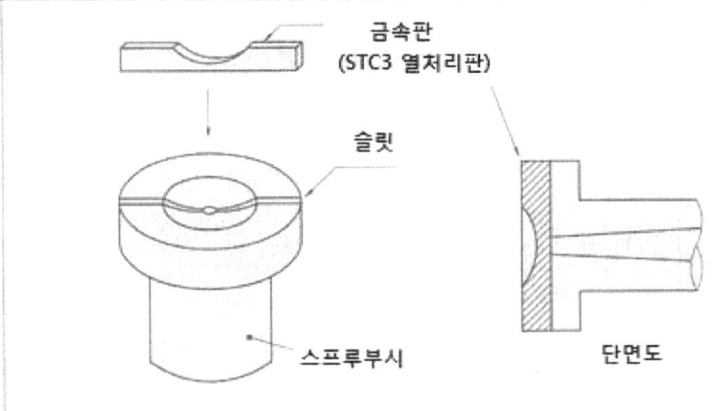

2.2.12 Runner LOCK PIN

3매 구성 금형을 열 때 러너를 확실하게 취출하기 위해 선단에 언더컷을 설치하는 핀이다.

(1) 설계시 검토사항

- 선단부의 형상은 수지의 종류 및 러너에 따라 다르며 언더컷 링은 일반적으로 0.2~0.4 ㎜ 정도를 준다.
- Runner Lock Pin의 형상 (미즈미 카달로그 참조.)
  - (*B, D, E, F, H, L, P, Y 치수는 미즈미 카달로그 참조.)

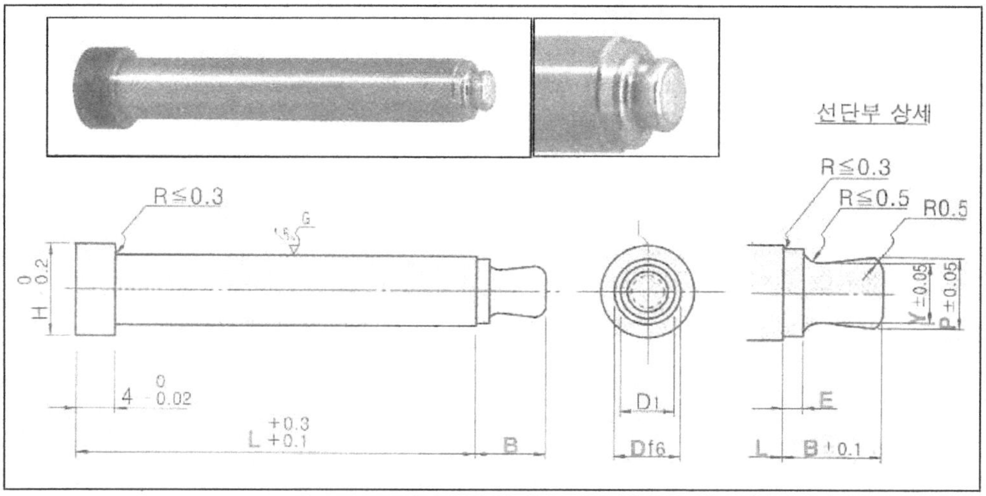
선단부 상세
R≦0.3
R≦0.5
R0.5
R≦0.3
H
4
L
B
D1
Df6
E
Y ±0.05
P ±0.05

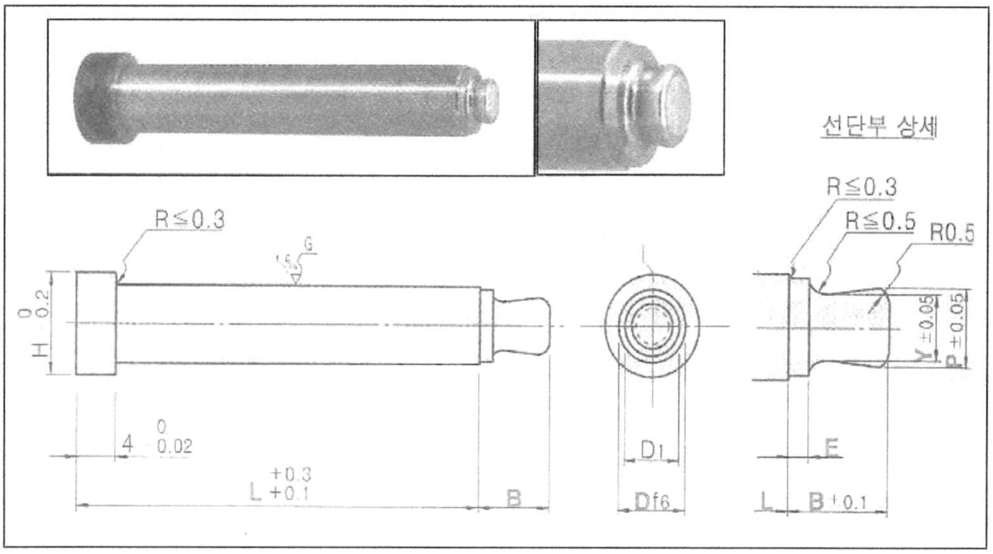
선단부 상세
R≦0.3
R≦0.5
R0.5
R≦0.3
H
4
L
B
D1
Df6
E
Y ±0.05
P ±0.05

2.2.13 Runner Ejector Set

3장 플레이트에서 핀 포인트 게이트의 러너를 스프링에 의해서 밀어내는 역할을 한다.

(1) 설계시 검토사항

- 러너 이젝터 셋트의 구조 (B, H, PL의 치수는 미즈미 카달로그 참조)
  - 표준품(MISUMI社 등) RES * TYPE
- L 부치수공차 $L^{+0.3}_{0}$를 반드시 $L^{0}_{-0.02}$로 추가가공 검토 할 것.

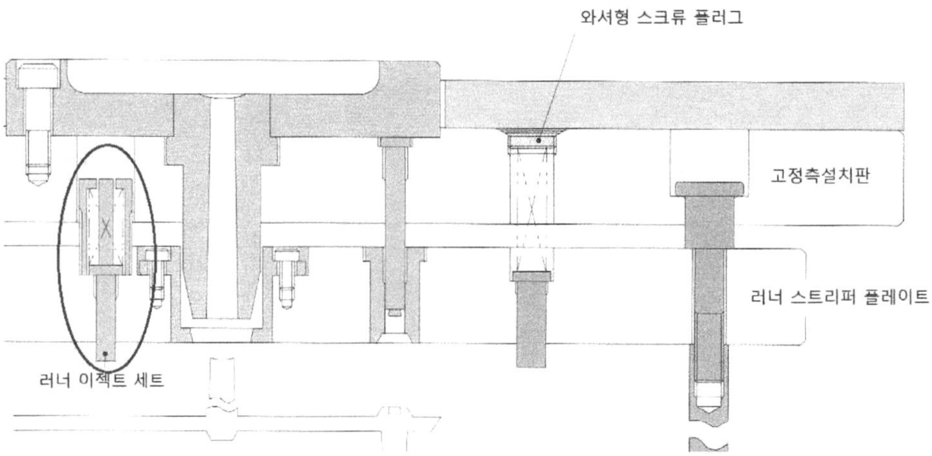

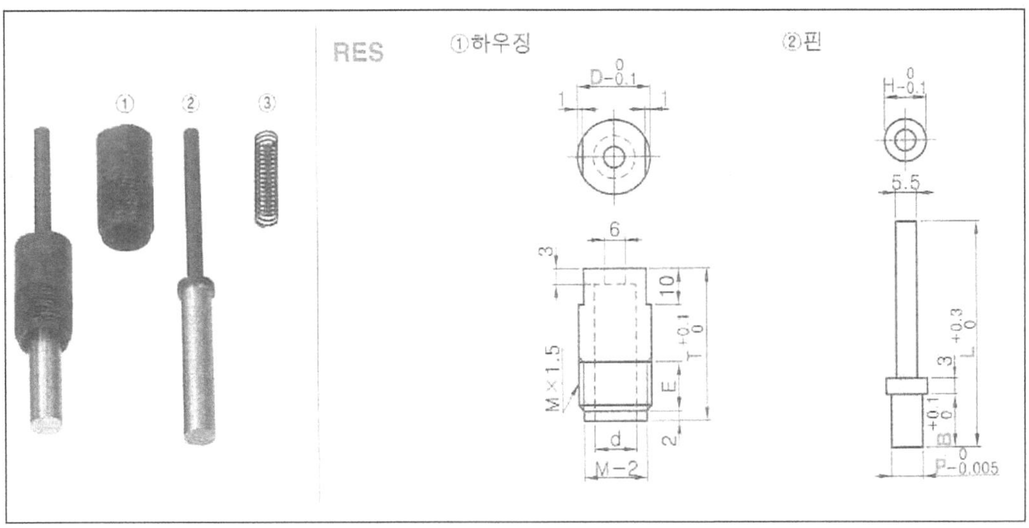

2.2.14 PULLER BOLTS

3장 플레이트 금형에서 형이 열릴 때 거리의 제한을 주기위한 역할을 한다. KOPO社는 표준품(MISUMI社 등)구입품의 플러 볼트를 사용하는 것을 표준으로 하고 그에 따른 설계 요령은 다음과 같다. (*B, C, D, E, H, K, L의 치수는 미즈미 카달로그 참조.)

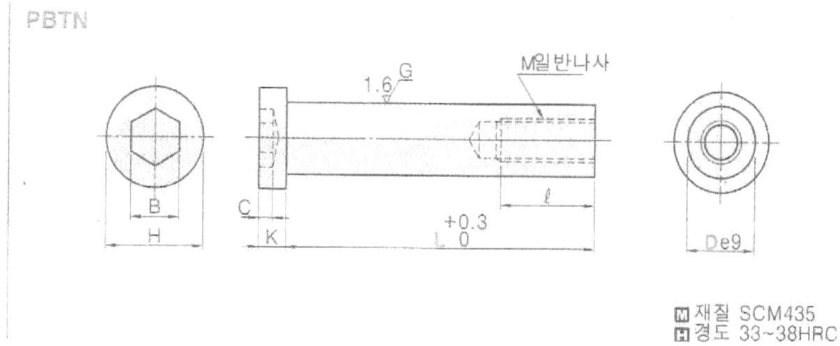

암나사 형

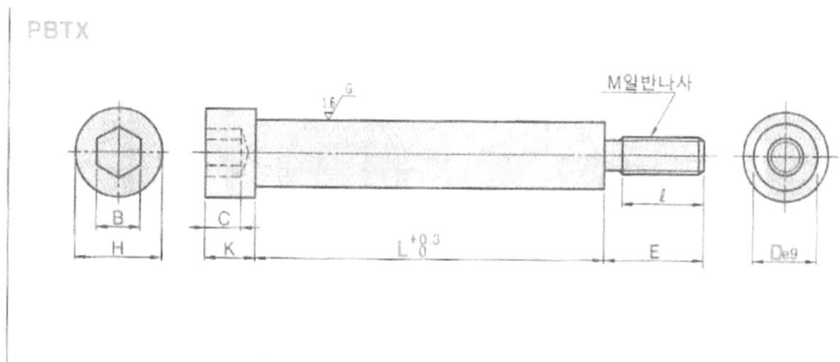

수나사형

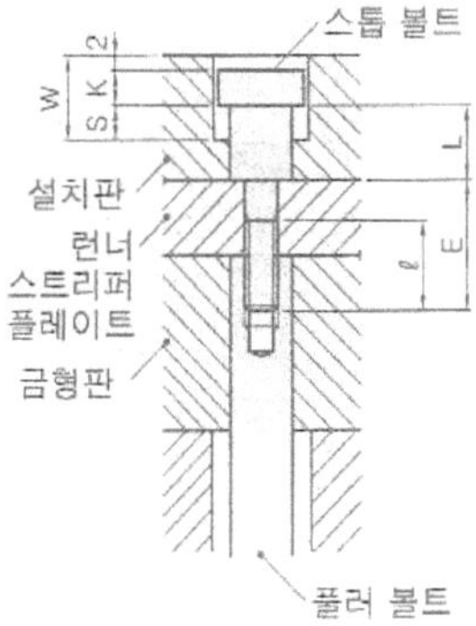

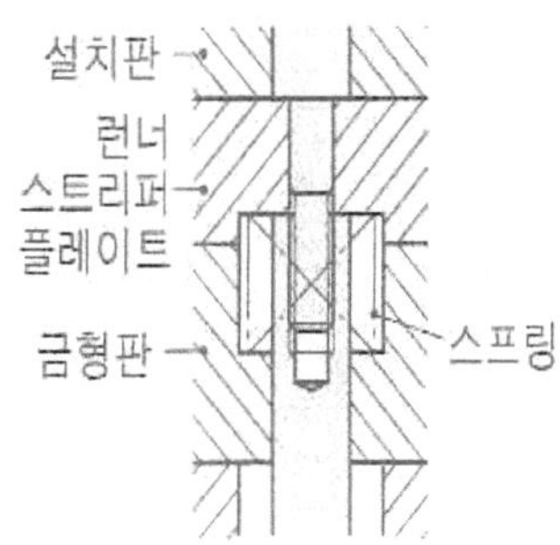

2.2.15 가이드 핀 , 가이드 부시

고정측 , 가동측 사이에서 상호 위치관계를 결정하는 역할과 금형의 분해, 조립 또는 운반시 파손되기 쉬운 입자를 보호한다.

(1) 가이드 핀 (Guide Pin)

① 가이드 핀의 종류 (kopo社에서 주로 사용하는 가이드 핀 :표준품(MISUMI社 등))

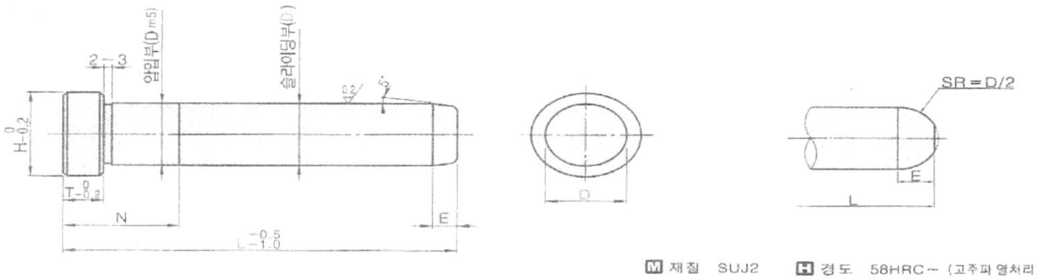

정밀가이드핀 : 헤드붙이 - 플레인 규격형

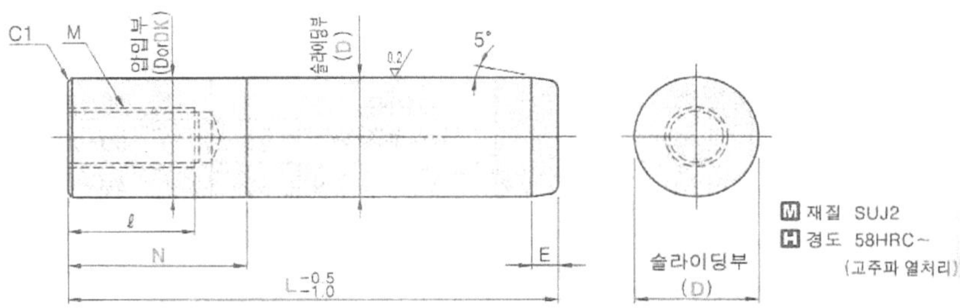

※정밀급 가이드 핀 · 정밀급 가이드 부시는 클리어런스가 작으므로, 금형 온도 80℃ 이하를 기준으로 사용하여 주십시오

정밀가이드핀 : 스트레이트 - 플레인 규격형

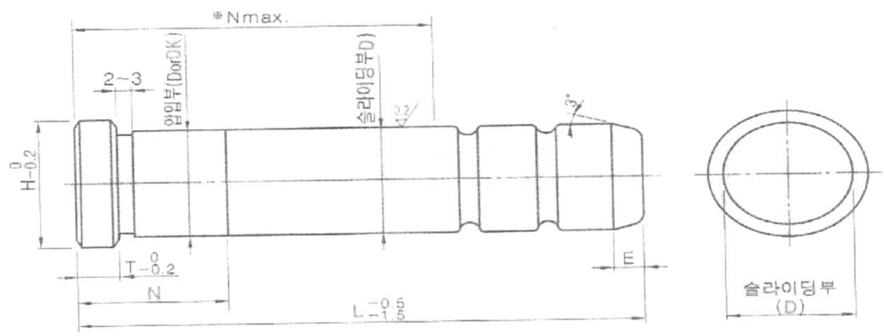

정밀가이드핀 : 헤드붙이 - 기름홈붙이 규격형

- 구입품 주문의 예) Catalog No - L - N - (추가 가공) / PJL 10-55-N25-(MC,MMC...등)
- 표준품(MISUMI社 등) Catalog 참고 .

② GPJL (표준품(MISUMI社 등)) 사용 예: -재질 : SUJ 2 -경도 : HRC58~

- KOPO社제작시는 STS3 (HRC56)

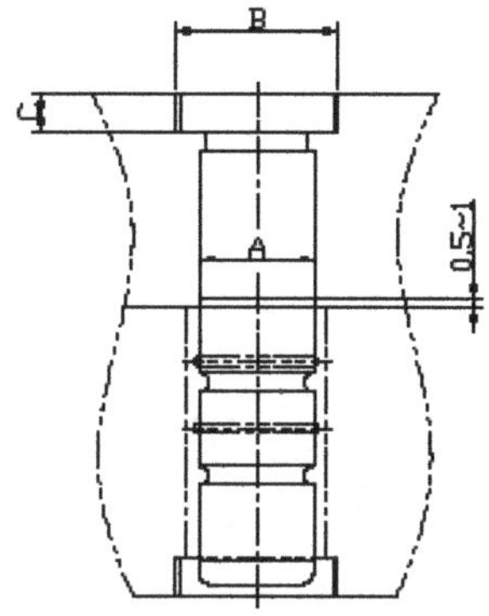

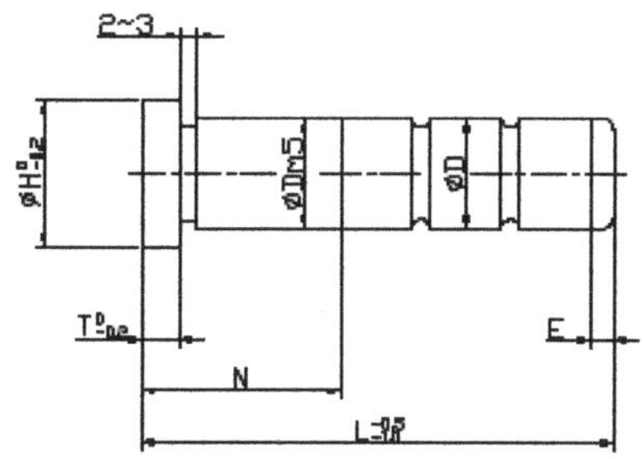

- 구입부품 조립공차 적용요령

∅D		∅Dm5	T	H	E	A(PLATE	B	C
8	-0.015 -0.020	+0.012 +0.006	5	11	3	0 -0.005	H+1	$T^{+0.2}_{+0.1}$
10				13	4			
12	-0.020 -0.025	+0.015 +0.007		17	5	0 +0.005		
13			6	18				
16				21				
20	-0.025 -0.030	+0.017 +0.008		25				
25			8	30				
28								
30				35				
32	-0.030 -0.040	+0.020 +0.009		40		+0.010 +0.005		
35								
40			10	45	8			
50			12	56				
60	-0.030 -0.040		15	68		+0.010 +0.005		

*표준품(MISUMI社 등) Catalog 참고.

(2) 가이드 부시 (Guide Bush)

① 가이드 부시의 종류 (Kopo社에서 주로 사용하는 가이드 부시: 표준품(MISUMI社 등)

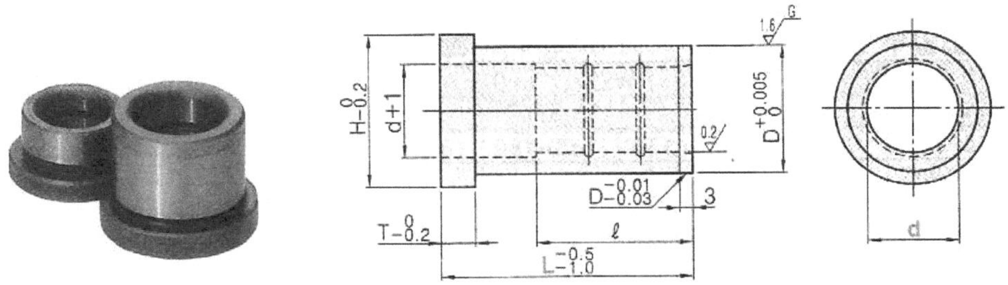

가이드 부시 : 헤드붙이 기름홈형

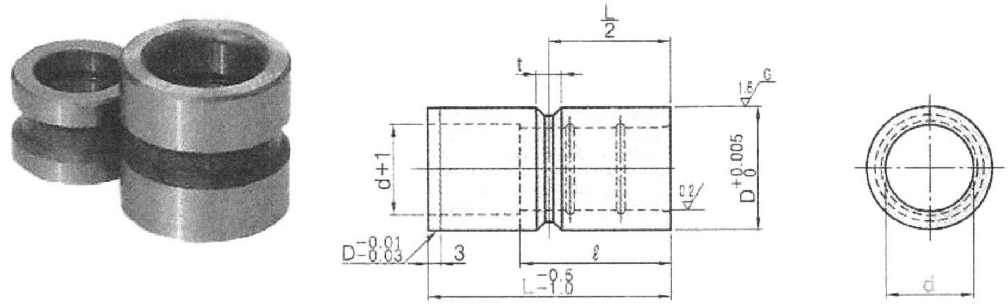

가이드 부시 : 헤드붙이 기름홈형

- 구입품 주문의 예) Catalog No - L GBHE 10 - 30
- 표준품(MISUMI社 등) Catalog 참고 .

② GBHE(표준품(MISUMI社 등)) 사용

재질 : SUJ 2 / 경도 : HRC58~

- KOPO社는 STS3 (HRC56)

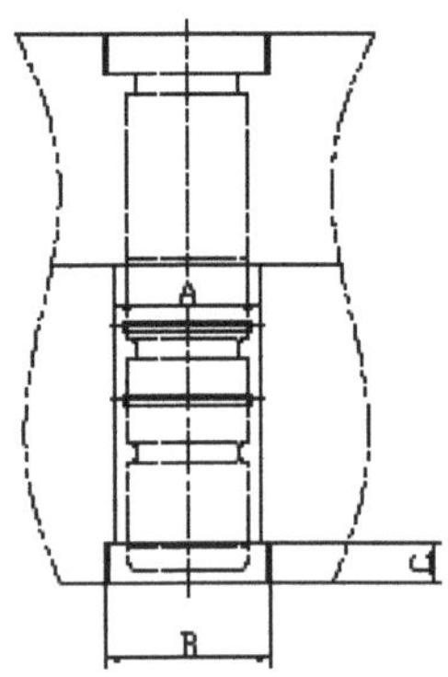

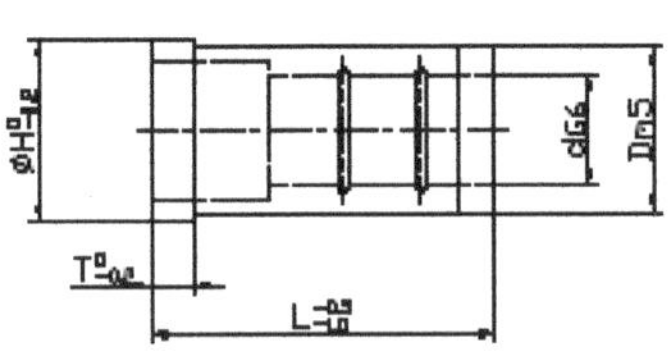

- 구입부품 조립공차 적용요령

∅d		∅Dm5		T	H	A(PLATE	B	C
8	+0.014 +0.005	12	+0.015 +0.007	5	14	+0.010 +0.005	H+1	$T^{+0.2}_{+0.1}$
10		14			16			
12	+0.017 +0.006	18			22			
13		20	+0.017 +0.008		25	+0.010 +0.005		
16		25		6	30			
20	+0.020 +0.007	30		8	35			
25		35	+0.020 +0.009		40	+0.010 +0.005		
28		40			45			
30		42			47			
32	+0.025 +0.009	45			50			
35		48			54			
40		55	+0.024 +0.011	10	60	+0.010 +0.005		
50		70		12	75			
60	+0.029 +0.010	80			86			

2.2.16 파팅 로크

3장 플레이트에서 사용하며, 금형이 열릴 때 가동측에 설치되어 있는 파팅 로크의 고정측 형판에 의해 스톱볼트의 플러 볼트의 스트로크까지 러너 스트리퍼 플레이트를 당겨서 러너를 취출하는 역할을 한다.

(파팅 록의 테이퍼 볼트를 이용해서 당겨지는 세기를 조정할 수 있다.)

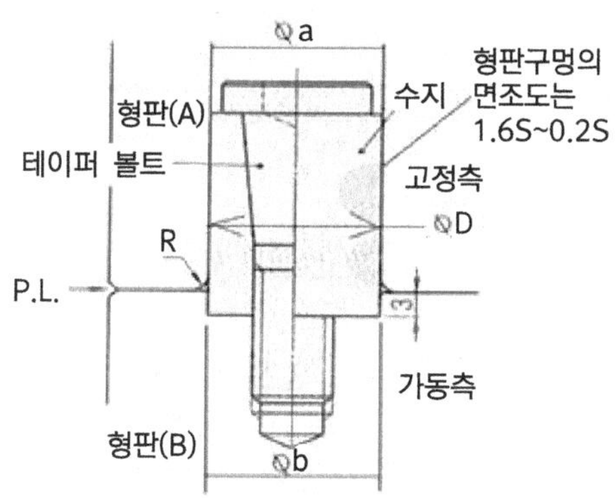

• 구입부품 조립공차 적용요령

구입품- ∅D	형판(A)의∅a 치수	형판(A)의∅b치수	R	T
∅10.0	∅10.01 $^{+0.03}_{0}$	∅10.05 $^{+0.05}_{0}$	2	2.8
∅13.0	∅13.01 $^{+0.03}_{0}$	∅13.05 $^{+0.05}_{0}$		
∅16.0	∅16.01 $^{+0.03}_{0}$	∅16.05 $^{+0.05}_{0}$	3	3
∅20.0	∅20.01 $^{+0.03}_{0}$	∅20.05 $^{+0.05}_{0}$		

• 수지부는 형판 (B)부에 T만큼 들어가게 한다.
• 형판 (A)의 Parting Lock 삽입부 입구는 반드시 Round로 가공한다.
• 금형중량 200 Kg 기준으로 200 Kg이하는 ∅13이하, 200 Kg이상은 ∅16이상의 파팅록을 사용한다.
• 보통 4개를 한 쌍으로 사용하며 테이퍼 볼트 조정시 4개를 균일하게 조정해야한다.
• 구입품 주문은 표준품(MISUMI社 등) Catalog 참고.

2.2.17 리턴 핀

성형품 취출후(Ejector Plate) 이젝터 플레이트를 원래의 위치로 되돌려 주기 위한 핀으로 이젝터 플레이트 윤활을 가이드하는 역할을 한다.

(1) 리턴핀 사용 법

재질 : SUJ 2 / 경도 : HRC58~

• KOPO社 제작시는 STS3 (HRC56)

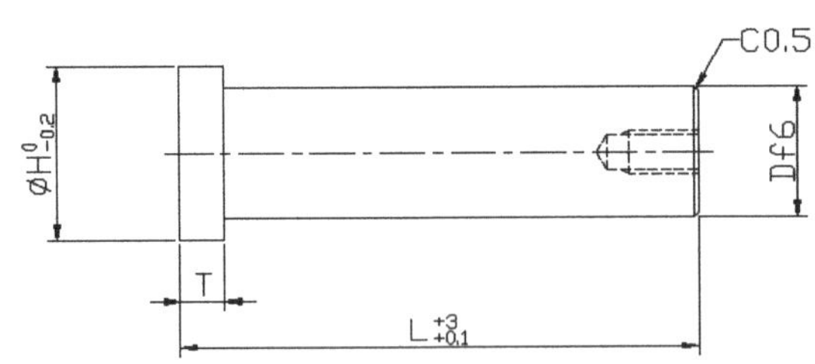

표준품 (MISUMI社 등)	
TYPE	T
RPT4Z	4 $^{0}_{-0.05}$
RPT8Z	8 $^{0}_{-0.05}$

• 구입부품 조립공차 적용요령

<table>
<tr><th>H</th><th colspan="2">Df6</th><th>가동측 형판</th><th>E.P(上)</th></tr>
<tr><td>11</td><td>8</td><td rowspan="2">-0.013
-0.022</td><td rowspan="10">+0.010
0</td><td rowspan="10">$D^{+0.3}_{+0.2}$</td></tr>
<tr><td>15</td><td>10</td></tr>
<tr><td>17</td><td>12</td><td rowspan="4">-0.016
-0.027</td></tr>
<tr><td>18</td><td>13</td></tr>
<tr><td>20</td><td>15</td></tr>
<tr><td>21</td><td>16</td></tr>
<tr><td>25</td><td>20</td><td rowspan="3">-0.020
-0.033</td></tr>
<tr><td>30</td><td>25</td></tr>
<tr><td>35</td><td>30</td></tr>
<tr><td>37</td><td>32</td><td>-0.013
-0.022</td></tr>
</table>

• 구입품 주문의 예 : Catalog No - L - MC
RP4TH 15 - 150

• 표준품(MISUMI社 등) Catalog 참고.

2.2.18 서포트 핀

받침판과 가동측 설치판사이에 설치하며, 형체력과 수지압에 의해 발생하는 휨을 방지하는 역할과 때로는 숄더 볼트의 역할도 겸한다.

• 서포트 핀은 가능한 중앙부에 설치하고 직경은 가능한 크게 하며, 일반적으로 중앙에 1~2개를 사용하고, 경우에 따라서는 4개 이상을 사용하는 경우도 있다.

• 서포트 핀의 형상은 고정방법에 따라 Pin을 가공하여 삽입하는 경우, 일체형으로 가공하는 경우도 있으니, Bolt를 이용하는 것을 주로 사용한다.

- 서포트 핀의 설계시 공차 적용요령

<table>
<tr><th>종류</th><th>재질</th><th>경도</th><th>수량</th><th>지름치수</th><th>L치수</th><th></th></tr>
<tr><td rowspan="7">서포트 핀A</td><td rowspan="7">STS3</td><td rowspan="7">HRC 56</td><td></td><td>16</td><td>60</td><td rowspan="7">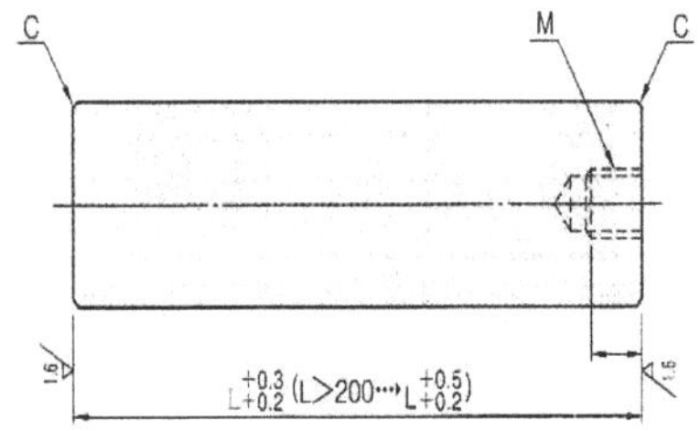
</td></tr>
<tr><td>2</td><td>16</td><td>70</td></tr>
<tr><td></td><td>20</td><td>57</td></tr>
<tr><td></td><td>20</td><td>70</td></tr>
<tr><td></td><td>25</td><td>60</td></tr>
<tr><td></td><td>25</td><td>70</td></tr>
<tr><td></td><td>16</td><td>57</td></tr>
<tr><td rowspan="7">서포트 핀B</td><td rowspan="7">STS3</td><td rowspan="7">HRC 56</td><td></td><td>16</td><td>65</td><td rowspan="7">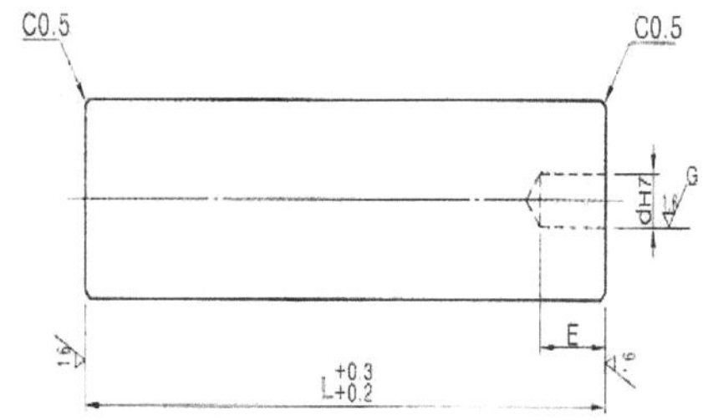
</td></tr>
<tr><td>2</td><td>16</td><td>50</td></tr>
<tr><td></td><td>20</td><td>40</td></tr>
<tr><td></td><td>20</td><td>50</td></tr>
<tr><td></td><td>25</td><td>40</td></tr>
<tr><td></td><td>25</td><td>50</td></tr>
<tr><td></td><td>16</td><td>44</td></tr>
<tr><td rowspan="7">서포트 핀C</td><td rowspan="7">STS3</td><td rowspan="7">HRC 56</td><td></td><td>20</td><td>13</td><td rowspan="7">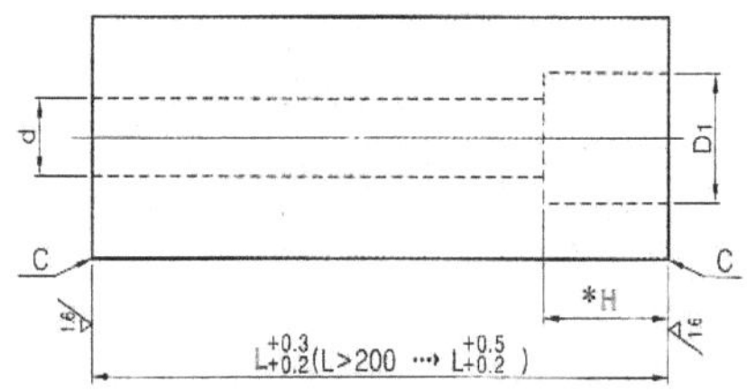
</td></tr>
<tr><td></td><td>25</td><td>13</td></tr>
<tr><td></td><td>30</td><td>13</td></tr>
<tr><td>2</td><td>20</td><td>15</td></tr>
<tr><td></td><td>25</td><td>15</td></tr>
<tr><td></td><td>30</td><td>15</td></tr>
<tr><td></td><td>30</td><td>20</td></tr>
</table>

2.2.19 이젝트 가이드 핀, 가이드 부시

성형품 취출시 이젝터 핀의 가이드 역할과 가동측 코어와 이젝터 플레이트 사이에서 이젝터 핀구멍의 위치를 결정하며 이젝터 핀과 가동측 코어의 수명을 길게 한다.

(1) 이젝터 가이드 핀

① 이젝터 가이드 핀의 종류(KOPO社에서 주로 사용하는 핀 : 표준품(MISUMI社 등))

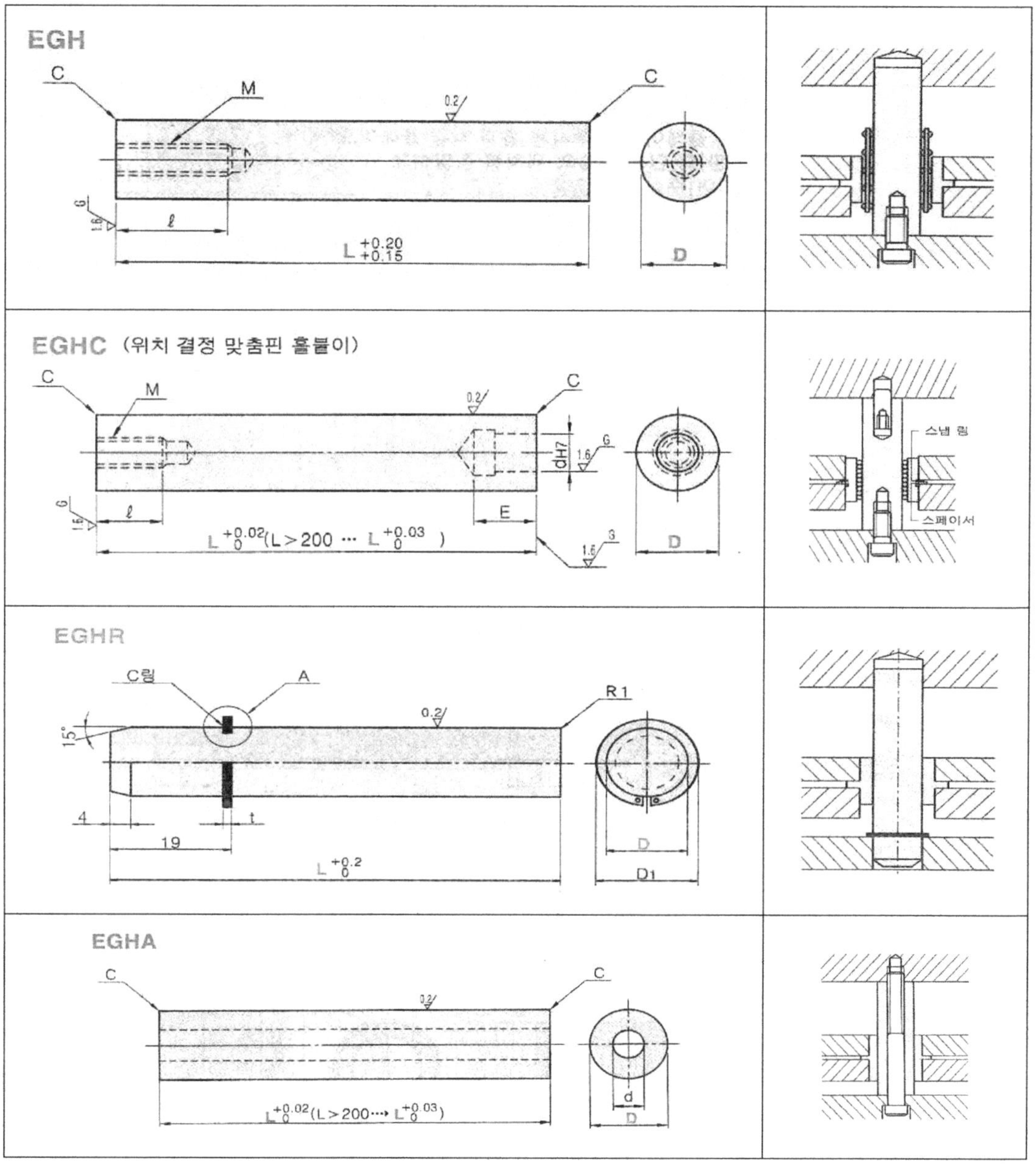

- 구입품 주문의 예 : Catalog No - L - (LKC)
  EGH 10 - 50.0 - LKC
  # LKC : 전장공차변경
- 표준품(MISUMI社 등) CATALOG 참고.
- 구입부품 조립공차 적용요령

ØD		MX1	2-C	ØA(PLATE)	B
8	-0.015 -0.020	M5X10	0.5	ØD $^{+0.01}_{0}$	10 $^{+0.01}_{0}$
10					
12	-0.020 -0.025	M6X12			
13					
16					
20	-0.025 -0.030	M8X16			
25					
30		M10X20			
32			1.0		
35					
40					
50					

(2) 이젝터 가이드 부시

① 이젝터 가이드 부시의 종류(KOPO社에서 주로 사용하는 부시 : 표준품(MISUMI社 등))

- EGBH, EGBL
- 구입품 주문의 예 : -Catalog No-L / EGH 10-13

② EGBH(표준품(MISUMI社 등)) 사용 예

재질 SUJ 2 / 경도 HRC58~

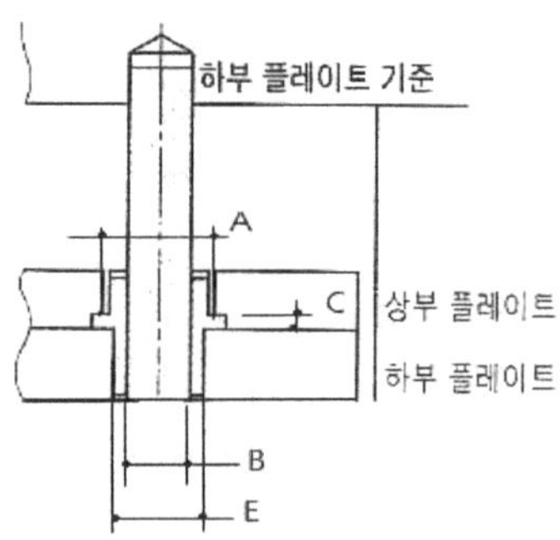

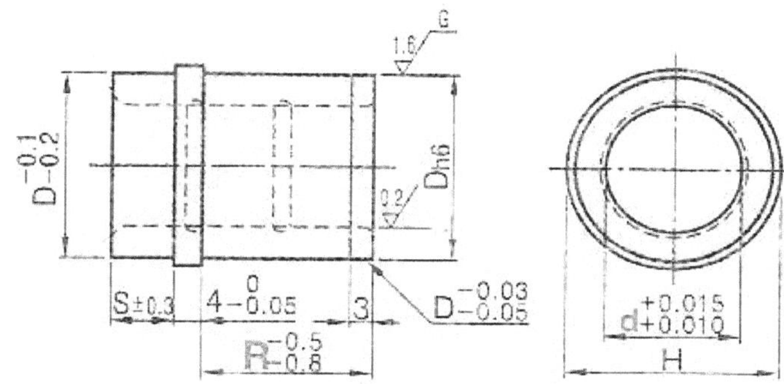

• 구입부품 조립공차 적용요령

S	D_{h6}		H	d	A(PLATE)	B	C	E
8	16	0 -0.011	19	8	-0.010 0	D+1	$4^{+0.02}_{0}$	H+1
8	18		21	10				
10	22	0 -0.013	25	13				
10	25		28	16				
10	30		33	20				
10	35	0 -0.016	38	25	+0.005 -0.005			
15	40		43	30				
15	42		45	32				
20	45		48	35				
20	52	0 -0.019	55	40				
20	62		65	50				

2.2.20 앵귤러 핀

슬라이드 코어의 반대 방향에 핀을 경사지게 하여 조립하고, 형 개방력을 이용하여 슬라이드 코어를 이동시키는 역할을 한다.

(1) 설계시 검토사항

• 구조가 간단하고, 작동이 확실하지만 스트로크가 길거나, 형이 열리기 이전에 슬라이드 코어를 작동시켜야 할 경우 해결이 어려운 결점이 있다.

- 경사 핀을 사용하고, 형을 열려고 하는 것을 이용할 경우의 각도는 25도 이하로 해야 하며, 그 이상은 좋지 않다. 만일, 그 이상으로 하면 스트로크가 증가하는 반면 핀에 걸리는 작용력이 증가한다. 그러므로 가장 안전하고 실용적인 각도는 20도 이하로 하는 것이 가장 바람직하다.
- 슬라이드 코어의 높이가 높을 경우는 슬라이드 코어가 안내부의 힘에 의하여 작동이 불량하게 되고, 경우에 따라서는 붙잡히는 경우(Seized Point)가 발생하여 작동을 하지 않는 경우가 있다.

(2) 앵귤러 핀의 종류(한국ALPS에서 주로 사용하는 핀 : 표준품(MISUMI社 등))

- AP, APS

AP

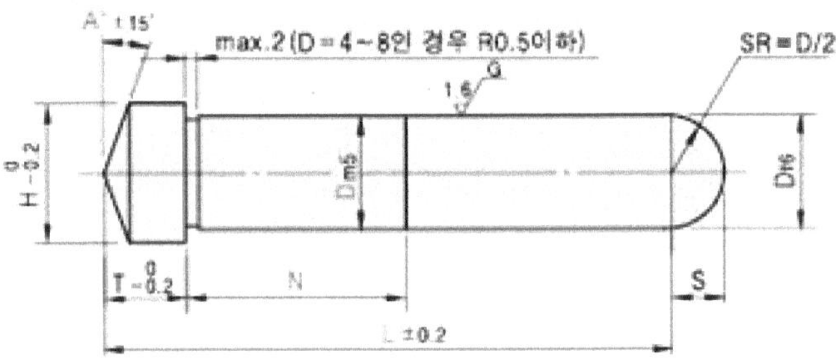

APS

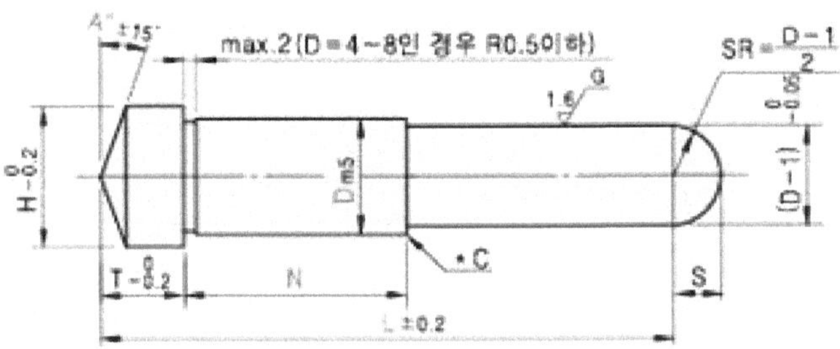

- 구입품 주문의 예 : Catalog No-L-N-A / AP10-55.0-20.0-A20

(3) AP(표준품(MISUMI社 등)) 사용 예: * KOPO社 제작시 STS3(HRC56)

	재질	경도
D=4~8	SKD11	HRC60~63
D=10~50	SUJ 2	HRC58~

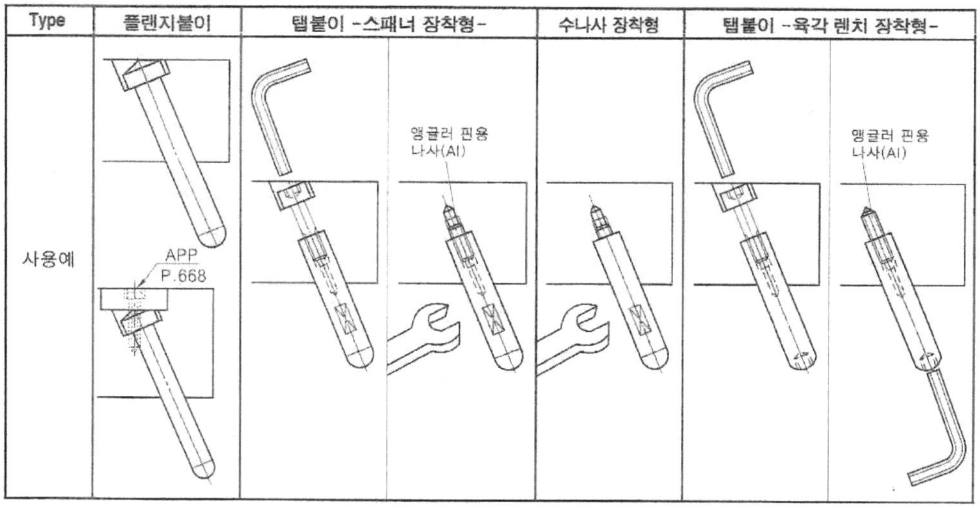

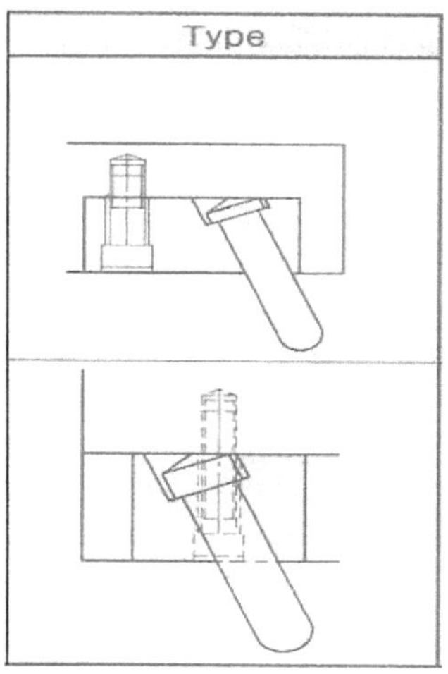

앵귤러 핀 리테이너

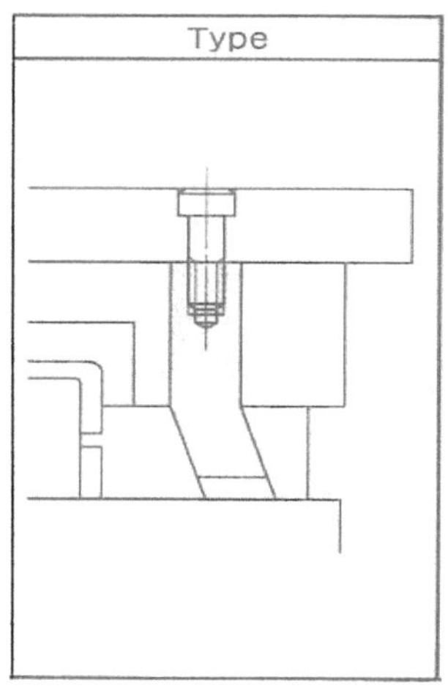

앵귤러 캠

• 구입부품 조립공차 적용요령

<table>
<tr><th>D</th><th>D_{m5}</th><th>D_{r6}</th><th>T</th><th>H</th><th>D1
(PLATE구멍)</th><th>C
(SLIDER구멍)</th><th>A</th><th>B</th></tr>
<tr><td>4</td><td rowspan="3">+0.009
+0.004</td><td rowspan="3">-0.010
-0.018</td><td rowspan="4">5</td><td>7</td><td rowspan="3">+0.005
0</td><td rowspan="3">D+0.3</td><td rowspan="16">T+0.1</td><td rowspan="16">H+1</td></tr>
<tr><td>5</td><td>8</td></tr>
<tr><td>6</td><td>9</td></tr>
<tr><td>8</td><td rowspan="2">+0.012
+0.006</td><td rowspan="2">-0.013
-0.022</td><td>11</td><td rowspan="13">+0.010
+0.005</td><td rowspan="2">D+0.5</td></tr>
<tr><td>10</td><td rowspan="3">10</td><td>13</td></tr>
<tr><td>12</td><td rowspan="4">+0.015
+0.007</td><td rowspan="4">-0.016
-0.027</td><td>15</td><td rowspan="5">D+1.0</td></tr>
<tr><td>13</td><td>16</td></tr>
<tr><td>15</td><td rowspan="4">13</td><td>18</td></tr>
<tr><td>16</td><td>19</td></tr>
<tr><td>20</td><td rowspan="3">+0.017
+0.008</td><td rowspan="3">-0.020
-0.033</td><td>23</td></tr>
<tr><td>25</td><td>28</td><td rowspan="3">D+2.0</td></tr>
<tr><td>30</td><td rowspan="4">15</td><td>35</td></tr>
<tr><td>32</td><td rowspan="4">+0.020
+0.009</td><td rowspan="4">-0.025
-0.041</td><td>37</td></tr>
<tr><td>35</td><td>40</td><td rowspan="3">D+3.0</td></tr>
<tr><td>40</td><td>45</td></tr>
<tr><td>50</td><td>20</td><td>55+</td></tr>
</table>

2.2.21 로킹 블록

금형 내의 슬라이드 코어 또는 핀등을 필요한 위치에 고정하고, 성형수지의 압력에 밀리지 않도록 지지해주는 역할을 한다.

(1) 로킹 블록의 종류(KOPO社에서 주로 사용하는 블록)

① 플랜지위치결정형 로킹블록 : 소형 슬라이드용 (앵귤러 핀은 사용하지 않는다.)

- 평면형 -

A=15~23

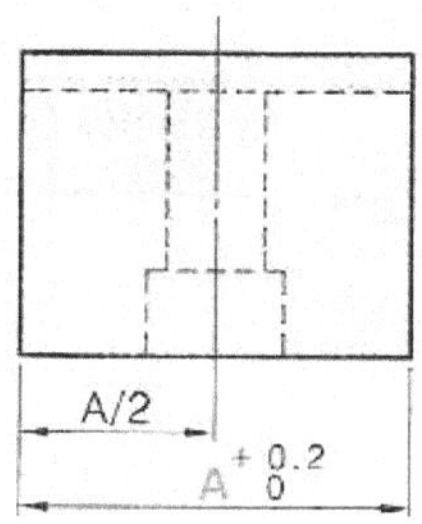

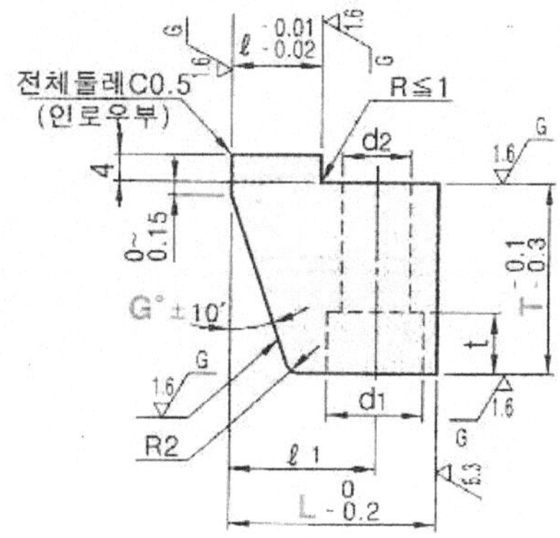

A=28~78

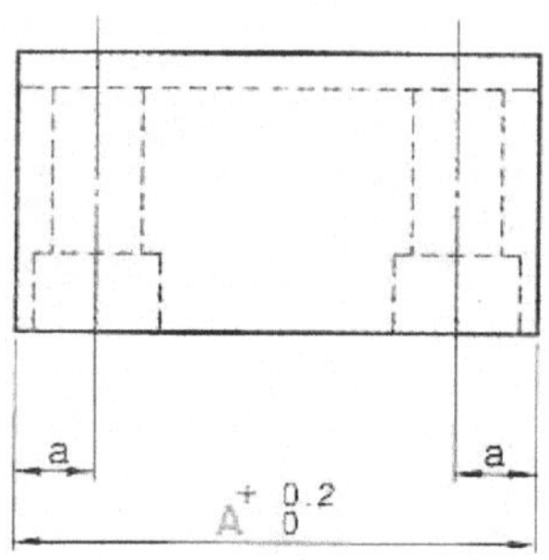

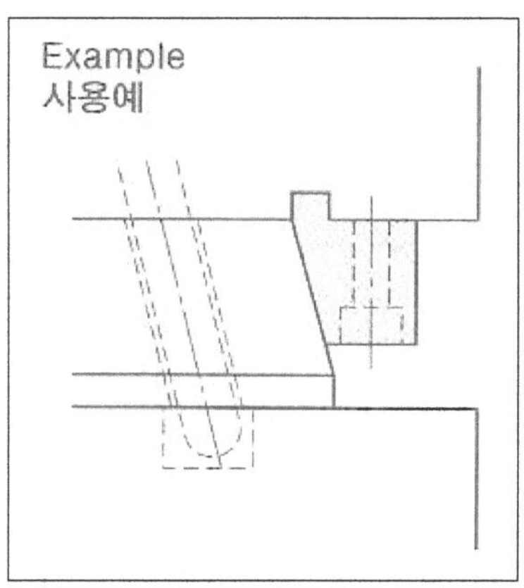

② In Low 타입 로킹블록 : 대형 슬라이드용 (앵귤러 핀을 사용한다.)

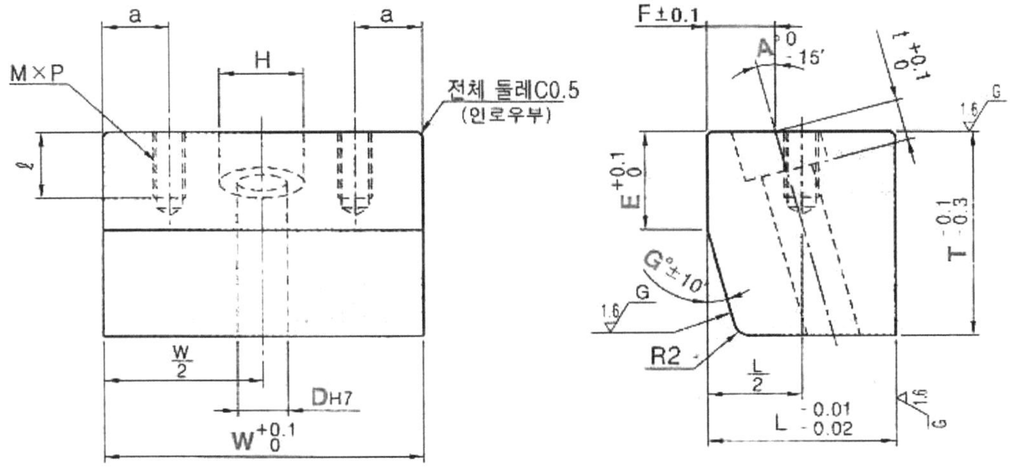

Example 사용 예

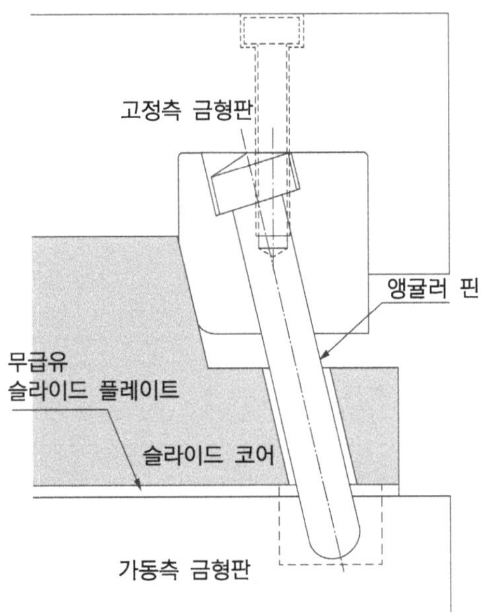

③ 앵귤러 홀 가공 로킹블록 : 일반적으로 사용 (앵귤러 핀을 사용한다.)

■W=15~35

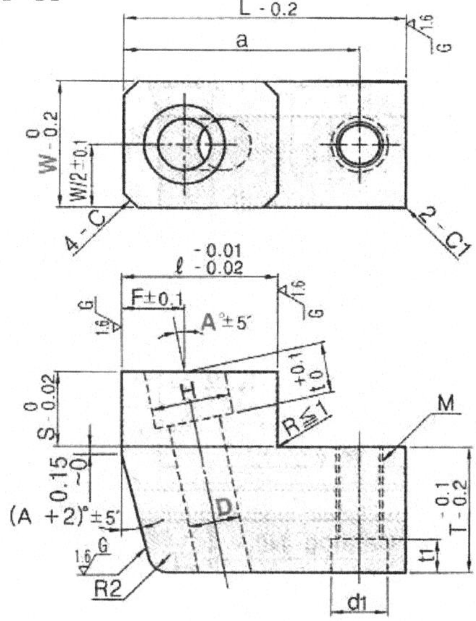

■W=40~

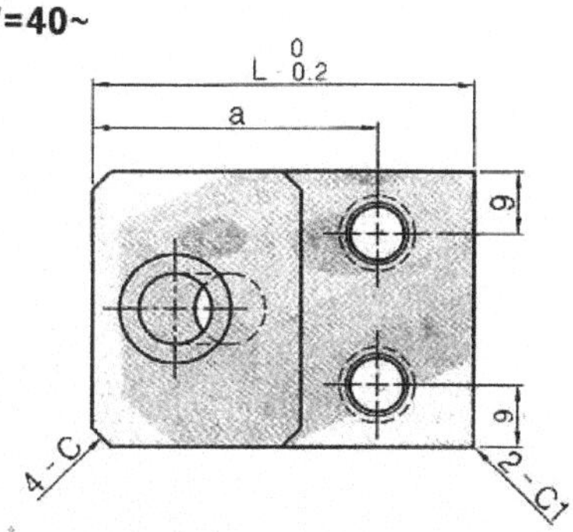

■a 치수

D \ W	15~35	40~70
6	32	–
8		
10	46	40
13	–	46
16		

Example 사용예

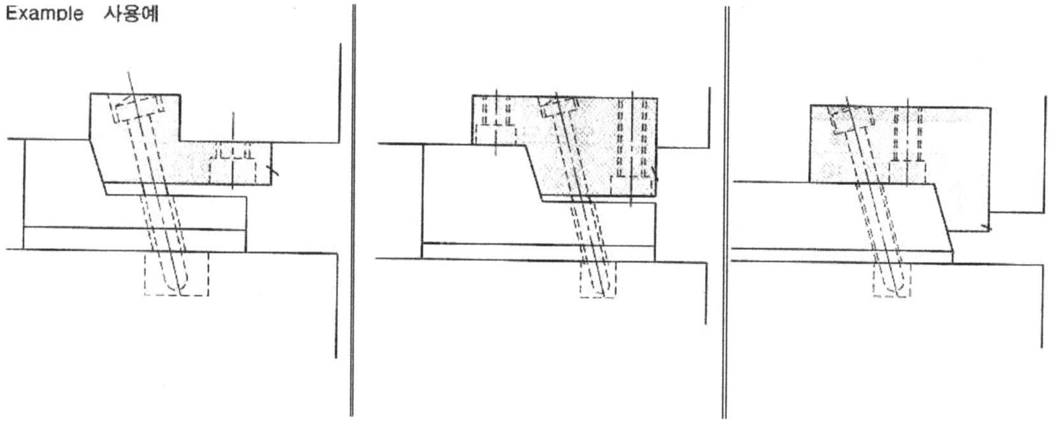

* KOPO社에서는 제작 사용함.

2.2.22 슬라이드 코어

성형품에 언더컷부가 있어 제품을 이형 시킬 수 없을 경우 슬라이드 코어를 사용하여 언더컷부가 있는 형상의 제품을 취출하는 역할을 한다.

(1) 슬라이드 코어의 종류

① 앵귤러핀에 의한 방법

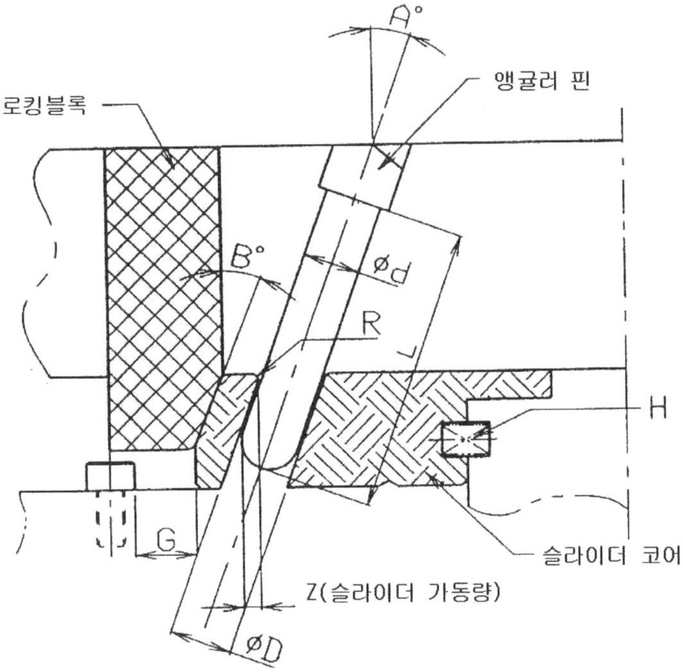

- A° : 10° ~ 25° (앵귤러핀 길이가 길때는 25° 까지 사용 할 수 있다.)
- B° : B° =A° +2° (앵귤러핀 각도보다 2° 크게 설정한다.)
- ØD : Ød(4~10) ØD=Ød+0.5, Ød(12~20) ØD=D+1
  Ød(25~32) ØD=Ød+2, Ød(35~50) ØD=D+3
- 슬라이더 가동량 (Z) : 제품의 언더컷 량+2(소형금형)
  -Z는 슬라이더 R에 접하는 부분과 앵귤러핀과 접하는 부분의 거리를 말한다.
- L : 앵귤러핀의 길이는 Z(가동량)에 의하여 길이가 결정된다.
- R : R1.0~R2.0정도로 설정하고 R크기에 따라 가동량이 결정되기 때문에 R1.00±0.1 공차를 준다.
- G : Z(슬라이더 가동량)+0.5 틈새를 준다.
- H : 스프링 선택시 슬라이더 중량의 2배에 해당되는 하중의 스프링을 선택한다.

• 슬라이드 스트로크 계산 예

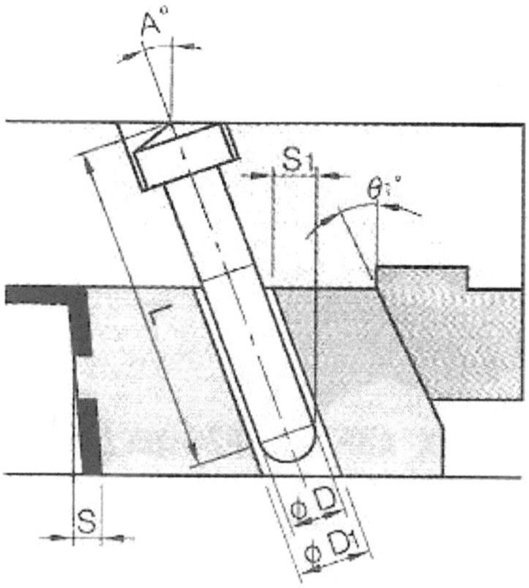

S : 언더컷 량
S_1 : 슬라이드 스트로크량(S < S1)
D : 앵귤러 핀의 직경(ϕD_1 = D+1)
D_1 : 슬라이드 코어의 홀 직경
A° : 앵귤러 핀의 경사각
θ_1 : 로킹 블록의 경사각
$\theta_1 = A° + (2° \sim 5°)$

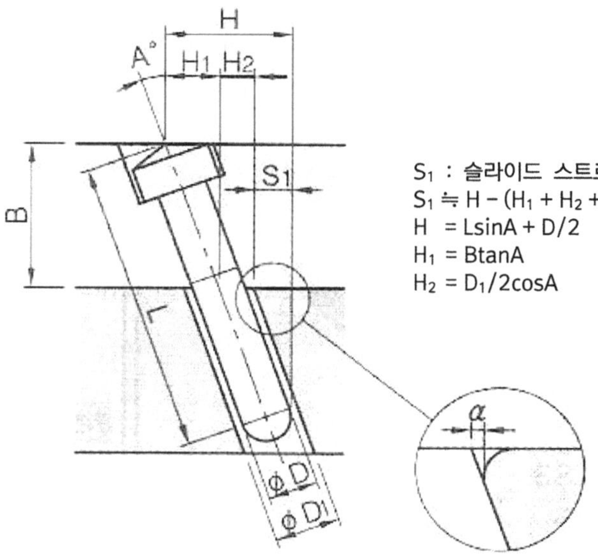

S_1 : 슬라이드 스트로크량
$S_1 \fallingdotseq H - (H_1 + H_2 + d)$
$H = L\sin A + D/2$
$H_1 = B\tan A$
$H_2 = D_1/2\cos A$

② 캠에 의한 방법

앵귤러핀 구조보다 슬라이드 가동량이 적게 설정되는 단점이 있기 때문에 가동량이 많이 필요할 경우는 사용할 수가 없다.

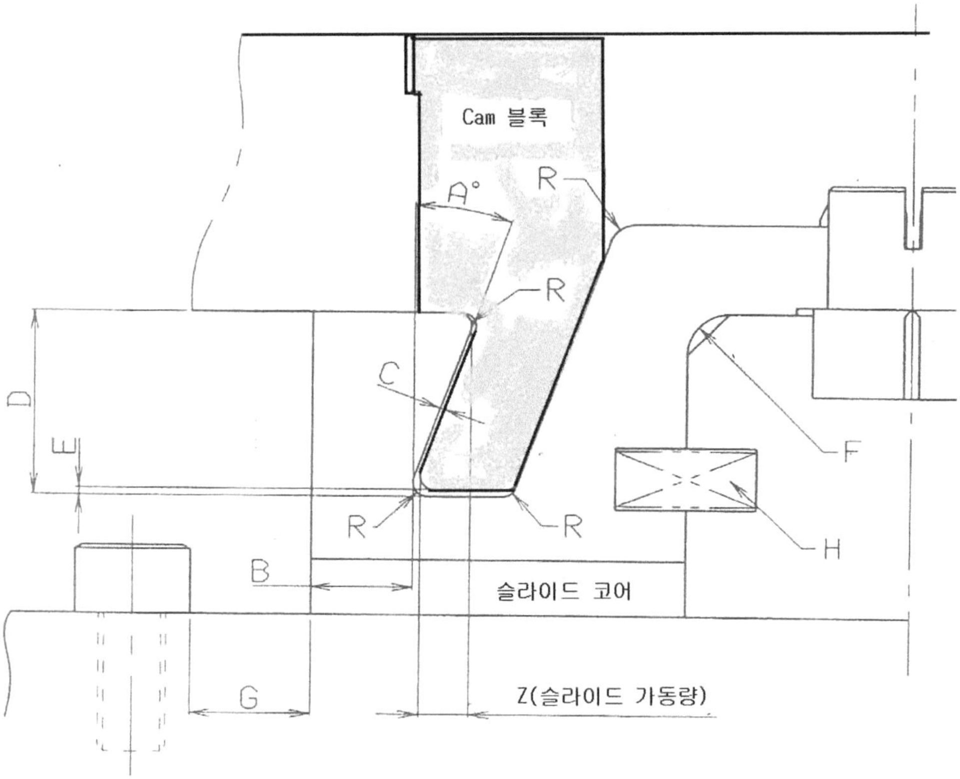

- A° : 일반적으로 15° ~ 20° 로 사용한다.
- B : 슬라이더 파손 가능성이 있어 7.0 이상 유지한다.
- C : 0.2~0.5 틈새를 준다.
- D : Z(가동량)과 각도에 의해서 깊이가 결정된다.
- E : 최소 0.5틈새를 준다.
- Z : 슬라이더 가동량
- F : 슬라이더 상단부위가 고정측에 습합부가 필요한 경우는 강도를 UP시키기 위하여 R을 준다.
- G : Z(슬라이더 가동량)+0.5 틈새를 준다.
- H : 스프링 선택시 슬라이더 중량의 2배에 해당되는 하중의 스프링을 선택한다.

③ 경사캠에 의한 방법

경사핀 대신에 경사캠을 사용하여 슬라이드 코어를 전진 또는 후퇴 시키는 방법이다. 어느정도 금형이 열린후에 슬라이드 코어를 후퇴시킬 필요가 있을 경우에 사용한다.

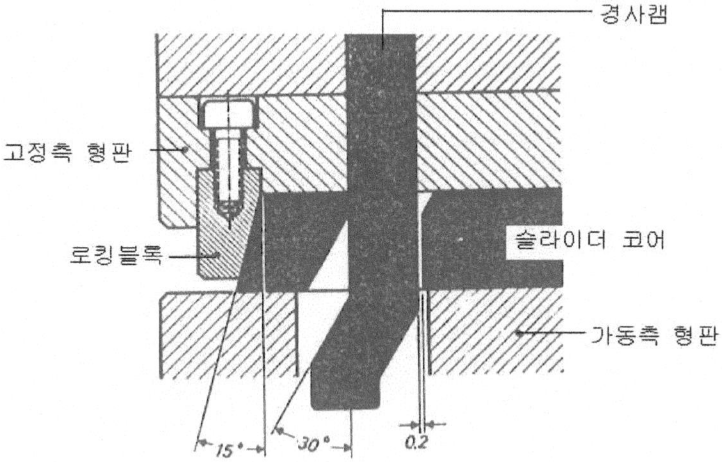

④ 경사 슬라이더에 의한 방법

내측 언더컷 구조에 주로 사용되며 경사 슬라이더가 상, 하 이동에 따라 좌, 우 이동이 되므로 지지핀이 필요하고 윗면은 제품면 보다 0.05이상 낮게 해야 한다. 또한, 이형 방향으로 2° 이상 빼기구배가 필요하다.

⑤ Center Core에 의한 방법

내측 언더컷 구조에 주로 사용되며 안쪽에서 코어핀을 밀어 넣거나 빼면서 작동하는데 형상부가 좁으므로 금형강도에 주의해야 한다.

⑥ 유압 실린더에 의한 방법

슬라이더 이동 스트로크가 클 경우에 사용.

⑦ 회전기구에 의한 방법

주로 나사가 있는 성형품에 사용한다.

- 랙에 의한 방법
- 랙과 베벨 기어에 의한 방법
- 나사축과 너트에 의한 방법
- 모터에 의해 구동하는 방법

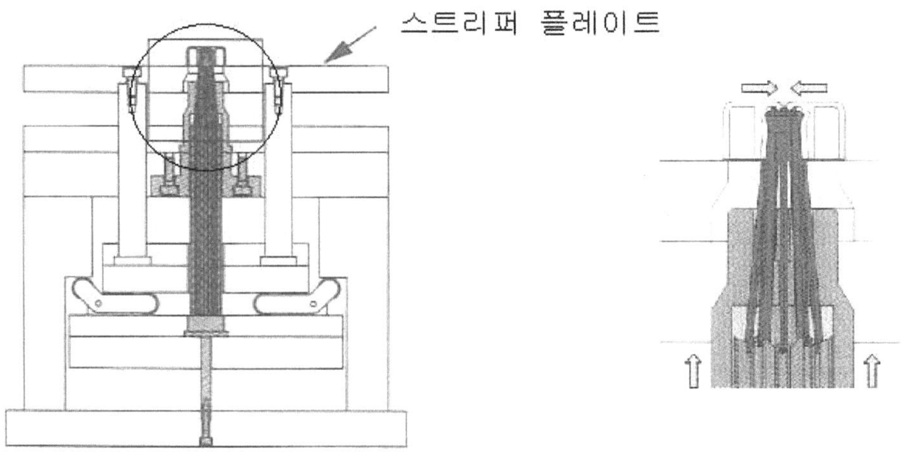

Center Core에 의한 방법

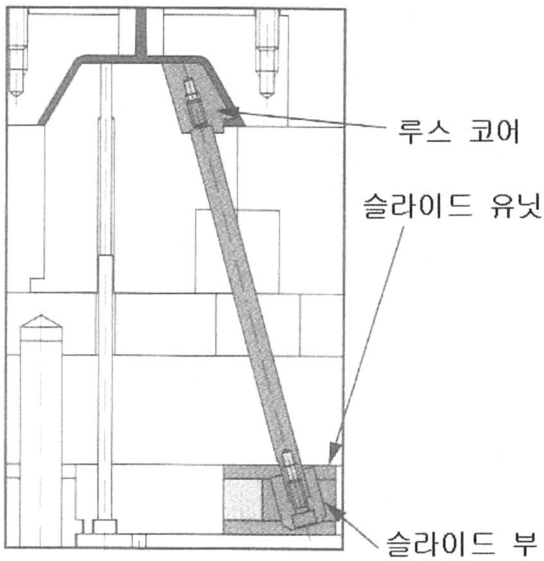

경사 슬라이더에 의한 방법

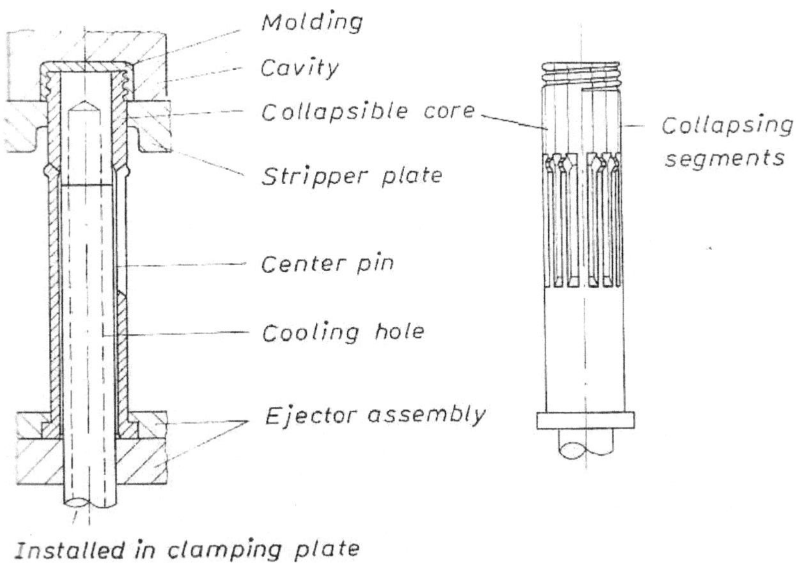

Center Core에 의한 방법 (Collapsible core)

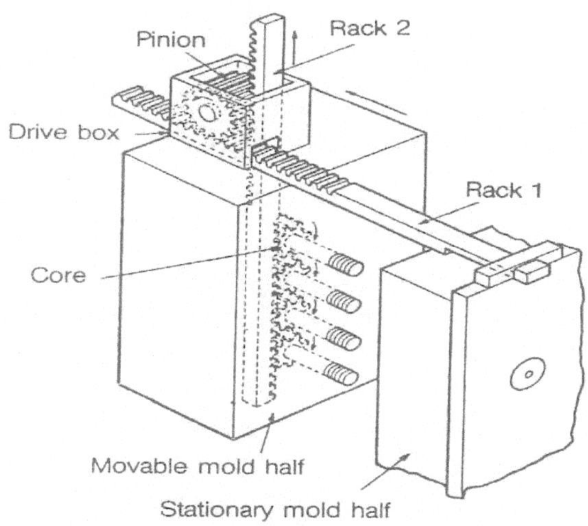

회전기구 (래크와 피니언)에 의한 방법

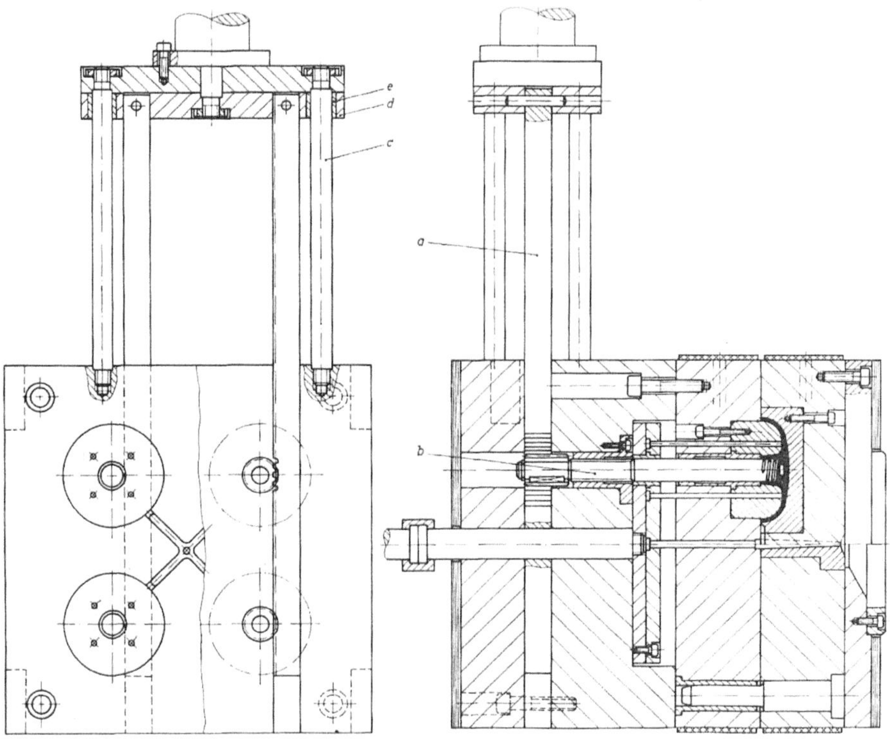

회전기구 (유압실린더)에 의한 방법

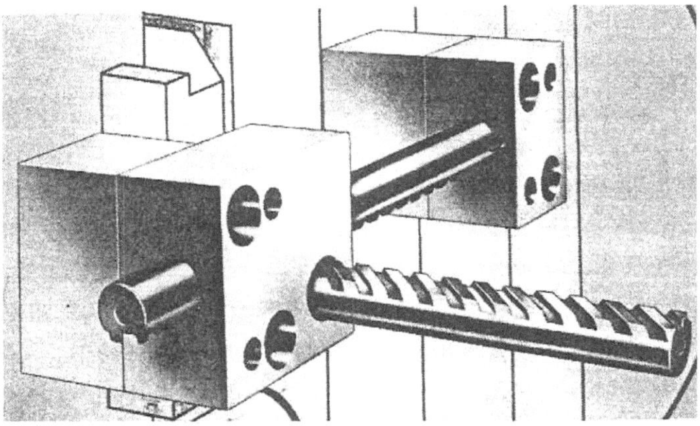

2개의 베벨래크와 가이드블록에 의한 방법

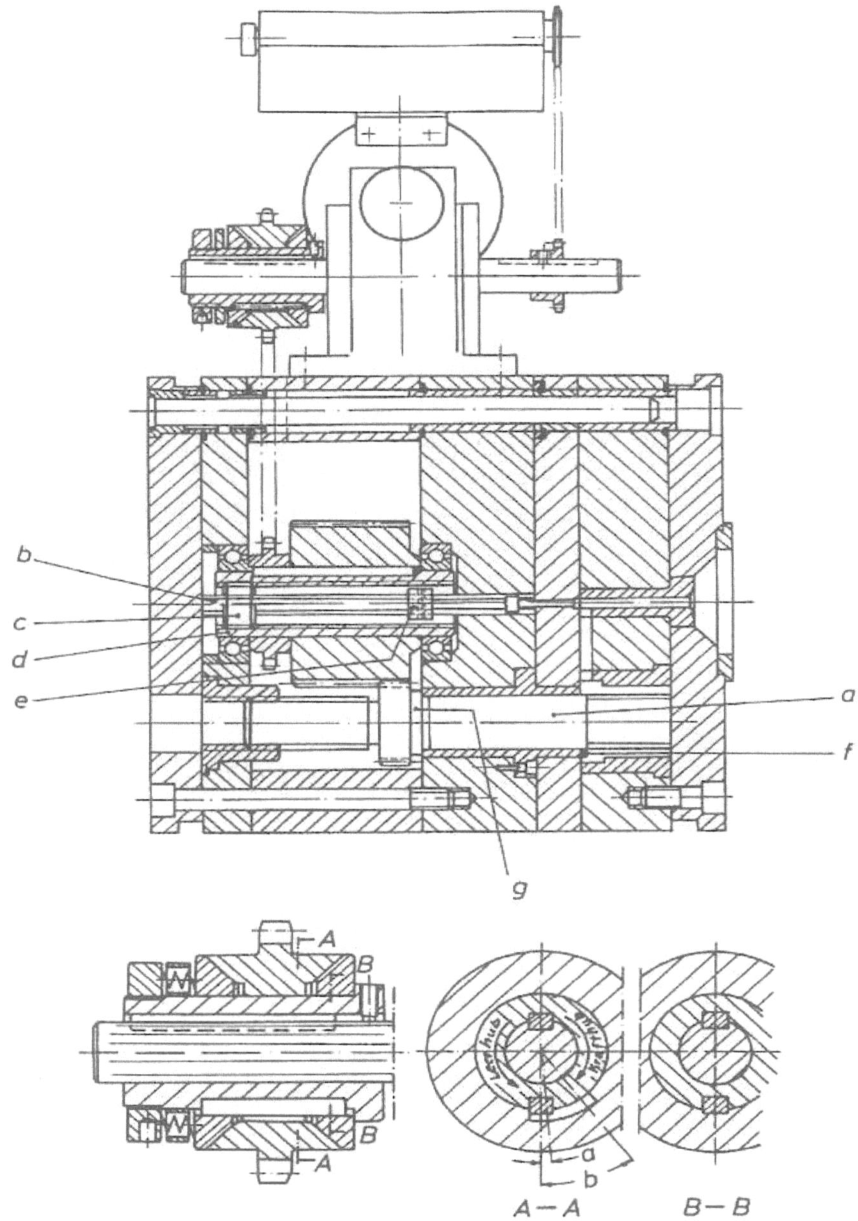

모터에 의해 구동하는 방법

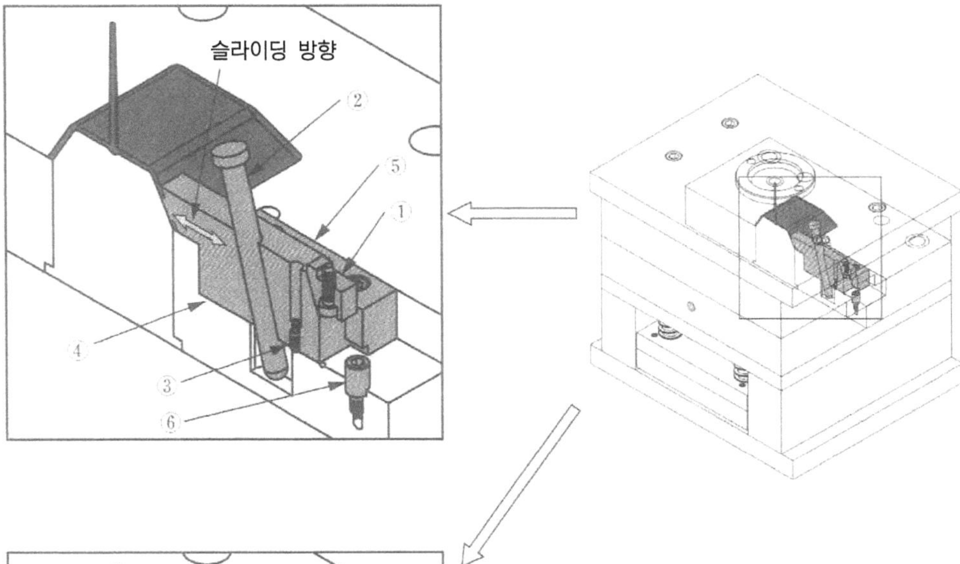

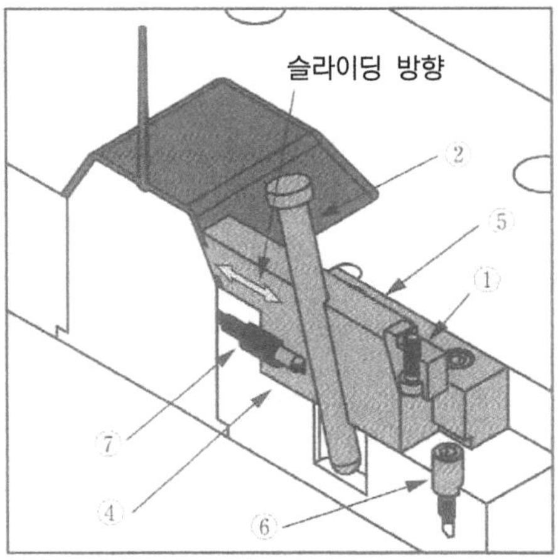

번호	부품명칭
①	로킹블록
②	앵귤러 핀
③	볼 플런저
④	슬라이드 코어
⑤	슬라이드 레일
⑥	슬라이드 스토퍼
⑦	스프링, 스프링가이드핀

슬라이더 코어 구조

(2) 가이드 레일과 슬라이더 치수설정 방법

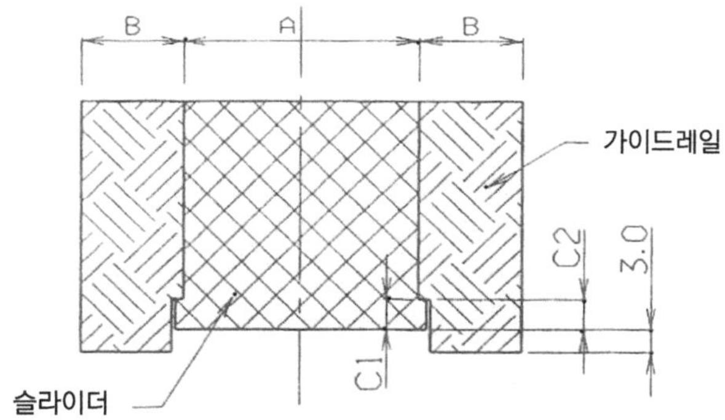

① 기준면이 제품면일 경우

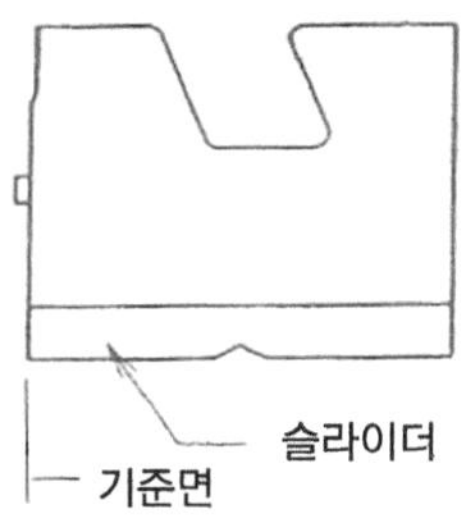

- A : 슬라이더 폭 치수 (A0-0.01)
- B : 가이드 레일 폭 치수 (B0-0.005)
- C1 : 슬라이더 치수 (C0-0.01)
- C2 : 가이드 레일 치수 (C0+0.01)

② 기준면이 제품면과 관계가 없는 경우

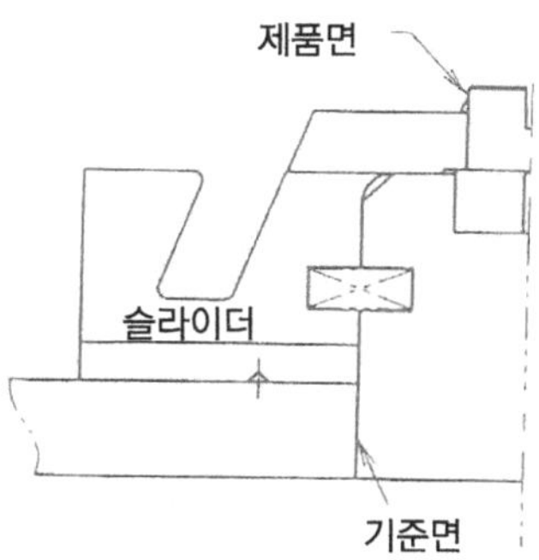

- A : 슬라이더 폭 치수 (A0-0.01)
- B : 가이드 레일 폭 치수 (B-0.02-0.03)
- C1 : 슬라이더 치수 (C0-0.01)
- C2 : 가이드 레일 치수 (C+0.02+0.03)

Example 사용예

• 가이드 홈 없는 형의 가이드 레일과 슬라이드 코어

(1) (2) (3)

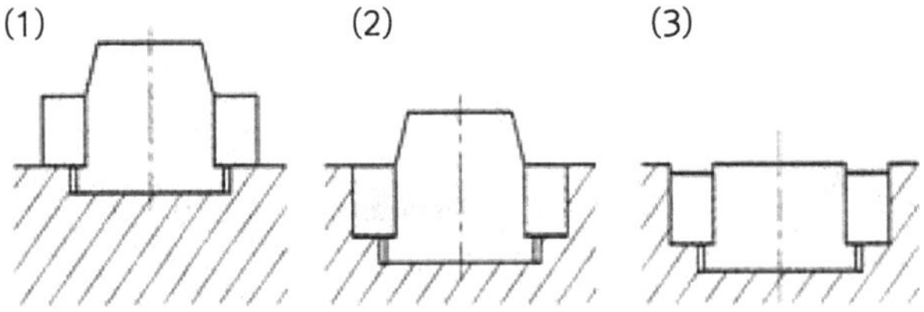

• 가이드 홈붙이형의 가이드 레일과 슬라이드 코어

(1) (2) (3)

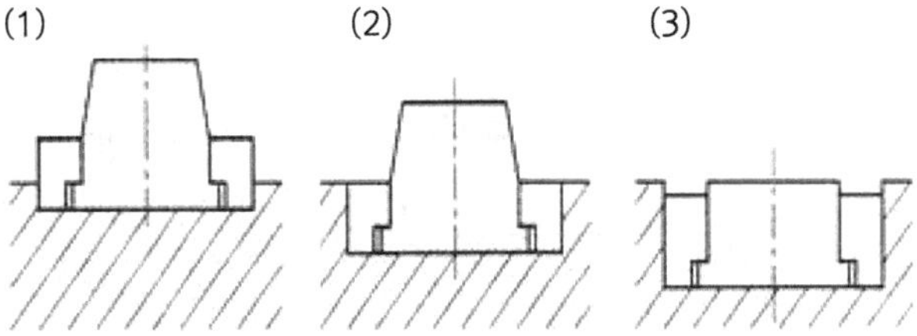

• 가이드레일과 슬라이드 코어의 슬라이드부 상세

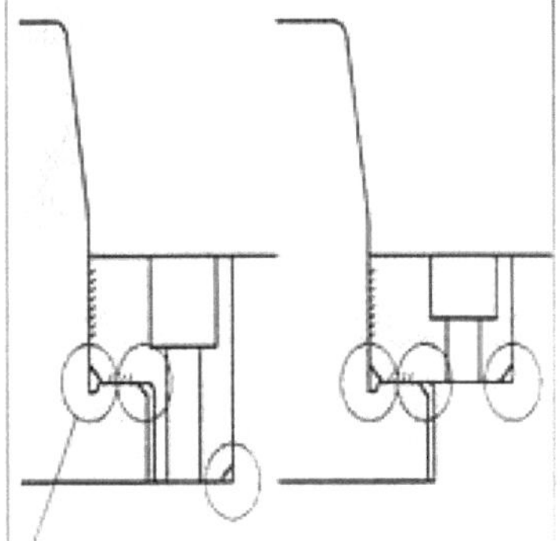

간섭을 막기 위해서 필요한 릴리프나 면취가공이 되어져 있다.

• 가이드 홈 8 ㎜인 가이드 레일과 플랜지 두께 5 ㎜인 슬라이드 코어의 예

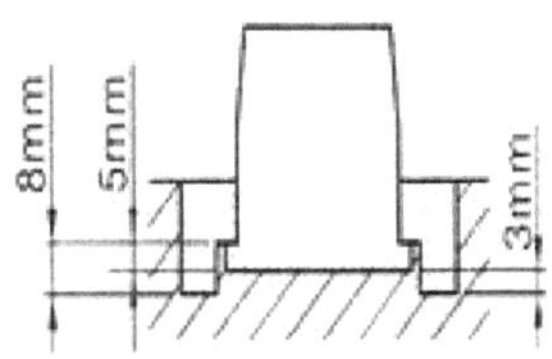

• 슬라이드 코어 매립 예(공간 절약용)

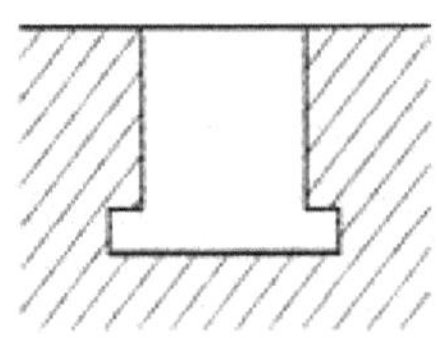

• 기타

(1) 가이드 홈 높이 15 ㎜

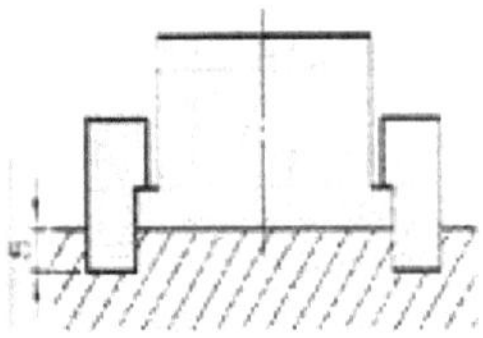

(2) 양홈형

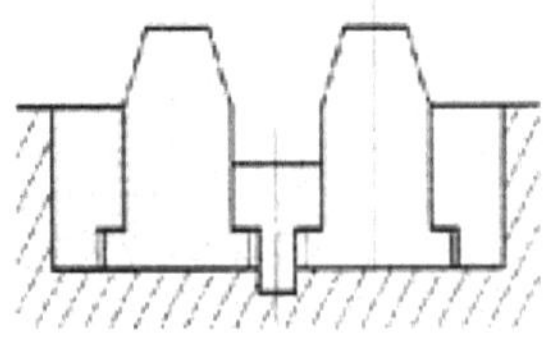

(3) 센터 레일

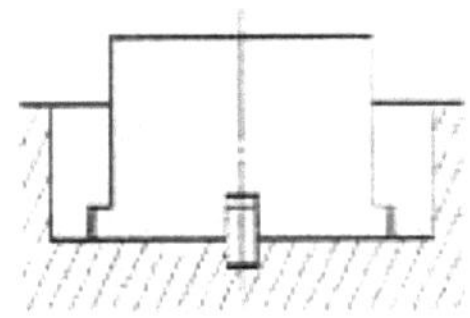

2.2.23 볼 플런저

슬라이드가 뒤로 후퇴하였을 경우 앞으로 움직이지 못하도록 하는 역할을 한다.

(1) 볼 플런저 설계치수 기입방법

M3 볼 플런저는 가능한 사용하지 않도록 한다.

	A(위치공차)	B	C
M3	$A^{+0.02}_{-0.02}$	0.6	90°
M4	$A^{+0.1}_{-0.1}$	0.6	80°
M5.M6		0.8	90°
M8		1.0	90°
M10		1.3	90°

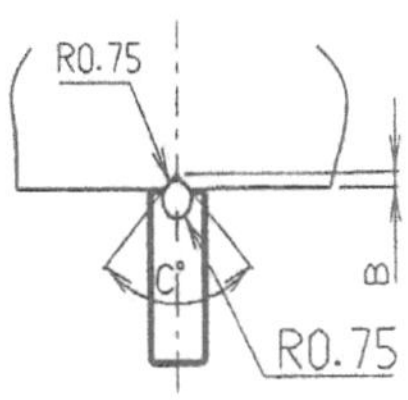

M3 볼 플런저

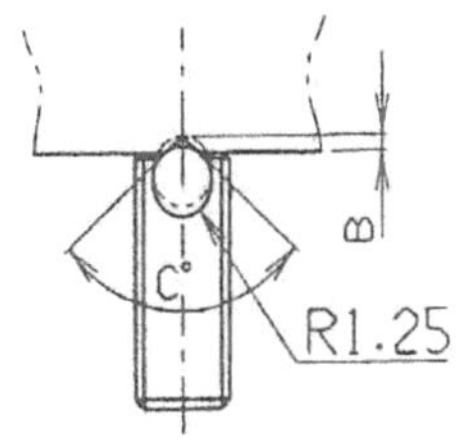

M4 볼 플런저

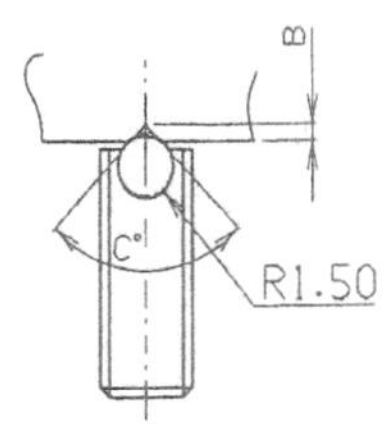

M5.M6 볼 플런저

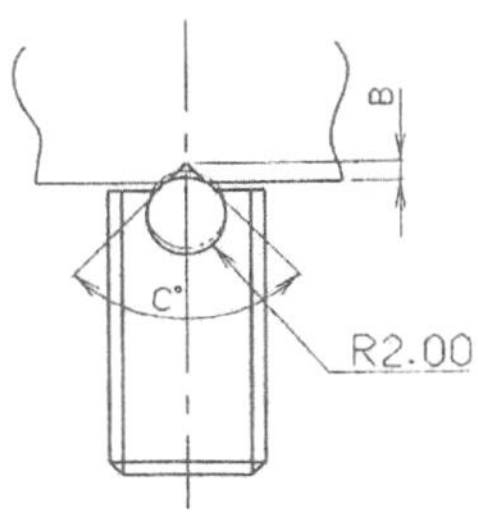

M8 볼 플런저

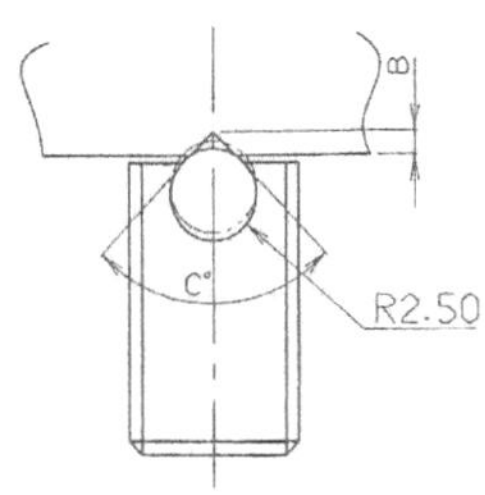

M10 볼 플런저

- 구입품 사용시 표준품(MISUMI社 등) Catalog 참고.

2.2.24 강제 후퇴 장치(이젝트 플레이트 신속 복귀 장치)

금형이 닫히기 전에 이젝터 플레이트를 원위치 시키는 역할을 한다. 외부에 돌기부가 없기 때문에 다른 부분에 간섭을 주지 않고 다른 장치에 비해 간단한 금형기구의 하나이다.

(1) 부시, 포스트와 작동핀의 길이 결정방법

- 이젝터 스트로크 량을 결정한다.
- A를 C보다 크게 한다.
- D=96.75이면, 예를 들어 B=0, E=10일 경우에 C=86.75가 된다.
- 스트로크 C가 작아도 괜찮을 경우에는 포스트를 적당한 길이로 결정하여 정한다.
- 형체에 대해 이젝터 플레이트가 원위치로 되었을 때 이젝터 플레이트를 완전히 원위치 시킬 수 있도록 작동핀의 길이를 결정한다.

※ Maker : JADEME(구입품 사용시 참고)

Catalog No	ER-50	ER-100	ER-101	ER-102
d1	5	11	5/8	16
d2	17	28.5	40.79	41
d3	20	32	45.59	46
d4	18	29	41.22	41
d5	14	22	31.70	32
d6	23	32	34.29	43
t1	2	2	3.15	3
t2	4.5	4.5	6.35	5

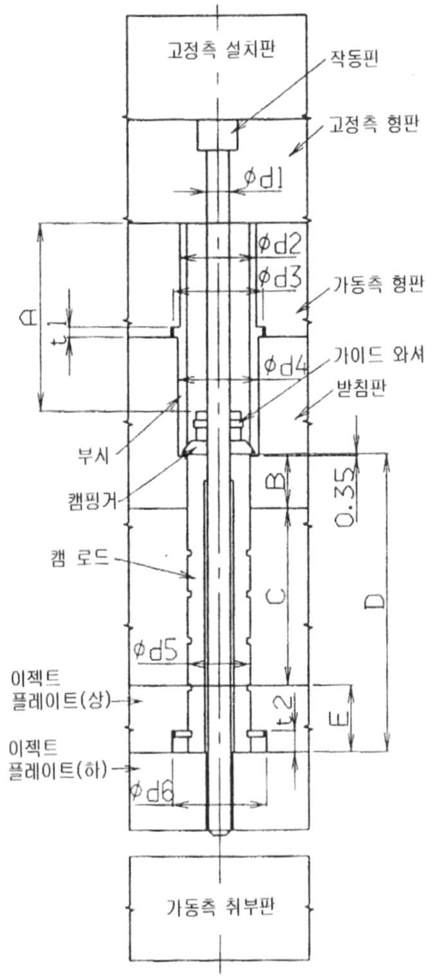

- D는 58보다 작거나 같게 한다.
- 0.35는 실측차이고, 계산치는 0.7로 한다.
- 부시를 고정하는 방법으로는 옆의 그림에서처럼 가동측 형판과 받침판 (서포트 플레이트)사이에서 가동측 형판과 받침판(서포트 플레이트)사이에서 카운터보어를 이용하는 방법과 누름버튼을 사용해서 고정하는 방법, 볼트를 이용하는 방법이 있다.

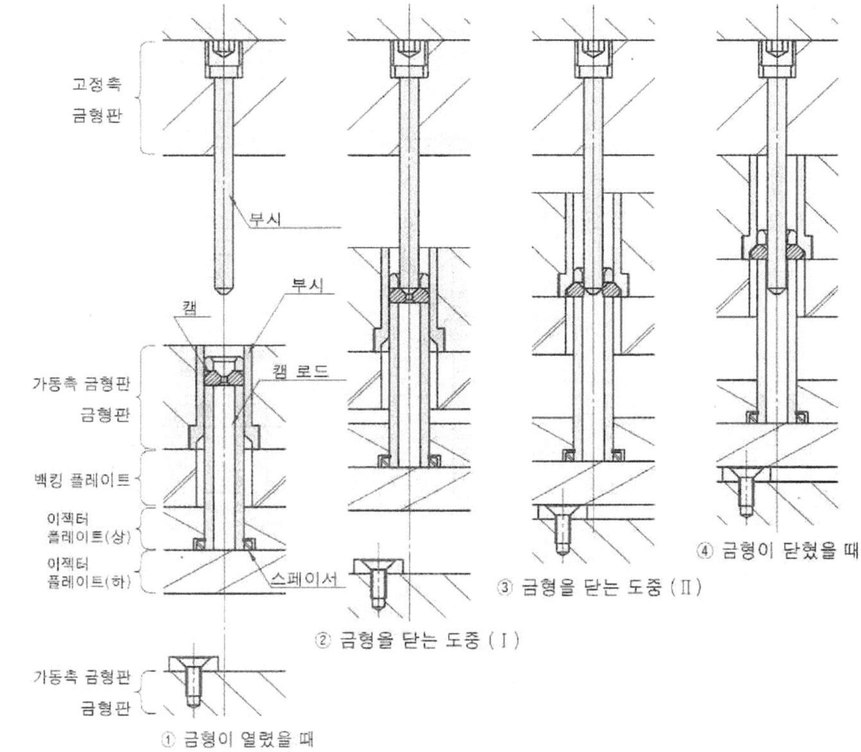

이젝트 플레이트 신속 복귀 장치의 동작

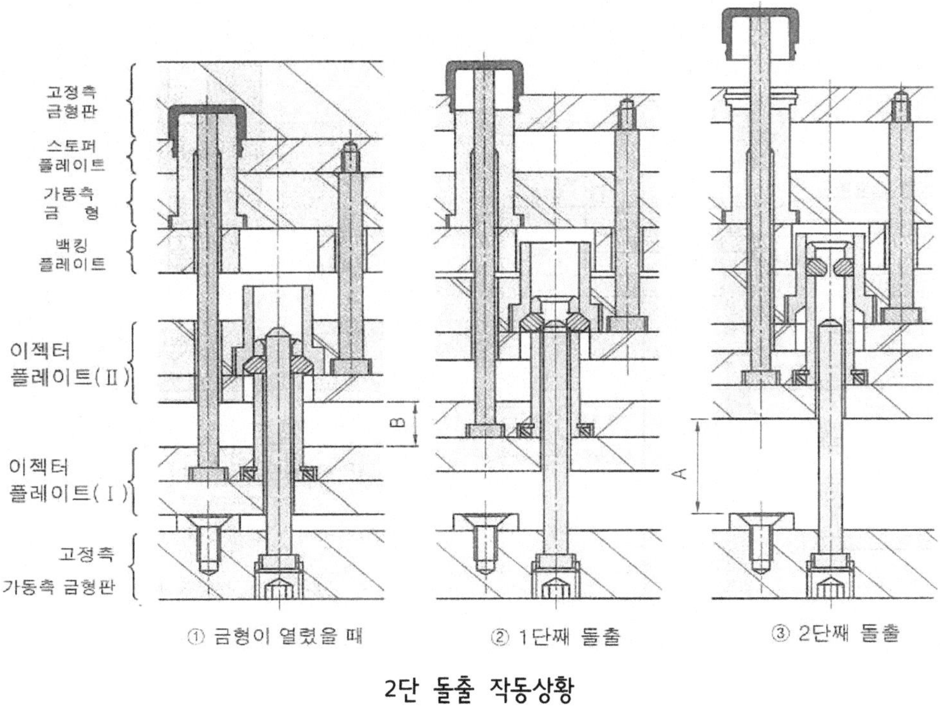

2단 돌출 작동상황

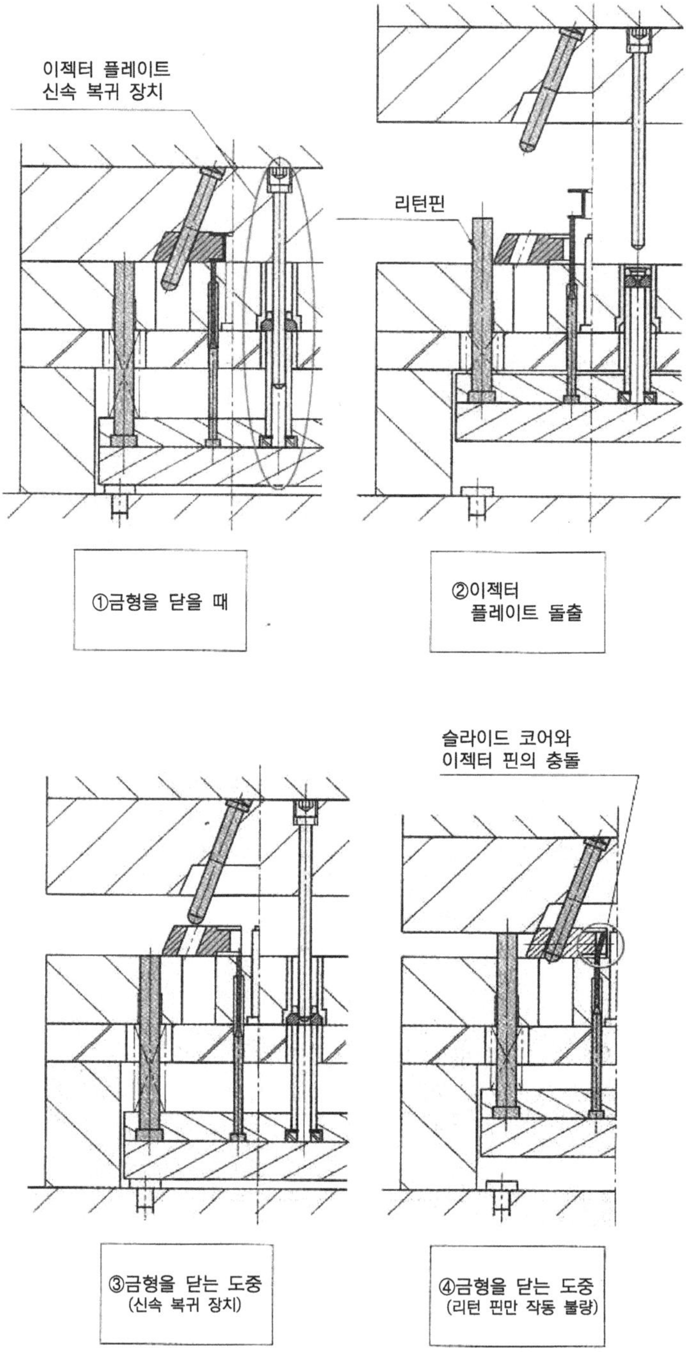

이젝트 플레이트 신속 복귀 장치에 따른 복귀 예

2.2.25 고정측, 가동측 Backing Plate

가동측 입자의 받침역할과 아울러 형체력이나 수지압력에 의하여 입자가 밀리거나 처짐을 방지하기 위한 판으로써, 일반적으로 제품 높이가 짧을 때는 가동측 형판에 포켓식으로 설치한다.

(1) 설계시 검토사항

- Ⓐ부의 공차 적용방법 - 가동측의 경우 : 형판의 포켓치수 -1.0
  - 고정측의 경우 : 형판의 포켓치수 0 ~ -0.03
- 냉각장치를 설치할 경우 Ⓑ부 두께는 15.0이상으로 한다(파손우려)

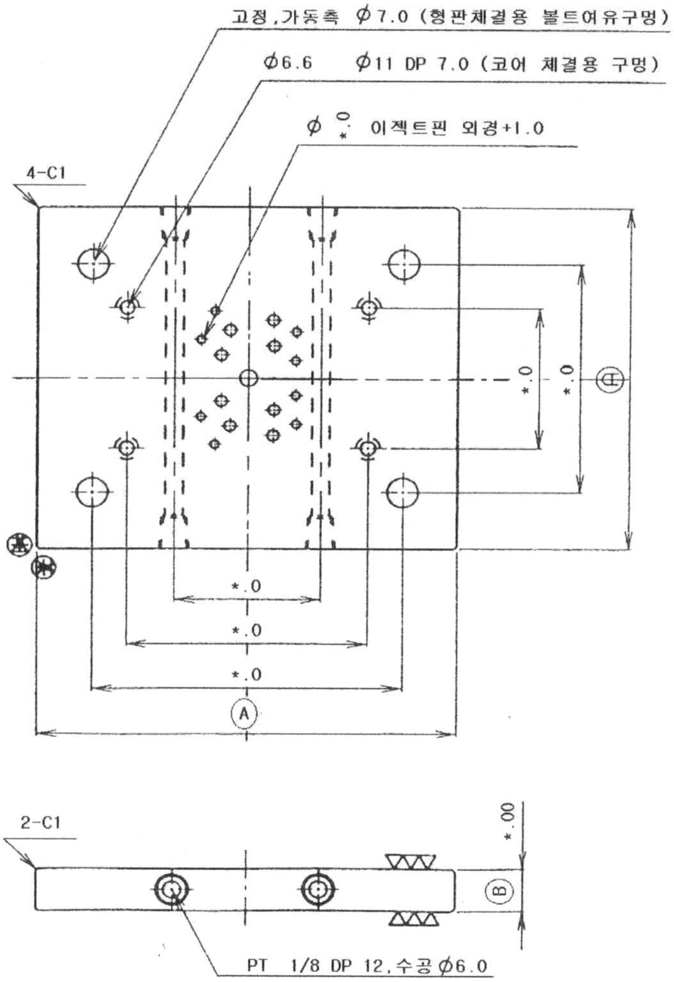

2.3 러너 설계요령

(1) 개요

Runner는 스푸루와 Cavity를 연결하여 용융수지를 흐르게 하는 통로 역할을 한다.

(2) Runner 시스템의 설정기준

- 가급적 유동저항이 적고 냉각되기 어려운 것을 선택한다.
- Runner를 될 수 있는 대로 굵게 하고 단면 형상은 전원에 가까운 형상으로 해야 한다.
- Runner를 굵게 하면 유동 수지량은 증가하고 고화시간은 길어지나, 성형 사이클이 저하되므로 단면형상, 크기 Lay Out에 절대 유의해야 한다.
- Runner는 온도와 압력 전달면에서 최대 단면적, 열전도면에서 외경이 최소로 되어야 한다.
- Gate와 Runner의 중심은 유동온도와 압력유지를 위해 일직선상에 있어야 한다.
- 2매 Plate 구조에서 파팅면이 평면 일 때 원형 러너를, 복잡한 2매 Plate 3매 Plate 구조에서는 사다리꼴 및 반원형 러너를 사용.
- Runner 가공은 원형이나 육각형에서는 가동·고정형판 모두에 설계하고 사다리꼴이나 반원형러너는 한쪽만 설계한다,

(3) Runner의 치수 결정시 주의사항

- 성형품의 체적과 살 두께, Main러너, 스푸루에서 캐비티까지의 거리, 러너의 냉각, 금형 제작용 커터의 범위, 사용수지에 대한 검토를 해야한다.
- 러너의 굵기는 성형품의 살 두께보다 굵게 한다.
- 러너의 길이가 길어지면 유동저항이 커지므로 이를 고려한다.
- 러너의 단면적이 성형 사이클을 좌우해서는 안 된다.
- 성형품의 중량당 원형러너 지름의 결정식은 다음과 같다.

$$D = \frac{\sqrt{W} \times \sqrt[4]{L}}{8}$$

D : 원형 러너지름(㎜) L : 러너의 길이(㎜) W : 성형품의 중량(온스)

단, D는 ⌀3.2~⌀9.5까지, 경질 PVC와 PMMA에서는 25% 증가한다.

(4) 러너의 Lay Out 설계기준

- 러너의 길이와 수는 압력손실과 유동수지의 온도 저하가 가장 적어지는 유동선으로 해야 한다.
- 러너 시스템은 유동배분을 고려해서 균형 있게 한다.
- 러너 밸런스와 게이트 밸런스를 조화롭게 한다.
- 러너 끝에는 러너에 남은 수지를 봉입하고 캐비티로 흐르지 않도록 하기 위한 콜드슬러그웰을 설정해야 한다.

(5) Runner의 단면 형상과 특징

- 반원형 : 금형의 한 면만 가공하면 되고 가공 연마가 용이하고 빼기 쉬우나 수지 이송이 나쁘고 이송시간이 길다.
- 사다리꼴형 : 금형의 한 면만 가공하기에 가공은 쉬우나 연마가 어렵고 이송압력 및 이송시간은 중간 정도이다.
- 원형 : 금형의 양면에 가공한 것이며 이송압력 및 시간은 모두 최소이고 가장 우수하다.

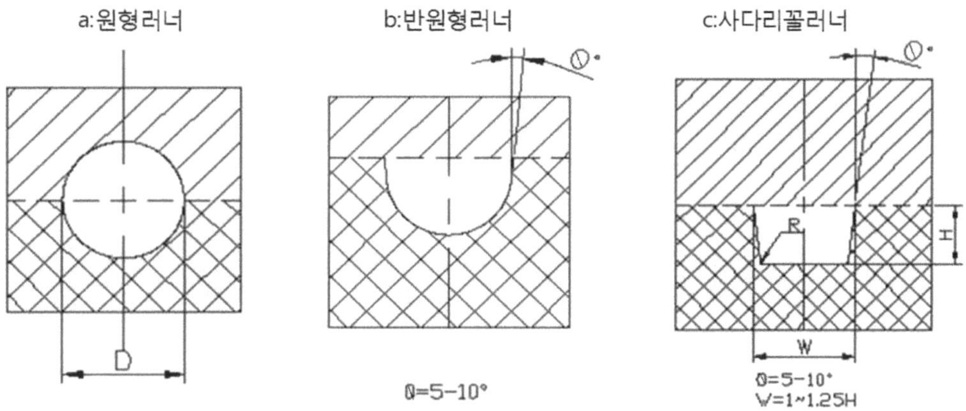

- 현재 KOPO社에서 주로 사용하는 러너타입은 원형과 반원형이다. 또한, 반원형 타입에서 러너 이형성을 좋게하기 위하여 측면에 각도를 준다.
- 우리 Kopo社는 캐비티 2개 이상인 경우에 러너밸런스를 고려한 Program을 운용하고 있다.

(6) 러너 지름과 수지성형품 중량과의 관계

	러너직경(㎜)	성형품 중량(g)
1	4	소물품
2	6	80 이하
3	8	300 이하
4	10	300 이상
5	12	대형품

(7) 러너 설계 예

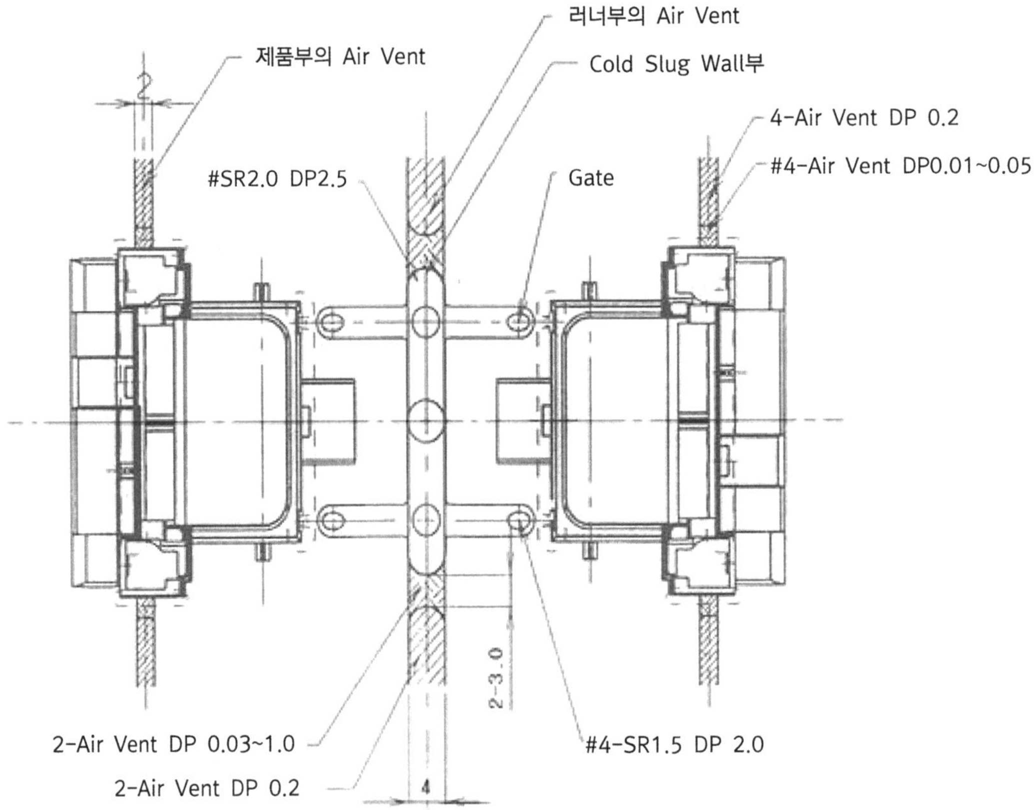

#部 (콜드 슬러그 웰) 치수는 수지의 종류 및 밸런스, 제품의 크기 등 여러 가지 요소에 의해서 결정되므로 설계초기에 신중하게 결정해야 한다.

(8) Runner Change Type

Pair인 금형에서 한 제품만을 생산하고자 한다면 러너의 입자를 돌려서 다른쪽 면의 러너를 차단하고, 생산하고자 하는 제품부의 러너만 개방하는 형식으로, 한 금형에 여러 가지의 제품을 새기고 그 중에서 선택하여 제품을 생산할 수 있어 경제적이다. (현재 KOPO社에서는 미즈미 구입품을 사용한다.)

* 영문으로 표시된 치수들은 미즈미 카탈로그를 참조.

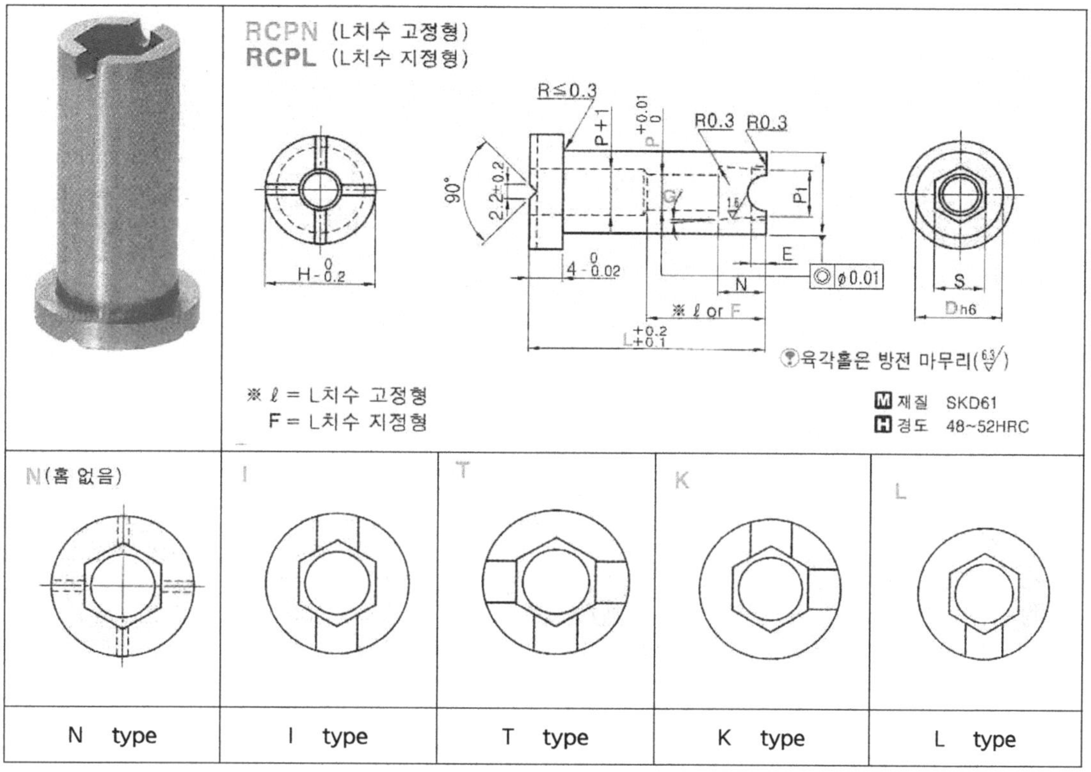

Runner Change type구조(가동측용)

(9) Z형 Runner Lock Pin

러너 취출방법은 여러 종류가 있으나 KOPO社에서는 일반적으로 아래와 같은 Z형 러너 로크 핀을 규격별로 표준으로 선정하여 사용하고 있다.

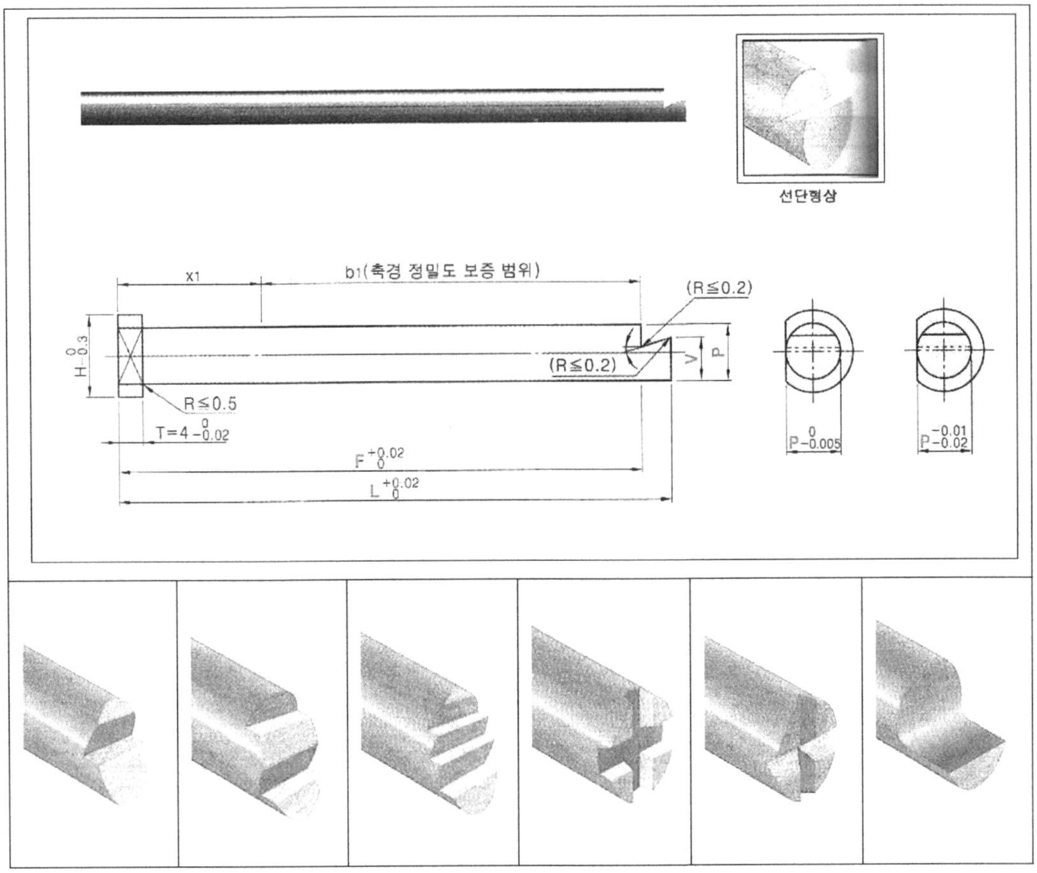

Runner Lock Pin의 선단 형상 예

2.4 게이트 설계요령

(1) Gate의 역할

- 충전되는 용융 수지의 흐름 방향과 유량을 제어하고, 성형품을 Eject시키기에 충분한 상태로 고화될때까지 Cavity안의 수지를 막아 Runner측으로의 역류를 방지한다.
- Sprue, Runner를 통과해 냉각된 수지는 좁은 게이트를 통과하는 동안 유동 속도가 빨라져 마찰열이 발생되며, 이 열에 의해 수지온도가 상승되어 Flow Mark 또는 Weld Line을 감소시킨다.
- Runner가 성형품에서 용이하게 절단되도록 한다.

(2) Gate의 위치선정시 주의사항

- 게이트는 성형품의 가장 두꺼운 부분에 설치하는 것을 원칙으로 한다.
- 성형품은 외관상 눈에 띄지 않는 곳, 성형 후 게이트의 끝 손질이 용이한 부분에 설치한다.
- Weld Line이 생기지 않는 곳이나 안 보이는 위치에 설치한다.
- 가는 Core 또는 Rib 또는 Pin이 설치된 인접한 위치는 가능한 피한다.
- Air나 가스가 모이는 위치는 피한다.
- 휨 하중이나 충격하중이 크게 작용하는 부분에는 게이트를 설치하지 않는다.
  (게이트 부근은 보압에 의해 잔류응력이 발생되므로 휨이나 충격에 매우 약하다)
- Pin Point 게이트에서는 가능하면 성형품의 중심부에 게이트를 설치한다.

(3) Gate 크기 선정시 고려할 사항

- 충전시간은 게이트가 클수록 유리하고, 게이트 부근의 수지 고화시간은 게이트가 작을수록 유리하다.
- 게이트의 크기를 크게 하면 고속성형이 가능해지고, 물성, 외관, 치수성 성형 사이클에서 고품질의 성형품을 얻을 수 있으나 게이트가 고화할 때 까지 보압을 걸어두므로 사이클 시간이 길어진다.
- 잔류 응력에 의한 변형, 휨에 관해서는 게이트가 작은 쪽이 유리하다.
- 게이트의 제거 및 끝손질 작업을 고려하면 게이트는 작은 쪽이 유리하다.

(4) Gate의 종류 및 특성

① Side Gate (표준 Gate)

소형에서 중형까지의 다수 Cavity 성형품에 많이 사용되고 있으며, 이것은 게이트에 의해서 충전량이 제한되고 게이트부에서 급속히 고화시켜서 사출 압력의 손실을 방지하는 방식이다.

a) Side Gate의 장점

- 단면 형상이 단순하므로 가공이 용이하다.
- 게이트의 치수 변경을 쉽게 할 수 있다.
- Cavity의 충전속도를 게이트 고화시간에 거의 영향을 받지 않고 조절할 수 있다.
- 보통의 성형수지는 대부분 이런 형식의 게이트로 성형할 수 있다.
- 게이트 깊이는 고화시간에 영향을 주는 것으로 다음과 같은 경험식을 사용한다.

$$h = n \times t$$

(h : 게이트의 깊이(㎜) t : 성형품의 두께(㎜) n : 성형수지에 따른 상수)

수지의 상수

수지명	n
PS,PE	0.6
POM,PC,PP	0.7
PVAC,PMMA,PA	0.8
PCV	0.9

여기서,

$$W = \frac{n \times \sqrt{A}}{30}$$

W : 게이트의 폭(mm) A : 성형품 외측의 표면적(㎜) n : 수지에 따른 상수

만일 W의 값이 러너의 지름보다 클 때에는 Fan 게이트를 이용한다.

많이 사용되는 표준 게이트는 폭 1.5~5 ㎜, 깊이 0.5~1.5 ㎜, Land1.5~2.5 ㎜이며 대형 성형품은 이 값보다 크게 설계한다.

(일반적으로 폭과 깊이의 관계는 3:1로 한다.)

b) Side Gate 설계기준

열가소성 수지의 경우	열경화성 수지의 경우
$\frac{b}{a} = 1.5$	$\frac{d}{c} = 5$
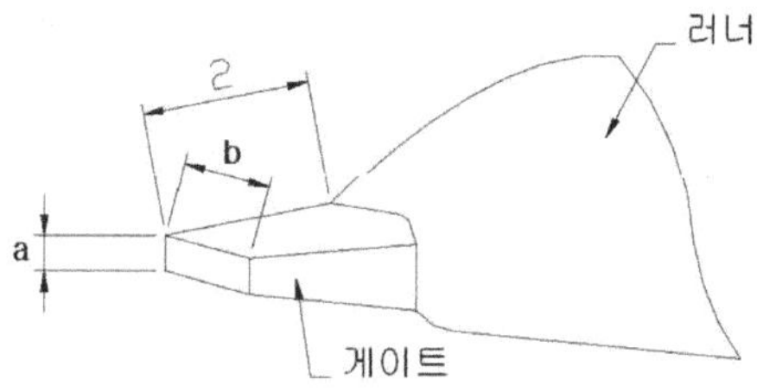	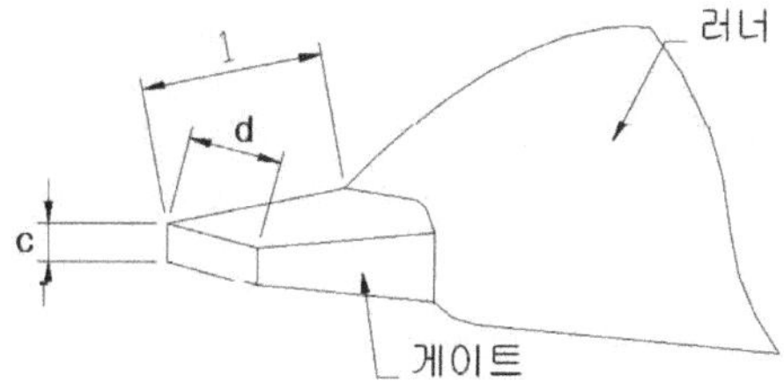

② Pin Point Gate

투영 면적이 큰 것, 또는 성형품의 측면에 게이트를 붙일 수 없을 때 사용하는 게이트로, Pin Point 방식은 러너를 꺼내는 장치가 필요하므로, 러너플레이트에 러너를 제거하는 부분의 Space를 취할 수 있게 하는 것이 좋다.

a) Pin Point Gate의 장단점

- 게이트의 위치 결정이 비교적 제한받지 않고 자유롭게 결정할 수 있다.
- 게이트 부근의 잔류응력이 적다.
- 투영 면적이 큰 성형품, 변형되기 쉬운 성형품의 경우 다점 게이트로 하여 수축 또는 변형을 적게 할 수 있다.
- 게이트 후가공이 용이하다.
- 게이트는 자동적으로 절단된다.
- 압력손실이 크다.
- 금형구조는 3장 Plate 구조로 된다. 그러나 Runnerless금형일 경우 2장 Plate 구조로 된다.
- 게이트의 치수

$L=0.7\sim1.3$ ㎜, 보통 게이트의 경우 : 폭 $W=\frac{n\times\sqrt{A}}{30}$ 이고 , 깊이 $h=n\times t$

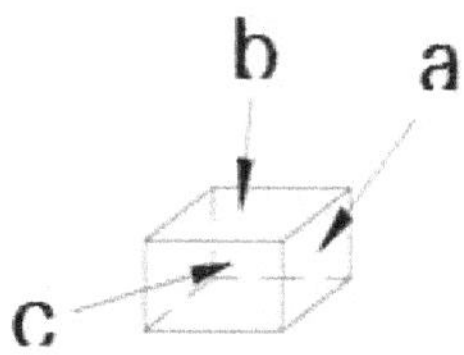

$$\therefore d = 0.206n \times \frac{\sqrt{t}}{\sqrt[4]{A}}$$

여기서 d : 게이트의 직경(㎜)

n : 수지에 따른 상수

t : 성형품의 두께

N : 게이트의 수

A : 성형품의 표면적(㎟)

b : 성형품의 투영면적

$$\text{표면적} = (a \times 2) + (b \times 2) + (c \times 2)$$

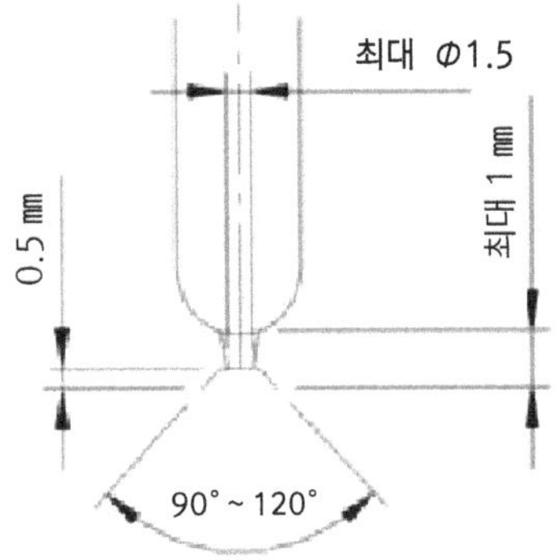

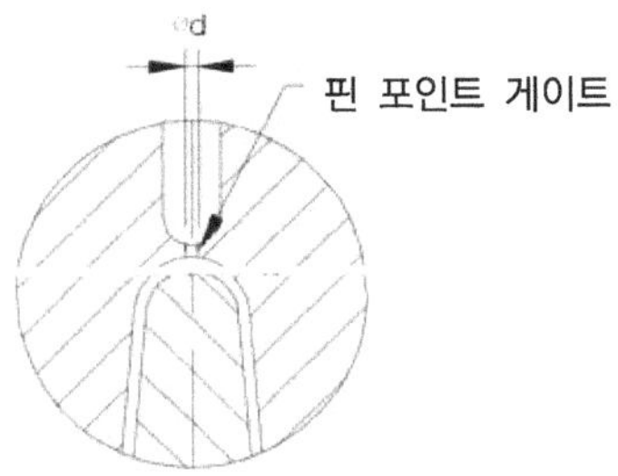

b) Pin Point Gate 설계기준

✱ 凸 가능의 경우 핀 포인트 게이트 형상

가) 핀 포인트 게이트는 게이트 드룰링(코흘림)이 생긴다.

- 게이트 끊어짐이 좋지 않을 때는 크기에 따라 각 F를 최대 60° 까지 크게 한다.
- 기본적으로 凸형상 가능한 위치에 배치한다.(凸0.4이상 凸가능한 위치)
- 凸형상 不可의 경우는 제품부에 홈을 만든 후 게이트를 설치한다.

나) 게이트 형상은 다음과 같이 설계한다.

ϕA	SR B	C	ϕD	ϕE
0.6	0.9	1.7	2.26	1.7
0.7	0.9	1.7	2.26	1.8
0.8	1.0	1.7	2.46	1.9
1.0	1.2	2.0	2.85	2.1

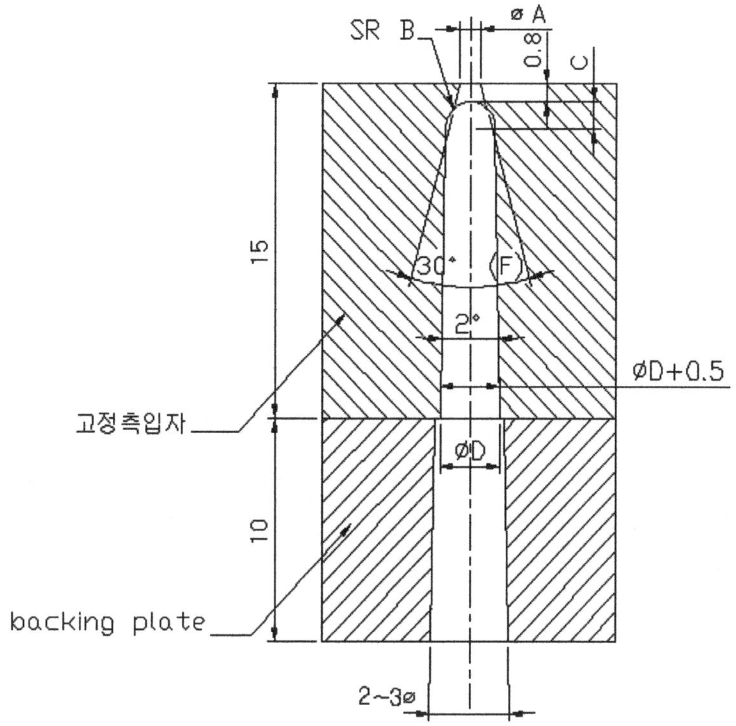

• 凸불가의 경우 핀 포인트 게이트 형상

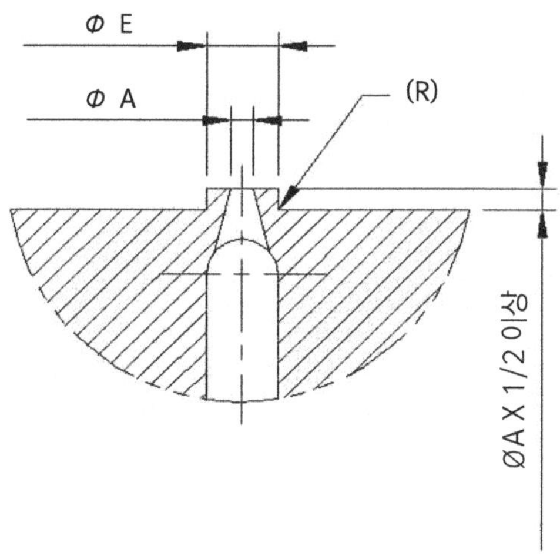

c) Pin Point Gate 입지 설계표준

1	2
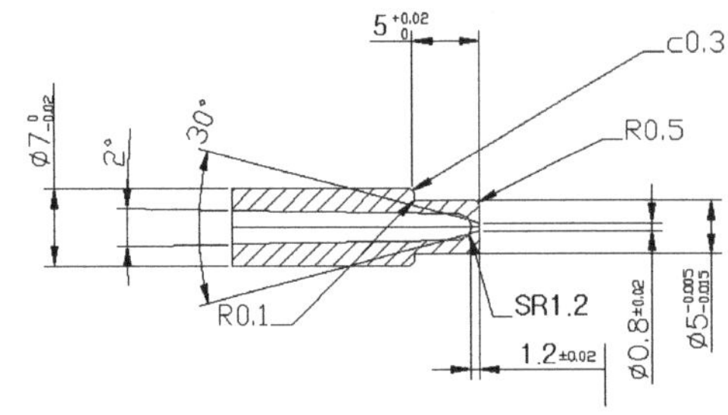	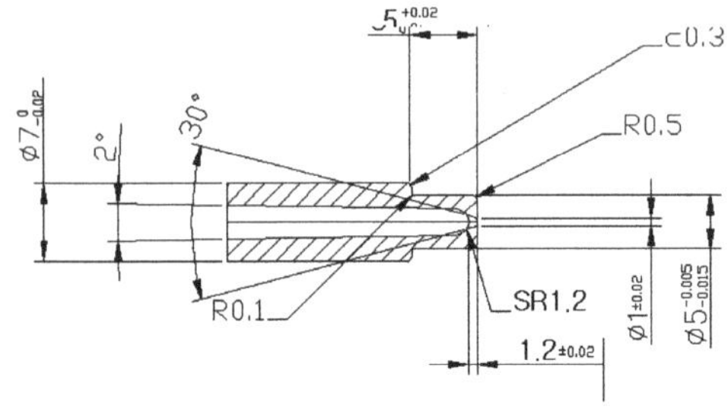
3	**4**
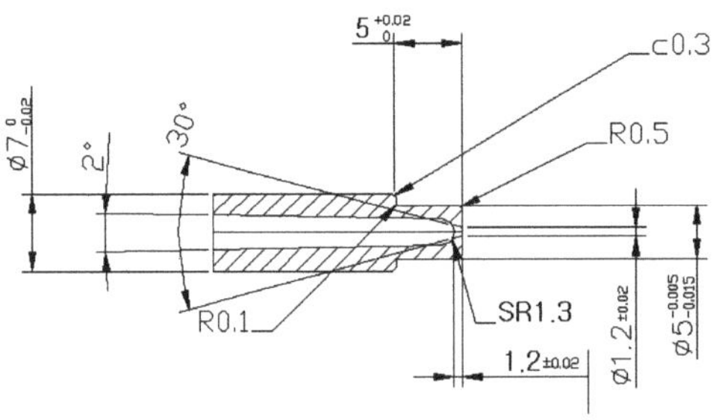	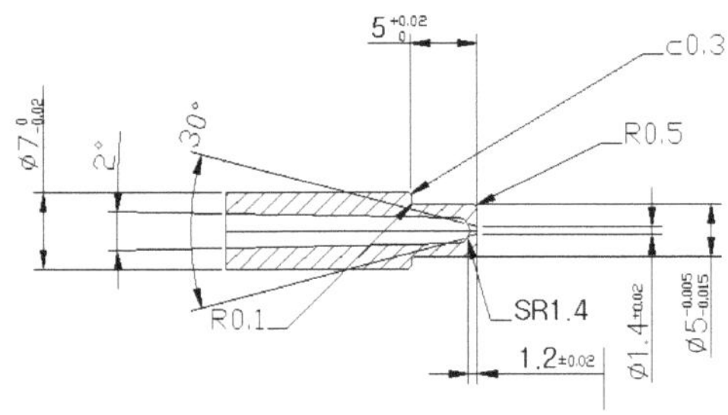

소형물 금형용 핀 포인트 게이트 예

③ **Submarine Gate(Tunnel Gate)**

- 러너는 파팅면에 만들고 게이트부는 일반적으로 형판이나 코어 속을 통과한다. 따라서, 금형이 열리면 게이트는 자동적으로 절단된다.

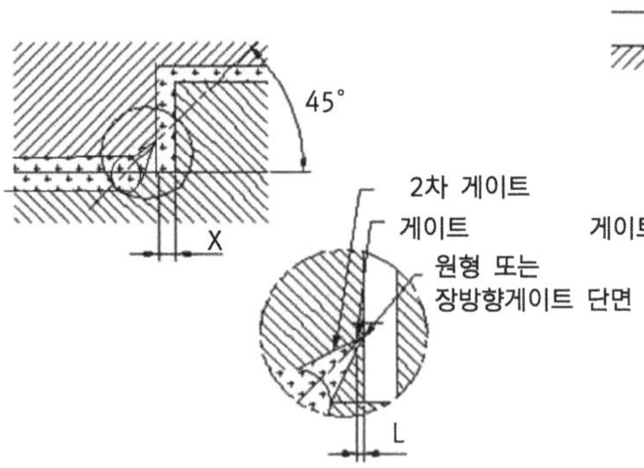

(a) 서브마린 게이트 시스템

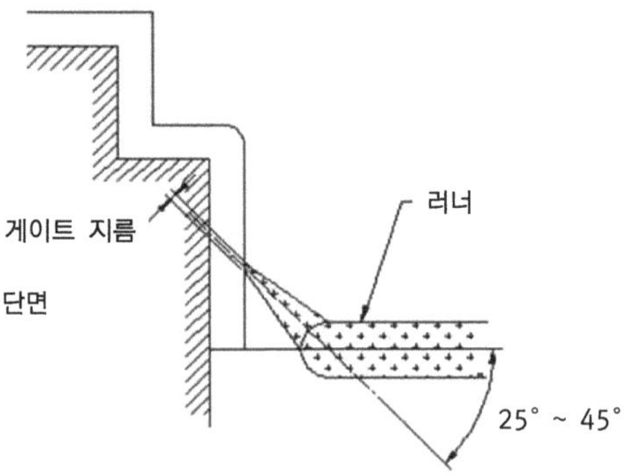

(b) 표면의 서브마린 게이트

- 게이트의 절단자국이 성형품의 측면에 남아서는 안 될 경우에는 이젝터 핀에 2차 러너를 설치하여 만들 수 있으나 이때는 압력손실이 크다.

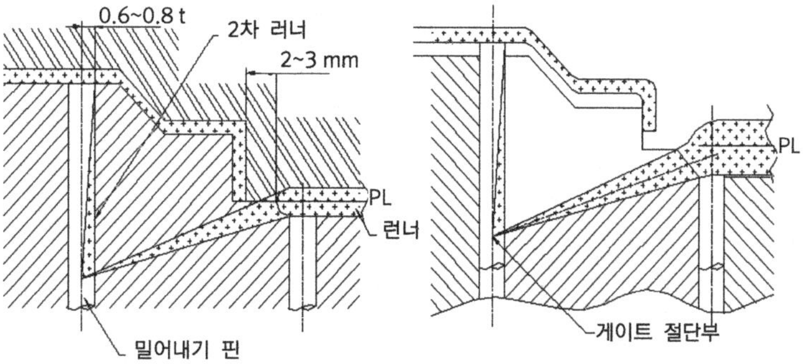

(a) 금형의 닫힌 상태 (b) 게이트의 절단상태

a) Submarine Gate의 설계 포인트(그림1참조)

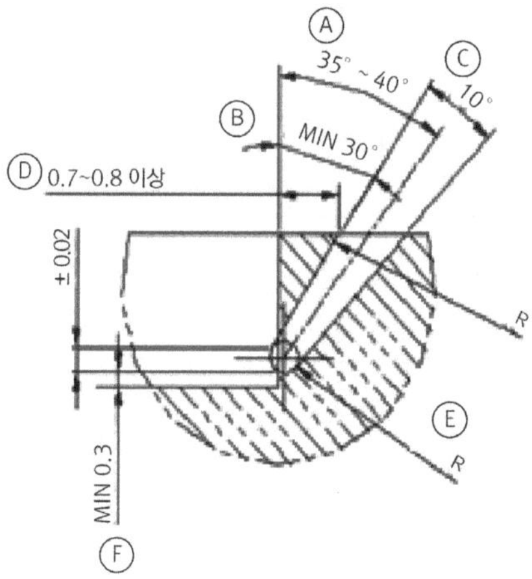

- A부 각도는 Y축에 대해서 35~40° 가 바람직함. (부득이한 경우 45° 까지 가능)
- B부 각도는 Min30° 로 한다. (금형강도와 관련)
- C부 각도는 표준 10° 로 한다. (수지흐름이 문제되는 제품은 15° 까지 가능)
- D부 Gate Land 0.7~0.8(치수)는 R을 반드시 추가한다.
- E, F, G부는 b)게이트 부 상세설계 예를 참조 할 것.
- H부 게이트경의 최저부와 캐비티 지면과의 차가 0.5이상으로 할 것
- G부 공차는 ±0.02로 한다.

b) 게이트부의 상세설계

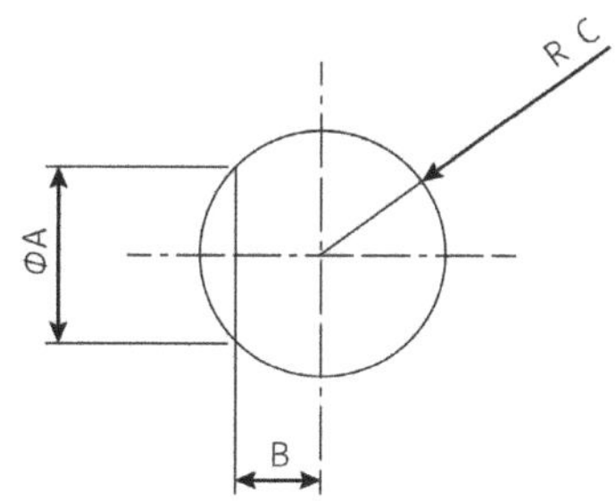

ϕA	RC	B
0.5	0.4	0.31
0.6	0.4	0.26
0.8	0.5	0.3
1.02	0.65	0.4

*R은 Max 0.9이내일 것

④ Direct Gate (Sprue Gate)

a) Direct Gate의 장·단점

- 압력손실이 적다.
- 수지가 절약된다.
- 금형구조가 간단하고 고장이 적다.
- 성형 사이클 시간이 길어지기 쉽다.
- 게이트의 끝손질이 필요하다.
- 게이트 부위의 잔류응력에 의한 크랙이 발생하기 쉽다.

b) Gate의 치수

$D = S\max + 1.5\ \mathrm{mm}$

$d = dD + 1\ \mathrm{mm}$

여기서, Smax : 성형품의 최대두께, dD : 노즐직경

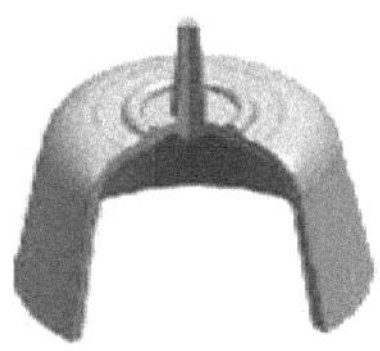

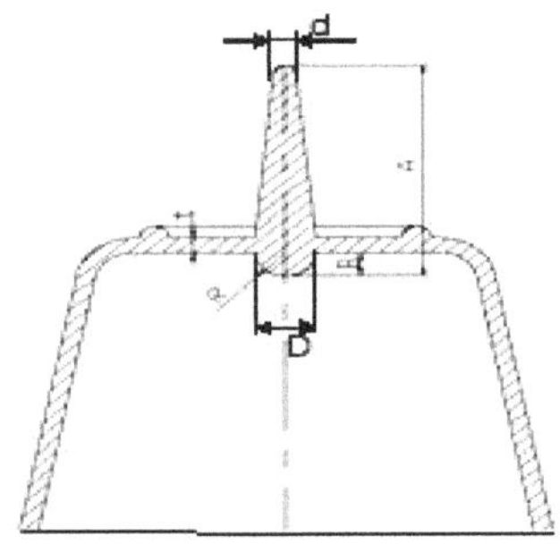

다이렉트 게이트

수지 재료	성형품 중량	3온스 이하		12온스 이하		대 형	
	스프루 중량	⌀d	⌀D	⌀d	⌀D	⌀d	⌀D
폴리스틸렌		2.5	4	3	6	4	8
폴리에틸렌		2.5	4	3	6	4	8
ABS 수지		2.5	5	4	7	5	8
폴리카보네이트		3	5	4	8	5	10

일반적으로 사용하는 다이렉트 게이트의 치수

- 다이렉트 게이트는 원추 형상(2~4°)의 게이트로써 가장 일반적인 것이다.
- 다수 캐비티의 경우에는 스프루 게이트라고도하며, 1점 게이트인 경우 성형기의 노즐에서 스프루에 들어간 수지를 직접 캐비티에 충전시킨다.
- 깊이가 깊은 대형성형품에 이용되고 있으나 PE, PP등과 같이 유동방향과 직각방향의 수축률이 크게 차이가 있는 수지에서는 얇고 넓은 성형품을 다이렉트 게이트로 성형할 경우 굽힘 또는 휨이 발생 할 수 있다.

⑤ **Disk Gate**

- 성형품의 원형 구멍에 게이트를 배치한 것으로 어느 정도 성형품의 형상에 의해 제한을 받게 된다. 중앙부에 구멍이 있는 경우 대부분 웰드라인이 발생하지만 디스크 게이트를 사용함으로써 웰드라인의 발생을 방지할 수 있다.
- 게이트의 치수는 다음과 같다.

$h = 0.7n \times t$

$h1 = n \times t \quad L1 = h1$(최소)

여기서, h, $h1$: Gate의 깊이 t : 성형품의 두께 n : 수지 계수

- Land의 길이 L은 0.7~1.2 ㎜ 정도로 한다.

이들 게이트 및 Sub 러너부는 성형 후에 펀치로 절단하거나 원형의 대형인 경우, 특수한 드릴을 사용하여 탁상 드릴링머신 등에서 제거한다.

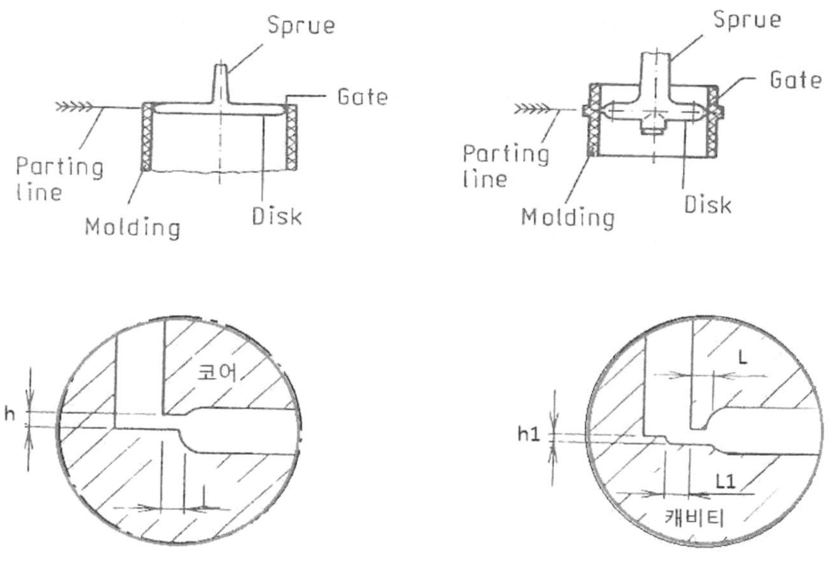

(A) 일반용 (B) 안지름 정밀도 중시용

⑥ **Ring Gate**

- 디스크 게이트가 성형품의 내측에 설치되는 것과는 반대로 링 게이트는 원형 성형품의 외측에 성형품과 동심형상으로 러너를 설치해서 게이트를 성형품 전체 둘레에 걸쳐 설치하는 것이다.

- 소형품에 대한 다수 캐비티 금형으로 만년필 뚜껑 등의 원통형 성형품을 성형하기 위해 사용되고, 특히, 긴 원통형의 성형품인 경우에는 링 위의 게이트에서 균일하게 캐비티 안으로 수지가 주입되므로, 웰드라인 방지나 사출압력에 의한 코어핀의 경사(편심)등도 방지되어 두께가 균일한 성형품이 얻어진다.

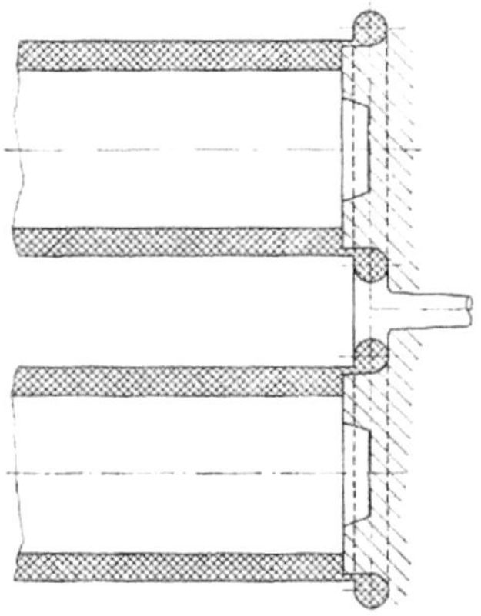

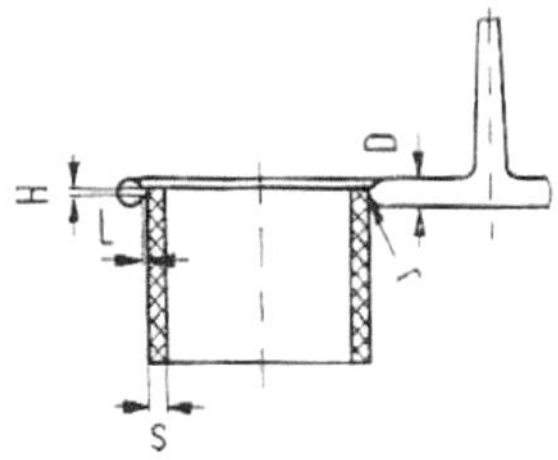

D = s + 1.5 mm to $\frac{4}{3}$s + k
L = 0.5 to 1.5 mm
H = $\frac{2}{3}$s to 1 to 2 mm
r = 0.2 s
k = 2 for short flow lengths and thick sections
k = 4 for long flow lengths and thin sections

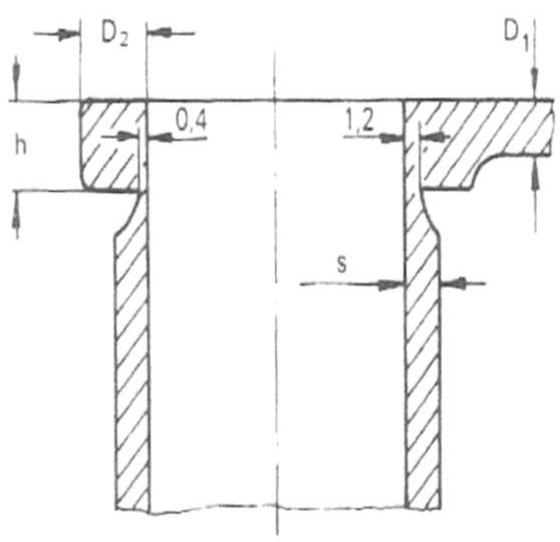

h = 2 s; D_1 = s + 1.5 mm; D_2 = 2 s

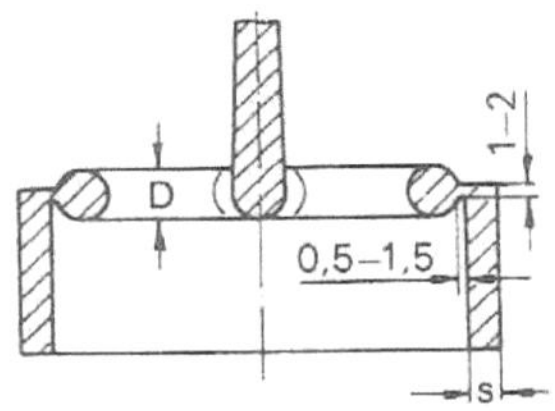

D = s+1,5 mm

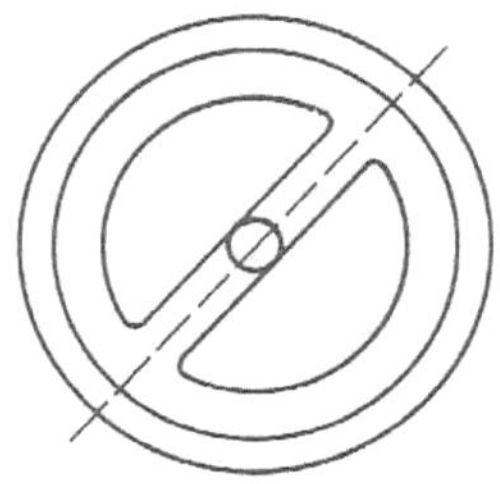

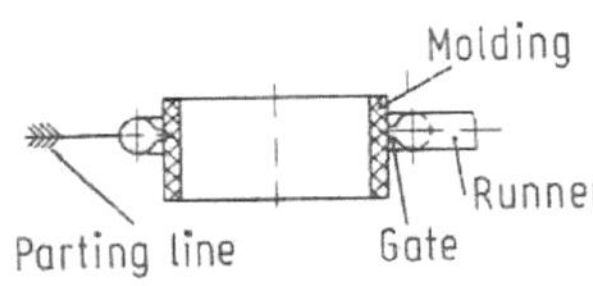

⑦ **FAN Gate**

- 넓이가 넓은 평면으로 두께가 얇은 다면 부분을 매끄럽게, 또한 균질하게 충전하기에 적합한 게이트이며 게이트 부근의 결합을 최소화 하는데 가장 효과가 있는 게이트로, 경질 PVC를 제외한 범용수지에 적용된다.
- 팬 게이트의 크기를 결정하는 데는 다음의 경험식을 이용한다.

$$W = \frac{n \times \sqrt{A}}{30}$$

W : 팬 게이트의 폭 n : 수지에 따른 계수 A : 성형품 외측의 표면적

$$h_1 = n \times t$$

h_1 : 게이트 입구 부분의 길이

$$h_2 = \frac{W \times h_2}{D}$$

D : 러너 지름

- 게이트의 단면적은 러너의 단면적 보다 크지 않게 하고 러너에 연결되는 부분은 러너의 지름과 같게 한다.
- Land의 길이는 게이트 중앙부와 게이트 주위 부분에서 각기 다르므로 충전속도가 다르다. 이것을 동일하게 하기 위해 게이트 양끝을 깊게 한다.
- 팬 게이트를 적용할 경우 스프루 위치에 따른 금형 전체의 밸런스에 주의한다.

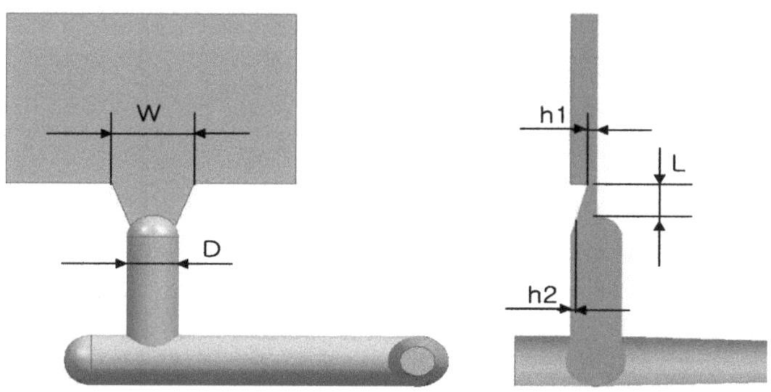

⑧ **Film Gate or Flash Gate**

- 성형품에 평행으로 러너를 설치하고 성형품과의 사이에 게이트를 설치한다. 일반적으로 폭 전체에 걸쳐 게이트를 설치하는 경우가 많지만 게이트 끝손질면에서는 짧게 하는 것이 바람직하다. 이 게이트는 아크릴 등의 평판형 성형품 또는 응력, 변형을 최소화 시키는데 효과적이다.

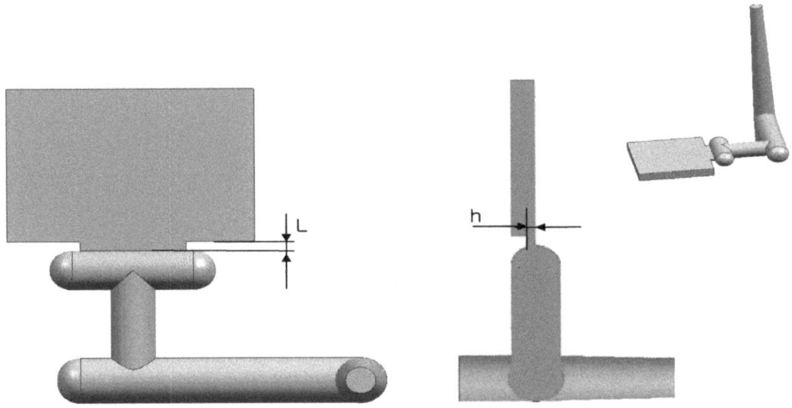

⑨ **Overlap Gate**

- 성형품에 플로우 마크가 발생 하는 것을 방지 하기 위해 표준 게이트 대신 사용하는 것으로써 성형품의 Edge부가 아니고 평면부에 평행하게 설치한 게이트이다.
  - 게이트 제거 및 끝 손질 작업이 곤란하다.

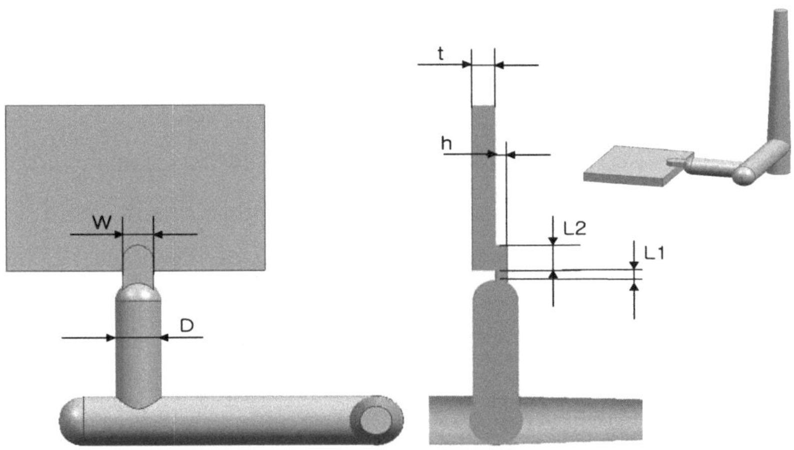

깊이	폭	랜드길이
$h = n \cdot t$	$W = \dfrac{n \times \sqrt{A}}{30}$	$L_2 = h + \dfrac{W}{2}$

⑩ **Tab Gate**

- Tab의 KH 앞의 게이트에서 저 가열된 상태의 수지는 Tab의 벽에 충돌하여 유동방향이 고르게 되면서 캐비티 안으로 유입된다.
- 게이트 부근의 잔류응력이 감소되기 때문에 사출압력에 의한 변형을 피할 수 있다.
- 주로 유동성이 나쁜 수지, 예를 들면 PVC, 아크릴 등에 적용된다. Tab게이트는 러너에 대해서 직각으로 붙이는 것이 보통이고 Tab은 플로우 마크나 웰드라인을 피하기위해 두꺼운 부분에 설치한다.
- Tab게이트의 치수는 다음의 경험식을 이용한다.

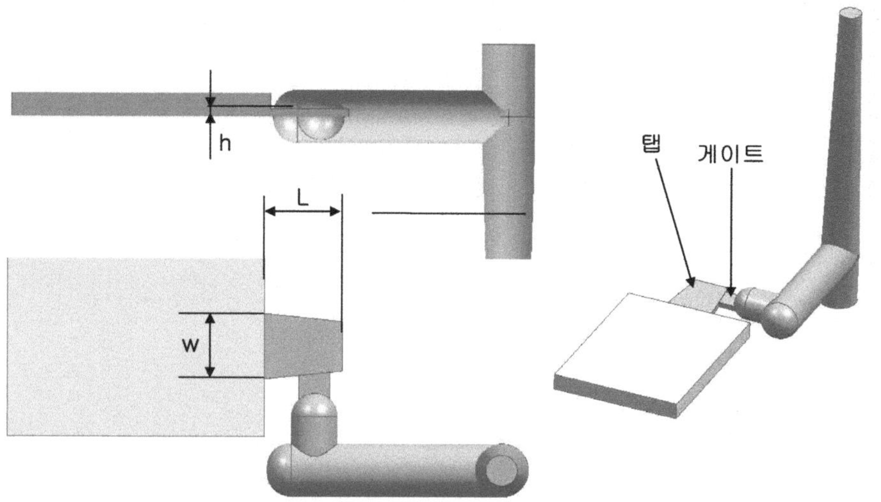

Tab의 폭(W)	Tab의 높이(h)	Tab의 길이(L)
$=D$	$= 0.9t$	$= 1+1/2D$

⑪ **Curve Gate**

주로 외관 금형에 사용되고 있으며 외관에 게이트 자국이 남으면 안 되는 제품에 사용한다.

a) 커브 게이트의 장단점

- 게이트의 윗부분에 SINK MARK가 생기기 쉽다.
  → 리브 살 두께 $t \leq T/2$가 필요(T : 윗면 살 두께)
- 게이트는 자동으로 절단된다.
- 대칭가공을 하기 때문에 가공시간이 많이 걸린다.

b) 오버랩 게이트 작도법

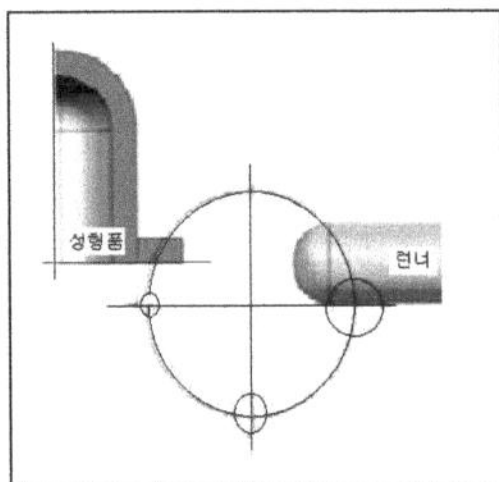	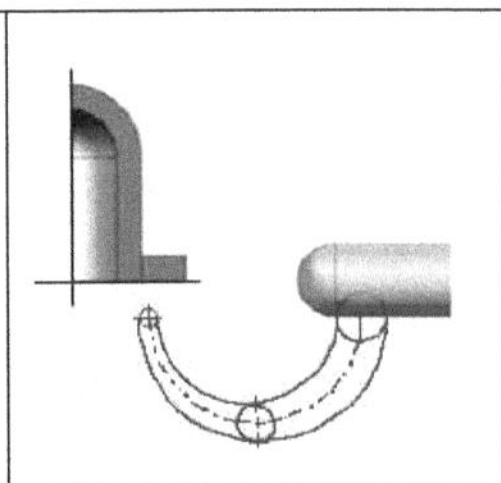	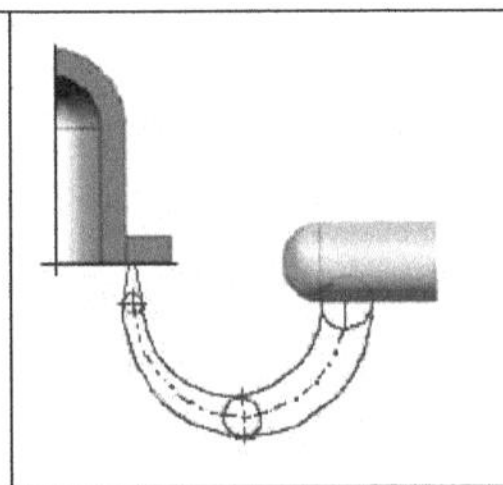	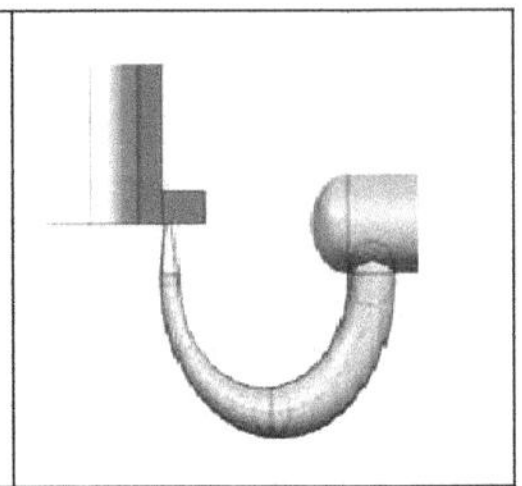
① 제품과 러너를 고려한 큰 원 작도. 작은 원의 위치는 게이트의 위치가 됨	② 가운데 작은 원의 위치선정하여 탄젠트로 연결한다	③ 게이트를 제품에 연결-게이트의 완성	④ 완성된 오버랩 게이트

c) 커브 게이트의 설계기준

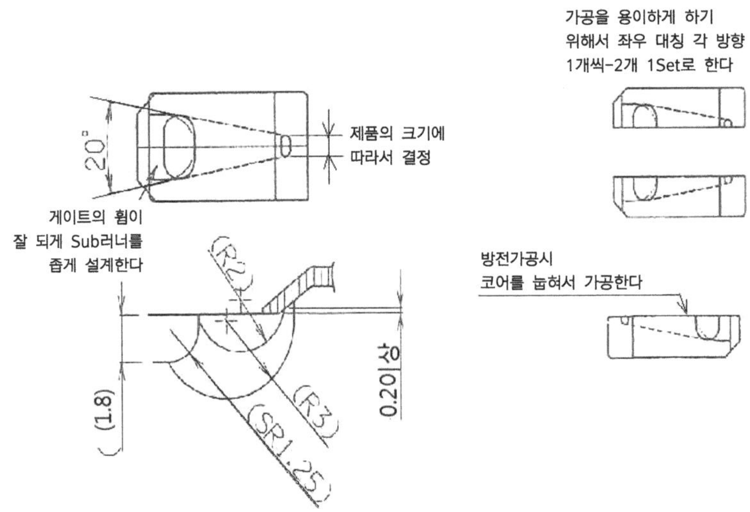

2.5 이젝터장치 설계요령

이젝터의 기능은 가동측 형판으로부터 성형품을 빼내고 금형이 닫힐 때, 다른 부속장치와 간섭을 일으키지 않고 후퇴하는 것이다.

(1) 이젝팅 방법

① 이젝터 핀에 의한 방법

a) 원형 이젝터 핀

일반적으로 사용하며 ∅1.0 이하인 경우는 단붙이핀을 사용한다.

- 성형품 이형저항 균형을 고려해야하며 보스, 리브 부근에는 많이 배치한다.
- 이젝팅시 접촉 면적이 적어 성형품 일부분에 응력이 집중하여 백화, 크랙, 변형 발생이 쉽다.
- 에어벤트 역할도 한다.
- 게이트 밑부분에는 핀을 설치하지 않는다.

b) 각형 이젝터 핀

원형 이젝터핀의 사용이 어려운 깊은 리브, 형상에 사용하며 얇은 형상에 설치하는 경우 부러지거나 비틀림 발생에 주의를 요한다.

② 슬리브 핀에 의한 방법

- 깊은 보스나 형상에 사용하고 코어핀 지지판이 필요하다.
- Kopo社는 10.0 ㎜ 이상인 경우 사용한다.

③ 스트리퍼 플레이트에 의한 방법

- 밀어내는 면적이 크고 전둘레를 균일하게 밀어내므로 살 두께가 얇거나 성형품의 길이가 큰 경우 사용한다.
- 크렉이나 백화현상이 없고 변형이 적으며 자국이 남지않아 투명 성형품에 많이 사용한다.

④ 공압에 의한 방법

- 두께가 얇거나 깊은 제품에 사용한다.
- 이젝팅의 보조수단, 자동화 수단으로 사용된다.
- 균일한 공압이 성형품 밑면에 고르게 작용하므로 변형이 적다.
- 금형구조가 간단하며 형을 열고 있는 중에도 이젝팅이 가능하다.
- 성형품의 형상에 제약이 있으며 공기의 누수가 있으면 이젝터 힘이 크게 감소한다.

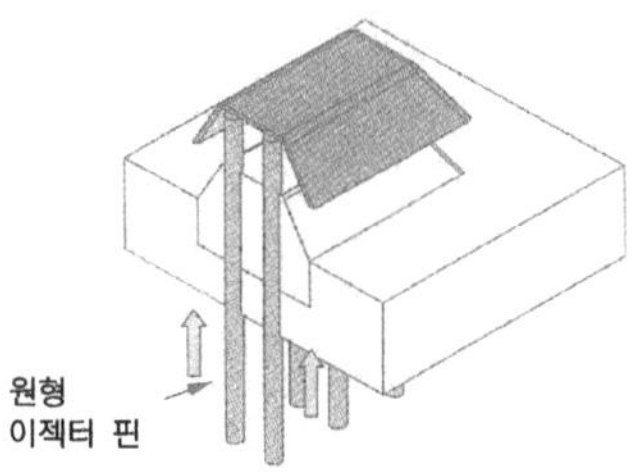

원형 이젝터핀에 의한 방법

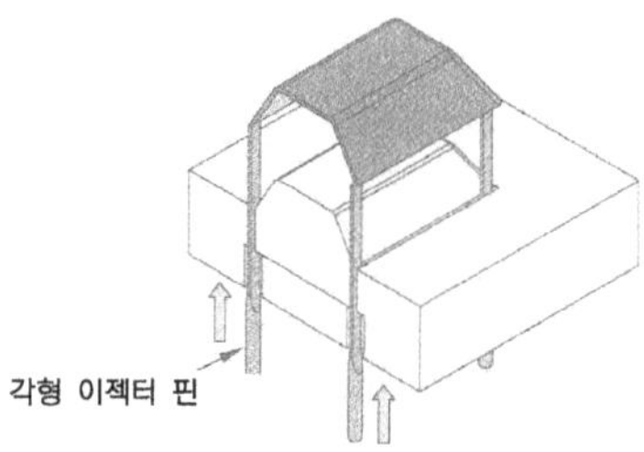

각형 이젝터 핀에 의한 방법

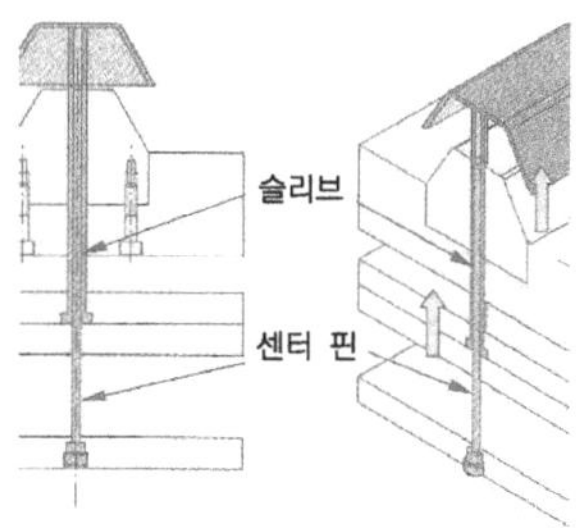

슬리브핀에 의한 방법

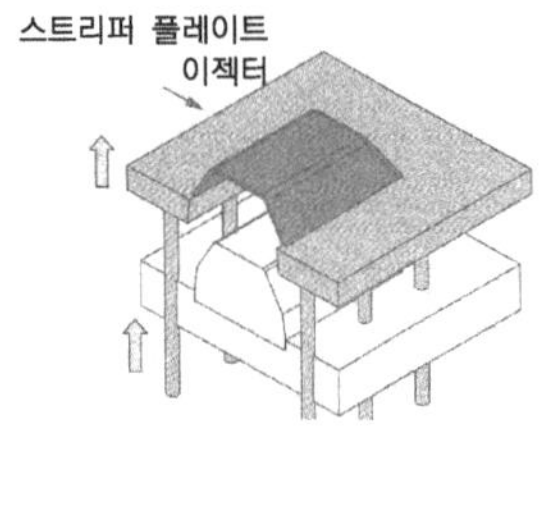

스트리퍼 플레이트에 의한 방법

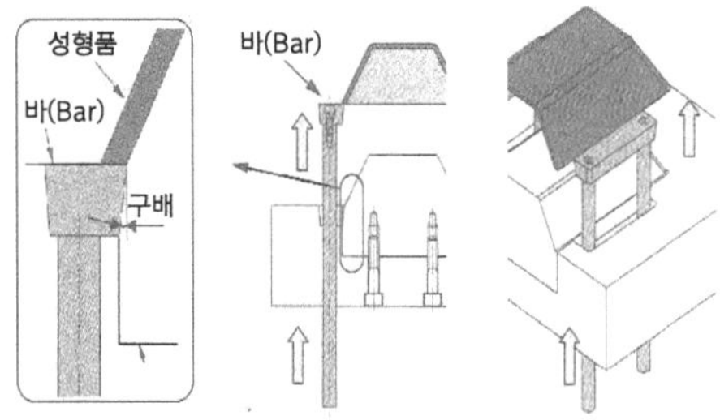

Bar에 의한 방법

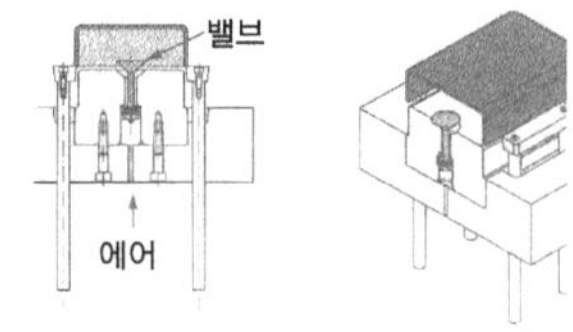

공압(Air)에 의한 방법

(2) 2단 이젝팅 방법

1단 이젝팅으로는 성형품이 빠지지 않거나 자동낙하가 잘 되지 않는 경우에 사용한다. 즉, 밀어내는 시간을 격차를 두어 작동시키는 방법이다.

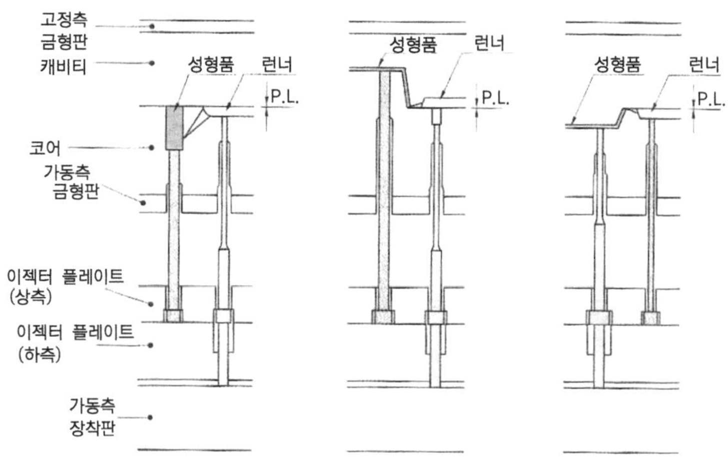

(3) 이젝터 플레이트의 조속 귀환기구

슬라이더 코어를 사용하는 금형구조에서 이젝터핀을 설치하는 경우, 이젝터핀이 확실하게 원상태로 되돌아가 있지 않으면 금형이 손상될 수 있다. 이것을 방지하기 위해 이젝터 플레이트를 급속히 귀환시키는 방법이다.

① 스프링에 의한 방법

이젝터 플레이트를 스프링에 의해 조속 귀환 시키는 방법.

② 링크에 의한 방법

이젝터 플레이트에 고정바를 사용하여 링크에 의해 귀환시키는 방법.

③ Bar에 의한 방법

이젝터 플레이트를 Bar에 의해 귀환시키는 방법으로 플레이트가 원위치로 돌아오면 떨어지도록 해야 하므로 시간 조절에 주의해야 한다.

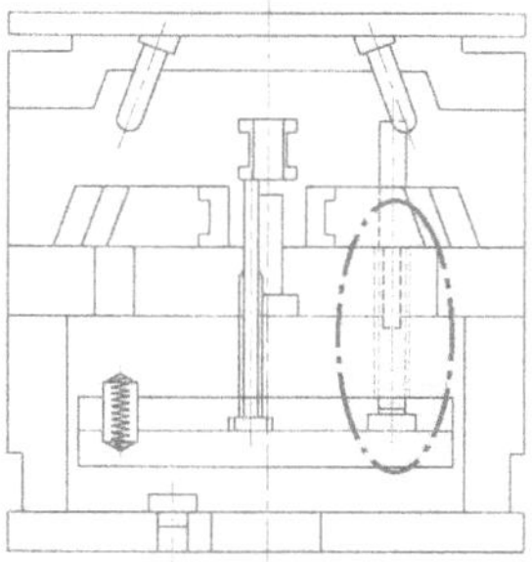

스프링에 의한 방법

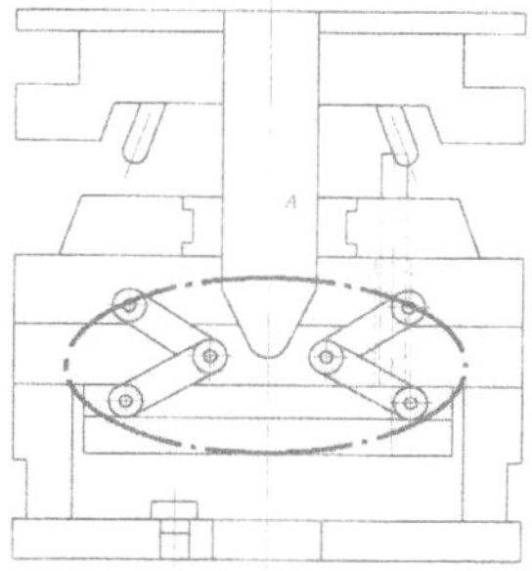

링크에 의한 방법

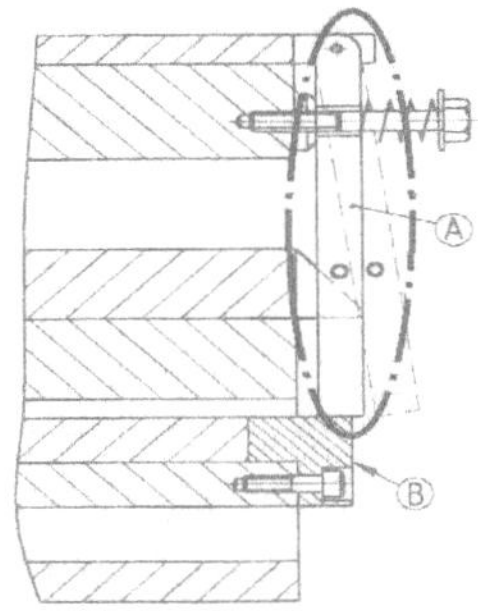

Bar에 의한 방법

(4) 이젝터 핀 구멍 설계기준

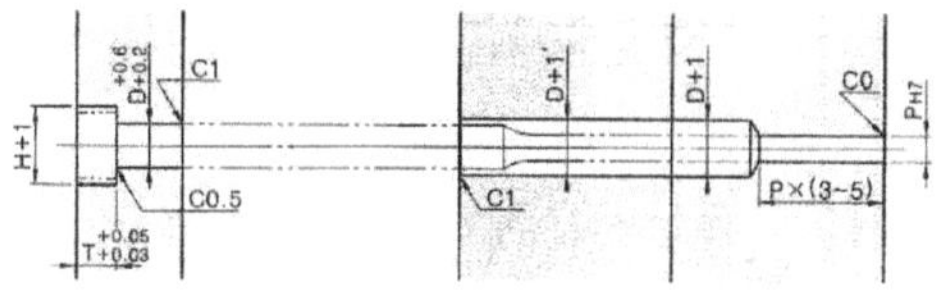

단붙이 이젝터 핀에 적용

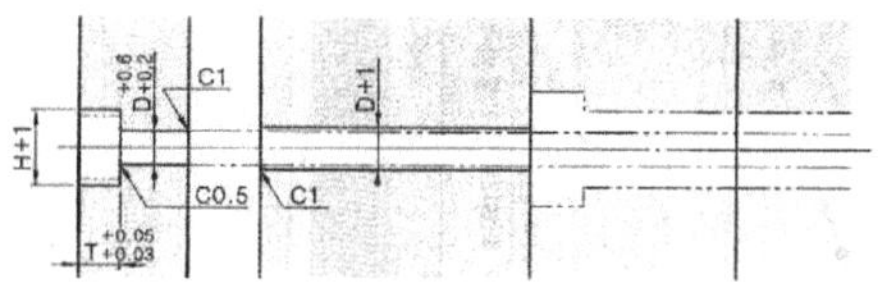

센터 핀에 적용

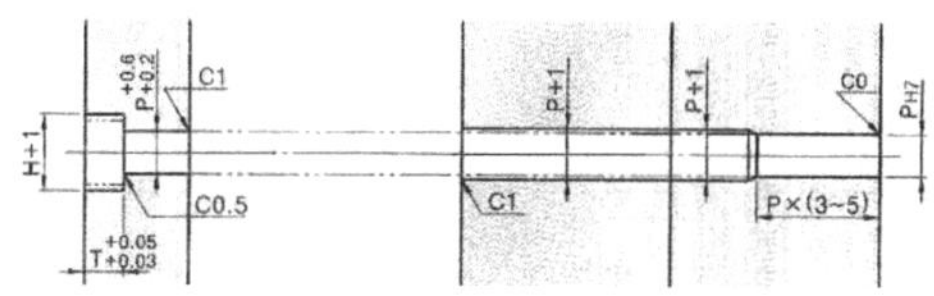

스트레이트 이젝터 핀에 적용

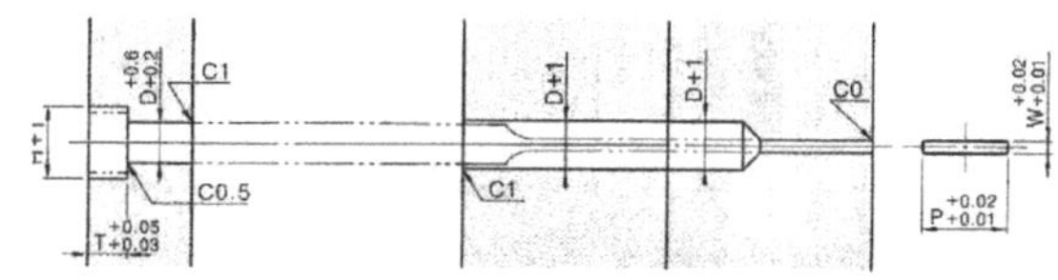

사각 이젝터 핀(P·W공차 $^{0}_{-0.01}$)에 적용

	Pin경	가동측	가동측B/Plate	가동측형판, 설치판	E/Plate 상
기준	∅A	A+0.5	A+1.0	∅A+1.0	∅A+0.5
별도	∅B	B+0.5	B+1.0	∅B+1.0	∅B+0.5

- C부 치수 -∅2.0 Max일 경우는 ∅의 3~5배 정도로 한다.
  -∅2.0 Min일 경우는 ∅의 3배 정도로 한다.

상기 기준은 입자의 형상 또는 금형 정도에 따라 변경될 수 있다.

(5) 이젝터 핀의 좌굴 계산

윤활면의 저항력은 좌굴 하중에 비해 작기 때문에 무시하면 오일러 방정식에 의하여 다음 계산이 가능하다.

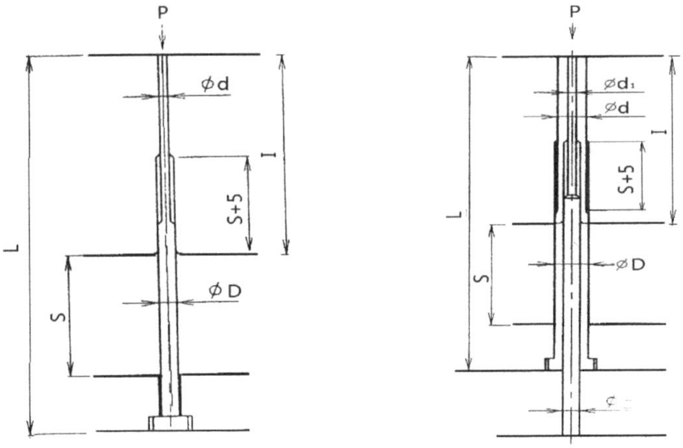

n : 축의 선단 조건 2.05, A : 단면적, P : A X 좌굴응력 $(20.5Kgf/mm)$, E : 영계수(2.1×10^4)

(6) 이젝터 슬리브핀 좌굴 계산

윤활면의 저항력은 좌굴 하중에 비해 작기 때문에 무시하면 오일러 방정식에 의하여 다음 계산이 가능하다.

D와 L의 관계	D와 L의 관계
$L=\sqrt{n\pi^2AE(\frac{\varnothing D^2}{4})}/P$ $L=\sqrt{n\pi^2AE(\frac{\varnothing D^2}{4})/5A} \doteqdot \sqrt{7.9E(\frac{\varnothing D^2}{4})^2}$ $\varnothing D \doteqdot L/100$(mm)	$L=\sqrt{n\pi^2AE(\frac{\varnothing D^2+\varnothing d_1^2}{16})}^2/P$ $L=\sqrt{n\pi^2AE(\frac{\varnothing D^2+\varnothing d_2^2}{16})}^2/20.5A$ $\doteqdot \sqrt{1.9E(\frac{\varnothing D^2+\varnothing d_2^2}{16})^2}$ $L \doteqdot 50\times\sqrt{\varnothing D^2+\varnothing d_2^2}(mm)$
d와 l의 관계	**d와 l의 관계**
$I=\sqrt{n\pi^2AE(\frac{\varnothing d^2}{4})}^2/P$ $I=\sqrt{2.05n^2AE(\frac{\varnothing d^2}{4})^2/5A} \doteqdot \sqrt{4.04E(\frac{\varnothing D^2}{4})^2}$ $\varnothing I \doteqdot 72.82\times\varnothing d$ (mm)	$L=\sqrt{n\pi^2AE(\frac{\varnothing D^2+\varnothing d_1^2}{16})}^2/P$ $I=\sqrt{2.05n^2AE(\frac{\varnothing d^2+\varnothing d_1^2}{16})^2/20.5A} \doteqdot$ $\sqrt{E(\frac{\varnothing d^2+\varnothing d_1^2}{16})^2}$ $I \doteqdot 36.23\times\sqrt{\varnothing d^2+\varnothing d_1^2}(mm)$

2.6 가스벤트 설계요령

(1) 가스벤트의 필요성

수지에 포함된 가스에 의해서 탐(Burn), 쇼트, 싱크, 웰드라인, 부식 등 이 발생하는데 이것의 주요 원인은 캐비티 내에 남아있는 공기나 가스가 잘 빠져나가지 못하기 때문이다.

이러한 현상들을 방지하기 위하여 가스벤트를 러너, 플레이트 등 여러 곳에 설치한다.

(2) 가스벤트 설치방법

- 가스빼기로 인해 성형하고자 하는 대부분의 수지가 버(Burr)를 발생시켜서는 안 된다.
- 가스빼기의 면적은 금형 캐비티내의 가스압력 상승 방지를 위해 충분히 커야한다.
- 가스빼기는 역류 게이트로 생각할 수 있음. 랜드길이가 중요(1.0~2.0 ㎜)
- 배출통로(Air Channel)의 면적은 캐비티의 Edge로부터의 거리에 비례해서 급격히 증가해야한다. 큰 가스방출 통로는 벤츄리 효과에 도움을 주며 금형면 위의 찌꺼기를 감소시킨다.
- 양쪽으로 나눠진 금형부품의 접촉면은 가스빼기를 위해 너무 무리하게 감소 시켜서는 안 된다. 캐비티 Insert가 금형 표면위로 올라가야할 경우, 접촉면적은 캐비티 금속의 인장강도는 20% 이하의 압력이 걸리도록 충분히 커야한다.

(3) 성형재료별 가스벤트 깊이

위치 / 수지명	Runner부 가공공차 $^{0}_{-0.01}$	제품부 가공공차 $^{0}_{-0.005}$
PBT	0.03 (0.015~5)	0.01 (0.005~2)
POM	0.03	0.01
ABS	0.03	0.01 (0.02)
PA(Nylon) PP	0.03	0.01 (0.005)

위치 / 수지명	Runner부 가공공차 $^{0}_{-0.01}$	제품부 가공공차 $^{0}_{-0.005}$
P.P.S	0.03	0.01
P.E.T	0.03	0.01
PMMA	0.05	0.02
AS	0.05	0.02
열경화성	0.05	0.1

(4) 가스벤트 도면표기법

① 러너부

플레이트와 플레이트 사이에도 러너 에어벤트(AIR 도피홈)를 설치한다.

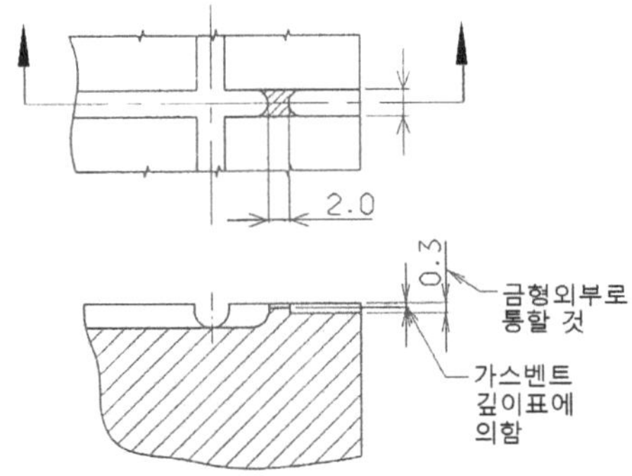

② 가이드 부시부

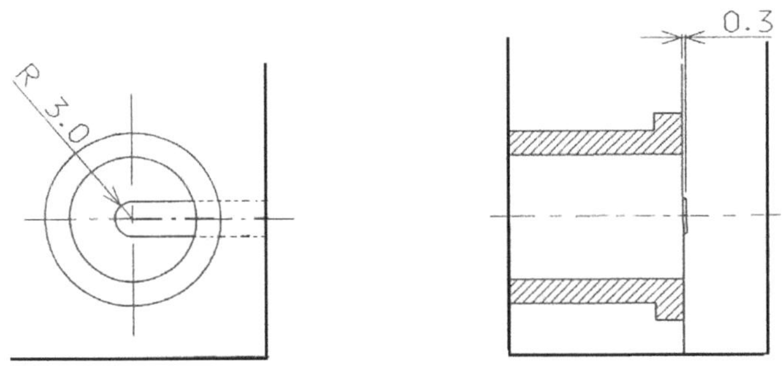

③ 각 PIN 및 둥근 PIN

- a부 치수는 "가스 벤트 깊이 표"에 의함
- 둥근 Pin의 사용에 있어서 방향성을 주기 위해서 입자의 회전방지를 취한다.

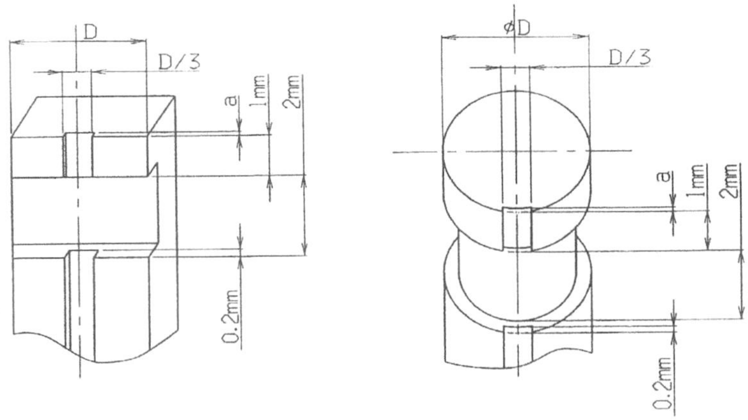

④ 파팅면 및 입자 바닥면과 제품부

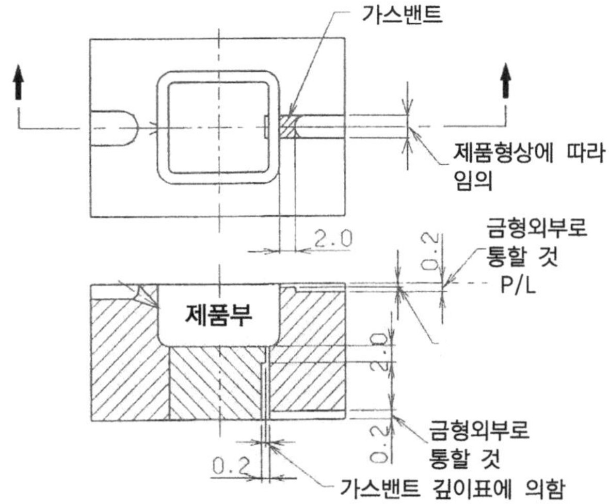

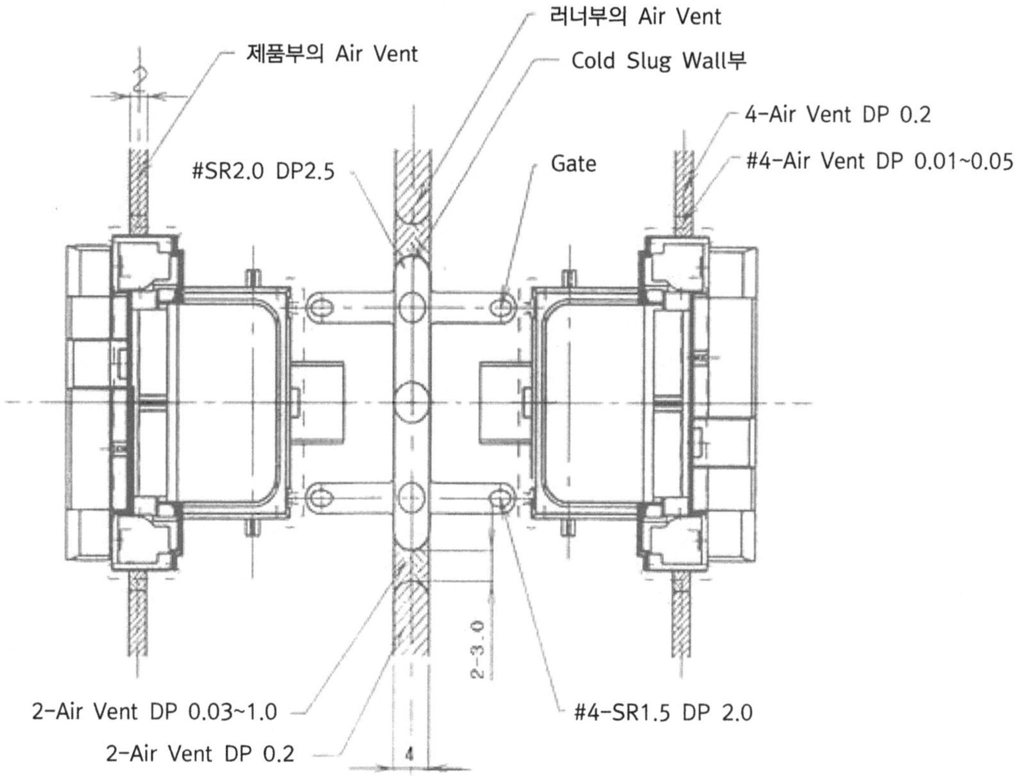

(5) 도면상의 가스벤트의 예 (러너설계의 예를 참고)

부의 치수는 수지종류에 따라 다르므로 가스벤트 깊이표에 의한다.

2.7 기준치수 작성요령

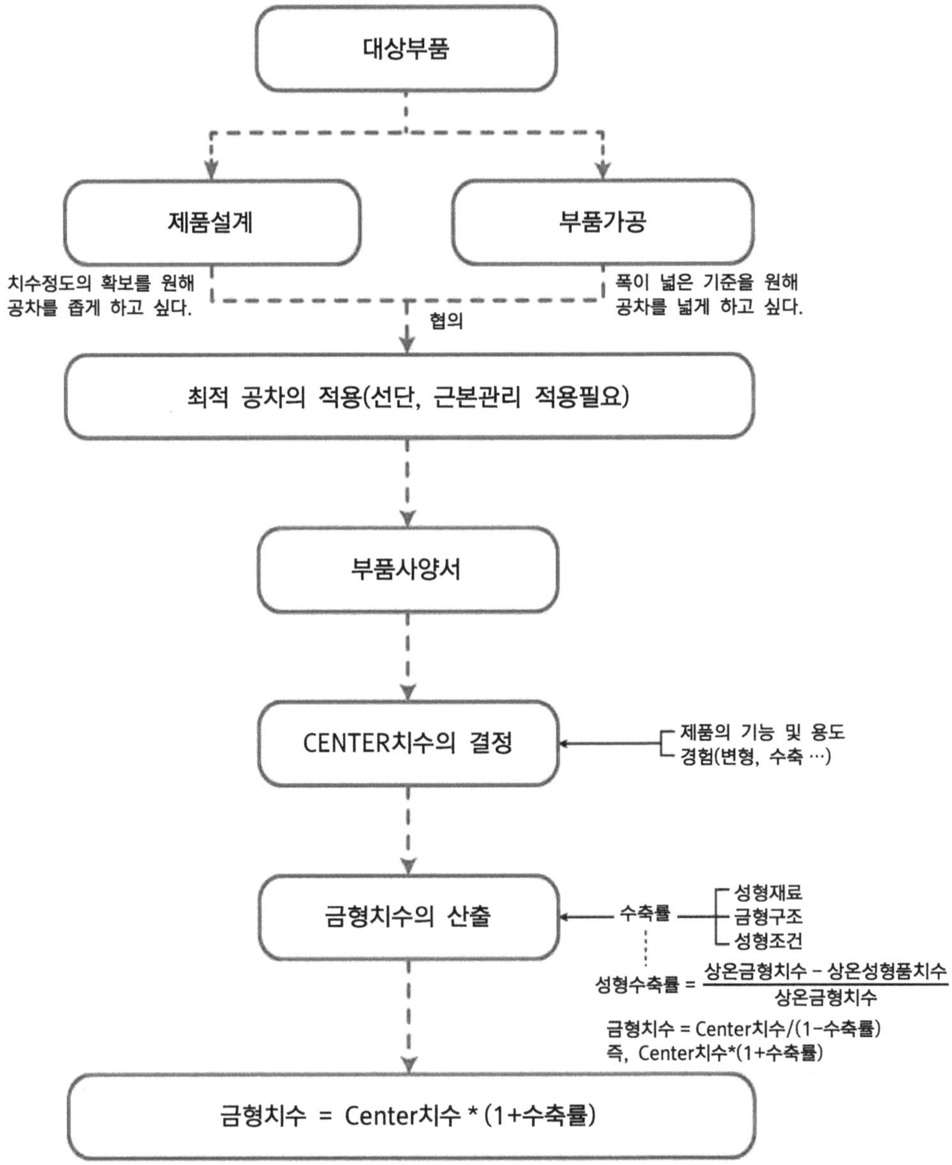
대상부품
제품설계
부품가공
치수정도의 확보를 원해
공차를 좁게 하고 싶다.
폭이 넓은 기준을 원해
공차를 넓게 하고 싶다.
협의
최적 공차의 적용(선단, 근본관리 적용필요)
부품사양서
CENTER치수의 결정
제품의 기능 및 용도
경험(변형, 수축 …)
금형치수의 산출
수축률
성형재료
금형구조
성형조건
성형수축률 = 상온금형치수 - 상온성형품치수 / 상온금형치수
금형치수 = Center치수/(1-수축률)
즉, Center치수*(1+수축률)
금형치수 = Center치수 * (1+수축률)

2.8 전극 설계요령

2.8.1 방전(EDM) 가공의 개요

방전가공이란 가공물과 전극사이에 미세한 간격으로 ARC를 발생시켜 전극형상을 투영하는 가공방법이다.

(a) NC-흑연전극가공

(b) NC로 완성된 흑연 전극

(c) 방전작업 전의 셋팅 가공

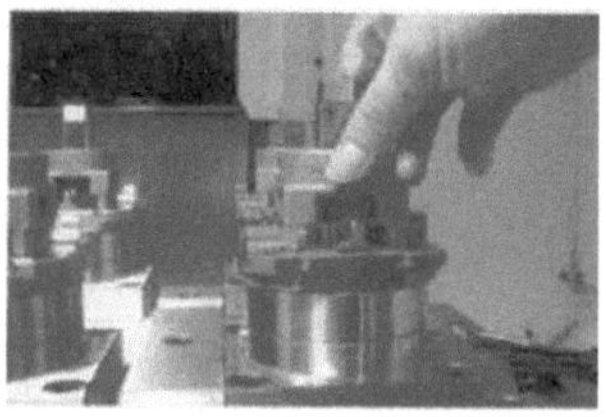

(d) 지그위에 설치된 가공품

(e) 방전작업-코어부분 방전 가공

(f) 방전가공을 통한 가공품

금형 제작과정의 N/C 방전가공

2.8.2 전극의 개요

(1) 전극 재질의 종류 및 특성

- CU(구리) - 일반적인 재질로 방전성이 양호하다.
- CU+W(구리+텅스텐)
  - 초경 등에 사용
  - CU, CU+W, GR중 소모가 제일적다.
  - CU로 가공하기 어려운 미세한 형상과 코너부 엣지가 필요한 부분의 가공시 사용한다.
- GR(Graphite)
  - NE 가공 시간이 CU의 1.5~3배가 빠르다.
  - 취성이 약하여 잘 파손되며 마모가 쉽게 된다.
  - 주로, 대형 가공물에 사용된다.

(2) 전극 GAP의 종류

- 가공물과 전극사이에 ARC를 발생시키기 위한 미세한 간격을 말한다. 즉, Gap이라는 것은 아아크량+전극 이동량을 말한다.
  - Kopo社에서는 최소 아아크량을 0.03으로 한다.
- 전극 형상 크기와 Gap량 및 전극 수량

	GAP \ 입자수량		1개	2개	4개	8개
전극형상 크기	(황)GAP	다듬질 GAP	다듬질(황)	다듬질(황)	다듬질(황)	다듬질(황)
∅0.5, ㅁ0.5	-	0.03	2	4	8	16
∅1, ㅁ0.9	0.10	0.05	2(1)	3(1)	6(1)	12(2)
∅2, ㅁ1.8	0.20	0.10	2(1)	2(1)	4(1)	8(2)
∅3, ㅁ2.6	0.20	0.10	2(1)	2(1)	4(1)	8(2)
∅5, ㅁ4.4	0.20	0.10	1(1)	2(1)	3(1)	4(2)
∅9, ㅁ8	0.20	0.10	1(1)	2(1)	3(1)	4(2)
∅16, ㅁ14	0.25	0.10	1(1)	2(1)	3(1)	4(2)
∅25, ㅁ22	0.30	0.10	1(1)	2(1)	3(1)	4(2)
∅50, ㅁ44	0.40	0.10	1(1)	2(1)	3(1)	4(2)
∅80, ㅁ70	0.50	0.10	1(1)	2(1)	3(1)	4(2)
∅80, ㅁ70 이상	0.60	0.20	1(1)	2(1)	3(1)	4(2)

* 단, GAP의 종류는 전극의 강도에 따라 조정될 수 있다.

(3) 방전가공의 패턴

원형 패턴	코너 형상이 반원 이상인 경우
각형 패턴	코너 형상이 엣지 또는 1/4R 이하인 경우
반구형 패턴	저면 형상이 3차원적인 곡면형상 또는 SR인 경우

2.8.3 전극설계 기초

전극은 하나의 툴에 해당하므로 회사별로 설계요령 및 가공방법이 다르다. 전극도면 없이 가공에서 대응하는 곳도 있고, 전극도면은 있지만 금형치수로 설계하거나, 또는 GAP을 적용 설계하는 곳도 있다. 목적은 입자형상과 치수가 설계한 부품 도면대로 만족하면 되는 것이기에 그 과정이 다르다고 할 수 있다. Kopo社에서는 금형치수로 설계하며 아울러 일체형 전극설계도 병행하므로 본 요령 중 불필요한 내용도 있겠지만 전극설계의 기초는 어느 회사를 막론하고 동일하므로 참고하기 바란다.

(1) 코너가 엣지인 경우

- ED가공 : 각 패턴을 사용, GAP : 0.1(편측)인 경우

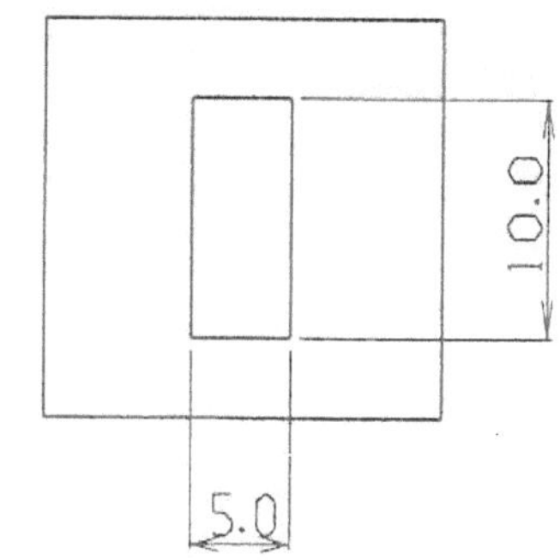

측면 엣지의 경우

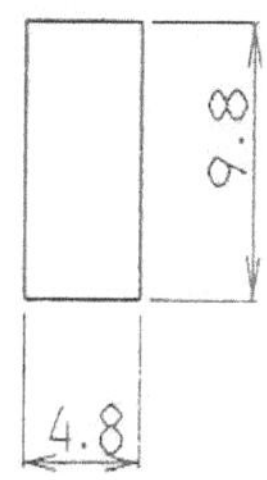

전극치수

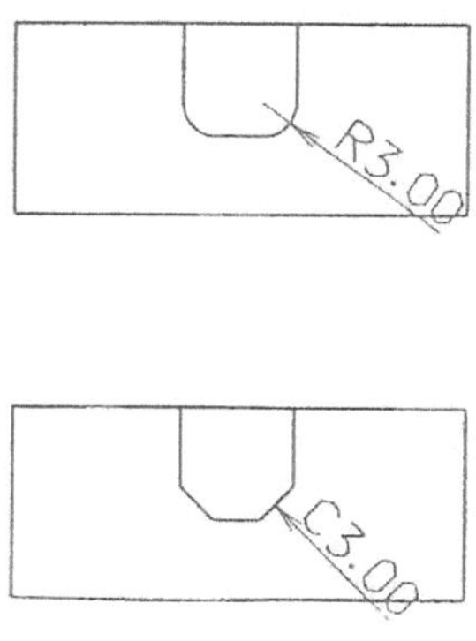

저면(低面)

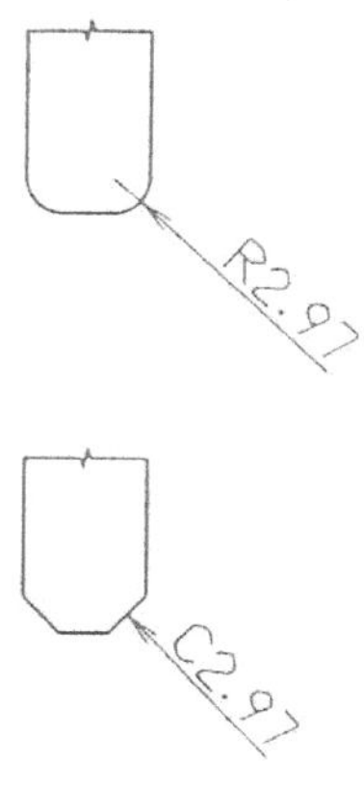

전극치수

- 저면은 Taper 유무(황삭용, 다듬질용) 관계없이 -0.03로 한다.
- 전극의 R 또는 C의 공차는 입자에 적용된 공차로 한다.

(2) 코너 R또는 C인 경우 (습합면 가공 포함) - 저면형상이 평면인 경우

- ED가공 : 원 패턴을 사용, GAP : 황삭=0.2, 다듬질=0.1

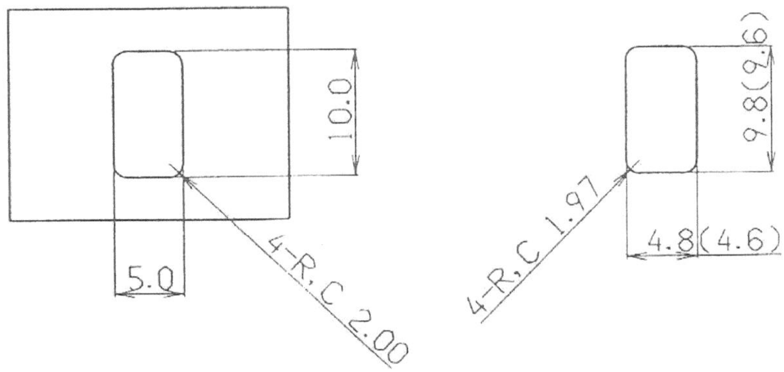

측면 전극치수

- EDM가공 : 각 패턴을 사용, GAP : 황삭=0.2, 다듬질=0.1

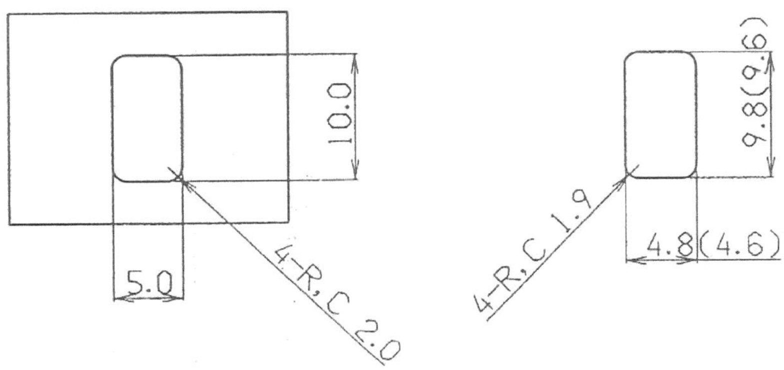

- 전극의 R또는 C의 공차는 입자에 적용된 공차로 한다.

(3) 코너 엣지와 R또는 C가 같이 있는 경우 (습합면 가공포함) - 저면형상 평면

• ED가공 : 각 패턴을 사용, GAP : 황삭=0.2, 다듬질=0.1

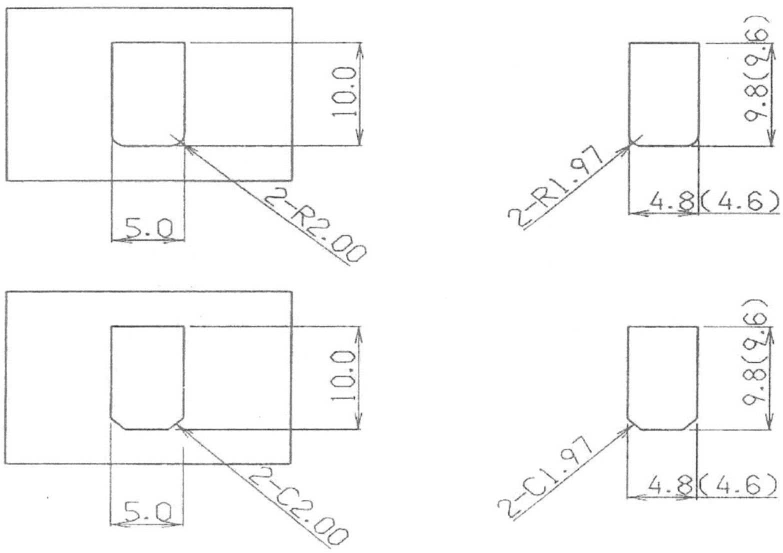

측면 전극치수

(4) 코너 R과 C가 같이 있는 경우 -저면형상 평면

• ED 가공 : 원 패턴을 사용, GAP : 황삭=0.2, 다듬질=0.1

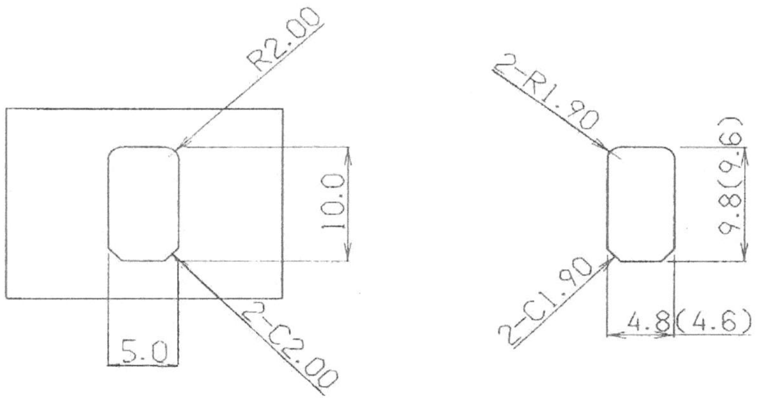

측면 전극치수

• 전극의 R또는 C의 공차는 입자에 적용된 공차로 한다.

(5) 저면이 오목의 SR인 경우

- ED 가공 : 반구 패턴을 사용, GAP : 황삭=0.3, 다듬질=0.1

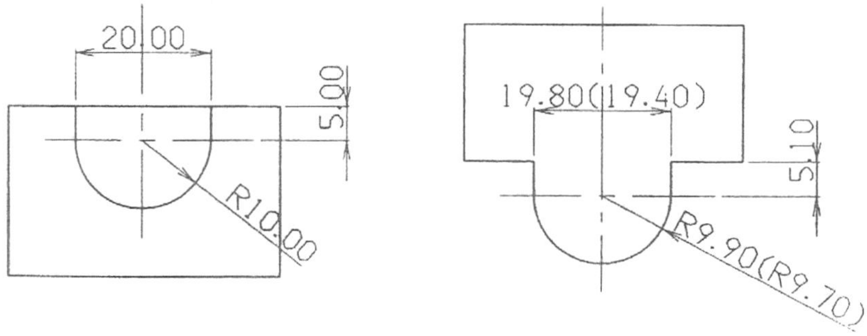

(6) 저면이 볼록의 SR인 경우 반드시 다듬질용은 GAP 0.03을 사용

- ED 가공 : 반구 패턴을 사용, GAP : 황삭=0.3, 중다듬질=0.10, 다듬질=0.03

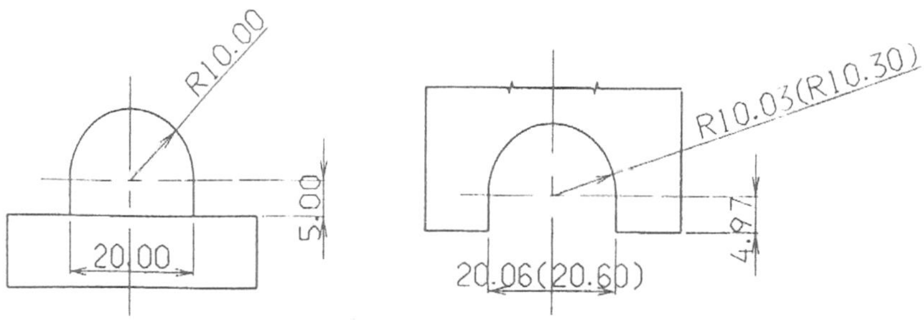

(7) 가공 패턴에 따른 전극의 In, Out 코너 R의 비교

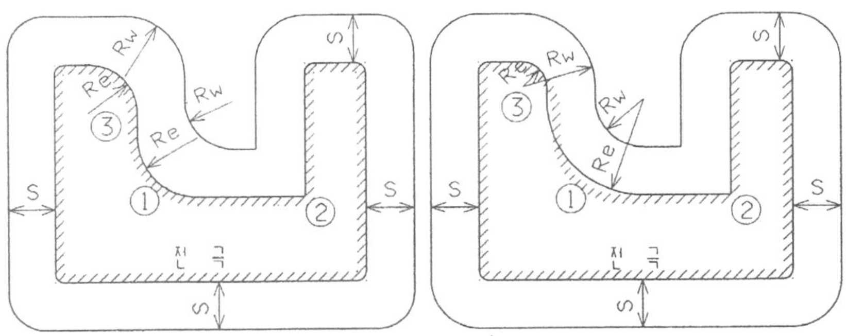

각 패턴 사용시　　　　원 패턴 사용시

각 패턴과 원 패턴의 가공형상 비교

		각 패턴	원 패턴
전극의 IN 코너	①	Re=Rw+g	Re=Rw+S
	②	Rw=0	Rw=0+S
전극의 OUT 코너	③	Re=Rw-g	Re=Rw-S

* Rw : 가공물의 가공형상 코너 R치수
* Re : 전극의 코너R 치수
* S=R+g
* S : 전극 축소량 (전극Offset량) = Gap량
* g : 최종 가공 조건의 지연 Gap = Arc량
* R : 최종 가공 조건의 이동량 = 전극의 이동량
(일반 최종 가공조건의 지연Gap = 0.02~0.03, Kopo社=0.03)

(8) 저면이 정밀공차인 각도 형상부 가공

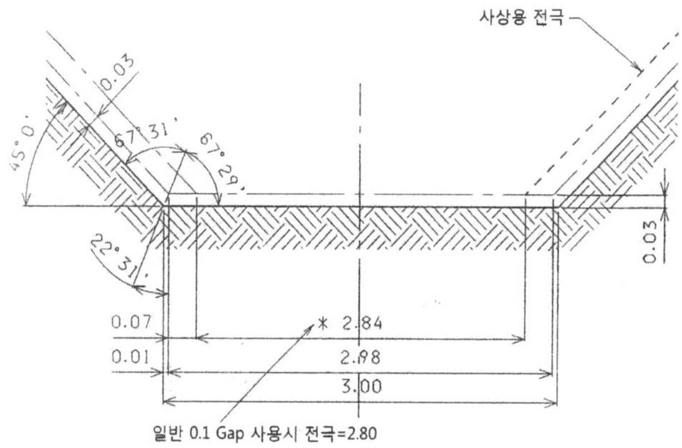

예) Gap : 0.1= 0.07(최종 가공조건의 이동량) +0.01(각도에 따라 변화하는 량)

(9) 전극설계시 주의사항

- 전극 재질은 대형=Graphite, 중형=Cu, 소형=Cu+W를 사용.
- Gap 설정은 다듬질용 기준 ∅0.5이하 또는 폭 0.5이하는 0.03을 사용하고, 다듬질용 기준 ∅1.0이하 또는 폭 1.0이하는 0.05를 사용한다.
- 볼록형의 SR 및 곡면 형상 중 중요부는 반드시 다듬질용 Gap 0.03을 사용한다.
- 가공 패턴 중 일반적으로 원 패턴을, 코너부 엣지가 필요 부는 각패턴을, 저면에 SR또는 곡면인 경우는 반구패턴을 사용한다.

2.8.4 Kopo社 전극설계 요령

2001년 10월부터 Kopo社 전극설계가 지금까지의 Gap적용 설계에서 금형치수 및 일체형 전극 설계로 전환 되었으므로 그에 따른 요령을 설명한다.

(1) 설계 표준 표제란

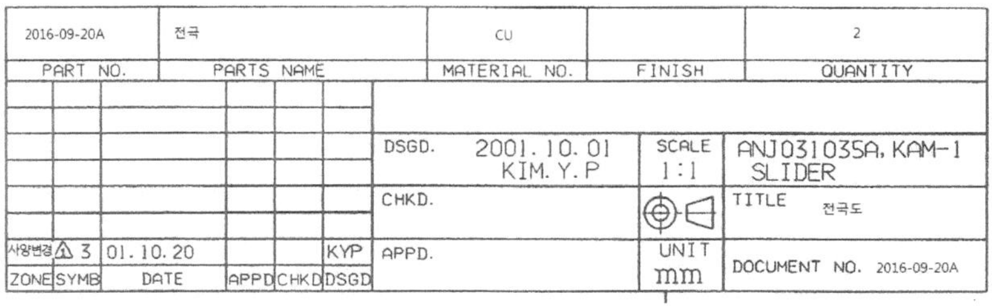

(2) 방전가공 지시 표제란 및 공차표

금형치수

가공입자 NO	301	표준NO	05
황(荒) GAP	0. 2	다듬GAP(편측)	0. 1
요동 방법	각 (반구)	입자최고점	30. 00
위치좌표 (X)	0. 00		0. 00
(Y)	0. 00		-10. 00
(Z)	20. 00+10		25. 00+5

가공 공차표	
치수지시	적용공차
1. 0000	±0. 002
1. 000	±0. 005
1. 00	±0. 01
1. 0	±0. 1
1	±0. 2
1. 00±20	±0. 02
1. 00+5	+0. 005 / 0
1. 0-100	0 / -0. 1
45° 00'	±5'
45°	±1°

- 요동 방법 중 원 패턴은 생략하며 입자 최고점은 설계 참고로써 생략 할 수 있다
- 본 요령은 금형치수 관리이므로 Program 및 가공 者는 반드시 도면치수에 Gap(편측)량을 Off set을 반영하여 가공해야 한다.

(3) 전극 재료 표준 번호 및 Size

표준NO	표준Size	표준NO	표준Size	표준NO	표준Size
01	10*36*45	11	36*76*45	21	130*130*45
02	10*56*45	12	40*40*45	22	140*140*45
03	16*36*45	13	50*50*45	23	150*150*45
04	16*56*45	14	60*60*45	24	160*160*45
05	16*76*45	15	70*70*45	25	170*170*45
06	26*26*45	16	80*80*45	26	180*180*45
07	26*56*45	17	90*90*45	27	190*190*45
08	26*76*45	18	100*100*45	28	200*200*45
09	36*36*45	19	110*110*45		
10	36*56*45	20	120*120*45		

(4) 전극 면적에 따른 GAP 적용 및 수량설정

	GAP \ 입자수량		1개	2개	4개	8개	전극재질
전극형상 크기	황 GAP	다듬질 GAP	다듬질 (황)	다듬질 (황)	다듬질 (황)	다듬질 (황)	
∅0.5, □0.5	-	0.03	2	4	8	16	CU(CU+W)
∅1, □0.9	0.10	0.05	2(1)	3(1)	6(1)	12(2)	CU(CU+W)
∅2, □1.8	0.20	0.10	2(1)	2(1)	4(1)	8(2)	CU(CU+W)
∅3, □2.6	0.20	0.10	2(1)	2(1)	4(1)	8(2)	CU(CU+W)
∅5, □4.4	0.20	0.10	1(1)	2(1)	3(1)	4(2)	CU(CU+W)
∅9, □8	0.20	0.10	1(1)	2(1)	3(1)	4(2)	CU
∅16, □14	0.25	0.10	1(1)	2(1)	3(1)	4(2)	CU
∅25, □22	0.30	0.10	1(1)	2(1)	3(1)	4(2)	CU
∅50, □44	0.40	0.10	1(1)	2(1)	3(1)	4(2)	CU
∅80, □70	0.50	0.10	1(1)	2(1)	3(1)	4(2)	CU, GR
∅80, □70 이상	0.60	0.20	1(1)	2(1)	3(1)	4(2)	CU, GR

(5) 전극 설계 요령

- 전극형상의 크기를 확인하고 Kopo社 표준 FORMAT A3, A4를 선정한다.
  - (G):CAD, STDLIB의 WKEL, A3 또는 WKEL, A4에 저장되어있다. 직접 불러서 사용할때는, DETAIL, STDLIB, WKEL, No30
- File명 및 표제란을 작성요령에 의하여 작성한다.
- 입자도에서 전극부를 본떠 가져온 후, 치수를 숨긴다.
- 입자도 제로점에서 전극 Center를 정하고 그 위치를 표기한다.
- 불필요한 형상을 제거한 후, Work 화면에 View를 조절하여 위치를 설정한다.
- 전극 수량을 정한 후, 일체형 전극표준 설계요령에 의하여 전극재료 Size를 결정.
  - DETAIL, STDLIB, WKEL, No1~No32 참조
- 결정된 Size의 표준 Data를 불러와서 상세도 상단부에 위치를 설정한다.
  - DETAIL, STDLIB, WKEL, No1~29
- 상세도의 평면도를 일체형 전극요령에 의하여 그 피치를 정하고 치수를 기입한다.
- 면적에 맞춰 Gap량을 정하고 요동가공 패턴을 정한다.
  - DETAIL, STDLIB, WKEL, No33
- X, Y, Z 좌표 값을 기입하고 부족한 치수를 기입한다.
- 기본적으로 전극도 공차는 입자도 공차와 동일하게 기입한다.
- 전극 재질은 기본적으로 CU로 하되, 필요시 CU+W 또는 GR을 사용한다.
- 전극 가공은 기본적으로 NE 또는 W-EDM 공정에서 하되 부득이한 경우 다른 공정에서 한다.

(6) A4, 전극설계 양식(Format) 표준

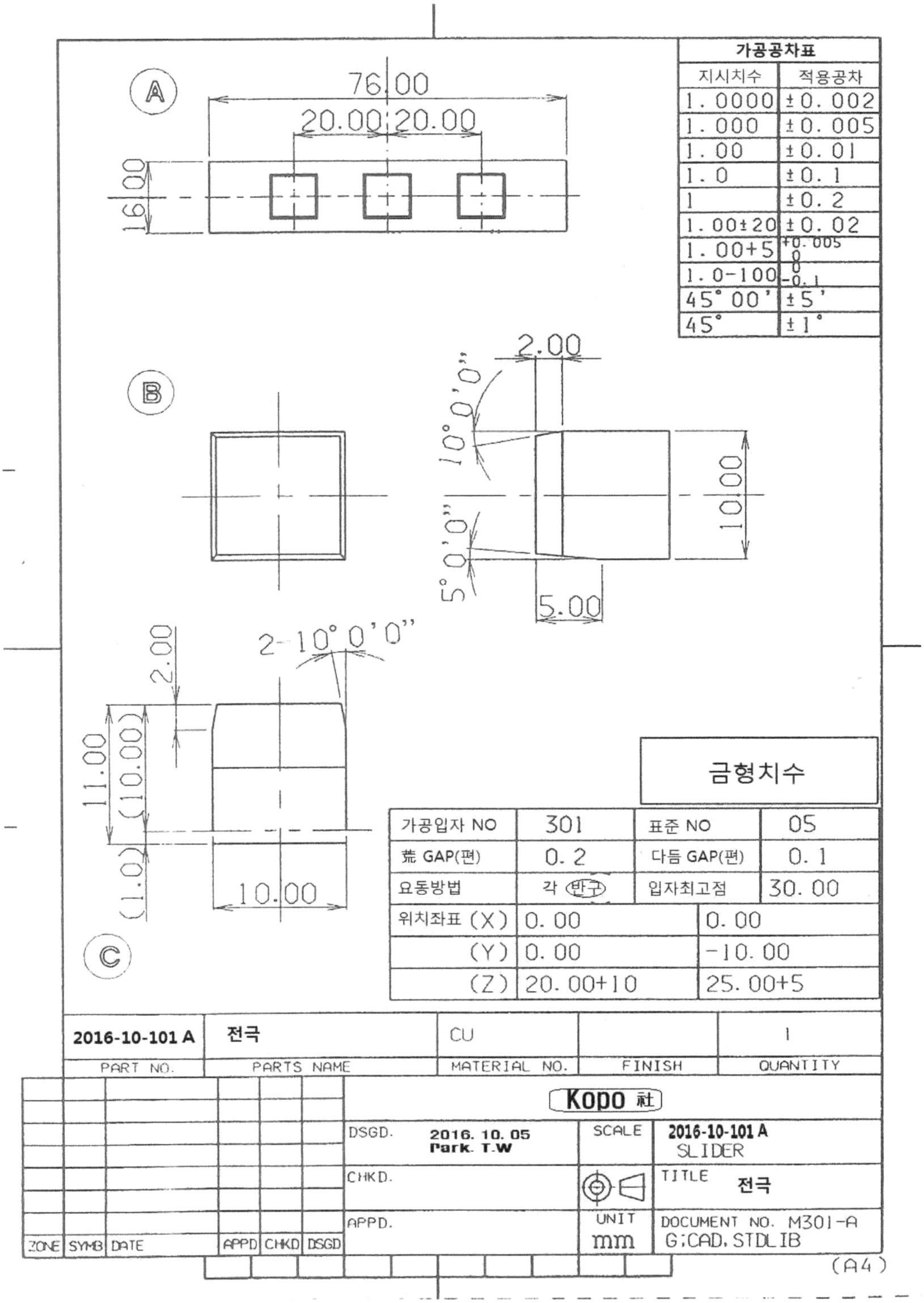

(7) 일체형 전극표준 기타

KAM-20811에서 A의 전극 표준 번호는 No 01~No 28까지 사용하며, 크게 4 종류로 분류한다.

① TYPE 1 (No 01~No 11)

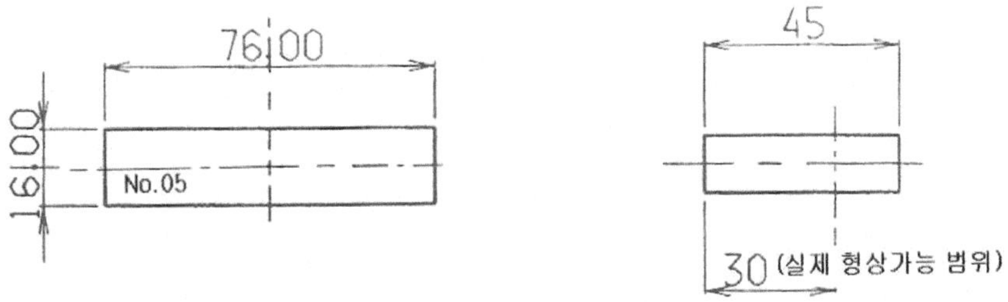

② TYPE 2 (No 12~No 15)

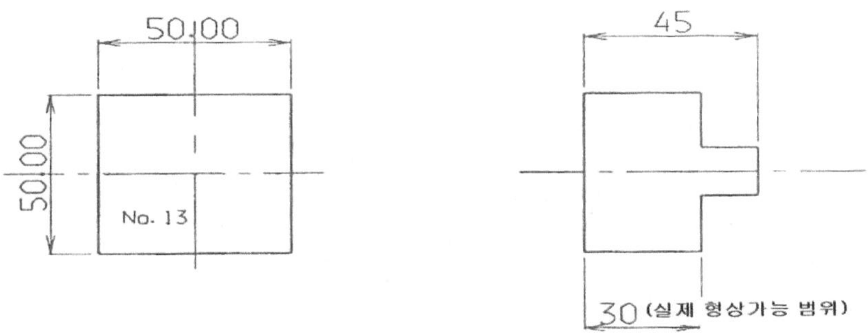

③ TYPE 3 (No 16~No 21)

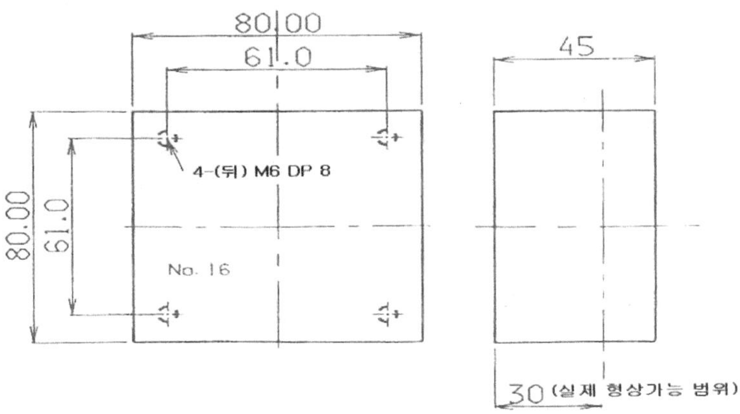

④ TYPE 4 (No22~No28)

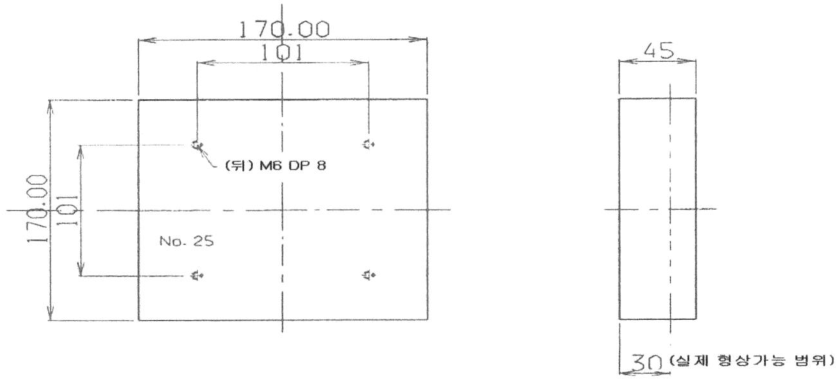

< 특기사항 >

전극 표준 No 01~No 28 보다 봉재가 더 효율적일 경우 , 봉재를 사용할 수 있다.

단 , 봉재 사용시도 일체형 전극으로 검토 하는 것을 기본으로 한다.

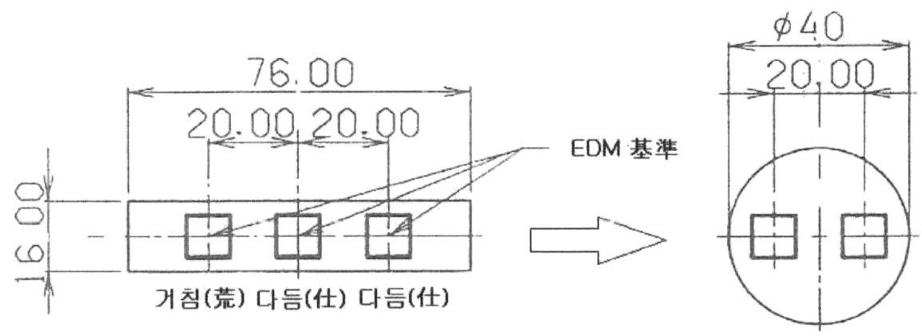

- EDM좌표값은 형상의 Center점을 영점으로 하고 입지 가공 위치점과 맞추어 기록한다. (위치좌표 20.00은 무시하며 형상 각각의 좌표지정 불요)
- 입지의 크기가 크거나, 깊이가 깊어 전극가공이 어려운 형상 등, 일체형 전극으로 설계가 불가능 할 때에는 기존과 같이 한 개씩 할 수 있다.
- KAM-20811에서 C의 전극형상 높이는 실제 사용될 유효부보다 1㎜ 플러스 하는 것을 기준으로 하고 형상에 따라 적게 혹은 크게 여유량을 추가하여 설계한 것이며 유효부 표시(*부)는 생략하므로 도면에 표시된 치수로 가공한다.

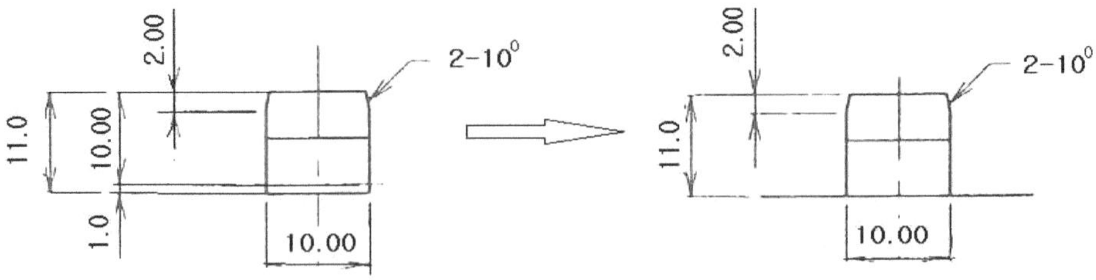

2.9 LAYOUT 작성요령

(1) 레이아웃 플로우 차트

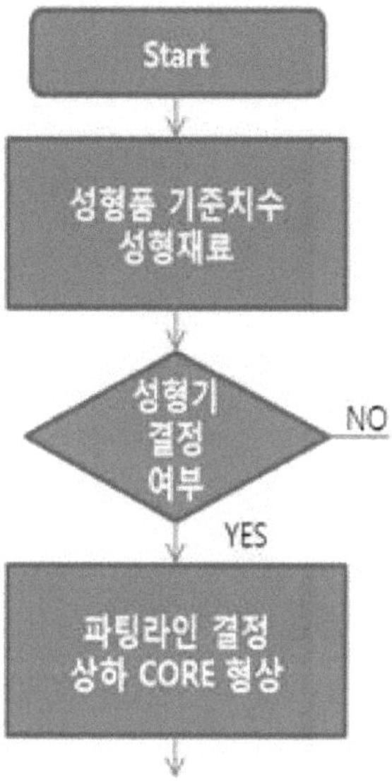

Molding : Cover

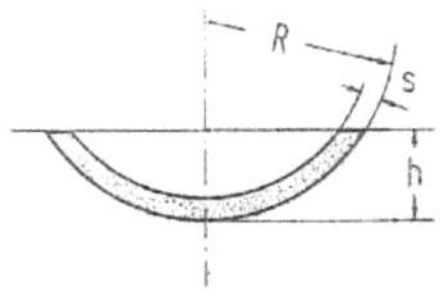

Dimensions : R = 20 mm
h = 8 mm
s = 2 mm

Material : PS

Machine : Type...
Injection pressure...
Cycle time ...

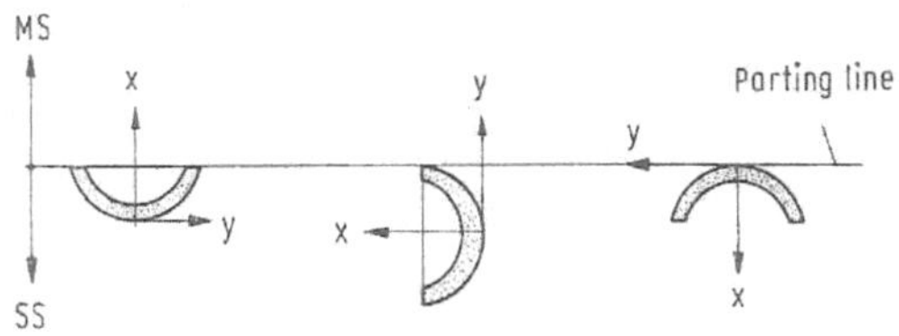

No undercuts !

Number of cavities n = f (plastication rate, clamping force, shot weight, economy, delivery dates)

Selected : n = 4

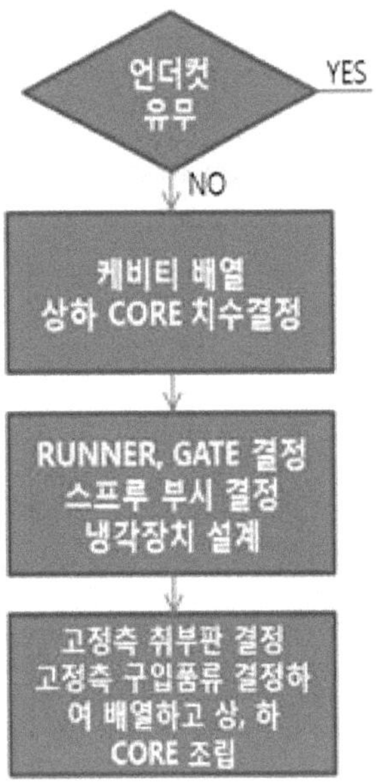

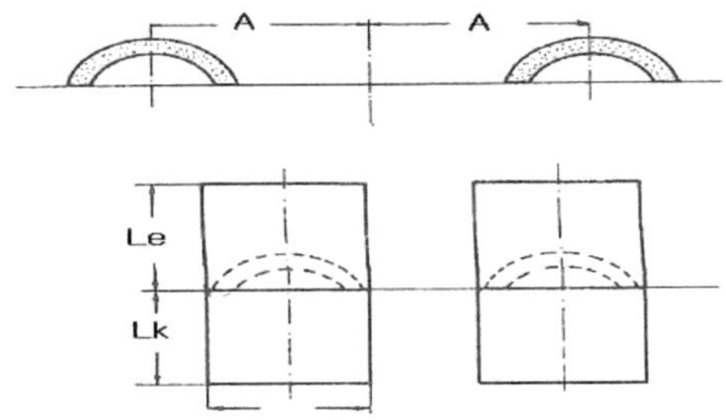

Runner system : Sprue with runner and pinpoint gate

Cross sections of runners
* Selected

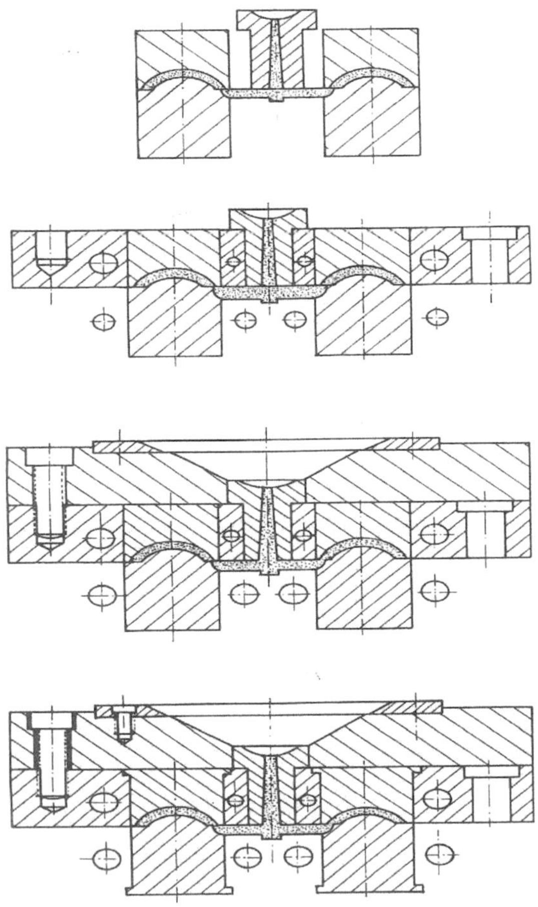

이젝터 장치 결정
(위치, 상태, 수)
러너 락 핀 결정

↓

가동측 형판 치수 결정

↓

가동측 취부판 치수 결정, spacer block, backing plate 부착

↓

이젝터핀 치수 결정
가동측 구입품류
결정하여 배열하고
가동측 취부판 부착

↓

이젝터 로드 결정
리턴핀 종류,
위치 결정

↓

에어벤트 결정

↓

LAYOUT
재확인 및 완성

↓

END

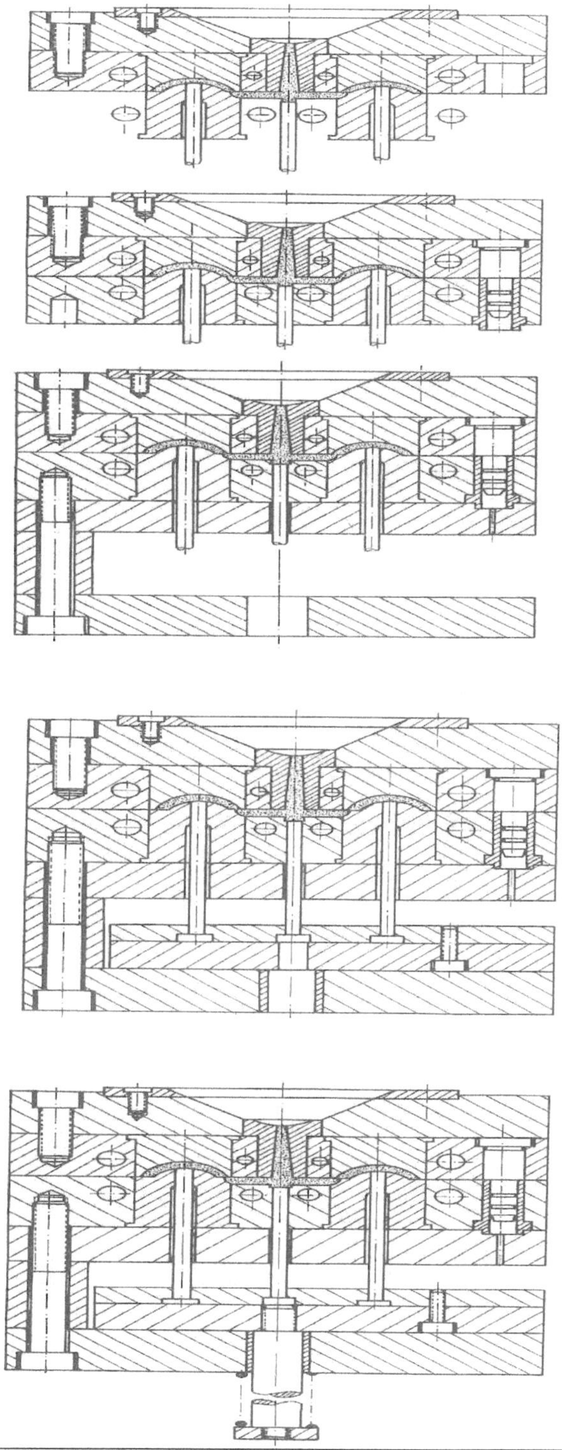

(2) 입자 외형Size 결정

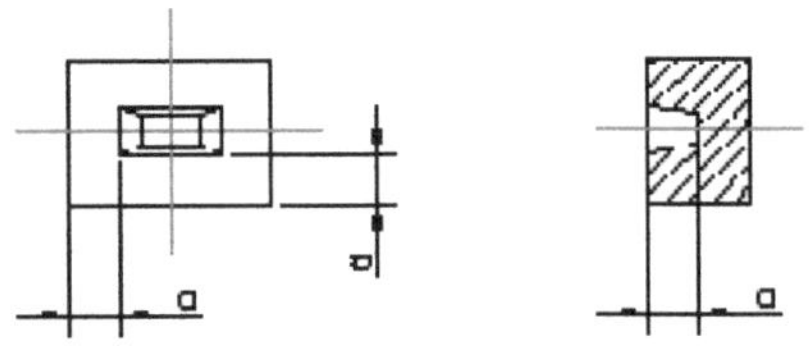

- 제품 깊이에 대해서 X, Y, Z방향으로 1:1이상을 치수기준으로 함.(2.15 -금형강도계산참고)

(3) GUIDE HILL, GUIDF PIN 의 설치

- 센터 어긋남(0.03 max)이 심한 제품의 경우도 필요.

(4) 가스벤트의 설치

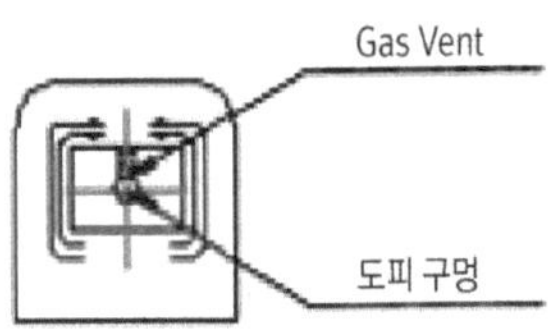

- 러너, 웰드부 ,보스, 깊은 RIB.
- 러너는 어느정도의 BURR가 발생해도 크게 문제가 안 되므로 벤트를 깊게 한다.
- 각혈도 웰드부에는 파팅라인 벤트를 설치함.

(5) 입자 분할방법

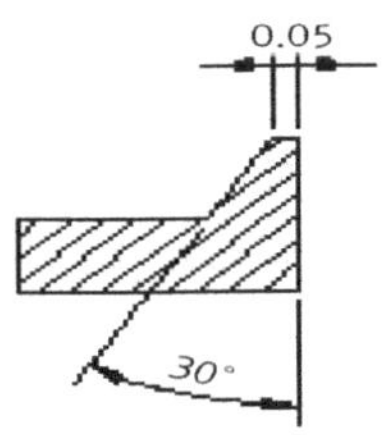

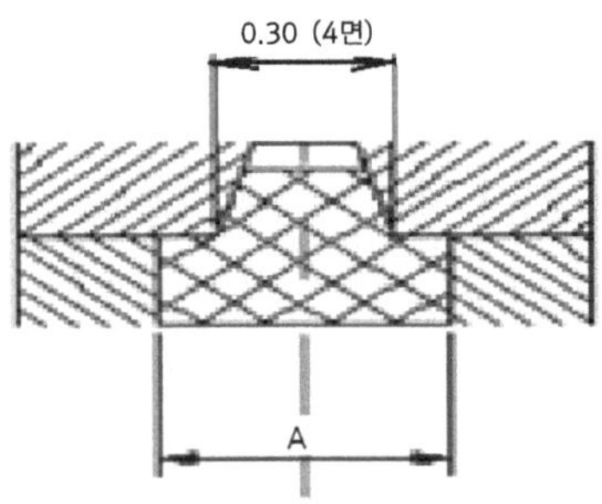

- 습합부, 게이트는 입자화를 검토한다. (마모 때문)
- 부품사양서의 분할 불가면(윤활부)을 확인 할 것.
- 깊은 RIB부의 분할을 전제로 한 제작방법을 고려하면서 ,각종 분할방법을 선정.
- 습합부는 정도가 필요하기 때문에 연삭가공이 가능하도록 분할.
- 제품 형상 상 Edge로 분할해야 할 경우는 평행부 (0.05)를 둘 것.
- 입자 분할시 수지압력으로 입자가 밀리지 않도록 고려.
- 짧고 긴 코어핀에 대해서는 INLAY 구조로 할 것. A≤0.5일 때를 기준.

(6) 이젝터 핀의 설치

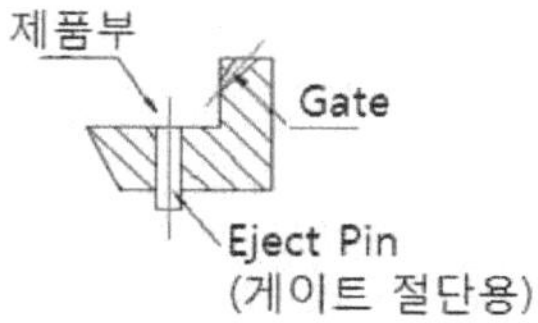

- 가동측 Submarine Gate의 경우, 게이트 하부에 이젝터 핀을 설치.
- 제품 외형측 면의 깊은 Rib에 밸런스를 고려하여 우선적으로 설치하되, 분할선을 고려해서 위치를 조정할 것

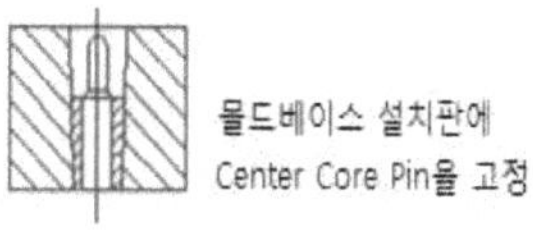

- 10 ㎜ 이상의 Boss는 Sleeve 구조로 한다.

(7) 냉각수 Hole의 설치

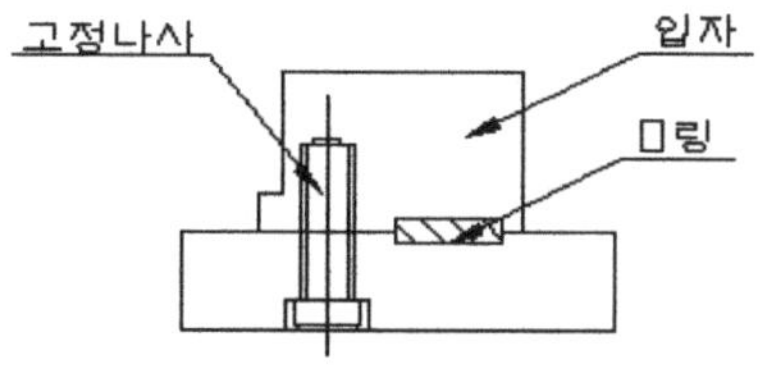

- 코어 냉각으로 0 Ring을 사용하는 경우는 입자 고정나사를 가깝게 설치 할 것. (누수 ,입자가 뜨는 것을 방지)

(8) Mismatch의 설계

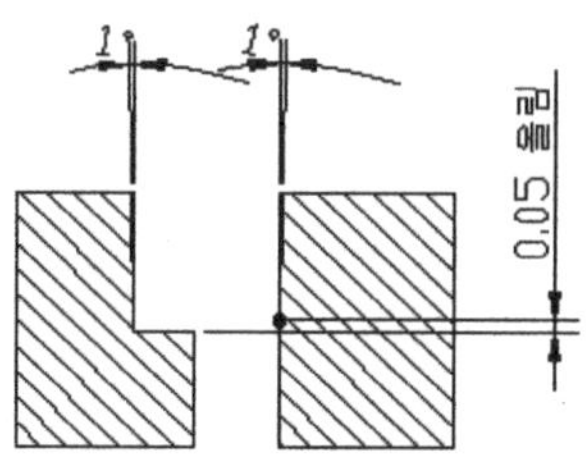

- 빼기 구배가 복수입자에서 구성되는 경우 , 테이퍼 기점을 0.05 ㎜ 올릴 것.
- 치수기준 측을 확인하고 ,미스매치 처리를 할 것. (P/L, Slide Core) 단 ,외관품일 경우 사양협의 단계에서 미스매치 방법 및 양을 합의한다.

(9) Slide Core의 설계

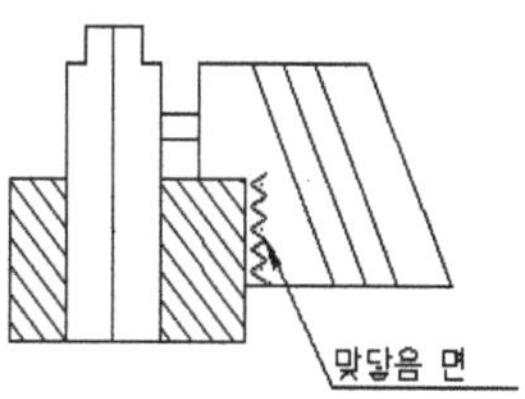

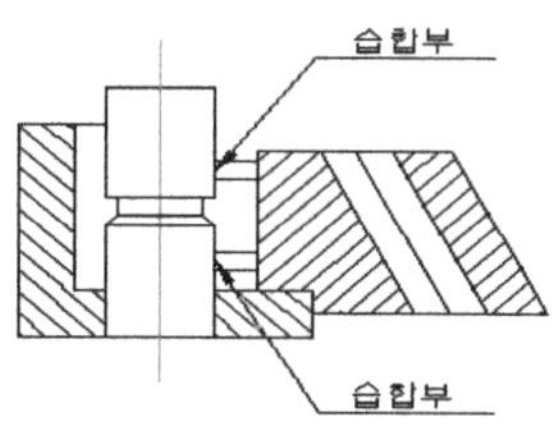

- 입자와 맞닿는 면을 반드시 설치할 것 (맞닿음, 제품 치수조정의 간소화)
- 슬라이드 코어의 이동량 보다 가이드 길이가 길어야 함.
- 슬라이드 코어의 습합이 고정측과 가동측 입자에 동시에 걸치니 않게 검토할 것.
  - PBT,PA는 Flash가 발생하기 쉬워 틈새 조정이 어려움.

(10) 경사 핀(내측 슬라이드 코어)

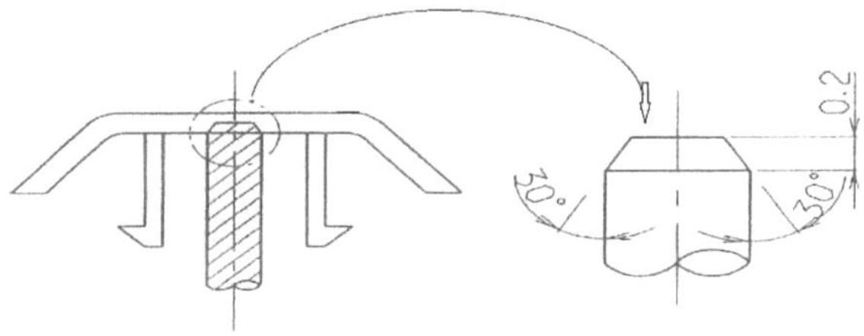

- 언더컷 방지를 위해, 상면치수는 제품면 보다 0.05이상 낮게 한다.
- 형상에는 반드시 빼기구배를 설치한다. (이형변형, 제품 낙하 불량 방지)
- 이형 밸런스를 보정하기 위해서는 지시면을 실시 할 것.

(11) 습합부의 설계

- 수지압력을 받는 경우, 반드시 배면을 받쳐줄 것. (테이퍼, GAP)
- 습합이 잘되지 않을 수가 있으므로 불필요한 코너는 도면상에서 반드시 도피 처리를 할 것.

(12) Submarine Gate

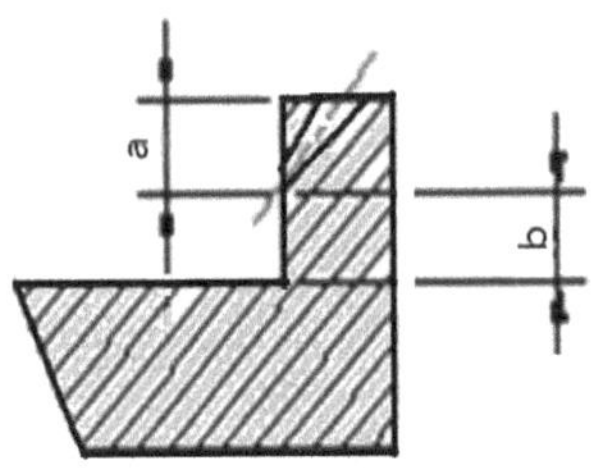

a,b≥0.5

- 제품의 반형 대책으로 게이트 상.하에 0.5이상의 여유를 둔다.
- 제품 살두께가 얇은 경우는 반원 서브마린 게이트를 채용한다.
- 각형 Type의 서브마린 게이트는 게이트절단 Drooling (노코리)가 많기 때문에 좋지 않다.

2.10 조립도 작성요령

(1) 슬라이드 코어 (슬라이드 코어 , 록킹 블록의 설치)

- 기본적으로 슬라이드 코어는 상하에 배치하지 않는다.
- 로킹 블럭은 Inlay구조로 하고, 배면 받침을 반드시 설치 할 것.

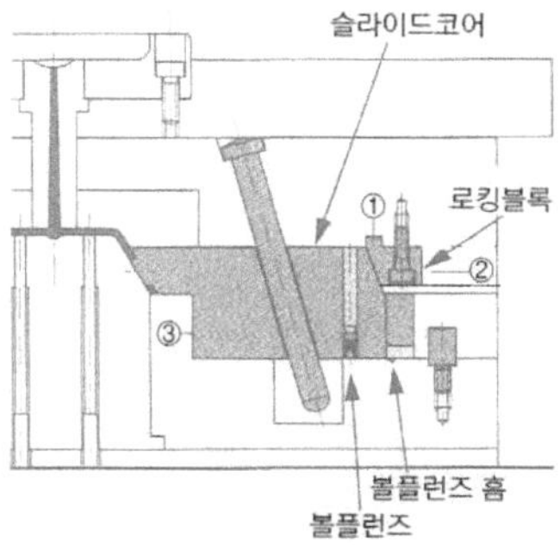

- 로킹블럭 저면은 포켓가공해서 받침
- 로킹블럭 배면은 플레이트에서 받침
- 슬라이드 코어에 맞 닿음면을 설치할 것

- 고정측과 습합되는 부분이 있을 경우, 슬라이드 코어의 타이밍을 검토해야 함.
- 고정측 슬라이드 코어 구조는 양산 중 동작이 불안정 하므로, 파팅 라인을 변경하는 경우가 있더라도 가동측 슬라이더 코어 구조로 할 것.

(2) 이젝팅 관련

- 2단 이젝팅의 필요성

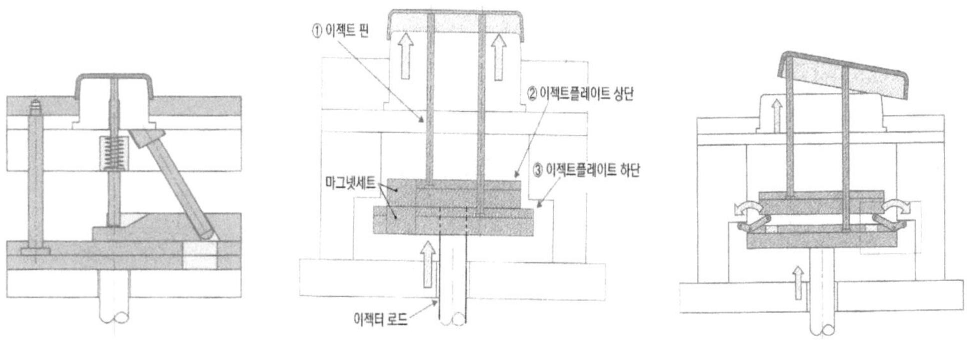

- 게이트의 끊어짐 개선
- 살 두께가 얇은 제품의 경우 ,게이트 절단저항에 의해서 이형변형이 발생.
- 비교

방식	제품이 먼저 이젝팅	동시 이젝팅	러너가 먼저 이제팅
단점	제품 긁힘	기준	게이트 Drooling이 큼

- A TYPE의 경우 제품이 먼저 이젝팅 되는 방식이 좋고, B TYPE의 경우 러너가 먼저 이젝팅 되는 방식이 효과가 있다.

(3) 휨 (받침판 두께 관련)

- 휨 계산식을 활용하되, 서포트핀 배열은 제품부 (노즐 센터부)에 가깝게 배치하여야 한다.
- 플레이트의 경우 , 고정측 휨에도 주의해야 하는데 설치판 두께로 조정한다.

(4) 러너 (스프루 로크, 러너 로크)

- 러너 낙하방향을 고려 할 것.

(5) 성형기 관련 (각 기계치수의 확인)

- 최대 최소 형 두께, Daylight
- 이젝팅 스트록, 지름, 개수
- 노즐터치 R지름 돌출량
- 열전대 구멍 (히터의 경우)
- 온조 회로수
- 타이바 간격
- 로케이트링 간격
- 설치 치수
- 단열판 (금형온도 120℃ 이상)
- 취출기

(6) 러너 관련

- 콜드 슬러그 웰은 **러너경** X 2 를 기준길이로 한다.
- 서브마린 게이트의 경우 서브러너의 길이는 15 ㎜ 이상을 기준으로 한다.

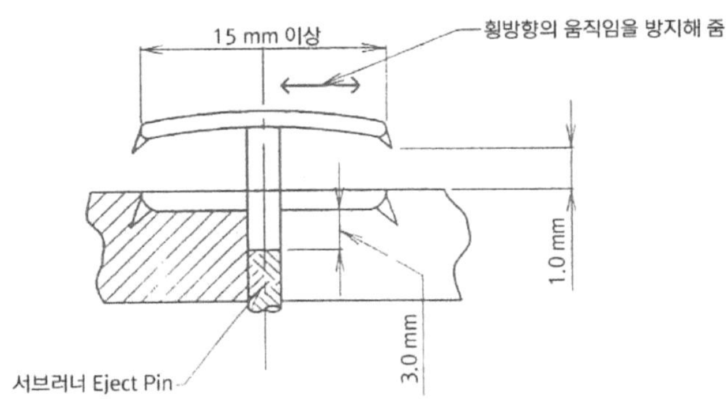

- 서브마린 게이트의 경우 러너 돌출핀은 게이트 높이보다도 낮아야 한다.
  (최종 이젝팅 될 때까지 제품을 고정하기 위해 필요)

2.11 치수 기입요령

(1) 금형도면 치수기입의 POINT

- 기계 가공자, 금형설계자가 도면을 보고 쉽게 이해 할 수 있게 치수기입을 한다.
  - 금형 설계자가 이해하기 어려운 도면은 가공자는 더욱 이해하지 못한다.
- 부품사양서의 치수를 기본으로 하여 형도면의 치수를 기입하면 체크 또는 개조 시 이해하기 쉽다.
- 기계가공시의 치수계산 절감과 전극도면의 연관성을 염두하고 치수기입을 한다.
- 치수 정의를 명확히 하고 테이퍼 기점, 교점, 접선 등을 추가 기입한다.
- 형구조상 필요한 빼기구배, 도피처리 지시등을 추가 할 때는 가공지점를 명확히 지시한다.
- 배율이 큰 도면 작성 시 불필요한 상세도 그리는 것을 줄일 것. (작도시간 단축)
- 형상의 치수가 중복되어 분별이 어려울 경우는 보충주기(구멍위치, 센터 등)를 표기하여 판독미스가 발생하지 않도록 한다.

(2) 최대외형 표시

- X, Y는 평면도에 기입한다. X치수는 상측에, Y치수는 우측에 표시한다.
- Z치수가 우측 도면에 있는 경우는 상측, 정면도에 있는 경우는 우측에 표시 하는 것을 기본으로 한다.

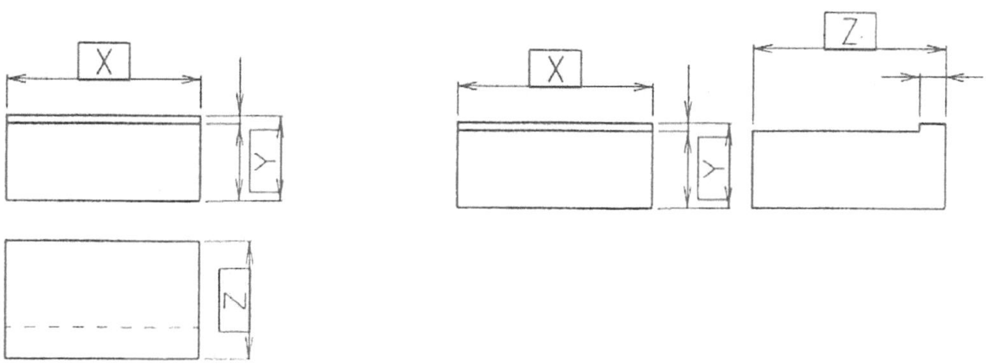

(3) 중복치수

- 중복 치수기입 금지.
  - 중복 치수부는 치수 조정시 모든 중복치수가 수정되지 않고 한 개 소라도 수정되지 않는 치수가 남았을 때는 제작 불량의 원인이 된다.

- 상세도, 단면도 등 첨부된 도면에 표시가 많을 경우에는 , ( )치수에서 연관된 치수 1개소만 표시한다. 이와 같은 경우에는 본도면의 치수가 우선이 되고 상세도의 ( )부 치수는 참고치수로 처리한다.

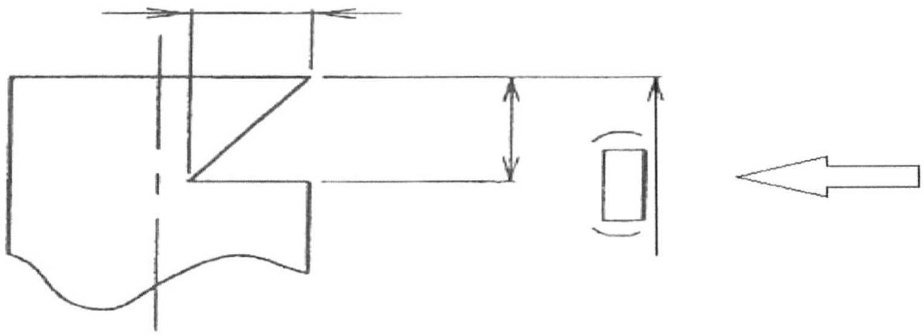

(4) 치수표시

- 파선부에서는 가급적 치수표시를 하지 않는다.(부분 단면화하여 형상을 명확히 한다)
- 원칙적으로 가상 센터선에 치수 표시는 금지한다.
  - 외형센터와 단면기준을 병용할 때에는 Z는 저면 기준에서 표시 할 수있다.
  - 전극은 치수정의 상 가상선에 치수기입도 가능하다.
  - 제작상 계산이 필요한 치수에 대해서는 ( )부 치수로 표시한다.
- 각노가 석은 테이퍼나 석은 치수를 OUT-SCL을 사용해서 표시해서는 안 된다.
  - ANG-000, DIM-000 등을 사용하여 표시한다. (Note입력은 불량의 원인)
  - Note입력은 불량의 원인이 되므로 가급적 피한다.

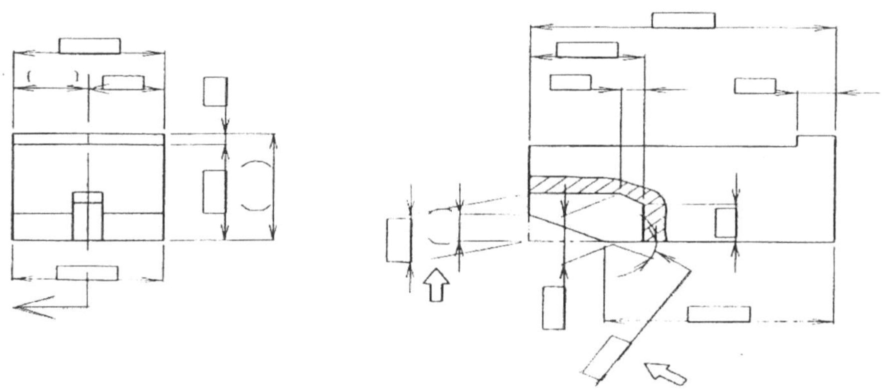

(5) 공정별 치수기입 Point

① 절삭 공정

- 절삭공정 관련치수는 가급적 평면도상에 기입한다.
- 평면도가 복잡할 경우 상세도 및 ACCESS기능으로 대신 할 수도 있다.
- PLATE류 치수기입에는 ACCESS기능을 최대한 활용한다.

② EDM(방전) 공정

- EDM관련 치수는 저면기준으로 치수 기입한다.
- 3D 형상부에는 EDM 기준치수를 기입한다. (X, Y, Z 기준)
- 전극설계 외 전극가공 및 입자가공 후의 확인이 될 수 있게 기입한다.

③ W-EDM 공정

- W-EDM 관련부는 CAD Data 사용을 원칙으로 한다.
- CAD Data는 Out Of Scale 사용을 금지한다. 단, 수정 도면시 연필로 된 부분과 외주금형은 제외
- W-EDM 관련부는 반드시 가공자 확인용 치수를 기입한다.
- W-EDM 가공전 EH고정의 치수기입 요령은 아래와 같다.

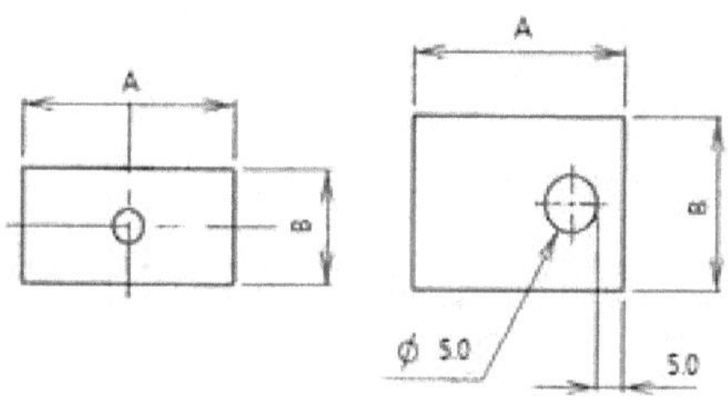

- A,B 치수 중 최소값이 10이하 일 때는 센터에 EH구멍 센터를 위치시킨다.
- A,B치수 중 최소값이 10이상 일 때는 그림과 같이 EH 센터를 위치시킨다.

④ FG(연마) 공정

- FG관련부에서 교점, 접점부의 치수 기입시 교점 부 치수기입에는 반드시 상세도 또는 교점 부 표시를 해준다.
- 각도 부 치수 기입에는 각도 외 치수를 모두 기입할 필요는 없다. 사용상 중요 부를 기입하고 다른 부는 괄호 치수로 기입한다.

2.12 탭 관련 설계표준

(1) 적용범위

Kopo社에서 설계한 도면으로 제작하는 모든 금형에 적용한다.

(2) 목적

크기, 깊이를 명확히 표기함으로써 Miss발생을 줄이고 조립을 용이하게 하는 데 목적이 있다.

(3) 표기법

TAP 깊이는 최상면 & 최하면을 기준으로 하며 깊이공차는 TAP=±1.0, 드릴깊이=±0.5로 한다. 단, 특별한 경우 설계자가 기준 및 깊이를 변경할 수도 있다.

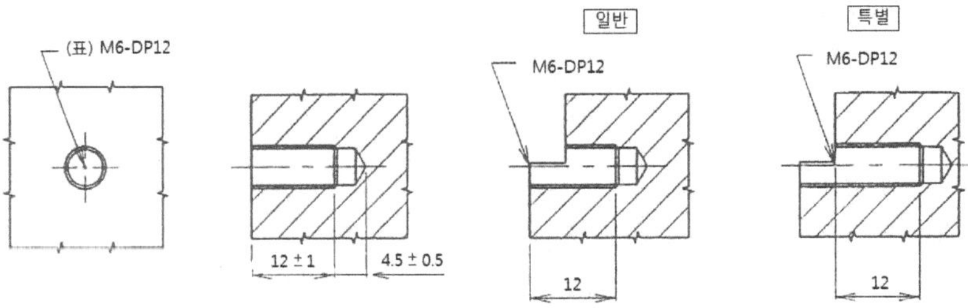

(4) TAP 깊이 및 드릴깊이

아래 그림과 표를 참고하라. *미터 보통나사

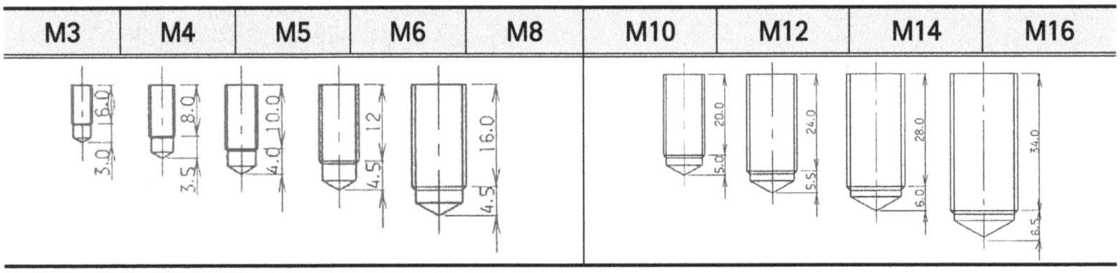

TAP			드릴		설계표준 TAP유효 깊이
TAP 피치	길이	가능 깊이	드릴	드릴 깊이	
M3x0.5	11	15	⌀2.6	+3.0	6
M4x0.7	13	17	⌀3.4	+3.5	8
M5x0.8	16	19	⌀4.3	+4.0	10
M6x1.0	19	24	⌀5.1	+4.5	12
M8x1.25	22	32	⌀6.9	+4.5	16
M10x1.5	24	36	⌀8.7	+5.0	20

TAP			드릴		설계표준 TAP유효 깊이
TAP 피치	길이	가능 깊이	드릴	드릴 깊이	
M12x1.75	29	43	⌀10.5	+5.5	24
M14x2.0	30	43	⌀12.2	+6.0	28
M16x2.0	32	47	⌀14.2	+6.5	34
M20x2.5	37	53	⌀17.8	+7.0	34
M24x3.0	37	53	⌀21.2	+7.5	34
M30x3.5	37	53	⌀26.8	+8.0	34

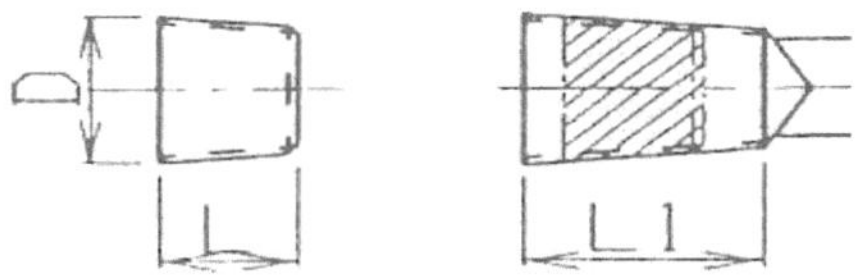

종류 \ 구분	무두볼트 Ø / 볼트길이 L	설계표준 L1
1/8	Ø9.728	12
	7.0	
1/4	Ø13.157	14
	8.9	

*관용 Taper 나사

2.13 볼트 관련 설계표준

(1) 적용범위

Kopo社에서 설계한 도면으로 제작하는 모든 금형에 적용한다. 단, 도면에 치수가 지정된 것은 그 치수를 우선으로 한다.

BOLT 구멍 및 카운터 보어 설계표준

M3	Ø3.5(표) Ø7.0 DP4.0	Ø3.5(표) Ø7.0 DP4.0
M4	Ø4.5(표) Ø8.0 DP5.0	Ø4.5(표) Ø8.0 DP5.0
M5	Ø5.5(표) Ø9.5 DP6.0	Ø5.5(표) Ø9.5 DP6.0
M6	Ø6.5(표) Ø11.0 DP7.0	Ø6.5(표) Ø11.0 DP7.0
M8	Ø9.0(표) Ø14 DP9.0	Ø9.0(표) Ø14 DP9.0
M10	Ø11(표) Ø17.5 DP11.0	Ø11(표) Ø17.5 DP11.0
M12	Ø13(표) Ø20 DP14	Ø13(표) Ø20 DP14
M14	Ø16(표) Ø23 DP16	Ø16(표) Ø23 DP16
M16	Ø18(표) Ø26 DP18	Ø18(표) Ø26 DP18
M20	Ø22(표) Ø32 DP22	Ø22(표) Ø32 DP22
M24	Ø26(표) Ø39 DP26	Ø26(표) Ø39 DP26

(2) 볼트자리(카운터 보어) 깊이 표기방법

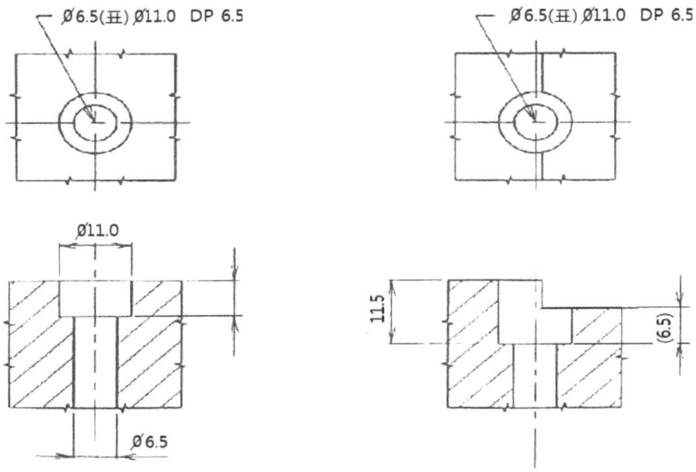

2.14 BASE 파팅면공차 적용기준

(1) 목적

Parting Line도 및 Return Pin의 공차를 설계 표준화한다.

(2) 공차 적용기준

일반 Mold Base 200X200을 기준으로 A, B, C, D Type으로 구분.

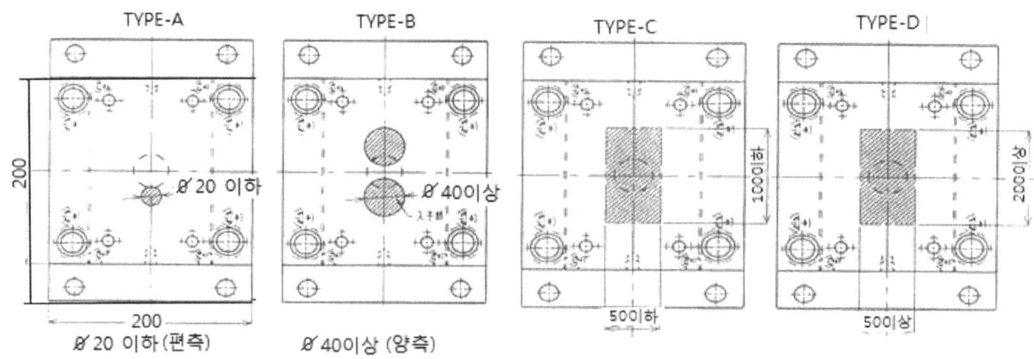

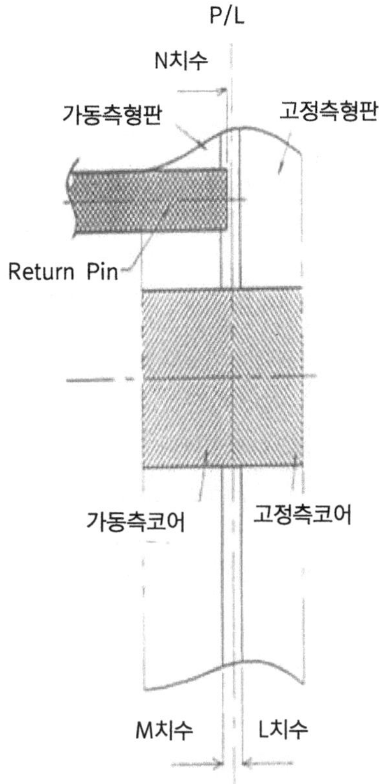

파팅면공차 적용표

TYPE	고정측 형판	가동측 형판	리턴핀	비고
A	$L_{-0.02}^{-0.01}$	$M_{-0.02}^{-0.01}$	$N_{-0.05}^{-0.02}$	
B	$L_{-0.03}^{-0.01}$	$M_{-0.03}^{-0.01}$	$N_{-0.05}^{-0.02}$	
C	$L_{-0.03}^{-0.01}$	$M_{-0.03}^{-0.01}$	$N_{-0.05}^{-0.02}$	
D	$L_{-0.05}^{-0.01}$	$M_{-0.2}^{-0.1}$	$N_{-0.05}^{-0.02}$	

- 제품형상 및 금형구조상 이젝터 핀 돌출불가 부분에 대해서는 $N_{-0.02}^{-0.01}$를 적용한다.
- 특수구조에 대해서는 별도 조정필요

2.15 금형의 강도계산

사출성형용 금형을 설계 할 때의 주의할 사항은 충분한 강도를 갖고 온도 제어와 성형품의 배출이 용이하게 이루어 질 수 있어야 한다는 것을 기본으로 한다. 또, 금형을 구성하는 재질은 플라스틱 수지의 종류에 따라 발생하는 고압에 견딜 수 있을 만큼의 강도를 유지 하여야 한다.

2.15.1 볼트의 강도 계산

(1) BOLT의 축방향으로 하중이 작용하는 경우.

$d = d/0.8 = 2\ W/\delta a(mm), \delta a = 30\ Kg/mm^2$

(2) 축방향의 하중과 비틀림을 동시에 받는 경우 하중을 $\frac{3}{4}$으로 계산.

$d = 8\ W/3\ \delta a(mm), \delta a = 30\ Kg/mm^2$

(3) 전단응력을 받는 경우

$d = 4\ W/\pi \tau a(mm), \tau a = 10.5\ Kg/mm^2$

1,2,3 에서 3의 경우만 고려하면 된다. 1,2보다 3이 최소차가 계산된다.

ex) SM55C를 기준으로 계산해 본다.

$\tau = 11.0$으로 한다.

$W = \pi d^2/4 * \tau$

M	M2	M3	M4	M5	M6	M8	M10	M12
하중(Kg)	34.6	77.8	138.2	216	311	553	864	1244

답 :

M14	M16	M20	M24
1693.3	2211.0	3455.8	4976.3

2.15.2 인장봉 지름의 계산 기준

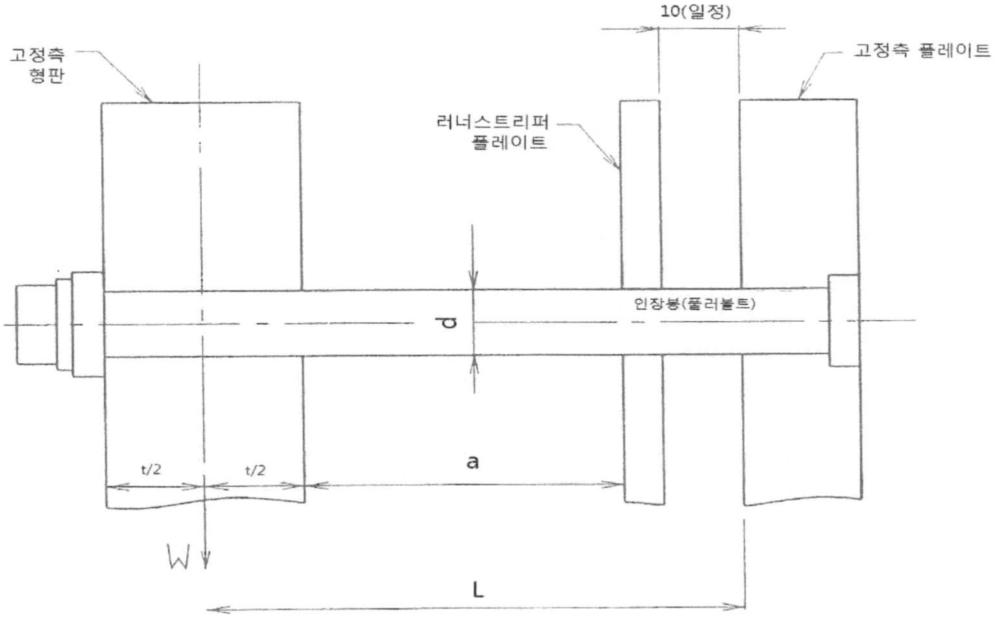

a = 런너를 빼내는 데 필요한 치수(mm)

(런너길이 + 30)

l = 고정측 플레이트에서 고정측 형판 중심까지의 거리(mm)

W = 고정측 형판 총중량(Kg)

$d = 0.102\sqrt[4]{W \times l^3}$

2.15.3 측벽계산 (캐비티 바닥이 일체가 아닌 경우)

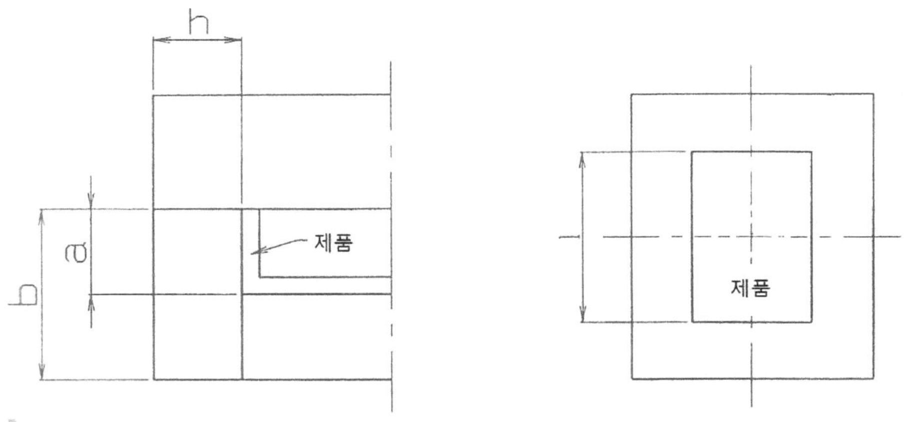

$$h = \sqrt[3]{\frac{12Pl^4a}{384Eb\sigma}}\,(mm)$$

h = 측벽두께(mm)

P = 성형압력(Kg/㎟)

l = 보의 길이(mm)

a = 압력받는 높이(mm)

E = 탄성 계수(2.1×10^6 Kg/㎟)

b = 캐비티 높이(mm)

σ = 허용휨량(0.05 mm ~ 0.08 mm)

ex) $P = 5\ Kg/mm, l = 300\ mm, a = 200\ mm, b = 250\ mm, S = 0.08\ mm$

$$h = \sqrt[3]{\frac{12 \times 5 \times 300^4 \times 200}{2.1 \times 10^4 \times 250 \times 0.08 \times 384}} = 86\ mm$$

2.15.4 받침판 두께 계산 (하원판 관통일 경우)

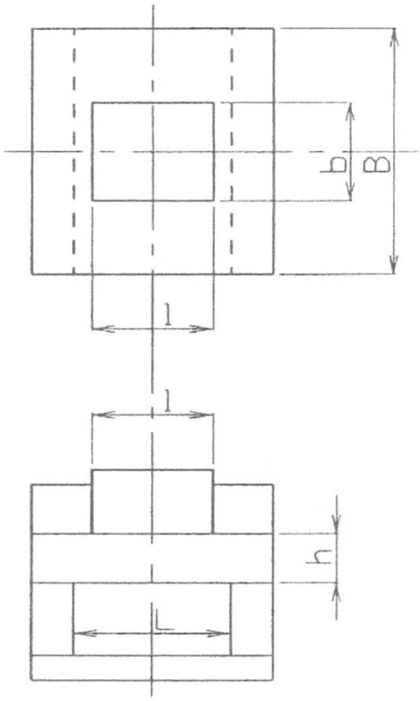

$$h = \sqrt[3]{\frac{5PbL^4}{32EB\sigma}}$$

P = 성형압력(Kg/㎟)

h = 받침판두께(mm)

L = 스페이서 간격(mm)

b = 성형압력을 받는 폭(mm)

B = 금형폭

S = 허용 휨량

E = 탄성 계수(Kg/㎟)(2.1×10^4)

ex) $L = 500\ mm, b = 500\ mm, P = 7\ Kg/mm^2, B = 700mm, S = 0.1\ mm$ 일 때

$$h = \sqrt[3]{\frac{5 \times 500 \times 500^4}{32 \times 2.1 \times 10^4 \times 700 \times 0.1}} = 275\ mm$$

* $h = \sqrt[3]{\frac{5Pb(L/2)^4}{32EB\sigma}}$ - 중앙에 서포트

* $h = \sqrt[3]{\frac{5Pb(L/3)^4}{32EB\sigma}}$ - 2열 서포트

2.15.5 고정측 형판 (상형판) 강도 계산 (캐비티 바닥이 일체인 경우)

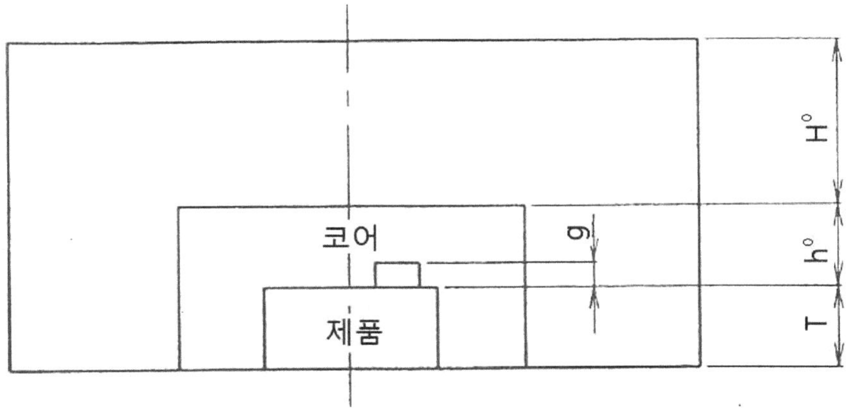

- $H^{\circ} = \sqrt{\text{제품면적}(cm^2)} \times 0.11 + T \times 0.125(mm)$
- $h^{\circ} = \sqrt{\text{제품면적}(cm^2)} \times 0.11(mm)$
- 입자 코어 설치할 경우는

  $h^{\circ} = \sqrt{\text{제품면적}} \times 0.11 + g \times 0.6$

ex) 제품 폭 150 mm, 길이 200 mm, 높이 25 mm 경우에 H° 를 구하여라.

$$H^{\circ} = \sqrt{150 \times 220} \times 0.11 + 25 \times 0.125 = 22.18\ mm$$

ex) 가로 220 mm, 세로 150 mm인 제품의 h° 를 구하여라.

$$h^{\circ} = \sqrt{150 \times 220} \times 0.11 = 19.98\ mm$$

2.15.6 가동측 형판 강도 계산(CAVITY바닥이 일체인 경우.)

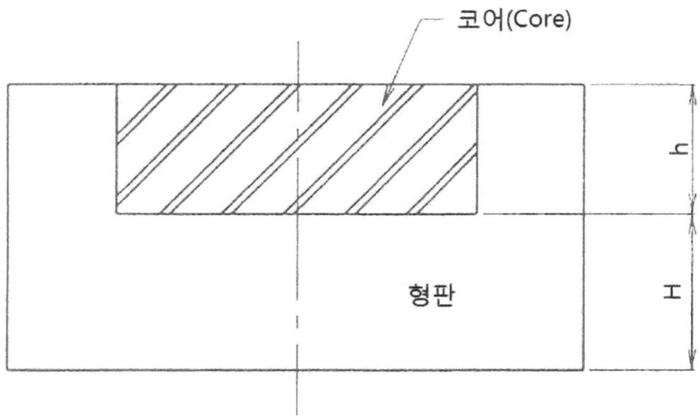

h = 제품높이(m/m) × 1/3 + 5(m/m) (mm)
냉각수 설치 시 냉각수ϕ + 시킨다

$$H = 1/70\sqrt[3]{P\,l^4}\,(mm)$$

P = 단위면적당 하중(kg/㎠) 성형 수지별 캐비티 내 압력
l = 제품폭(cm) + 2(cm) (Kg/㎠)
단위 적용주의

ex) 제품 높이 30 mm, 제품 폭 200 mm, 성형수지 $A.B.S$ 일 때 h와 H를 구하라.

$$h = 30 \times 1/3 + 5 = 15\ mm$$
$$H = 1/70\sqrt[3]{400 \times 22^4} = 6.489\ cm \fallingdotseq 64.9\ mm$$
$$l = 20 + 2 = 22\ cm$$
$$P = 400\ Kg/cm^2\,(A.B.S)$$

2.15.7 CORE 측벽 계산

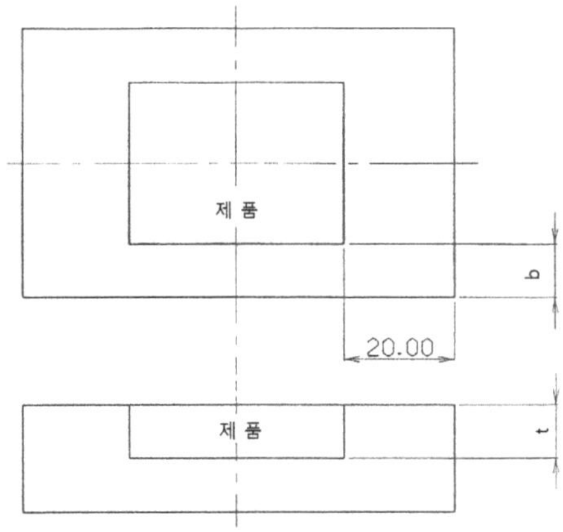

$$b = \frac{\text{제품 높이}}{1.4}(mm)$$

ex) 제품 높이 30 mm

$$b = \frac{30}{1.4} = 21.4\ mm$$

2.15.8 원판 측벽 계산 (직사각형 Type)

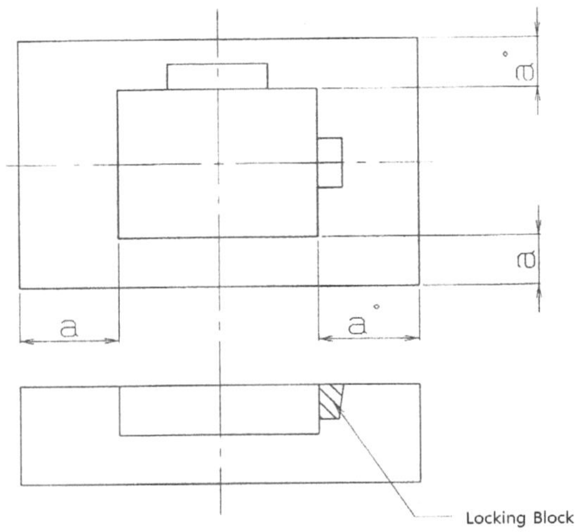

표준(2단) Type : $a = Guide\ Post$ 지름 $\times 2.0$

3단 Type ; $a = Guide\ Post$ 지름 $\times 2.3$

$a^{\circ} = a \times 1.01$

2.16 냉각장치 설계요령

냉각회로는 이젝터 설계보다 우선적으로 설계해야 한다.

(1) 온도제어의 목적

- 성형 Cycle의 단축
- 성형성의 개선
- 성형품의 표면상태 개선
- 성형품의 강도 저하 방지
- 성형품의 형상과 치수 정도 유지

(2) 냉각 구멍형 설계기준

① 냉각효과를 높이기 위한 냉각 구멍의 위치 설정 방법

- 누수문제, 방청 등을 고려하여 구조가 간편하게 되도록 한다.
  (성형부에서 최소 10 ㎜이상 떨어져야 한다)
- 냉각 구멍의 수를 증가시킨다.
- 금형 전표면의 온도를 균일하게 하도록 배치를 한다.
- 1개의 큰 냉각 구멍보다는 많은 수의 구멍이 더욱 효과적이다

② 금형온도와 관계가 있는 성형불량

- 제품성형 시 금형온도에 따른 수지의 유동성이 변화되기 때문에 다음과 같은 성형 불량이 발생한다.

(3) 금형온도와 관련된 성형불량의 종류 및 원인

금형온도	성형불량의 종류	불량발생의 원인
지나치게 높을 때	Sink Mark	살 두께가 두꺼운 Rib 혹은 돌기부 이면에 생기는 오목한부분이다. 이것은 냉각되기 쉬운 위치에 먼저 경화하고 냉각되기 어려운 수지가 그 위치로 이동하기 때문에 생기는 것이며 일반적으로 금형온도가 높으면 발생한다.
	Flash	금형의 틈새에서 발생하는 수지의 튀어나온 것이며 금형 온도가 지나치게 높으면 Cavity내의 수지 점도가 저하하여 용이하게 유동되므로 극히 작은 틈새에서도 발생한다.
불 균일 할 때	歪 曲 (왜곡)	성형품 각부의 냉각온도가 불균일할 경우는 냉각이 빠른 부분과 늦은 부분이 있게 되고 수축의 변화에 따라 이 현상이 발생한다.
지나치게 낮을 때	충전 불량	금형 내에서 수지가 완전히 충전되지 않은 상태로 경화하는 현상이다. 금형온도가 지나치게 낮으면 Cavity내의 수지점도가 높아지게 되어 용이하게 유동되지 못하기 때문에 이 현상이 발생한다.
	Weld Line	유동이 2개의 방향 이상으로 분할되어 있고 어떤 거리를 유동한 다음 다시 합류하는 영역에서 모발 형태의 미세한 선으로 나타나는 것이며 금형온도가 지나치게 낮으면 발생한다.
	표면 광택 불량	금형온도가 지나치게 낮으면 표면 광택이 충분히 나오지 못하는 경우가 있다.
조절 불충분 할 때	기계적 성형 불량	결정성 수지는 금형 온도가 지나치게 낮게 되거나 조절이 불충분한 경우에는 결정화도가 불충분하고 기계적 성질이 떨어진다.

(4) 냉각회로의 도면 표기법 및 구입품사양

① 평행 회로(직류 회로)

- 가장 일반적으로 사용하는 냉각회로이며 가공 및 취급이 용이하지만 성형품의 형상에 따라 냉각효과가 충분하지는 못하다.
- 냉각회로의 종류는 여러 가지가 있지만 여기서는 Kopo社에서 사용하는 회로에 대해서 한정하여 언급하기로 한다.

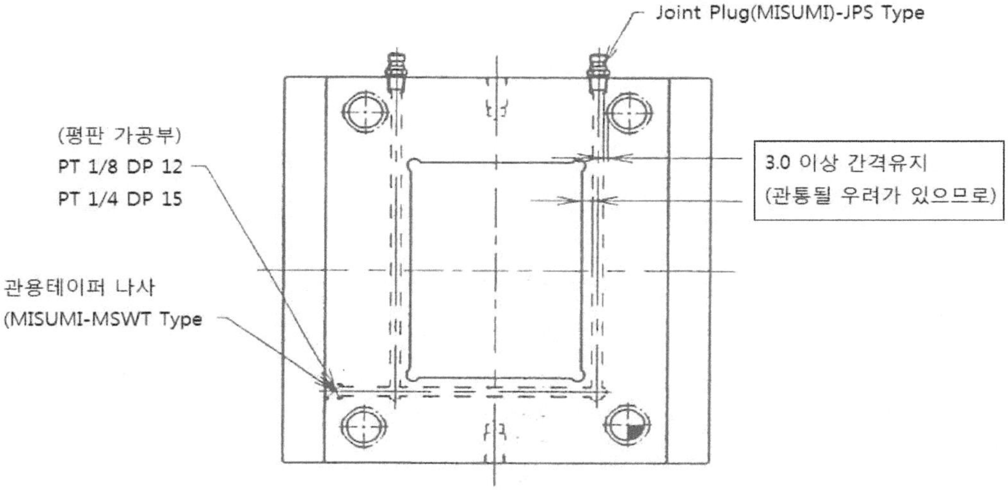

가동측 냉각회로

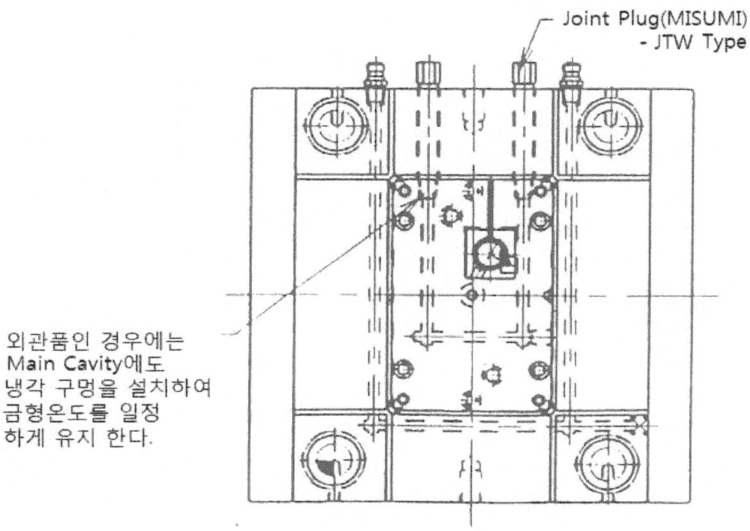

고정측 냉각회로

JPS 1・2

JPS 3

JPS (육각 홀붙이형)

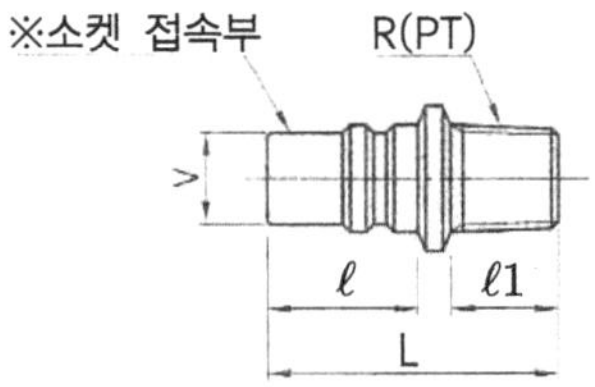

JPS1C2

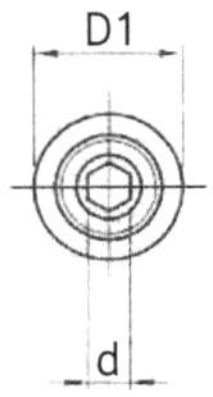

JPS3
(육각 플랜지가 붙습니다)

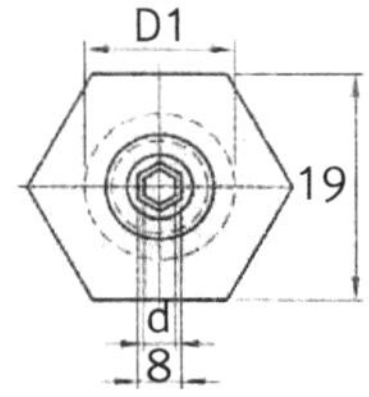

JTW 황동(C3604)
JTWS 스테인레스(SUS304)

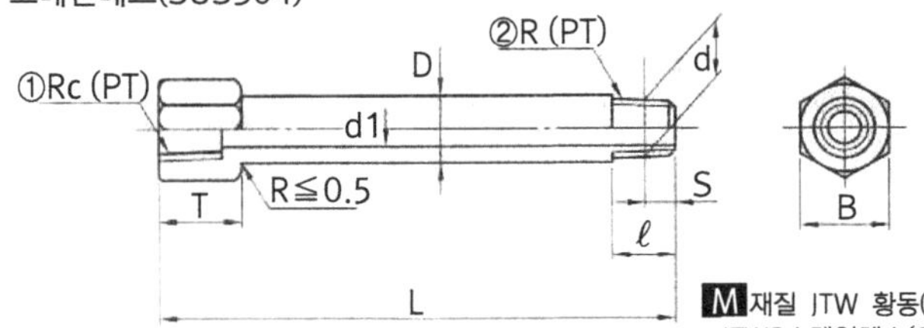

M 재질 JTW 황동(C3604)
JTWS스테인레스(SUS304)

MSWM(O링 붙이 스크류 플러그)

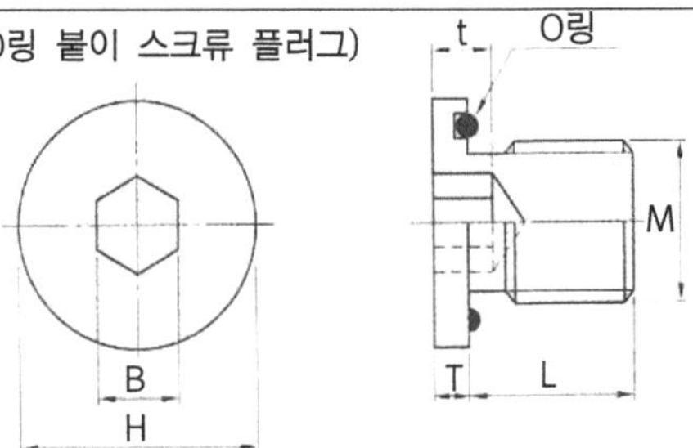

M 재 질 S45C
H 경 도 32~42HRC
나사부 JIS B 0207

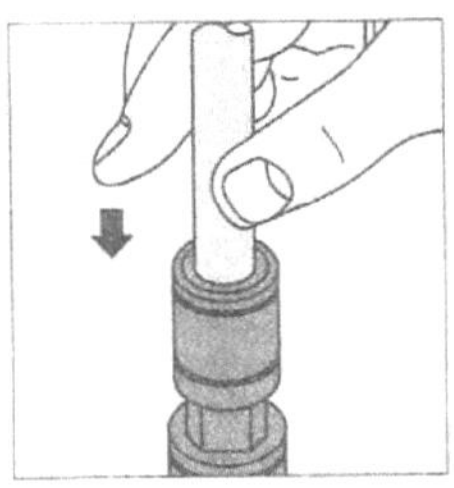

① 튜브의 장착

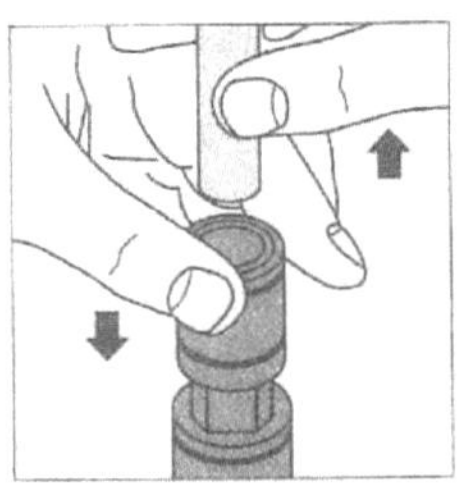

② 튜브의 분리

2.17 가열장치 설계요령

(1) 개요

열 가소성 수지의 사출성형에서는 특수한 수지를 제외하고는 금형의 온도를 100℃이상으로 하여 성형하는 경우는 적으며 사출성형에서 가열장치를 사용하는 경우는 다음과 같다.

- 열 경화성수지를 사용하는 경우
- Hot Runner를 사용하는 경우

(2) 가열 장치의 사용 예

① 열경화성 수지를 사용할 경우

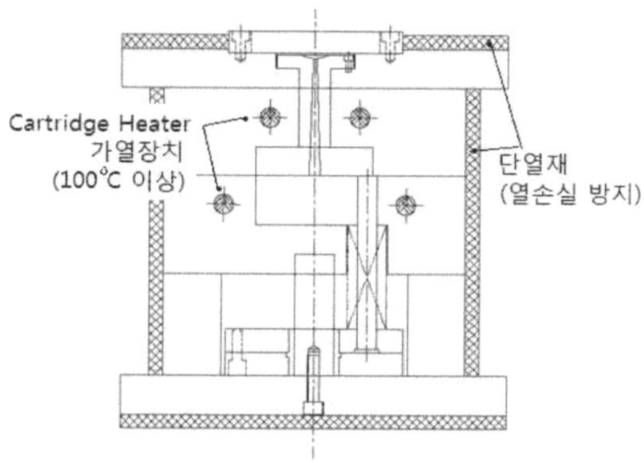

② Hot Runner를 사용할 경우

Runner Plate에 Runner를 가열 할 수 있는 시스템을 내장시켜 Runner내의 수지를 일정한 용융상태로 유지시켜 충전노즐은 가소화 상태의 온도가 유지 되어야하고, 그 반면 Cavity 쪽에서는 성형품이 고화되기에 충분한 온도로 냉각시킬 수 있어야 한다.

* Hot Runner 설계시 고려할 사항

- 핫 애니폴드 각부의 조합부 등에서 수지가 세지 않을 것
- 게이트부가 막히지 않아야 한다.(막혔을 경우 분해 청소 용이)
- 게이트 밸런스를 잡기 쉬울 것
- 시스템 전체에 걸친 온도 컨드롤이 균일화되어 있어야 한다.
- 핫 애니폴드 블록의 열팽창 대책이 충분히 취해져 있어야 한다.
- 색 바꿈은 될 수 있는 대로 신속, 용이하게 해야 한다.
- 스타트 때의 상승이 될 수 있는 대로 빨리 되어야 한다.
- 전체의 코스트가 필요한 조건을 채우고 값이 싸야 한다.

- 금형가열 히터 계산식

$$소요전력(P) = \frac{런너핀중량(W) \times 비열 \times 상승온도(T_1 - T_2)}{680 \times 온도상승시간T \times 효율(y)} \ (kW)$$

T_1 = 소요되는 런너 플레이트의 온도

T_2 = 대기의 온도

강의 비열 : 0.11 kcal/kg ℃

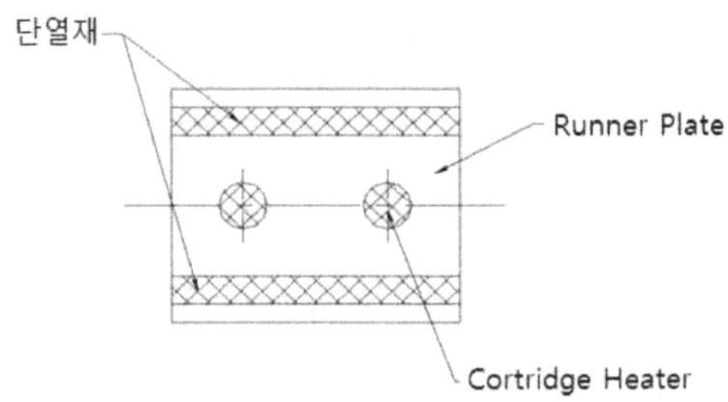

Hot Runner의 가열장치부

3

금형 재료

용도에 맞는 구비조건을 전부 만족하는 금형재료는 존재하지 않는다. 그러므로 용도에 만족하는 최선의 조건을 결정 할 필요가 있다.

최근 들어 MOLD금형은 다품종 소량생산으로 변화하고 있어, 고품질, 단납기, Cost Down이 절실히 필요하므로 적절한 재료선택으로 합리적인 금형제작이 필요하다.

금형재료 선택은 총생산수량, 금형의 용도, 가공성, 단가 등을 종합적으로 판단하여 정한다.

3.1 금형 재료의 구비조건

1) 기계가공성이 우수할 것. 다른 조건을 만족시켰을 때 평가항목으로 한다.
2) 표면(경면다듬질)가공성이 양호할 것.
3) 부식(에칭, 시보)가공성이 양호할 것. 부식가공을 필요로 할 경우에 한다.
4) 내마모성 및 인성의 기계적 성질을 갖추고 있을 것.
5) 형제작시 변형이 적을 것.
6) 내식성이 좋을 것. 또는 내식성 및 내마모성을 모두 갖출 것.
7) 열처리가 쉽고 그 효과가 크며 열처리 시 변형이 적을 것.
8) 용접성이 쉬울 것.
9) 방전가공 경화층이 발생하지 않을 것.
10) 시장성이 클 것. 구입이 쉬울 것.

3.2 금형 재료의 종류

3.2.1 주로 사용하는 플라스틱 금형용강

<table>
<tr><th rowspan="2">TYPE</th><th rowspan="2">사용시
강도</th><th rowspan="2">JIS</th><th colspan="3">MAKER</th></tr>
<tr><th>日立金屬</th><th>大同 特殊鋼</th><th>ウツテホルム</th></tr>
<tr><td rowspan="2">Preharden Steel 鋼</td><td rowspan="2">40</td><td>SKT4系
SKD61系</td><td>FDAC</td><td>DH2F</td><td></td></tr>
<tr><td></td><td>HPM1//HPM50</td><td>NAK55,NAK80</td><td></td></tr>
<tr><td rowspan="2">담금질
뜨임 鋼</td><td>50</td><td>SKD61系</td><td>DAC</td><td>DHA1</td><td>ORVAR</td></tr>
<tr><td>56-62</td><td>SKD11系</td><td>SLD8//HPM31//ACD37</td><td>DC53,PD613
GO4</td><td></td></tr>
<tr><td>석출경화강</td><td>45-55</td><td></td><td>YAG300</td><td>MAS1C</td><td></td></tr>
<tr><td rowspan="2">내식강</td><td>35Preharden Steel</td><td>SUS系</td><td>PSL</td><td>NAK101</td><td></td></tr>
<tr><td>54
담금질,뜨임</td><td>SUS系</td><td>HPM38</td><td>PD555</td><td>STAVAX</td></tr>
<tr><td rowspan="2">내마모
고인성강
(분말고속도강)</td><td>62</td><td></td><td>HAP10</td><td>DEX20</td><td>ASP23</td></tr>
<tr><td>66
담금질,뜨임</td><td></td><td>HAP40</td><td>DEX40</td><td>ASP30</td></tr>
</table>

- 프리하든 강 : 기계가공성을 향상시키고 일반적인 절삭가공이 용이한 경도(HRC 43)이하로 사전 열처리하여 시판하는 강재이다. 소재 구입 후 금형가공 전후에 별도의 열처리가 필요 없는 범용플라스틱 금형에 사용된다.
- 담금질 뜨임강 : 고경면 마무리성과 대량생산이 요구되는 제품에는 高경도(내마모성)강이 필요하다. 즉, 300~400℃에서 열처리하여 경도 HRC56~62 정도의 강을 말한다.
- 열처리 변형을 극소화 하기 위해 각 MAKER에서는 SKD11계를 개발하고 있다.

3.2.2 Kopo社사용 플라스틱 금형재료의 특성 및 용도

종 류	JIS 기호	사용경도 (Kopo社)	MAKER					내마모성	인성	피절삭성	경면성	내식성	에칭가공성	주요 용도 및 특성
			大同	日立金屬	神戸製鋼	ウツテホルム	기타							
탄소강	SM45C S50C S55C	HRC20 HRC20 HRC20						△	○	◎	△	△	◎	Mold Base
탄소 공구강	SK3 SK4	HRC58 HRC58	YK3	YC3										
합금 공구강	STS3 SKD11 SKD12 SKD61	HRC58(HRC56) HRC58 HRC60(HRC58) HRC60 HRC60 HRC60 HRC58 HRC50(HRC45) HRC40	GOA GO4 DC11 DC53 PD613 DHA1 DH2F	SGT ACD37 SLD SLD8 HPM31 DAC FDAC		ARNE SVERKER21 RIGOR CALMAX ORVAR		○ ◎ ☆ ☆ ☆ ◎ ○	△ △ △ ◎ ○ ○ ○	◎ ○ △ ◎ ○ ◎ ◎	○ ◎ ◎ ☆ ◎ ○	◎ ◎ ◎ ◎ ○ ○	○ ○ ○ ◎ ◎ ○	Punch, Die 정밀Mold금형 단조형 열경화성수지
스테인레스강	SUS 420J1	HRC54 HRC35 HRC33	PD555 NAK101 PD742	HPM38 PSL HPM77		STAVAX RAMAX	日本高周波 KROMAK	◎ ○	○ ◎	○ △	◎ ◎	☆ ☆ ☆	○ ◎	방청, 온조회로
고속도강	SKH51 SKH55	HRC64(HRC63) HRC64 HRC60	MH51 MH55 MH85	YXM1 YXM4 YXR3		KM2 KM35		○ ○ △	◎ ◎ ☆	◎	○	○	○	高인성
분말 다이스강		HRC64			KAD181			☆						
분말 하이스강		HRC62 HRC66 HRC66 HRC67 HRC69	DEX20 DEX40 DEX60	HAP10 HAP20 HAP40 HAP50 HAP72	KHA32 KHA30	ASP23 ASP30 ASP60		◎ ◎ ☆	○ ○ ○	△ △ X	○ ○ ○	◎ ◎ ◎	△ △ △	열경화성수지
질화 분말 하이스강		HRC60 HRC64 HRC70 HRC72		H34A	KHA3VN KHA30N KHA5NH			☆						내마모성
스테인레스강		HRC58			KAS440						☆	☆		
프리하든강	SCM440	HRC40 HRC40 HRC40 HRC28 HRC33	NAK55 NAK80 G040F PDS3 PDS5	HPM1 HPM50 HPM2T HIT82 HPM2		IMPAX HOLDAX		○ ○ ○ △ ○	△ △ △ ○	◎ ○ ◎ ○ ◎	◎ ☆ ◎ ○ △	○ ○ ○ ○	◎ ◎ ○ ◎ ◎	Ni-Mn계 Cr-Mo-V계 Cr-Mo계
Maraging steel		HRC52	MASIC	YAG300				△	○	△	☆	△	◎	광학렌즈
주철	FC20 FCD40	HB220 HB110 HB150					CF-5 CD-5							

3.2.3 ALPS 수주형 Kopo社의 대응 형재질

Kopo社 대응재질			Kopo社 사용재질	비 고
품 명		MARKER		
초미입자초경	UF-20	三稜金屬	FN30, GA42, GTI20-ZED, MK02	
초경	GTI-30	三稜金屬	(GTI20), GTI40, GA40, G5, G6	Ⓦ는 GTI20제외
Ferotic	Ferro-Titanit-Spezial	일본 TIC	Ferotic CM35, 기타 Ferotic	
분말합금	DEX20	대동	HAA77, HAP10, HAP20	
고속도강	SKH51 SKH9	일입	SKH9, (MH85)	Ⓦ는 MH85제외
고합금공구강	DC-53	25t이하 대동	(PD613), SKD11	Ⓦ는 PD613제외
	SKD11	28t이상 대동	HPM31	
	SKD11	환물	SKD11	
합금공구강	GOA	25t이하 대동	STS3, GO4	
	STS3	28t이하 대동	STS2, PD104	
		환물	ACD37	
탄소공구강	SK4	ALPS조달품	SK3, SK4	
Free Handen강	NAK55	대동	GO40F, HPM1, HPM2 DANP40, FDAC	
	NAK80	대동	NAK80, CENA 1	
구조용강	SM45C	포철(국산)	SS41, S20C, S50C, S55C	
연질 AL	AL6061	Kopo社A	MASTS-79, ALU-HARD500, 300YH75	
SUS강 (13Cr)	RAMAX-S	ASAB	DIN2083(SUS)	
	YAG300	日立	YAG300, MASIC	
	PD555, PD613, S-STAR, STAVAX, KAS440(18Cr)			고객과 합의필요

주기 : 1. 기본적으로 상기의 재질로 Kopo社가 대응한다.
2. 단, 사업부에서 특별한 지시가 있는 경우는 협의해서 한다.
3. 도면은 고객의 요구대로 표기하며 공정설계자가 Kopo社 대응재질로 표기한다.

3.2.4 금형재료 단가표(2019년 기준)

(1) 판재류

품명 (재료명)	규 격	단가(\)
	T x W x L	Kg/W
FERRO-TITANIT	10(50) 105 160	
GTI-30	4 125 125	
	12 125 125	
	20 125 125	
UF20	4 125 125	
	18 125 125	
YAG300	35 310 310	
SKH9, 51	25 105 1000	
DEX-20	20 300 500	
NAK-80	20 305 500	
NAK-55	16 205 1000	
	19 305 1000	
GOA (STS3)	6 105 1000	
	22 305 1000	
DC-53 (SKD11)	6 105 1000	
	22 305 1000	

(2) 연마 봉재류

품명 (재료명)	규 격	단가(\)
	Ø x L	현 시세/W
STS-3	Ø 5 2 M	
	Ø 12 2 M	
	Ø 20 2 M	
SKD11	Ø 5 2 M	
	Ø 12 2 M	
	Ø 20 2 M	
SKH-51	Ø 5 2 M	
	Ø 12 2 M	
	Ø 20 2 M	
GTI 30	Ø 03 120 ㎜	
	Ø 07 120 ㎜	
	Ø 15 120 ㎜	

(3) 봉재·비철재

품 명 (재료명)	규 격		단가(\)	비고
	∅ , T		Kg/W	
SM45C	∅ ~			국산
	T~			
STS3	전체 ∅ ~			
SKD11	전체 ∅ ~			
SKH51, 9	전체 ∅ ~			일산
NAK-55	전체 ∅ ~	19,32,43		
NAK-80	전체 ∅ ~	55,65,80,100		
SUS303, 4	전체 ∅ , T~			국산
SUS420J2	전체 ∅ , T~			국산
S-STAR	T30, T40			일산
STAVAX	전체 ∅ ~, T~			일산
AL6061	전체T~			알코어
황동봉	전체 ∅ ~, T~			국산

(4) 비중 적용표

재 료 명	비 중
AL6061 (AL?)	2.75
FERRO-TITANIT	6.70
GOA,GO4,STS3	
DC53,SKD11	7.87
NAK55, 80, YAG300, SUS류	
분말 SKH	
단조 (SKH-51, 9)	8.20
CU류	8.90
CU-W, AG-W	14.00
초경류	15.00

3.3 Kopo社 표준 금형부품 재료

품번	품명	재질				열처리시 강도 ( )는 열처리 無
		300K이하		300K이상		
1	고정측설치판, 가동측설치판	SM45C	X	SM45C	X	(HRC20)
	고정측형판, 가동측형판					
	받침판					
	SPACER BLOCK, STOPPER					
	LOCATING RING					
	EJECTOR ROD PIN					
	EJECTOR PLATE(상)					
2	STRIPPER PLATE	SM45C	X	STS3	O	HRC56
3	고정측, 가동측 B,P	STS3	O	STS3	O	HRC56
	SUPPORT PIN					
	FRAME BLOCK					
	GUIDE PIN, BUSH					
	RETURN PIN, ANGULAR PIN					
	E,J/LEADER PIN, BUSH					
	Runner LOCK PIN, BUSH					
4	EJECTOR PLATE(하)	SM45C	X	NAK5	X	(HRC40)
5	SPRUE BUSHING	SKD61	O	SKD61	O	HRC50
6	EJECTOR PIN, SLEEVE PIN	SKH51	O	SKH51	O	HRC63
7	입자수	NAK55	X	YAG300	O	HRC54
		NAK80	X	SKD11	O	HRC58
8	전극	GR, CU, CU+W				

주기 :
1.상기 항목 중 MISUMI 구입품이 가능한 것은 구입품 재료명이 우선으로 한다.
2.상기 항목은 Kopo社에서 제작 시 참고로 하되 공정과 협의하여 변경 할 수 있다.
3.SKD11을 HRC58로 표기된 경우, 고온템퍼링(520도 2회 + Subzero 처리)를 기본으로 한다.
단, HRC60으로 표기된 것은 일반 단재사용 가능하다.

3.4 금형재료의 선정기준

(1) 일반 성형품 (기구부품)

형부품명 \ 형수명	30만 Shot 이하	30만 shot 이상
Cavity, Core	NAK55 (NAK80)	SKD11 (HRC58)
Mold Base	SM45C (S55C)	SM45C(S55C)
Guide Pin, Bush	STS3 (HRC56)	STS3 (HRC56)

* 5만 Shot 이하인 경우 KP4M(한국 중공업) 사용 검토중

(2) 고온 성형품 (형온 100도 이상의 열경화성, PPS 재료의 금형)

형부품명 \ 형수명	30만 Shot 이하	30만 shot 이상
Cavity,Core	SKD11 (HRC58)	SKD11 (HRC58)
Mold Base	SM45C (S55C)	NAK55
Guide Pin,Bush	STS3 (HRC56)	SKD11 (HRC58)
기타 부속품	SKS3 (HRC56)	STS3 (HRC56)

*고온 금형품 금형에서는 SKD11 (HRC58) 사용 시 반드시 고온템퍼링
(520도 2회 + Subzero 처리)를 도면에 지시 할 것.

(3) 외관 부품

형부품명 \ 형수명	30만 Shot 이하	30만 shot 이상
경면부	NAK80	SKD11 (HRC58) PD555,STAVAX
Etching (부식) 면부	NAK55	SKD11 (HRC58)

(4) 기타 금형재료

① Gate부의 재질

Submarine 및 Pin Pointt Gate인 경우, 금형부품은 열처리재료(SKD11)를 사용하는 것을 원칙으로 한다.

② YAG300 (HRC54)

강도, 연성이 뛰어나 Maraging steel 또는 초강력강이라고도 부르며, 파손되기 쉬운 습합부나 절삭가공이 가능하므로 3D파팅면 구조금형에 사용한다.

3.5 금형재료의 표면처리

금형은 보통 열처리하여 사용하지만 내식성, 내열성, 내마모성, 윤활성 증가를 위해 표면처리를 하여 금형의 수명연장이나 부품 가격인하를 목적으로 여러 가지 표면처리 기술이 이용된다.

3.5.1 표면 경화법: 내마모성 처리방법

(1) 침탄법

저탄소강의 표면에 탄소를 침투시켜 고탄소강을 만든 후 담금질 한 것이다.

고체, 액체, 가스침탄, 플라즈마 침탄 등이 있으며, 침탄작업은 변태점 이상의 고온에서 작업하므로 금형 등에 응용이 불가능하다고 여겨져 플라즈마 질화 혹은 가스질화에 상당수 자리매김 되어있다. 그러나 탄소강, 하이스 제품은 후처리가 필요 없고 변형이 적은 플라즈마 침탄 혹은 저압침탄을 이용하여 금형에 응용 가능성이 높다.

① 침탄의 장점

- 내마모성 향상(표면 고탄소 마르텐사이트 형성)
- 피로강도 향상(표면 및 내부) : 표면경화, 표면잔류 압축응력 증가 및 강인성이 확보
- 침탄후 표면은 고탄소, 내부는 저탄소로 표면은 경화되고 중심부를 강인화 함.
- 플리즈마 침탄의 경우 내부 산화가 없고 과잉침탄이 없으며 고온작업 가능으로 빠른 시간에 침탄을 끝낼 수 있다.
- 침탄부의 담금질 경도는 S20C 재료의 경우 HRC52 정도이다.

② 침탄강의 구비조건

- 저탄소강이어야 한다.
- 표면에 결함이 없어야 한다.
- 침탄시 장시간 가열하여도 결정입자가 성장하여야 한다.
- 표면 경화층은 내마모 경도를 가져서 될 수록 강인해야 한다.

(2) 질화법 : 질소를 강의 표면에 흡수시키는 방법

① 질화법의 장점

- 변형이 적다.
- 마멸부식에 대한 저항이 크다.
- 경화층은 얇으나 경도는 침탄보다 매우 높다.
- 질화강은 담금질 할 필요가 없다.
- 600도 이하에서는 경도가 감소되지 않고 산화도 일어나지 않는다.

② 각종질화법의 비교

분류	경화층	표면경도(HV)	질화제	질화온도	장점	단점
가스질화	화합물 층 (MAX 30 cm) 확산 층 (MAX 0.6 ㎜)	고합금강 (1000-2000)	NH3	520-530 550-590	고경도, 내마모 및 피로강도 양호	백층 연마 제거 필요 장시간 처리 전용 강제 필요
염욕질화	화합물 층 (MAX 40 cm) 확산층 (MAX 0.4 ㎜)	탄소강 (400-600) 합금강 (600-1200)	CN염 CNO염	550-580	단시간,내소착성, 피로경도양호, 베어링강에 적응가능,설비저렴,모든형상 처리가능	폐수 대책, CN제거 대책필요
가스침탄 질화	화합물 층 (MAX 40 cm) 확산 층 (MAX 0.4 ㎜)	탄소강 (400-600) 합금강 (600-1200)	PX가스 CO2 NH3	550-600	내마모,내소착성, 피로경도 양호 ,내식성 양호	설비비가 높음, 오스테나이트강에 부적합
플라즈마 질화	화합물 층 (MAX 5 cm) 확산층 (MAX 0.4 ㎜)	탄소강 (400-600) 합금강 (600-1200)	N2+H2	350-600	질화성 양호,넓은 조건 설정가능, 화합물양호	형상제한, 급냉불가 양산성 나쁨
염욕 침류 질화	화합물 층 (MAX 40 cm) 확산층 (MAX 0.4 ㎜)	탄소강 (400-600) 합금강 (600-1200)	시안염+ 금속유화물	560-570	내 소착성 양호, 그 외 특성은 염욕 질화와동일	폐수처리 문제
가스 침류 질화	화합물 층 (MAX 20 cm) 확산층 (MAX 0.5 ㎜)	탄소강 (400-700) 합금강 (700-1200)	PX가스 CO2 NH3 X가스	400-620	내 마모성 내 소착성 피로경도 내식성,SUS 질화	침류가스 공급설비필요,폐기 가스처리 설비필요

③ **액체 질화법**

- 액체내에서 경표면과 접촉면적이 크기 때문에 짧은 시간에 질화 가능하다.
- 설비가 간단하고 처리비용이 싸다.
- 산화피막을 쉽게 제거하므로 스테인레스 등도 쉽게 질화 가능하다.
- 환경문제로 CN사용에 대한 규제로 CN이 폐수로 나오지 않는 공정이 요구된다.

④ **가스 질화법**

- 저온에서 높은 표면경도 층을 만들 수 있고 내마모 저항을 가진다.
- 템퍼링온도 범위에서 작업하므로 변형이 최소이고 템퍼링 효과를 가져 온다.
- 변형량이 적어 최종마무리 비용이 거의 없다.
- 내마모성향상, 피로향상, 소착성 등을 목적으로 기어, 롤러, 각종 금형에 사용되고 있다.
- SM45C, SM50C, STD11, STD61, FC25 등에 연질화 작업 후 제품화.

⑤ **플라즈마 질화법**

- 성능은 가스질화와 거의 동일하나, 차이점은 표면조도를 유지하면서 확산층만 형성시킬 수 있다는 점이다.
- 전처리 및 후 공정이 적으며 공해가 없다.
- 화합물층 및 확산층의 제어가 가능하며 응용범위가 넓어 금형, 공구 등에 응용된다.
- 탄화수소계 가스를 첨가하여 탄소화합물층 및 탄화물 피막을 형성하여 내마모 및 내식성의 추가 효과를 볼 수 있다.

3.5.2 표면 코팅법

(1) 열경화성 금형과 표면처리

열경화성 금형은 성형품의 이형성과 내식성을 개선할 목적으로 1회 실시에 약 1-3μm의 경질 Cr도금처리를 한다.

처리전 L/P ↓ 경질 Cr 도금처리 ↓ 도금후 L/P	처리후 L/P ↓ TiN 처리 ↓ 처리후 L/P無

경질 Cr도금 및 TiN코팅 금형의 제작과정

경질 Cr도금에 비해 TiN 처리비용은 약 3배이지만 처리 후에 Lapping 하지 않아도 되는 장점이 있다.

(2) 온. 열간 금형에 적용되는 열, 표면경화법의 종류 및 특성

	과정	처리온도	코팅층의 종류	특성	단점
1	CVD	~1000도	TiC TiN등	• 밀착성 우수	• 변형 과다발생 • TiC14 Gas 다량사용
2	CNX	900도~1000도	3N+Fe3O4	• 고온 내마모성 우수 • 열 피로 저항성 우수	• Edge부 취성 발생가능
3	Plasma 질화	300도~600도	Fe2~3N Fe4N	• 처리간편 • 변형최소 • 환경친화적	
4	PVD	200도~600도	TiN등 다수	• 절삭공구위주로 활발 • 변형발생취소	• 대형금형 및 형상 복잡 금형 처리성문제
5	PaCVD	300도~600도	TiC TiCN TiBN외 다수	• 입자미세 • CVD와 PVD의 장점 개발 • 대형금형 처리가능 • 다층코팅처리 가능 • 변형최소	• 공정변수의 제어가 어려움

4

기계가공 및 부식가공

4.1 기계가공

4.1.1 기계톱(Sawing M/C 및 Contour M/C)

(1) 개요

Sawing M/C 및 Contour M/C 은 각종 봉재 또는 판재를 필요한 크기로 절단하는 기계로 형상가공의 시작단계에서 재료 구입 시 필요한 크기의 재료준비를 위해 사용하는 기계이다.

(2) 기본 사양

① SAWING M/C

가공가능 범위	봉재 : ∅400이하
	판재 : 가로:∅400이하, 높이:∅400이하

② CONTOUR M/C

가공가능 범위	내측 폭 : 420 이하
	높이 : 220 이하

4.1.2 수평 밀링 머신 (Plain Milling M/C)

(1) 개요

밀링커터를 회전시켜 좌우 선형 이송운동을 하여 공작물을 절삭하는 공작기계로서, 주축이 수평이다. 니 (Knee)가 없고 테이블이 베드 위를 왕복하기만 하는 베드형 M/C는 각종 봉재 또는 판재에 필요한 형판을 가공하는 기계로 주로 황삭 가공 시 이용 되고 있다.

(2) 기본 사양

* BED TYPE M/C

가공가능 범위	최대적재중량	가공가능 형상	사용 공구
720X260X360	500 Kg	판재의 평면작업	바이트 사용

4.1.3 수직 밀링 머신 (Vertical Milling M/C)

(1) 개요

주축이 컬럼의 상부에 조립되고 테이블과 새들을 얹은 니(Knee)가 상하로 작동하는 직립형 밀링머신으로 정면 밀링커터를 사용하여 평면 절삭을 하는데 편리할 뿐 아니라, 엔드밀 등의 커터로 홈 절삭, 측면 절삭도 할 수 있다.

(2) 기본 사양

① MILLING M/C

가공가능 범위	최대적재중량	가공가능 형상	사용 공구
550X250X350	450Kg	봉재 또는 판재의 평면작업, 구멍가공, 카운터보어가공, Taper가공 등	End-mill, 리이머, Drill 총형Tool

② ENDMILL 가공 유효길이 (Long Type기준)

ENDMILL 크기	절삭 가능 깊이(㎜)
∅ 2.0	6.0
∅ 3.0	14.0
∅ 4.0	20.0
∅ 6.0	25.0
∅ 8.0	35.0
∅ 10.0	45.0

4.1.4 드릴링 머신 (Drilling M/C)

(1) 개요

드릴링 머신은 절삭공구를 회전시키면서 이송하여 각종 봉재나 판재에 필요한 구멍을 가공할 때 사용하는 기계이다. 그 밖에도 탭핑, 보오링 등도 할 수 있다.

(2) 기본 사양

가공가능 범위	DRD-960	KDS360	KDS260
주축중심에서 COLUMN면까지	H = 960(300)	H = 360	H = 260

- 드릴링 머신의 구멍가공은 Ø0.5~Ø13까지 가공한다.
- 공작물은 고정하고 주축이 회전 하면서 이송하여 작업한다.

(3) 작업의 종류

- 구멍뚫기 • 리-머작업 • 탭작업 • 보오링작업 • 스폿 페이싱작업
- 카운터 싱킹작업 • 카운터 보오링작업

4.1.5 선반(Lathe)

(1) 개요

선반을 이용한 가공을 선삭(Turning)이라 하며 공작물을 회전 시키고 절삭공구(bite)에 이송운전을 주어 원통형의 공작물을 가공하는 공작기계로 가장 많이 사용된다.

(2) 선반의 작업 종류

- 외경 절삭 • 끝면 절삭 • 정면 절삭 • 절단 • 테이퍼 절삭 • 곡면 절삭
- 구멍 뚫기 • 보오링 • 너어링 작업 • 나사 절삭

(3) 선반의 구조

선반의 주요 구성 요소는 베드, 주축대, 심압대, 왕복대, 공구대 및 이송장치로 있으며, 주축대와 심압대 사이에 가공물을 고정시키고 회전 운동을 주축대로부터 받도록 되어 있다. 그러나 수직 선반이나 터릿 선반처럼 심압대 없이 주축대만으로 가공품을 유지하는 것도 있다.

(4) 선반의 크기

선반의 크기는 베드 위의 스윙, 두 센터 사이의 최대 거리로 나타내며, 또한 베드의 길이로도 나타낼 수 있다. 여기서 말하는 베드위의 스윙은 주축에 장치 할 수 있는 공작물의 최대 지름을 말한다.

4.1.6 머시닝 센터(Machining Center)

(1) 개요

머시닝 센터는 보링머신, 밀링머신, 드릴링머신을 하나로 통합한 복합 공작기계로써 각종 봉재, 판재에 필요한 형상을 가공하는 기계로 주로 대형물을 자동 가공 시 이용 되고 있고, 단 한 번의 세팅으로 다축(多軸)가공, 다공정가공이 가능하므로 다품종 소량부품의 가공공정 자동화에 유리하다.

(2) 기본 사양

* MACHINING CENTER

가공가능 범위	위치결정도	가공 가능 형상	사용 공구
700X500X400	±0.01이내	봉재 또는 판재의 평면작업, 구멍가공, 카운터 보어가공, Taper 형상 etc..	ENDMILL, 리이머, DRILL 총형TOOL.etc

(3) 작업의 종류

- 직선 절삭
- 원호 절삭
- 입체 절삭
- 나사(Tap) 절삭
- 드릴링
- 보오링
- 기타 기계가공

(4) MC가공의 장점

- 동일 제품을 다량 생산할 수 있다
- 생산제품의 균일성
- 작업시간 단축
- 치공구 비용 절감
- 기계가동률 및 생산성 향상
- 고장부위의 자기 진단 가능
- 작업준비 시간 단축
- 작업 시 피로 감소 및 환경개선

(5) MC가공의 특징

- Programing 작업이 필요하다

4.1.7 NC 조각기(NC Engraving M/C)

(1) 개요

Engraving Machine(NE)은 수치제어 장치를 사용하여 운전하는 공작기계로 각종 봉재 및 판재 뿐 아니라 주로 소형물 자동화 가공시 이용되고 있다. 주로 ARROW SYSTEM을 이용하여 전극을 제작하고 방전 가공 할 수 있도록 한다.

(2) 기본사양

* ENGRAVING CENTER

가공가능 범위	위치 결정 정도	가공 가능 형상	사용 공구
600X400X350	±0.005이내	봉재 또는 판재의 평면작업, 구멍가공. 카운터 보어가공, Taper 형상 etc..	ENDMILL, 리이머,DRILL 총형TOOL.etc

4.1.8 자동선반(NC Lathe)

(1) 개요

수치제어식 장치를 사용하여 여러 개의 절삭 공구가 자동적으로 움직여서 각종 작업을 단계적으로 행하는 선반으로 공작물을 자동적으로 공급하는 것도 있다.

(2) 기본 사양

① 정밀선반(황삭가공 시 사용)

최대가공봉재	최대 가공거리	가공가능 형상	사용 공구
∅200이하	100 ㎜이하	봉재의 형상작업	바이트사용.DRILL

② CNC자동선반(정밀가공 시 사용)

최대가공봉재	최대 가공거리	가공가능 형상	사용 공구
∅20이하	200 ㎜이하	봉재의 형상작업	바이트사용. DRILL

4.1.9 열처리 공정(HT)

(1) 열처리 기능 Size

열처리 기능 Size, 최고 가열온도로 기준 설정.

열처리물 형상 사이즈	열처리 변수 발생
가공 형상	
기계가공 정도	
가공면	

(2) 1회 처리능력(치구포함)

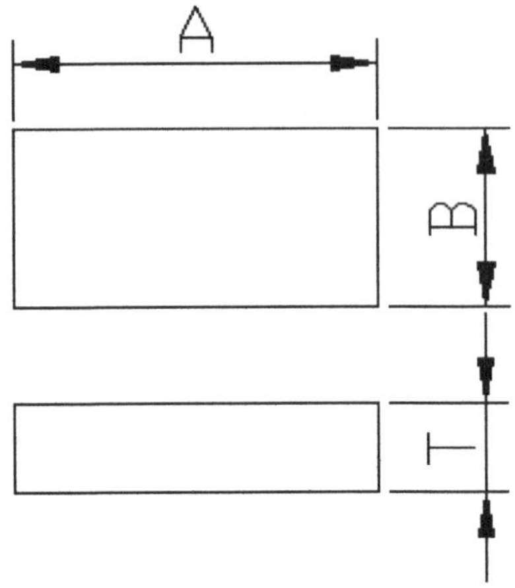

① 중량

- 1050℃이내 100 Kg.
- 1320℃이내 70 Kg.

② 크기(Size)

a) PLATE 류

- 450 A이내 x 230 B이내
- T = 열처리효율고려(유효 Size)

  STS3 : 25 T 이하.

  SKD11 : 30 T 이하.

  SKH : 30 T 이하.

  (상기 SPEC이상 필요시 열처리공정 협의 후 진행.)

b) 봉재류

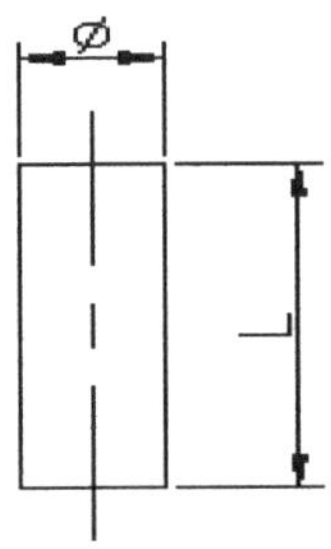

ø = 200이하
L = 230이하

위의 SPEC이상 필요 시 열처리공정 협의 후 진행한다.

(3) MOLD 표준 금형재료

사용 부위	도면지시	사용경도	etc..
입 자 류	STS3	HRC58	
	DC53	HRC60	
	SKD61	HRC50	Die CASTTING류 사용
	SKH51	HRC64	EJECTOR PIN류 사용
	SKD11	HRC58	
	YAG300	HRC54	

(4) Kopo社 열처리로 보유현황(각1대)

- 증기로
- 전기로
- 뜨임로
- Sub Zero 처리로

(5) 각종 열처리

DNP40, NAK55, PLS등의 Preharden Steel강을 제외하고, STS3(GO4), SKD11, SKH51, PD613등은 모두 담금질, 뜨임을 행하여 사용되고 있다.

① 조질

DNP-40 등으로 형판 제작 할 경우에 행하는 처리로, 황삭 가공시의 응력을 감소할 AS 목적으로 행하는 처리.

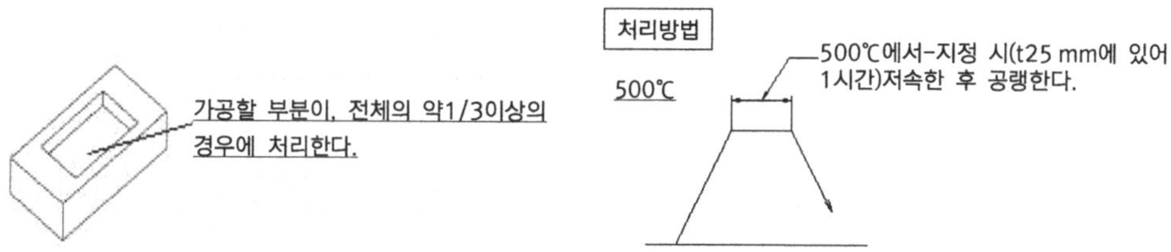

② 고온 뜨임

SKD11의 경우, 200℃뜨임, 520℃뜨임의 2가지 방법이 있다.

- 200℃뜨임 : 경도 및 내마모성을 우선시하는 처리
- 520℃뜨임 : 취성과 고온안정성을 중시. 200℃ 뜨임에 비해 경도는 약간 떨어진다.

(6) Sub-Zero 처리

담금질 후, 뜨임을 행하기전에, -70℃로 급랭 처리하고 남아있는 오스테나이트를 적게 하는 시효변형 및 경도 향상을 목적으로 한다.

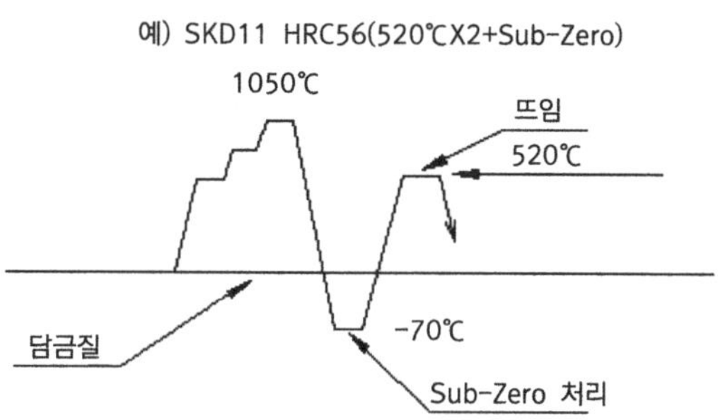

(7) 철강 재료의 열처리

명칭	비커스 경도(HV)	담금질 깊이 (㎜)	변 형	처리할 수 있는 재료	대표적 재질	비 고
전체 담금질	750이하	전체	재료에 따라 다름	고탄소강 C>0.45%	STS3 STS21 4SUJ2 SKH51 SK4 SM45C	• 스핀들처럼 길이가 긴 물건이나 정밀부품에는 사용하지 않는 것이 좋다.
침탄 담금질	750이하	표준 0.5 최대 2	중간	저탄소강 C>0.3%	SCM415 SNCM220	• 부분 담금질 가능. • 담금질깊이를 도면으로 지시 할 것.
고주파 담금질	500이하	1~2	큼	중탄소강 C0.3~0.5%	SM45C	• 부분 담금질 가능. • 소량일 경우 코스트는 높아진다. • 피로에 견디는 특성이 뛰어나다.
질화 담금질	900-1000	0.1~0.2	적음	질화강	SACM645	• 담금질 경도가 가장 크다. • 정밀 부품에 적합. • 미끄럼 베어링용 스핀들에 적합.
터프 트라이딩 (Tuftriding)	탄소강 500 스테인리스 1000	0.01~0.02	적음	철강 재료	SM45C SCM415 SK3 스테인레스	• 피로와 마모에 견디는 특성이 양호. • 내식성은 아연 도금과 같은 정도. • 열처리 후에는 연마는 불가능 하므로 정밀부품에는 부적합. • 무급유 윤활에 적합.
블루잉(Bluing)				선재(善材)	SWP-B	• 저온 어닐링(annealing)이다. • 성형 시 내부 응력을 제거하여 탄성을 높인다.

* 비커스(HV)경도 : 대면각 135도의 다이아몬드 4각추 입자로 시험면을 눌렀을 때의 시험 하중과 푹 들어간 부분의 표면적으로 경도를 산출하며 Kopo社는 로크웰 경도(HRC)를 적용한다.

4.1.10 평면 연삭기(Sureface Grinder)

(1) 평면 연삭기

숫돌을 사용하여 Plate등의 평면을 가공 하거나 다듬질 하는 연삭기이다.

(2) 연삭 가공의 개요

천연 또는 인공 숫돌 바퀴를 고속으로 회전 시켜 원통의 내면, 외면, 판의 평면을 정밀 가공 하는 방식이다. 담금질 강이나 초경합금강등 절삭공구로 할 수 없는 정밀 다듬질을 할 수 있다. 현재 Kopo社에서는 연삭가공을 크게 FG, PG, SG로 구분하고 있다.

(3) 연삭 가공의 특징

- 칩이 작으므로 가공 표면이 정밀하고 아름답다.
- 공구강 및 경화강, 세라믹과 같이 굳은 재료도 쉽게 가공할 수 있다.
- 연삭 숫돌(Grinding wheel)은 자동적으로 드레싱(Dressing)할 수 있어 사용이 편리하다.

(4) FG(성형연삭)/PG(프로파일)/SG(평면연삭) 연삭숫돌 가공 유효부

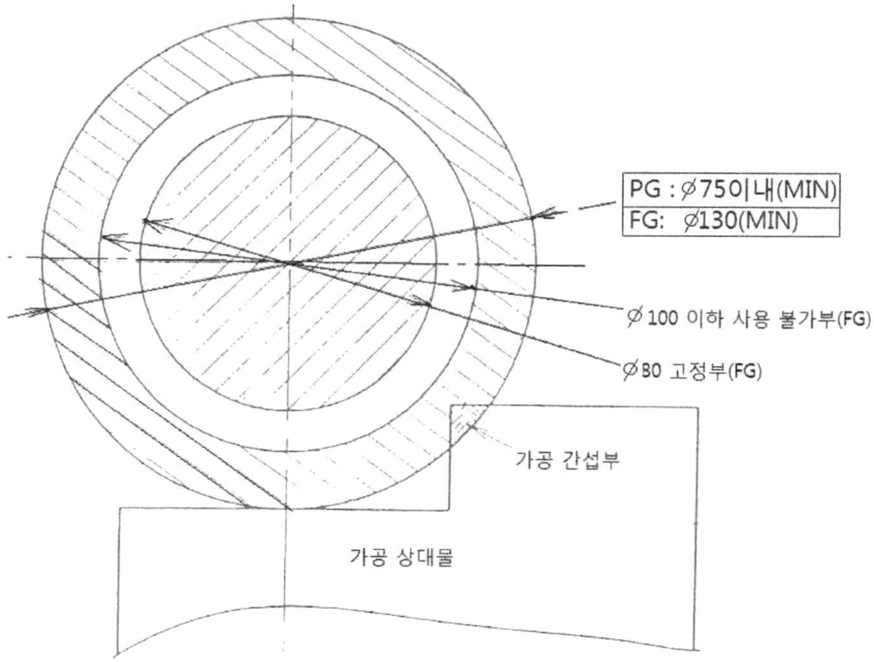

(5) 평면연삭기(SG) 기계 가공 정보

GHL-B512(SG)	MAKER: : oo정공(주)
Table Size	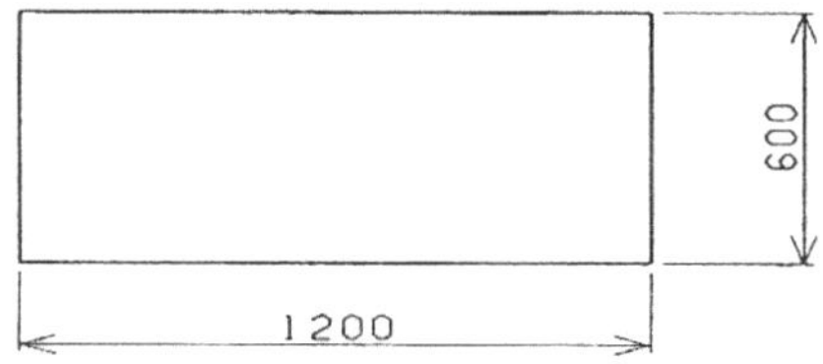
이동량	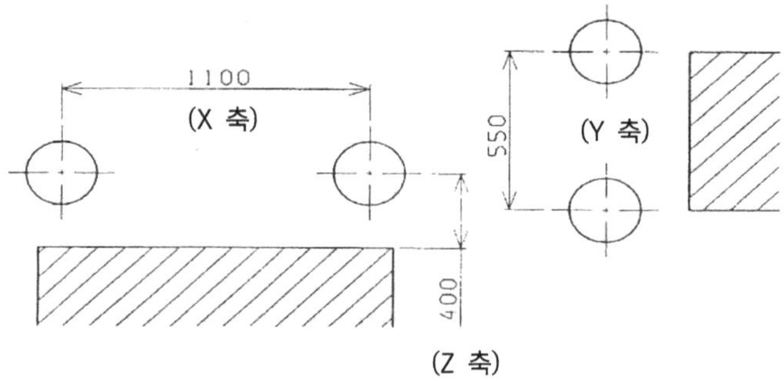
이동속도	1~20 m/min
기타 (저면가공 할 경우)	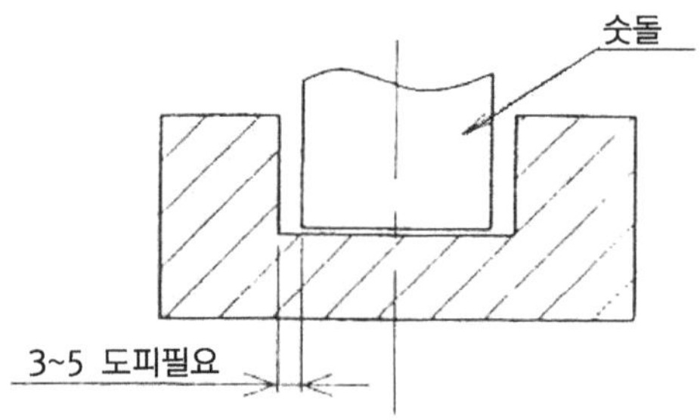

4.1.11 성형연삭기(Forming Surface Grinder M/C)

(1) 개요

성형 연삭기는 기본적으로는 평면 연삭기와 같지만 복잡한 금형부품을 성형하고 다듬질하는 연삭기이다.

(2) 성형 연삭기(FG) 기계 가공 정보

<table>
<tr><th>NFG-515 ADH(FG)</th><th>MAKER : oo기계(株)</th></tr>
<tr><td>TABLE Size</td><td>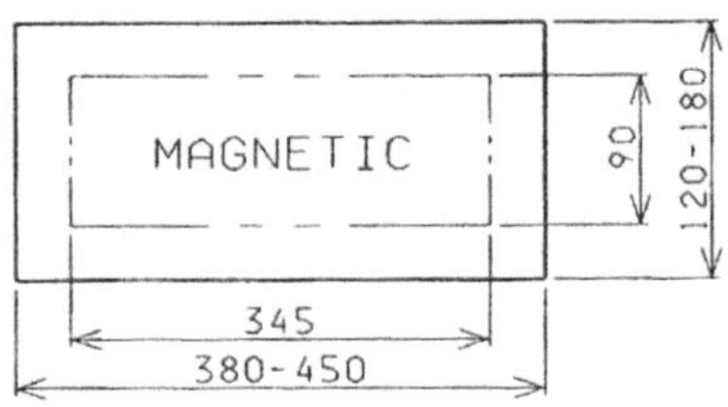
</td></tr>
<tr><td>이동량</td><td>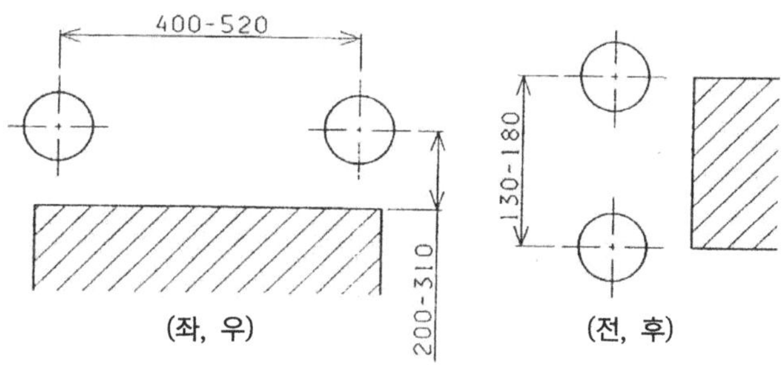
</td></tr>
<tr><td>회전속도</td><td>3500rpm/max</td></tr>
<tr><td>기타</td><td>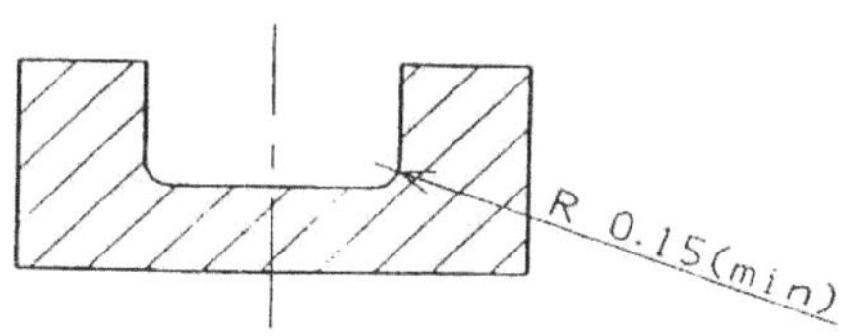
</td></tr>
</table>

4.1.12 프로파일(Profile Grinder)

(1) 개요

프로파일(PG)란 고정도고성능 CNC연삭기로서 각종 정밀금형, 정밀 핀 게이지, 방전가공용 전극 템플레이트 등, 고정도 투영기에 제품을 확대시켜 NC수치 제어방식으로 고정밀도의 제품을 가공한다.

(2) 프로파일(PG)의 기계 가공 정보

PGX-3000,4500,5000	MAKER : OO정밀
원TABLE 작업면적	∅120
회전수	1000~5000 rpm
축 변환 범위	+-1 °
TOOL Size	MAX : ∅180 MIN : ∅75
이동량	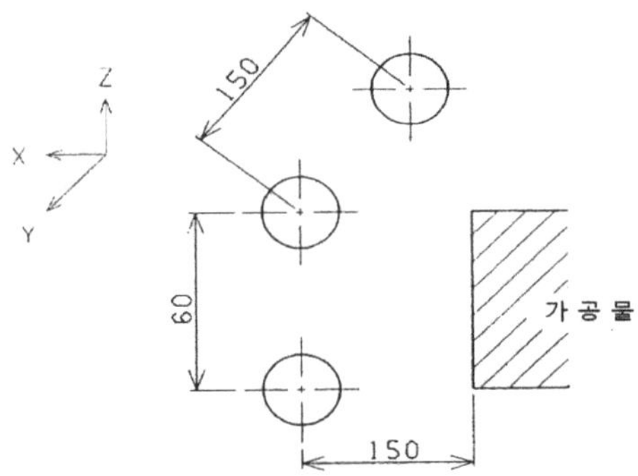
가공 특성	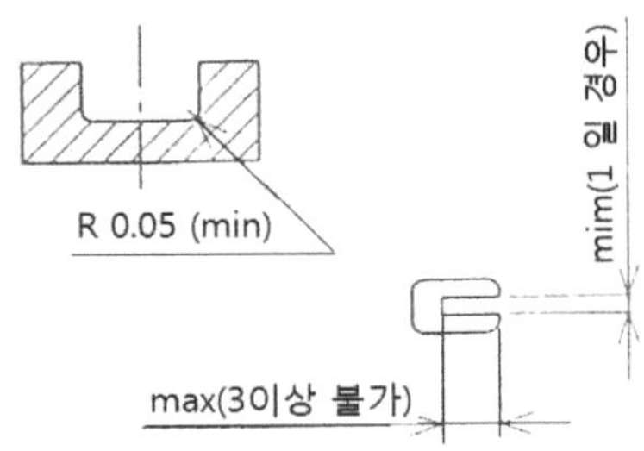
PGX-3000	Die(각)형상전용 가공
PGX=4500	Die(각)+PUNCH(∅)형상가공 겸용
PGX=5000	PUNCH(∅)형상전용 가공

4.1.13 지그 연삭기(Jig Grinder)

(1) 개요

지그 연삭기란 공기압(Air Motor)에 의한 고속가공으로 원형 저석으로 3축 운동을 하여 구멍 및 각진 구멍 형상 가공을 하며 각종 금형의 위치공차의 정밀도가 요구되는 Plate기준 Pin구멍, Post 구멍에 필수이며 특히 고속 모터의 사용으로 작은 ∅혈 가공 및 정밀품 가공에 용이하다.

(2) 지그 연삭기의 특징

- CNC제어
- 구멍 및 각진 구멍 가공 및 최상가공 가능
- 가공범위 ∅0.6 ~ ∅250 (∅50이상 PR가공)
- Table : 450*280
- 고압 Air 사용 : 6~7 Kg/cm2
- Air Spindle 사용(4500~160.000 R.P.M)

(3) HEAD MOTOR 종류

HEAD MOTOR	가공 범위(㎜)	회전수(R.P.M)
고 속 MOTOR	∅0.6~∅2.0	120,000~160,000
중 속 MOTOR	∅2.0~∅6.0	60,000
저 속 MOTOR	∅6.0이상	40,000

- 저속 모터는 힘은 좋으나 속도가 느리므로 큰 구멍 형상에 사용
- 고속 모터는 힘은 적으나 회전속도가 빠르므로 작은 구멍에 사용

(4) 저석의 특징

- 종류 : CBN, DIM, WA
- 황삭저석 : #120~#200
- 다듬질저석 : #325~#600
- 저석 : D:∅0.5~∅12.0

4.1.14 공구 연삭기(Tool Grinder)

(1) 개요

주로 절삭에서 사용하며 공구(드릴, 엔드밀, 밀링커터, 호브 등)를 정확하게 연삭하는 Tool 전용연삭기이다. 또한 원통 제품의 가공도 가능하다.

(2) 가공범위 및 정도

- ∅20 ㎜이하, L=60이하(∅2 이하인 경우 L=10)
- 가공정도:0.002

4.1.15 고속 방전기(High Speed Electrical Discharge M/C)

(1) 개요

드릴로 가공할 수 없는 열처리된 강재, 초경 등을 미세한 구멍을 전극을 이용하여 빠르게 가공하며 동작 방법은 드릴과 같고 가공방법은 방전을 이용한 기계로서 주로 Wire Start Hole 가공에 이용한다.

가공에 사용하는 표준 전극은 ∅0.25~∅3.0까지 0.1단위로 정해져 있으며 현 사용 전극 및 GAP량은 다음과 같다,.

(2) 현 전극 ∅ 및 GAP량

전극량	0.25	0.3	0.5	0.7	0.8	1.0	1.2	1.5	1.8	2.0	2.3	2.5	2.7	3.0
GAP량	0.05~0.1		0.12~0.2				0.15~0.25			0.15~0.35				

(3) 가공유효부(T)

	초경	초경 이외
∅0.3 전극	15.0 ㎜	30 ㎜
∅0.3전극 이상	20 ㎜이상	

4.1.16 와이어 방전가공기(Wire Cut Electrical Discharge M/C)

(1) 개요

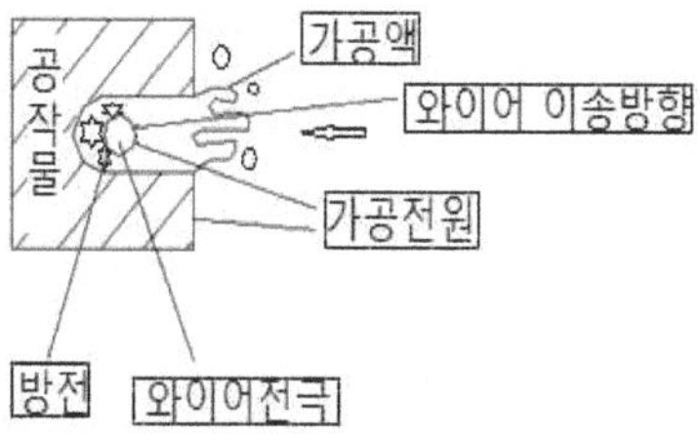

와이어 방전가공기의 가공 원리는 동,황동,텅스텐 등의 재질로 된 가는 와이어(Wire)전극을 사용하여 전극과 공작물 사이에 방전액(등유나 절연된 물)을 분사시키면서 고전압을 양극 간에 걸어주면서 화염 방전을 일으켜 그때 발생하는 이상소모현상을 이용하는 가공법이다.

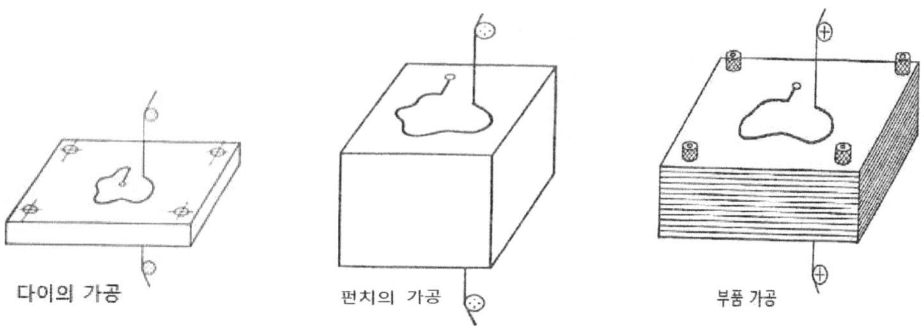

① **WIRE Size (Kopo社사용) (∅0.1, ∅0.15, ∅0.2, ∅0.25)**

② **Wire Start Hole위치 가공 시 주의 점**

- A부와 같이 작은 부위를 가공할 때는 가공부위의 센터에 W.S.P를 설정한다.
- B부와 같이 큰 부위를 가공할 때는 가공부위의 센터에 W.S.P를 설정하는 것이 아니라 가공시간을 줄이기 위하여 가공 끝 라인으로부터 5 ㎜정도 이동한 곳에 W.S.P를 설정 한다.

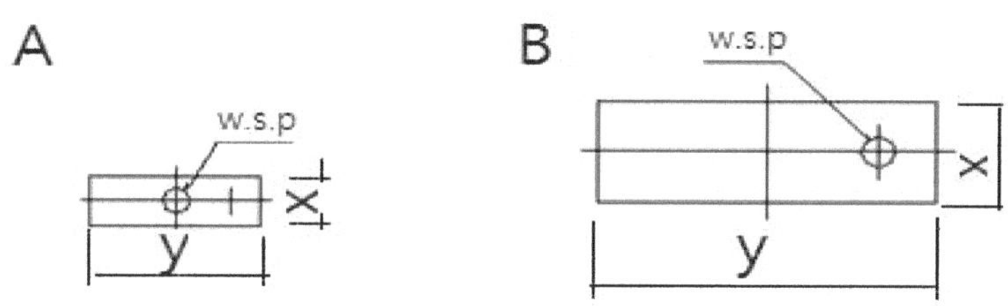

③ WEDM가공 회수 및 면조도 (금형재료재질-SKD사용 시)

기본치수	가공수	가공횟수에 따른 면조도(Rmax)	
		MITSUBUSHI	SODICK
+0.05이하 0	1회	1회CUT가공 18~22U	1회CUT가공 20~24U
0 -0.05이하			
+0.05 0	2회	2 CUT가공 10~12U	2회CUT가공 14~16U
0 -0.05			
+0.03-+-0.04 0	3회	3회 CUT가공 5~7U	3회 CUT가공 8~10U
0 -0.03-+0.04			
+0.02 0	3회	4회 CUT가공 3~5U	4회 CUT가공 4~6U
0 -0.02			
+0.02이하 0이하	4~9회		
0이하 -0.02이하			

4.1.17 방전가공기(Electrical Discharge M/C)

(1) 방전의 개요

방전이란 고체, 기체, 액체 등의 절연물을 통한 전극 간에 전압을 가하면 절연체의 절연이 파괴되어 전류가 흐르는 현상을 말한다.

(2) 방전가공의 원리

방전 가공은 전극과 피가공물 사이에 등유등의 절연액 중에서 수십~수백 볼트의 전압을 가하여 수㎛~수십㎛의 미소한 거리에 접근되면 절연이 파괴되어 방전이 발생하여 방전 전류가 흐른다. 이 현상은 10^{-7}~10^{-3}Sec 정도의 아주 짧은 시간에 행하여지지만 이것이 반복되어 가공물은 서서히 침식된다. 이처럼 가공물과 전극사이에 미세한 간격으로 발생하는 ARC를 이용하여 전극의 형상을 그대로 투영시켜 가공하는 가공방법이다.

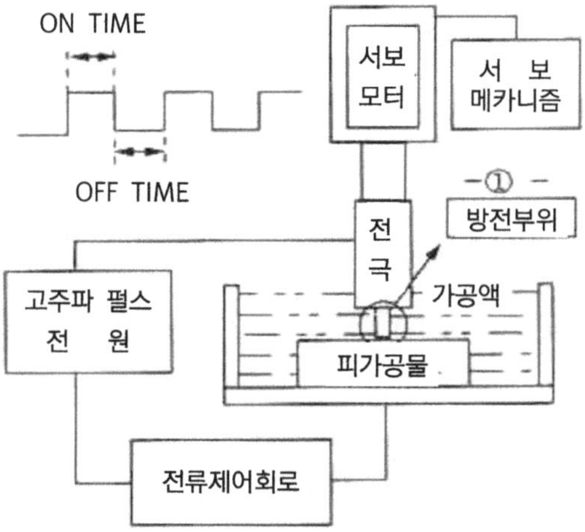

(3) 방전 가공의 특징

- 공작물이 전도성을 가지고 있으며 경도 및 점도 등에 제약을 받지 않는다.
- 3차원형상을 비교적 좋은 정도로 가공 할 수 있다.
- 전극과 공작물에 기계적인 힘이 가해지지 않는다.
- 무인 운전화가 가능하다.
- 전극 제작을 필요로 한다.
- 절연액 중에서 가공해야 한다.

(4) 방전 가공의 용도

- 경도가 매우 높은 재질에 대한 가공이 매우 용이하다. 즉 초경합금, 고경도 합금, 열처리후의 가공이 용이.
- 가공형상이 복잡한 즉 기계가공이 어려운 불규칙한 형상의 가공물도 쉽게 가공.
- 방전가공은 가공압력이 작기 때문에 가공물에 큰 영향을 주지 않고 쉽게 가공.
- 미세한 구멍이나 홈 등의 가공도 쉽게 할 수 있다.
- 나사가공이나 깊은 구멍가공도 용이하게 할 수 있다.

4.2 ETCHING (부식가공)

4.2.1 부식의 개요

금속표면의 침식작용에 의하여 금속을 그 표면으로부터 분리 제거하는 기술을 부식이라 한다. 즉, 금속 재료를 전기 물리적 또는 화학용해 작용을 이용하여 금속 일부분을 침식제거 하는 것을 말한다.

(1) 부식의 효과

- 상품성의 향상으로 상품 만족도를 높인다.
- 의장성 향상으로 상품가치를 높인다.
- 미끄럼방지 등 기능성을 향상시킨다.
- Weld Line, 수축방지 그리고 표면조도의 조절을 통하여 2차가공성을 향상시킨다.

(2) 기본 Pattern

- 가죽 무늬
- 나무결 무늬
- 얼룩 무늬
- 배껍질 표면 무늬

(3) 부식의 가능품목

- Plastics 금형
- Roll(전주) 금형
- Tire 금형
- 고무금형
- 압착금형
- 도안 문자가공 : 일반적으로 조각하는 문자를 부식가공 할 수 있다.
  Lettering도안, 자필(自筆)문자 등을 지정사용.
- 방전경화층 Cleaning : 방전 가공부의 경화층을 없애기 위해 다듬질에 많은 공수가 소요되나 부식에 의해 소거 가능하다.

(4) 부식의 특징

- 기계 가공에서 불가능한 모양을 용이하게 가공 할 수 있다.
- 모양의 치수 정도가 좋다.
- 모양의 선택 폭이 넓다.
- 모양의 부가 가공품의 디자인적 가치를 높일 수 있다.
- 납기가 빠르다.

4.2.2 가공 방법

(1) Blast와 Etching가공 비교

Blast	Etching
• Air Gun을 사용하여 알갱이를 공작물 표면에 압축공기로 불어 凸면을 만드는 방법. 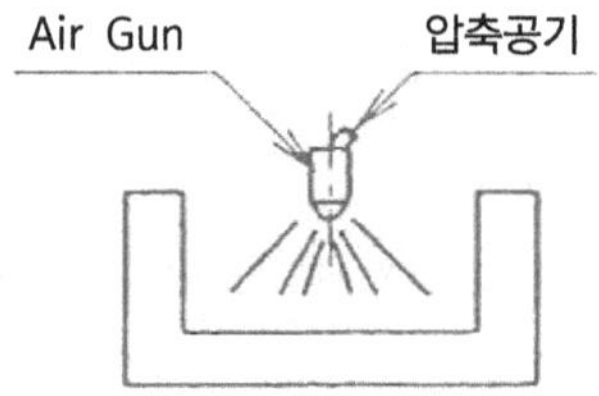 	• 표피부식(전사 또는 노광처리)  - 간접법(전사처리)과 직접법(노광처리)이 있으며 전사지 또는 $Fecl_2$등의 화학약품에 의해, 凸면을 가공한다. • 배 껍질 표면무늬 부식 - Air Gun으로 내식성의 잉크를 도포하여 형상을 만드는 것으로 Air Gun의 압력 및 지름에 따른 패턴이다.

(2) 광택 내기

	저립	형상	광택정도
SAND	산화알루미늄	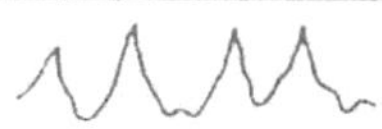	무광
GLASS	Glass Bead	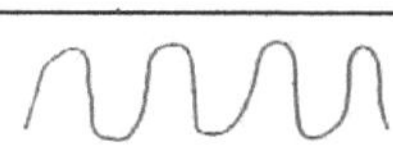	광택

(3) 부식가공과 금형재질

Blast 가공	에칭 가공
• 알갱이의 분사방식으로 금형재질에 대한 제약은 없으며 금형재의 강도에 따라 Air Gun의 분사압력을 조정한다.	보통 2종류의 금형재질을 사용한다. • 금형수명 - 30만 Shot이하 : NAK55(80) 이상 : SKD11(HRC58) -520℃ 고온 Tempering 2회 필요 (내식성 개선)

(4) 부식의 깊이와 빼기구배와의 관계

- 부식의 긁힘 방지에는 기본적으로 금형설계에서 구배를 설정하든가, 부식깊이를 금형구배에 대하여 얇게 지정함이 필요하다.
- 긁힘이 발생될 것으로 생각되는 곳에는 부식 가공시에 깊이의 조정이 필요하다.
- 빼기구배는 금형의 형상, 크기, 수지의 종류에 따라 차이가 있지만 보통은 부식 깊이 10μ에 대하여 최소 1° 이상이 필요하다.
- 성형품이 금형을 잡고 있는 모양을 한 곳은 수지의 수축 때문에 더욱더 많은 빼기구배가 필요하다.
- 가공면에 광택처리 한 것은 성형품의 빼기를 좋게한다.

(5) 파팅면의 모서리의 잔 깃털 방지

- 파팅면 끝부분 까지 부식을 하면 성형할 때 잔 깃털이 나타난다. 파팅면 끝에서 0.5㎜정도는 부식을 하지 않는 것이 좋다.
- 잔 깃털은 부식 깊이가 40μ이상이 되면 눈에 보인다.

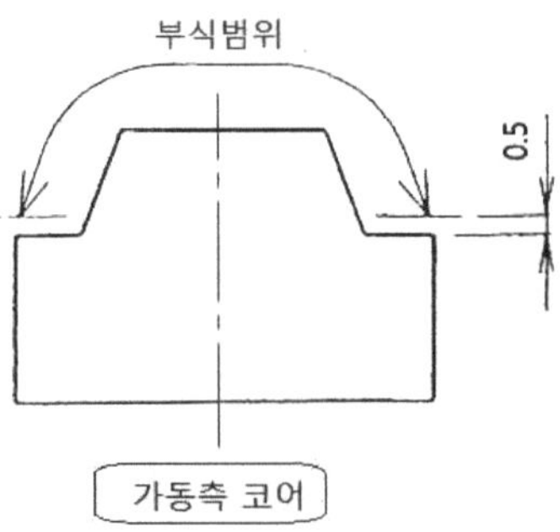

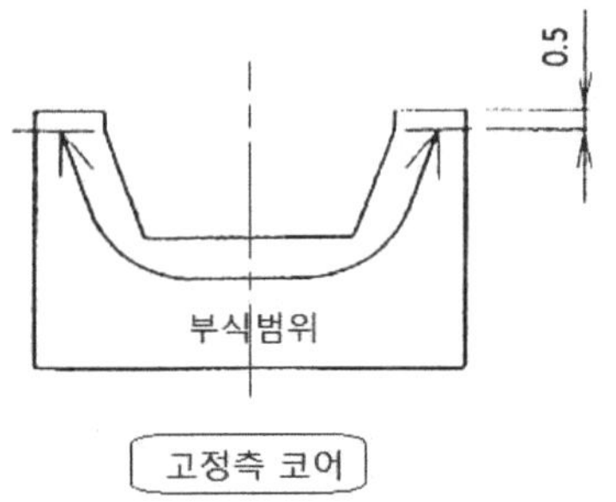

(6) 부식면과 성형 가공성

금형면에 대하여 성형품의 부식 면 조도는 성형조건 (캐비티 내 압력, 금형온도)에 따라서 변하기도 한다.

- ABS 경우 : 캐비티 내 압력 및 금형온도로 부식 면조도는 거의 변하지 않고 형온도를 올려도 광택은 큰 차이가 없다.
- POM 경우 : 캐비티 내 압력 및 금형온도 조절에 따라 부식 면조도나 광택이 변화한다. 성형압력이 낮거나 성형온도가 낮은 경우 광택이 난다.

(7) 부식(시보) 가공 시 주의사항

① 코너의 R가공 시 마스킹(MASKING) 가능범위

* CAVI : 바닥면 가공기준 * CORE : 상면 가공기준

	Masking범위	Corner R0.5	Corner R0.5~3.0	Corner R3.0이상
CAVI	측면R시작점	불가 단, 부식면조도 5μ 이하는 가능	불가 단, 부식면조도 10μ 이하는 가능	불가 단, 부식면조도 20μ 이하는 가능
	R Center부	불가	불가 단, 부식면조도 25μ 이하는 가능	불가
	바닥면R끝점	OK	OK	OK
CORE	상면R시작점	OK	OK	OK
	R Center부	불가	불가 단, 부식면조도 25μ 이하는 가능	불가
	측면R끝점	불가 단, 부식면조도 5μ 이하는 가능	불가 단, 부식면조도 10μ이하는 가능	불가 단, 부식면조도 20μ 이하는 가능

*Cavity (측면R시작점, R Center부), Core (측면R끝점, R Center부)에서 Masking후 부식 가공 시 Under Cut주의

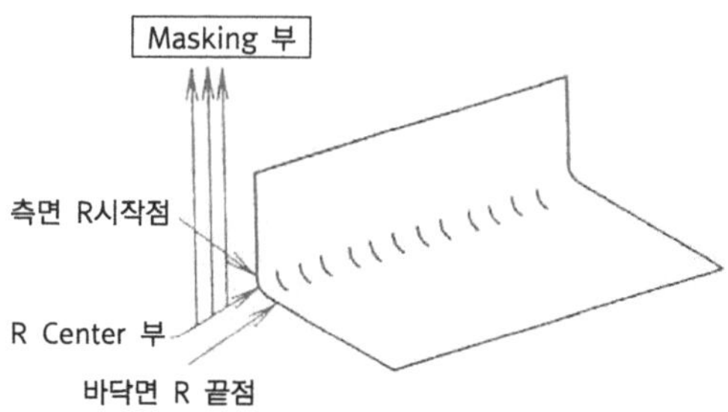

Cavtity

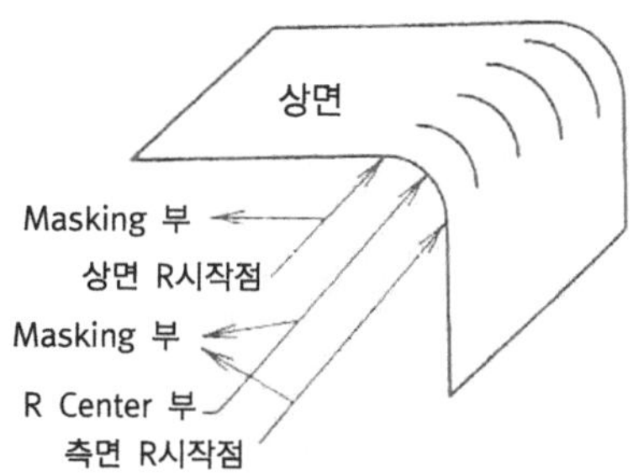

Core

② **Masking 범위 선택 시 주의사항**

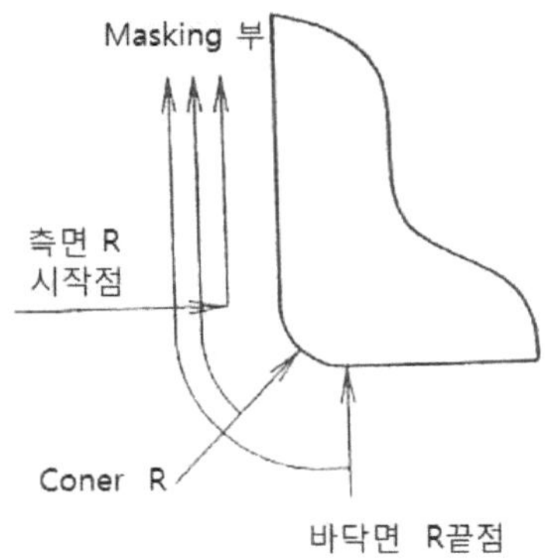

- 측면R시작점
  - Under Cut에 의한 이형불량 및 긁힘 주의
  - 측면 면조도량 조절 필요
- R3 이상일 경우 Corner부 설정은
  - 허용공차 1 ㎜정도 필요(별도협의 필요)
- 바닥면 R끝점
  - 외관이 중요한 제품일 때 충분한 검토 필요

③ **부식 거칠기에 따른 측면 경사각**

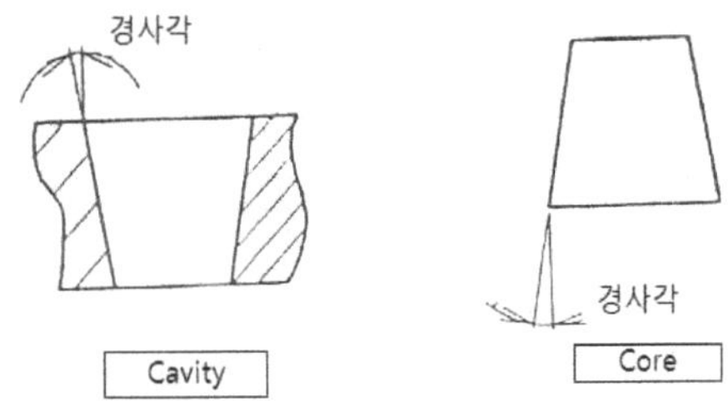

- 10 μ일 때 : 1° 30′ 이상
- 20 μ일 때 : 2° 30′ 이상
- 30 μ일 때 : 4° 이상
- 40 μ일 때 : 6° 이상
- 50 μ일 때 : 8° 이상
- 바닥면(100%)에 대한 부식 거칠기는 25%이상으로 함. (25%이하 시 단차발생)

④ **Masking 할 수 있는 제품 폭과 깊이 관계**

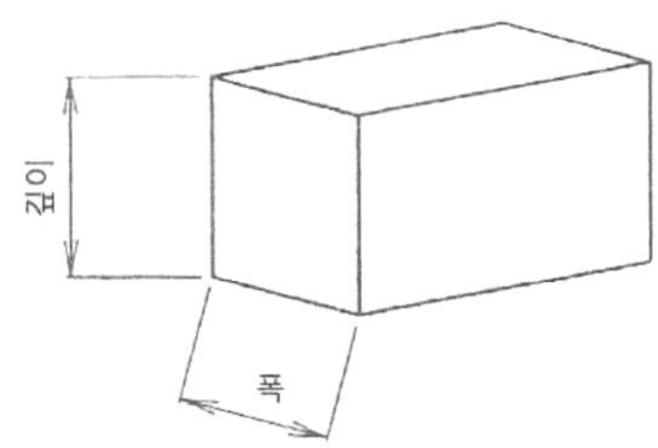

- 폭이 1 ㎜이상일 때 Masking가능
- 1~2.5 ㎜이하일 때 폭에 대한 깊이가 1.5배 이상은 Masking이 어려움.

(8) 부식 지정방법 및 설계도면 작도방법

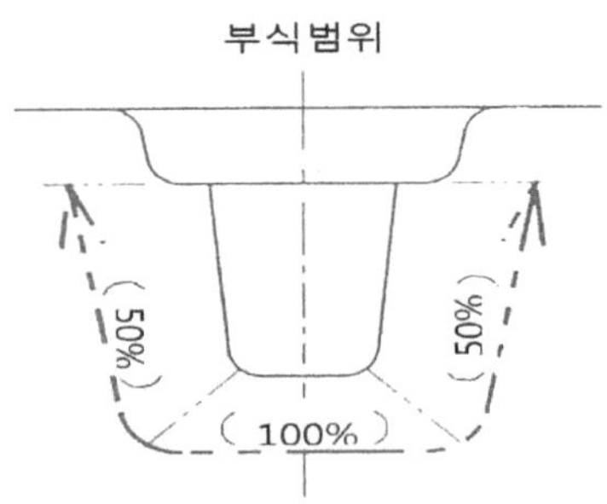

- 부식 메이커와 규격을 도면에 표시한다.
- 부식부와 면조도 조정 필요부를 명확히 구분하여 표시한다.

5

성형 재료

5.1 정의 및 일반적 구분

5.1.1 정의 및 분류

(1) 정의

플라스틱은 여러 모노머가 모여 폴리머를 구성한 화학물로써 크게 열가소성 수지와 열경화성 수지로 나눈다.

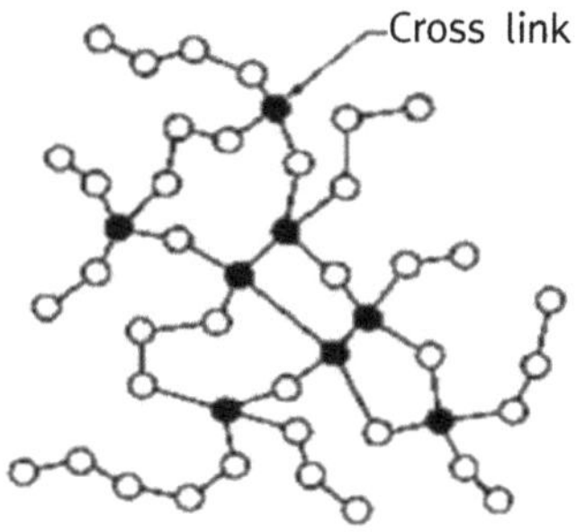

열경화성(Thermoset)

열가소성(Thermoplastic)

(2) 분류

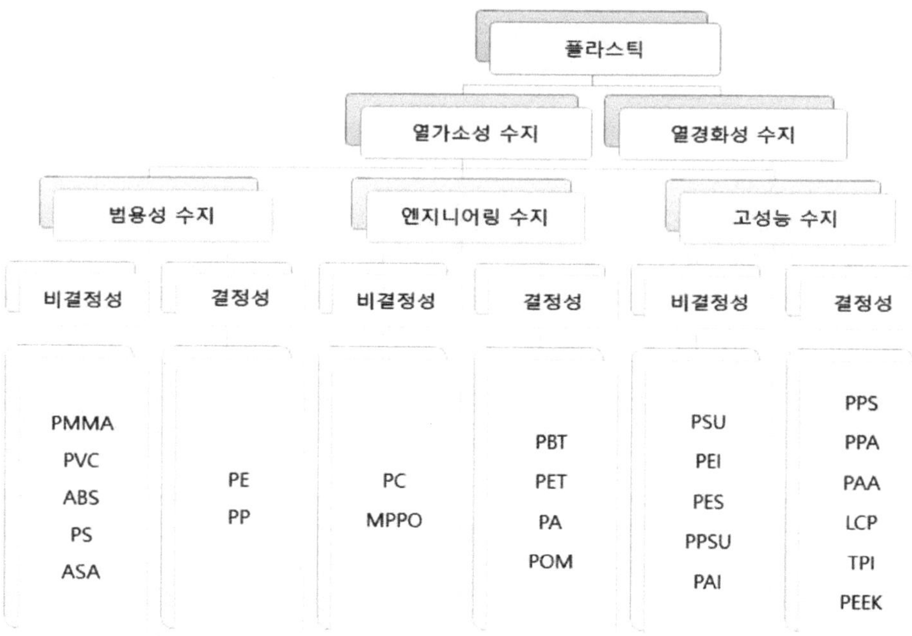

5.1.2 열가소성 수지(Thermoplastic)

(1) 정의

열을 가하면 유연해지는 성질을 갖는 플라스틱으로 화학적 반응이 없이 재용융이 가능한 것이 특징이다.

(2) 분자배열 및 종류

구 분	결정성 플라스틱 (Crystalline Polymer)	비결정성 플라스틱 (Amorphous Polymer)
분자배열	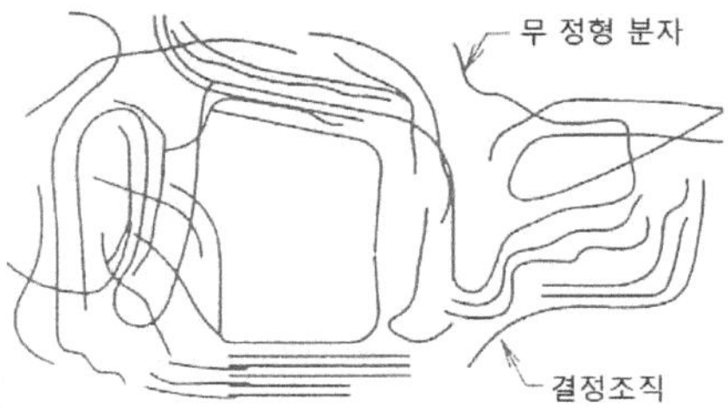 (단층구조)	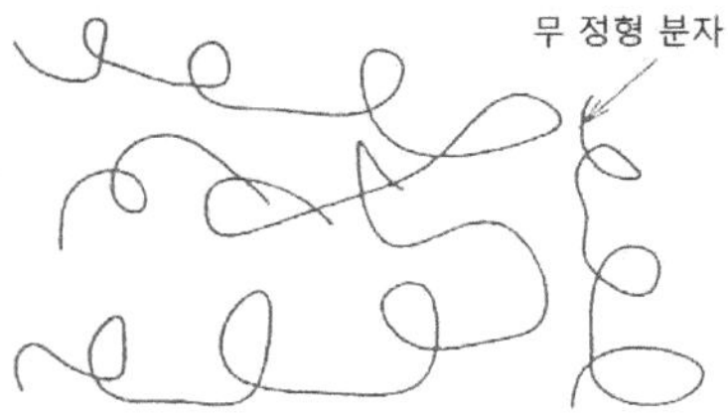 (랜덤구조)
종류	PA, PPS, POM, PBT, PE, PP	PC, PMMA, AS, ABS, PPE

(3) 결정성과 비결정성 수지의 비교

구분	결정성 수지	비결정성 수지
유동성	용융온도 이상에서 양호	상대적으로 흐름이 나쁘다
특징	수지가 흐름방향으로 크게 배향하여 직각 방향의 수축률차가 커서 치수 정도 낮음 → 성형 수축 크다	수지가 흐름방향과 직각방향의 수축률차가 매우 작아 치수정도 높음 → 성형 수축 적다
성형품 강도에 대한 온도 영향	용융온도 이하에서 온도영향 작다	온도 증가하면 점차적으로 강도 감소
치수 정도	강성이 양호	내충격성이 탁월, 투명성이 양호

(4) 사출성형의 시간, 압력선도

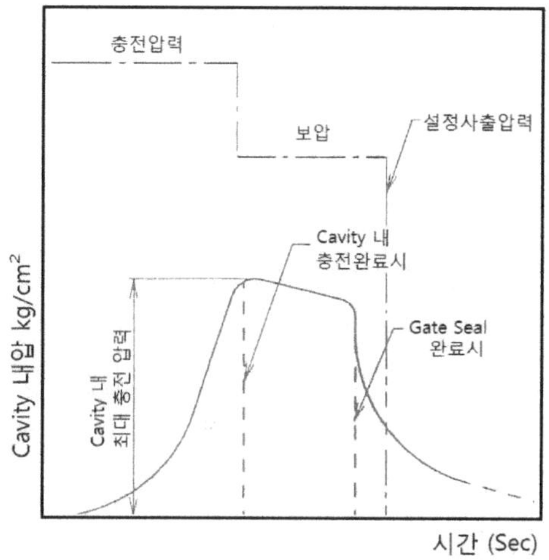

결정성 수지

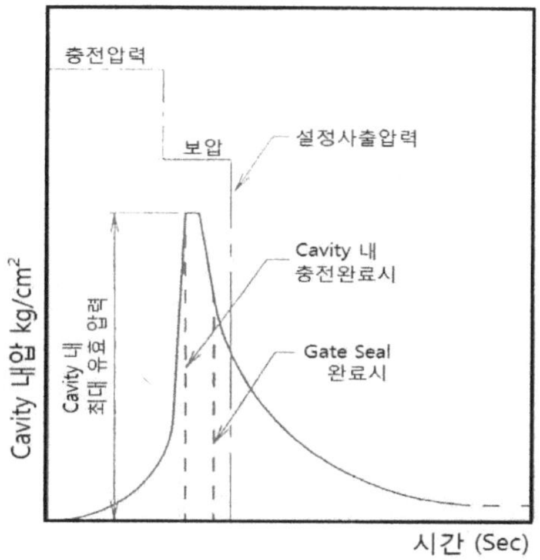

비결정성 수지

5.1.3 열경화성 수지(Thermosets)

(1) 정의

열을 가하면 경화되는 플라스틱으로 열에 의한 화학적 반응이 일어나 재용융이 불가하며 고온에서 강성이 필요한곳에 주로사용(전열기, 브레이크부품, 점화부품)

(2) 종류

Pehnol, melamines, epoxies, polyesters

5.2 수지별 특성

5.2.1 ABS(Acrylonitrile-Butadiene-Styrene)

ABS樹脂는 비결정성 열가소성 플라스틱으로써 다른 엔지니어링 플라스틱에 비해 가격이 낮다.

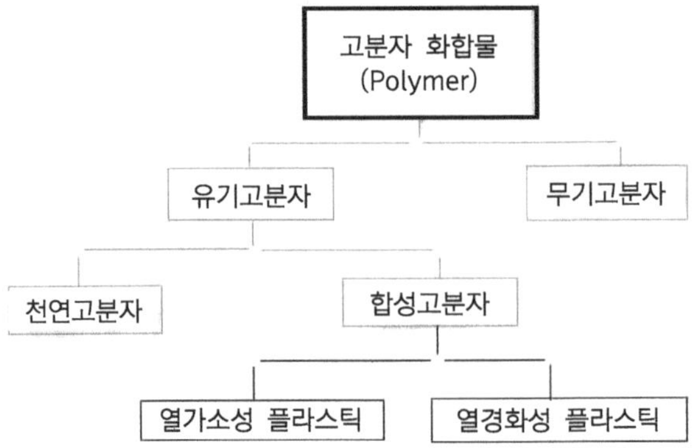

(1) 특징

- 내충격성, 강인성이 우수하다
- 표면강도가 높고 열변형 온도범위가 넓다.
- 유동성이 좋지 않다.
- 내약품성이 양호하고 성형성 및 치수안정성이 우수하다.
- 2차 가공성이 우수하다.(도금, 도장, 인쇄)

(2) 용도

- 내충격용: 카메라, 전화기, 진공청소기 등의 높은 충격강도와 저온특성이 요구되는 분야
- 고유동용: 선풍기, 오디오, 일반가전제품, 식품용기
- 내열용: 자동차내장재 ,전열기구등의 내열, 내충격성을 요구하는 제품
- 나연용: TV, VTR, 프린터, FAX, Computer Moniter 등의 나연성을 요구하는 전기, 전자부품

(3) 금형설계시 주의사항

- 유동성이 좋지 않기 때문에 Runner는 크게, 길이는 짧게 하는 것이 좋으며 고압성형을 위해 빼기구배는 2°이상이 필요하다.
- Air Vert를 고려하되, 깊이는 제품면에서 $0.01\pm^{0}_{-0.005}$, Runner부는 $0.03\pm^{0}_{-0.01}$, 폭은 2.0, 길이는 보통 3.0 으로 한다.
- Weld Line이 크게 나타나므로 Gate 위치설정에 주의한다.
- 성형수축률은 일반적으로 4/1000~6/1000정도로 함.

5.2.2 POM(Polyacetal)

폴리아세탈수지로 불려지고 있는 직쇄구조의 결정성 열가소성 수지이다. 포름알데히드(HCHO)를 주원재로서 얻어진 중합체이다.

(1) 특징

① 장점

- 기계적강도가 크다.
- 탄성률이 크다.
- Creep 저항이 크고, 탄성회복도 좋다
- 내 피로성이 좋고, 반복충격, 진동에도 강하다.
- 표면경도가 높다.
- 마찰, 마모 특성이 뛰어나고, 자기 윤활성이 풍부하다.
- 화학약품, 특히 유지, 유기용제에 대해 강하다.
- 사용온도 범위가 넓다.
- 습도, 수분영향이 적다.
- 전기절연성, 내 알콜성이 뛰어나다.

② 단점

- 강산류에 침식된다.
- 강알카리류에 약하다.
- 내후성이 다소 떨어진다.
- 수중에서 가수분해하는 수 가있다.
- 표면활성이 부족하고, 도장 및 접착은 다소 곤란하다.
- 성형수축률이 크므로 고 정밀도의 성형은 어렵다.

(2) 성형조건과의 관계

① 수지온도

일반적인 실린더 온도는 190℃~210℃이지만, 설정온도와 실제의 수지온도에 차가 있기 때문에 언제나 그 차를 파악해 수지온도를 관리하는 것이 중요하다. 실린더의 온도를 수지온도보다 10℃~30℃정도 낮게 설정한 것이 많다.

② 금형온도

일반적인 금형온도는 60℃~100℃이지만 외관이 좋고, 내부수축이 적고, 치수안정성이 뛰어난 성형을 얻기 위해서는 금형온도를 80℃정도에 설정하는 것이 좋다.

③ **사출압력**

사출압력은 다른 수지와 특별하게 다른 것은 없지만 공압부품으로서 정도가 높고, 외관이 뛰어난 성형품을 얻으려하는 경우에는 사출압력을 충분히 높게 설정하여 성형하는 것이 좋고, 사출 보압 시간은 Gate Seal을 확인하고 결정해야 한다. 일반적인 사출압력은 600 ~ 12000 Kgf/㎠이다

④ **건조**

성형재료의 예비조건은 불필요 하지만, 수지의 보관관리가 좋지 않거나, 장기간보관된 제품은 열풍건조기나 제습건조기에서 3 ~ 4시간정도 건조하면 충분하다.

⑤ **수축률**

폴리아세탈수지는 결정성수지이기 때문에 성형수축이 비결정성수지보다 크다. 일반적으로 16 ~ 20/1000 정도의 수축범위를 가지며 수축률에 영향을 주는 주원인으로 성형의 살 두께, 게이트 단면적, 금형온도, 실린더 온도, 사출압력, 사출보압 등을 들 수 있다.

(3) 금형 설계시 고려사항

- 이형성은 좋은가.
- 가스빼기는 충분한가.
- 러너, 스프루 부시, 게이트의 배치 및 크기는 적당한가.
- 러너는 원형, 반원형, 사다리꼴형의 단면으로 하고 크기는 6 ~ 30 ㎜정도로 한다. 사다리꼴형이 자주 사용되고 폭은 3 ~ 6, 측면 빼기구배는 5° ~ 15° 정도로 한다.
- 성형수축이 크므로 싱크(Sink) 및 변형에 대한 대책이 필요하다.

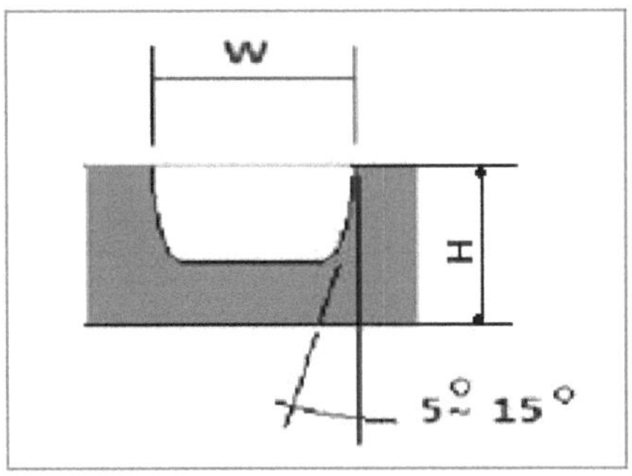

- 성형조건의 변화 특히, 수지온도, 금형온도의 관리가 필요하며 성형조건 준수 후 치수조정이 필요하다.
- 고정도의 치수보증이 어렵다.
- 성형 후, 후수축(24 ~ 48 h)이 길기 때문에 성형 직후의 치수측정은 안 된다.

치수	H	2.5	2.5	3	3	3.5	3.5	4
	W	3	3.5	4	4.5	5	5.5	6

5.2.3 PBT (Poly Butylene Terephthalate)

PBT는 열가소성 수지이면서도 열경화성수지 특유의 낮은 흡수율, 높은 열변형온도, 내약품성, 우수한 전기저항성, 높은 치수안정성 등을 가지고 있는 동시에 열가소성 플라스틱의 장점인 우수한 성형성을 겸비하고 있으며 용도에 따른 비강화Grade, 유리섬유 강화Grade, 난연 및 기타 특수 Grade 등이 있다.

(1) 특성

① 장점

- 수분 흡수율이 적으므로 치수안정성과 전기적 성질이 우수하다.
- 기계적 강성 및 고온에서의 내취성이 우수하다.
- 내후성, 내화학성, 내마찰성 및 내마모 특성이 우수하다.
- 성형성이 양호하며 표면이 미려하다.

② 단점

- 수분함유 고온가공 시 가수분해가 일어나 물성을 저하시키는 등의 가수분해 안정성이 부족하므로 성형전에 충분한 건조를 해야 한다.

(2) 용도

- 전기, 전자 그리고 자동차분야에서 많이 사용되고 있고 있으며 구체적인 사용 예는 아래 표와 같다.

구분	application
전기, 전자	Key Top, Coil Bobbin, Transformer Bobbin, Bobbin Cover, Relay Cover, Timer Housing, S/W Housing, Motor Housing, VTR Cover, Fuse Holder, IC Socket, CRT Socket
자동차	Connector, Outdoor Handle, Brush Holder, Distributer Cap, Fuse Case, Carburetor
기타	Valve, Gear, Bearing, Oil Pump Housing, Imper Gear, Lamp Socket, Fire Alarm

- Kopo社에서는 주로 Connector, Glass를 강화한 Insert(wafer)등의 재료로 사용되고 있다

(3) 금형설계시 주의사항

① Glass 경화

유동 방향과 유동 직각방향과의 수축률 차가 크다. 뒤틀림, 변형이 크므로 충분히 제품설계자와 검토 후 진행해야 한다.

② Gate

- 용융재료의 충전성을 고려한다. 일반적으로 제품의 중앙부근이나 중심선상이 두께가 큰 곳에 설치하여, 재료고화에 의한 흐름방해를 제어한다.
- 작은 지름의 매몰 핀, 금속인서트 부분은 피한다.
  게이트 부근의 용융재료는 고압이기 때문에 상기부위에 게이트를 설치하게 되면 매몰 핀의 기울임이나 금속인서트의 변형이 발생하기 쉽다.
- 제품의 외관 및 기능을 고려한다.
  게이트 자국이 눈에 띄지 않는 곳, 뒤처리를 하기 쉬운 부근에 설치한다.
- 가스빼기가 용이한 곳에 게이트를 설치한다.
- 웰드라인, 가스의 고임을 고려한다.
- 제품의 외력 작용부를 피한다.
  게이트 부근에는 잔류응력이 발생하거나 취약해지는 경향이 있기 때문에, 외력 작용부분이나 강도상 문제가 되는 부분은 피한다.
- 제품의 변형을 고려한다.
- 제품중심에 게이트를 설치하는 것이 바람직하면 기어 등과 같이 중심부에 축 구멍이 있는 경우는 3점 또는 다점(多点)게이트로 하는 것이 용이하다.

③ Runner

- 러너 굵기는 성형품의 두께보다 굵게 한다.
- 러너의 길이는 되도록이면 짧게 한다. 짧게 할 수 없는 경우에는 그 길이에 따라 러너의 지름 치수를 크게 한다.
- 용융수지의 마찰손실과 온도저하에 의한 압력강하를 방지 할 수 있다.
- 러너의 방향이 변화하는 코너부는 적당한 Cold slug well을 설치한다.
- 캐비티가 다수개인 경우 스프루에서 게이트 까지 거리를 동일하게 그 거리에 따라 러너와 게이트의 크기를 결정한다.
- 성형재료의 충전시간이 다를 경우 플로우 마크, 싱크마크, 쇼트가 발생한다.
- 원형, U형, 사다리형, 반원형 등의 단면형상 중 유동저항이 가장적은 원형을 쓰는 것이 좋으나 파팅면이 변형된 금형, 3플레이트 금형 등에는 U, 사다리, 반원형 등이 사용된다.

④ AIR VENT

	VENT 길이	LAND LENGTH	VENT 도피깊이	폭
제품부	0.005-0.015	1-2	0.3	3.0
러너부	0.03	3	0.3	러너폭과 동일

5.2.4 PPS(Poly Phenylene Sulfide)

PPS 수지는 파라디클로 벤젠과 황화소다를 주원료로 하는 결정성 내열 엔지니어링 수지로서 사출용 PPS는 각종 강화재, 충전재를 합성하여 공급된다.

(1) 특징

PPS수지의 최대 특징은 내열성이 뛰어난 것으로 융점이 285℃이며 UL연속사용 온도도 200~240° 로 높으며, 또 PTFE(4불화 에틸렌)에 버금가는 내약품성을 가질 뿐만 아니라 기계적 특성, 전기특성 치수안정성이 뛰어나 수지 자체가 난연성이다.

(2) 용도

① 전자부품

표면실장용 (SMT) 커넥터에 많이 사용되고 있으나, 내열성, 고강성의 요구가 있으며, 다른 용도로 콘덴서 케이스, IC소켓, 코일보빈, 모터 인슐레이터 등이 있다.

② 전기부품

치수안정성, 고강성을 살려 VTR부품, VTR실린더베이스, DAT실린더베이스, 픽업, DAT섀시, 램프소켓, 셰이버 기어 등에 채용되고 있다.

③ 자동차부품

내열성, 내약품성을 살려 램프 리플렉터, 솔레노이드, 워터램프, 임펠러, 브러시 홀더, 밸브, 센서 등에 채용되고 있다.

④ 기타

내열성, 내약품성을 살려 물에 관계되는 부품 (배관, 이음매, 혼합 플러그부품, 전자밸브)을 금속에서 수지로 대체하고 있다.

(3) 사출성형과의 관계

① 예비건조

PPS수지는 흡습성이 적은 수지이나 성형품의 외관을 좋게 하기 위해서 140℃ x 3시간, 120℃ x 5시간을 권장한다. 다만, 천연색으로 변색이 문제되는 경우에는 120℃로 건조하는 것이 바람직하다. 또한 탄소섬유강화급은 140℃ x 6시간을 권장한다.

② 실린더 온도

호퍼아래의 실린더 온도를 지나치게 낮추면 실린더, Screw 마모가 커지는 경향이 있다.

유동성에 문제가 없으면 약간 낮은편이 체류변색이 적어진다. 특히, 검은색 이외의 성형은 300~310℃의 설정을 권장한다.

③ **사출압력**

통상 29~98 MPa의 사출압력이 바람직하고, Burr를 감소시키기 위해서는 저압성형을 권장한다.

④ **금형온도**

- PPS수지는 최대 결정화도가 약 60%인 결정성 플라스틱이다. 결정화도는 금형온도에 의존하여 130~150℃가 되지 않으면 결정화도가 평형을 이루지 않는다.
- 저온금형으로 성형하여 결정화도를 올리는 경우에 어널링을 실시하는데 제품 벽두께가 3 ㎜로 170℃ x 3시간이 하나의 기준이 된다고 생각한다.
- 저온금형품은 어널링에 의하여 표면성이 약화되므로 주의 할 필요가 있다.
- 치수안정성을 위한 어널링은 사용 환경보다 30℃ 향상 할 것을 권장한다.

⑤ **사출속도**

- 양호한 외관을 얻기 위해서는 고속으로 사출한다. 그러나 성형품의 휨이 발생하기 쉽기 때문에 일반적으로 외관이 양호해지면 필요이상의 고속사출은 의미가 없다.

⑥ **배압**

- 계량안정화를 위하여 배압은 0~1.0 MPa를 권장한다.
- 계량이 불안정할 경우에는 배압을 약간 높여 2.0~2.9 MPa로 한다.

⑦ **Screw 회전수**

- 통상은 40~100 rpm이 적당하다. 회전수를 200 rpm 이상으로 하면 유리섬유가 절단되거나 수지발열을 초래하기 때문에 바람직하지 못하다.

(4) 금형설계시 주의사항

① **금형온도조절**

- PPS수지를 사용할 경우 외관, 강도를 고려하면 금형온도는 130℃ 이상이 바람직하다.
- 시장에는 PPS용 금형온도 조절방식으로서 카트리지 히터를 많이 이용하고 있다
- 기타 방법으로는 가압열수온조, 유온조 등 매체를 사용하는 방법도 있다.
- 카트리지 히터는 방열이 잘 안되기 때문에 압지부가 고온이 되어 제품이 입자에 달라붙는 경우가 있다. 이런 경우에는 히트파이프를 사용하는 등으로 입자부를 냉각시키면 효과적이다. 특히 3플레이트금형, 슬라이드를 갖는 금형에서는 수지와 접촉하는 모든 개소에 온조를 설치할 필요가 있다. 또 금형에는 단열판을 부착하는 것이 필수적이다. 이것은 금형각부에 이형불량을 초래한다.

② **에어벤트**

- PPS수지의 경우 에어벤트를 잘못 잡으면 제품의 광택불량, 웰드, 쇼트, 제품 및 금형의 가스에 의한 탐 등이 발생한다.
- 통상은 유동 말단부에 깊이 5~8 um, 폭 5 ㎜, Land 2 ㎜정도로 설치하지만 제품형상 또는 크기에 따라 폭을 조절하는 것이 좋다.

③ **수축률**

함유물에 따라 크게 차이가 나며 반드시 Catalogue 참조가 필요하다.

	수축률
흐름방향	0.015~0.003(%)
직각방향	0.005~0.008(%)

5.2.5 PMMA(Poly Methyl Acrrylate)

열가소성의 합성수지로서 조성비 및 중합도에 따라 투명성이 뛰어난 다양한 특성의 제품으로 이루어져 있으며, 주 용도인 자동차, 전기·전자제품 등에 적합한 고도의 투명성과 내후성을 겸비한 수지이다.

(1) 특성

- 투명성이 뛰어나며 외관이 미려함
- 전기적, 기계적 특성이 우수함.
- 열안정성 및 내수성이 우수함.
- 유동성이 뛰어나 성형성이 우수함.
- 내약품성 및 착색성이 우수함.
- 무독성

(2) 용도

구분	규격	용도	
사출 성형용	IH-830 IG-840 IF-850 IF-850	전기·전자	Dial scale, Car Seat. Door, 전자레인지 창, VTR Cover
		자 동 차	후미 등, 깜박이, 실내등, 계기등의COVER
		기 타	수도꼭지손잡이, 시계유리, 피아노건반, 볼펜, 손톱깎이, Accessory, 키고리
압출 성형용	EH-910 ~ EF-940 CH-910 CF-940	간판, 경광등, 조명기구, TV보안경, 도로표지판 채광DOME, 수족관, 사진틀	

(3) 사출 성형과의 관계

① 예비조건

LUCKY GRADE	건조온도	건조시간
EH-910, IH-830	90~100℃	4~6 h
EG-920, IG-840	80~90℃	4~6 h
EF-940, IF-850	70~80℃	4~6 h
IF-870	60~70℃	4~6 h

② CYLINDER 온도

LUCKY GRADE	CYLINDER온도	비고
EH-910,EG-920	240~270℃	Resin의 조기용융을 방지하기 위해서 FeedHoper의 내부의 온도가 균등하게 한다.
IH-830,EG-930	220~260℃	
IG-840,EF-940	210~250℃	
IF-850	200~240℃	
IF-870	190~240℃	

③ 사출압력

- 보통사출압력은 공정 중 400~1600 kg/㎠사이가 대부분이다. 1회 사출량은 실린더용량의 60%를 초과해서는 안 되고 Back pressure는 5~20 kg/㎠ 정도가 적합하다.
- PMMA수지는 성형시 점도가 높은 경우를 대비 Free Flow 노즐을 사용하는 것이 바람직하나 Needle Valve 와 Sliding Shut-Off노즐을 사용하면 유동성이 좋고 마모가 적어진다. Clamping Force는 사출제품의 투영단면적과 제품두께에 따라 달라진다. 사출제품이 얇을 경우 Cavity 압력은 700 kg/㎠정도가 되며 최저한계치는 약 300 kg/㎠ 정도이다. 그러나 가능하면 사출제품의 두께가 1 ㎜ 이하로 되는 것은 피해야 한다.

④ 사출기 성형

- 사출기는 보통L/D가 1/8~1/28인 Screw를 사용한다. 또한 압축비는 1/2.3을 초과하지 않아야하며 1/1.8이 이상적이다. 그리고 수지에 초과 전단력이 걸리지 않도록 Screw 속도를 너무 높이지 않아야한다. 사출속도는 10~15 m/min를 초과하지 않도록 해야 하며 렌즈등과 같이 광학적으로 고품질을 사용하지 않는 것이 바람직하다. Screw에 Vent를 설치한 사출기는 좋은 성능을 나타내지만 렌즈용에는 부적합하다.

(4) 금형설계시 주의점

- 유동성이 좋지 않으므로 사출압력의 부족에 따른 Sink 발생이 예상되므로 고압성형이 필요하며, 유동성 향상을 위한 러너 및 게이트 설계가 필요하다.
  - 기본적으로 Side Gate가 용이하다.
- 수지온도 및 금형온도의 관리가 필요하다.
- 광학적 용도에 사용하기 때문에 기포에 대한 대책이 필요하다.
  - 살 두께를 균일하게 한다.
  - Cold slug well 설치가 필요하다.
  - S자형 러너 설계 검토가 필요하다.

5.2.6 PP(Poly Propylene)

결정성 열가소성 수지이다.

(1) 특징

- 폴리에틸렌과 매우 비슷하지만 비중은 더욱 작아서 모든 플라스틱 중에서 최소 부류에 속함. (0.9~0.92)
- 점화하면 폴리에틸렌처럼 타지만 특이한 냄새를 내기 때문에 폴리에틸렌과 간단히 구분할 수 있다.
- 고밀도 폴리에틸렌과 비교해서 연화온도가 현저하게 높고, 인장강도, 강성, 충격강도 등은 더욱 향상되고 내굽힘성, 피로성도 현저히 계량되고 있다.
- 제품단가가 저렴하여 범용 플라스틱으로 널리 사용된다.

(2) 용도

- 일체성형 힌지의 기능을 가진 각종 제품에 널리 유용
- 폴리프로필렌 필름은 질기며 셀로판과 같은 정도의 투명성을 쉽게 얻을 수 있기 때문에 포장용 필름으로 널리 사용되고 있다.
- 화물 포장용 끈, 묶음 테이프, 수예재료 등.
- 기계적 강도가 나일론에 필적하고 내약품성도 우수하기 때문에 공업용 부품으로도 사용되고 특히 내산성이나 내알카리성이 요구되는 화학 장치나 라이닝재료에 매우 적당.

(3) 사출 성형과의 관계

① **예비건조**

성형시 재료의 예비건조는 필요치 않음

② **성형가공 특성**

폴리프로필렌은 대단히 성형성이 좋은 재료이며 보통타입의 사출성형기나 압출기를 사용하여 각종 성형품, 봉, 파이프, 필름, 시트, 병 등을 가공하며 성형수축률은 고밀도 폴리에틸렌보다 적고, 또한 수축률의 방향성, 정밀도도 좋으므로 적당한 성형조건을 고르면 치수정밀도가 양호한 잔류변형이 작은 성형품을 얻을 수 있다.

③ **성형 조건**

항목		조건
금형온도		50-80℃
실린더온도	선단 온도	230-260℃
	중간 온도(1)	220-250℃
	중간 온도(2)	210-230℃
	후부 온도	170-210℃
노즐 온도		240-270℃
사출 압력(kg/㎠)		1800

(4) 금형설계시 유의점

- 성형성이 뛰어나다.
- 힌지가 있는 제품의 경우 Weld Line의 발생을 방지하기 위해 게이트의 위치 선정에 유의해야 한다.
- 성형수축률은 일반적으로 14~18/1000으로 한다.
- Sink Mark, 변형이 크므로 설계 시 주의를 요한다.(多点게이트, 리브보강 등)

(5) 첨가제 배합에 따른 유의점

사내 기호	색조	배합 배율
8APP05-N1	자연색	배합 없음
8APP05-B1M	검정색	MASTER BATCH CJ102: 일본 INC P1-125-30=50:1
8APP06-N1	자연색	배합 없음
8APP06-B1M	검은색	MASTER BATCH J830HV: 일본 INC P1-125-30=50:1
8APP06-S1M	회색	MASTER BATCH J830HV: 일본 INC PN671-20=20:1
8APP06-S2M	회색	MASTER BATCH J830HV: 일본 INC PN671-20=50:1

5.2.7 NYLON(PA:Poly Amide)

Nylon은 결정성 엔지니어링 플라스틱으로써 뛰어난 기계적, 전기적 성질뿐만 아니라 화학적, 마찰, 마모에 대한 저항을 가지고 있다.

(1) 특징

- 현재 공업적으로 생산되고 있는 Nylon은 66,6,610등의 3종류가 있으며, Polymer로 융점이상의 용융영역에서 사출성형 된다.
- 흡수성이 높기 때문에 충분히 건조하지 않으면 성형품에 기포, Silver Streak등 의 문제가 있다.
- 온도에 대한 용융점도의 변화가 Polyethylene에 비하여 크고, 성형할 때 온도변화에 따른 점도로 인해 품질의 안전성이 부족하게 되므로 성형온도의 제어가 대단히 중요하다.
- 결정성 폴리머를 용융시킬 때는 결정의 점도 이상으로 가열해야 한다.

(2) 용도

커넥터, 라디에이터 탱크, 우산살, 금속 대체품, 자동차 엔진룸 내부 부품, 카뷰레이터 탱크, 하우징, 키보드 부품, 기어 샤프트, 헬멧, 자동차 미러 부품, 엔진 커버, 스위치류 등의 주로 전자부품, 자동차 부품에 폭넓게 사용되고 있다.

(3) 사출성형과의 관계

이 수지의 성형은 충분히 혼합되고, 균일한 용융상태가 용구되기 때문에 성형기는 Screw형이 좋다. 또, 융점부근에서 겉보기 비열이 커서 용융에 큰 열량이 필요하므로 실린더 가열용량이 큰 것이 바람직하고, 점도의 의존성이 크기 때문에 실린더 온도를 충분히 제어할 수 있는 것을 선택한다. 특히, 노즐히터는 가능한 용량을 크게 하고 노즐에서 흘러내림이 발생하기 쉬우므로 역 테이퍼 또는 밸브가 있는 노즐을 선택한다.

① NYLON 6,66 비교

수지명	수축률(%)	비중	금형온도(℃)	성형온도(℃)	노즐온도(℃)	사출압(kg/㎠)
NYLON-6	1.2	1.13	80~120	220~320	220~260	800~1500
NYLON-66	1.5	1.14	80~120	270~380	260~280	1000~1500

② 수축률

사출 성형품은 성형할 때 잔류응력이 시간과 함께 완화되는데, 사용하는 환경조건에 의하여 변화한다. 이 응력완화는 치수 수축을 동반하지만 나일론은 흡습에 의한 치수증가 때문에 성형수축이 상쇄되어 장시간 지난후의 치수변화가 적고 일반적으로 사용 중의 치수변화를 적게 열처리와 건조를 수행함으로써 성형 후 치수변화를 신속히 안정시킨다.

(4) 금형설계시 유의점

- 유동성이 좋으므로 Burr에 대한 대책이 필요하다. (금형의정도)
- Ejector Pin부 Burr에 대한 대책이 필요하다.(단(段)의 형태, 이젝터 금지부)
- 용융온도 이외는 굳기 쉬우므로 Sprue, Cavity부를 파먹는 현상이 발생하기 쉽다.

5.3 기타

5.3.1 수지별 특성 비교표

(1) 범용 플라스틱

수지명	장점	단점	비고
PS	• GP-투명	• 내약품성 • 내열성 • 내충격성	
	• HI-성형성 • 치수 안전성 • 내충격성 • 전기절연성	• 불투명 • 내약품성 • 내열성 • 내후성	
AS	• 투명 (다소황색) • 강성	• 내열성 • 내약품성(PS보다 좋음)	• 비결정성 • 유동성, 성형성이 양호 • 크랙 발생이 쉬움
ABS	• 물성 밸런스 • 치수 안정성 • 광택성 • 도장성 • 외관	• 내약품성 • 내후성 • 내열성 • 흡습성(大)	• 비결정성 • 성형성이 좋지않음 • 게이트부분의 표면외관, 웰드라인이 잘보임 • 고온성형시 정도가 높음 • 성형수축률(0.004~0.006정도)
PMMA	• 투명 • 내후성 • 광택 • 전기절연성	• 내약품성 • 파손이 쉬움 • 내열성	• 비결성 • 유동성이 나쁘고 충전불량이 되기 쉬움 • 플로우 마크 발생이 쉽다 • 성형수축률(0.004정도)
PP	• 저비중 • 내충격강도 (상온) • 내약품성 • 내마모성	• 성형수축률이 큼 • 강성 • 저온에서 내충격 강도가 작음 • 도장성 · 접착성 · 인쇄성 · 내후성	• 결정성 • 변형이 큼 • 후수축이 없어 치수안정성이 좋다 • 싱크 및 변형방지에 주의 • 성형수축률(0.014~0.018)

(2) 엔지니어링 플라스틱

수지명	장점	단점	비고
PC	• 내열성 • 투명, 내후성 • 내충격성, 연성 • 자기소화성 • 치수안정성 • 내크립성 • 내구성	• 내약품성 • 유동성 • 도장성 • 충격강도의 살 두께 의존성 大 • 저온충격강도	• 비결정성 • 용융온도가 높으므로 고온성형이 필요 • Burr가 적음 • 물리적강도, 치수안정성, 내열, 내후성, 투명성 • 자기소화성 • 수지의 충분한 건조가필요 • 성형 수축률(0.004~0.006)
POM	• 기계강도 밸런스 • 내마찰(마모)성 • 내크립성 • 연성 • 충격강도 • 내열성, 내약품성 • 윤활성	• 이연성(난연화 불가) • 내후성 • 성형수축성 大 • 치수안정성 (성형직후 치수측정불허) • 접착성,인쇄성	• 결정성 • 유동성이 나쁨 • Gate부에 플로우라인 발생이 쉬움 • 에어벤트설치 필요 • Sink 변형 발생 가능성이 크다. • 수지온도, 성형온도 관리에 주의 • 성형수축률(0.016~0.02)
PBT	• 기계강도 밸런스 • 내약품성 • 내열성 • 내피로성	• 인장력, 팽창력, 내마모성 • 연신율, 내수열성 • 성형수축의 이방성 • Weld부 기계강도 저하	• 결정성 • 성형수축률(0.015~0.025)
PET	• 기계강도 밸런스 • 내약품성 • 내열성 • 내피로성	• Burr • 응력완화가 PBT보다 작음 • 파일로트의 수분관리가 중요	• 결정성
PA	• 마찰저항이 적음 • 연성大 • 강성회복력 • 내약품성 • 내충격성 • 자기 소화성 • 내마모성	• 흡수성, 치수변화 • 실온근처에서 기계강도 변화 大(흡습시 그리스전이점 저하) • 내후성 • 황동과의 조합을 피할것	• 결정성 • 유동성이 좋아 Burr가 나오기 쉬움 → 정도가 높은 가공을 필요로 함 • 수축률의 안정성이 나쁨 (성형수축률0.015~0.025)
PPS	• 기계적 강도 • 고 내열성 • 고 내약품성	• 고온시 강도 저하	• 결정성

5.3.2 대표적 플라스틱 성형 수축률

	재료명	수축률	노즐온도	℃ 건조시간
비경화	POM : Poly Oxy Methylene(Pily Acetal)	16~20/1000	190~220	80℃, 3H
	PA : Poly Amide(Nylon)	15/1000	250~280	80, 3H
	PBT : Poly butylene Terephthalate	16/1000	240~270	130, 4H
	PC : Poly Carbonate	5~7/1000	280~370	120, 4H
	PPE : Poly Propylene Ethylene	6/1000	270~300	110, 4H
	ABS : Poly (Acrylonitrile Butadiene Styrene)	4~6/1000	210~250	80, 3H
	PS : Poly Styrene	4/1000	180~270	80 ,3H
	PMMA : Acrylic	4/1000	200~280	80, 5H
GLASS 강화	POM : Poly Oxy Methylene(Pily Acetal)-25%	8/1000	190~220	80, 3H
	PA : Poly Amide(Nylon)-30%	3~8/1000	250~280	80, 3H
	PBT : Poly butylene Terephthalate-30%	3~10/1000	240~270	130, 4H
	PC : Poly Carbonate-20%	2~4/1000	280~370	120, 4H
	PPS : Poly Phenylene Suifude-40%	1.5/10000	290~310	130, 5H

5.3.3 성형 제품의 성형수축률

성형재료	사내규격	수축률	주요부품명
POM(DUPONT) DERLIN DE9206	8AAT25-B1	18/1000	COVER.CASE ROTOR SNAP
PBT(DUPONT) CRASTIN S600	MPH600J00	16/1000	COVER ROTOR
PBT(DEPONT)GF15 CRSTIN SK602		6~12/1000	CAM PLATE ROTOR SNAP
PBT(東レ) 1101G-30	8AAB03-B1	3~10/1000	LEAD BLOCK
ABS(電氣化學 ㈜) GR-2000	8AAB05-N1	3~10/1000	STOPPER
PP(UBE 興産) UBE ポリプロ J830HV	8APP06-B1M	16~(18)/1000	HOLDER ROLLER HOLDER
PP(UBE 興産) UBE ポリプロ J830HV	8APP06-N1	16~(18)/1000	HOLDER
PP(UBE) UBE ポリプロ CJ102	8APP05-B1M	11/1000	ROTOR SNAP

5.3.4 수지별 최소 살 두께 기준

(1) 정의

수지별 최소 살 두께의 기준을 설정하여 성형품의 Short Shot 발생의 가부를 판단하는 데 있다.

① 최소 살 두께 기준

- L (제품길이) = 10 ㎜ 미만인 경우는 (표1)에 따른다.
- L (제품길이) = 10 ㎜ 이상인 경우

  최소 두께 (t2)=t1(표1 내용)/10 x L(길이)
- 충전재가 있는 경우 최소 두께에서 50% 증가 시킨다.

② 수지별 최소 두께 기준 일람표

표 1

수지명	최소 두께	수지명	최소 두께
PC	0.7	PBT	0.4
PA	0.4	PE	0.4
POM	0.4	PP	0.4
ABS	0.5	PPO	0.5
AS	0.5	PMMA	0.6

5.3.5 수지별 언더컷 허용량

성형 수지가 탄성이 크거나 언더컷 형상이 빠지기 쉬운 형상의 경우, 강제 밀어내기 식 구조로 하면 금형구조가 간단해진다. 따라서 수지별 언더컷 허용량을 참조하여 적용하면 좋다.

수지명	AS. PS	PMMA	PP. POM	ABS	PA
허용량(%)	2	4	5	8	9

*** 수지별 언더컷 허용량**

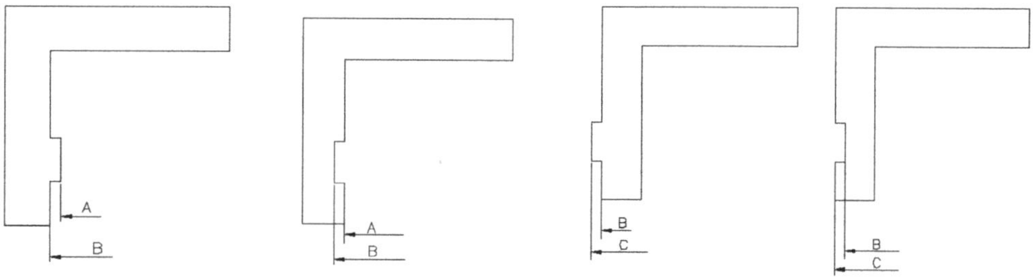

- 내측 허용량 : $\dfrac{B-A}{A} \times 100$
- 외측 허용량 : $\dfrac{C-B}{C} \times 100$

5.3.6 플라스틱의 구별 차트

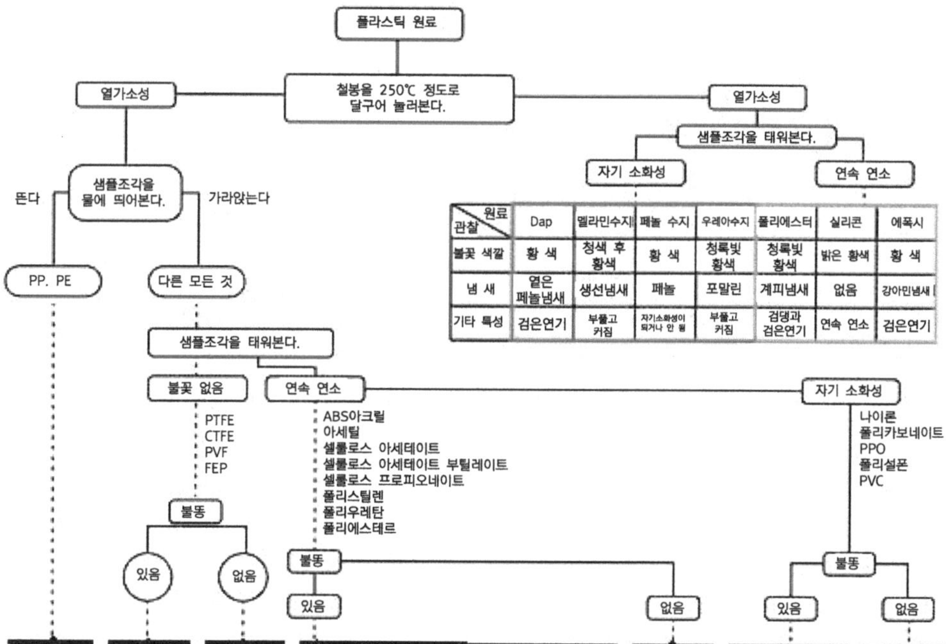

관찰 \ 원료	Dap	멜라민수지	페놀 수지	우레아수지	폴리에스터	실리콘	에폭시
불꽃 색깔	황 색	청색 후 황색	황 색	청록빛 황색	청록빛 황색	밝은 황색	황 색
냄 새	옅은 페놀냄새	생선냄새	페놀	포말린	계피냄새	없음	강아민냄새
기타 특성	검은연기	부풀고 커짐	자기소화성이 되거나 안 됨	부풀고 커짐	검댕과 검은연기	연속 연소	검은연기

관찰 \ 원료	PE	PP	FEP	CTFE	PTFE	PVF	A.B.S	아세탈	셀룰로스 아세테이트	셀룰로스 아세테이트 부틸레이트	셀룰로스 프로피오네이트	폴리 스티렌	폴리 에스테르	셀룰로스 질산염	폴리 우레탄	나이론	폴리 설폰	폴리 카보네이트	PPO	PVC
불꽃 색깔	황색 후 청색	황색 후 청색					황색 후 청색	청색	불꽃, 황색	황색 후 청색	황 색	황 색	청색빛 황색	옅은 황색	황 색	황색 후 청색	오렌지	오렌지 황색	황색 오렌지	녹색빛 황색
냄새	파라핀	경유 냄새	머리털 타는 냄새	아세트산 냄새	머리털 타는 냄새	신나 냄새	신나 냄새	포말린	식초	썩은버터 냄새	설탕타는 냄새	가스타는 냄새	고무타는 냄새	식초	옅은 사과냄새	머리털 타는 냄새	머리털 타는 냄새	페놀	페놀	염산
연소 속도	빠름	느림					느림	느림	느림	느림	빠름	빠름	빠름	빠름	빠름	느림	빠름	느림	느림	느림
기타 특성	용융과 불똥						검댕, 검은연기	연기 없음	검댕, 검은연기	검댕, 검은연기	약간의 검은연기	검댕, 검은연기	검댕, 검은연기	완전 연소	옅은 검은연기	거품 연기	검댕, 검은연기	검댕, 검은연기	점화안된 연기	흰연기

※ 연속속도 : 느림〈8 cm, 빠름〉8/분
※ 디알릴 프탈레이트수지 : DAP
※ 스틸렌과 합성으로 개질된 PPO : (Polyphenylene Oxide-Styrene)

6

성형기

6.1 성형기의 개요 및 분류

6.2 성형기 작동법

6.3 사출성형 용어 및 조건설정의 이론

6.4 KOPO社 보유성형기 사양

6.1 성형기의 개요 및 분류

6.1.1 성형기의 개요

성형수지를 사출실린더 내에서 일에 의하여 용융하여 가소화된 수지를, 플런저에 의하여 닫혀진 금형 내에 주입시켜 복잡한 형상의 제품을 대량 생산하는 기계를 성형기라 한다.

6.1.2 성형기의 분류

(1) 기계 형태에 따른 분류

- 수평식(橫型) : 성형 자동화, 고속화, 이젝팅 용이, 재료공급 용이(일반적으로 사용)
- 수직식(立型) : 비교적 큰 금형 부착시 안정성이 용이(주로 Insert금형에 사용)

(2) 형체결에 의한 분류

- 직압식(直壓式) : 유압 실린더의 힘 이용.
- Toggle식 : Toggle기구의 힘 이용.
- 복합식(複合式) : 직압식과 Toggle식 조합.

(3) 사출 방식에 따른 분류

- Plunger식 : Screw가 없고 가열 실린더와 플런저로 구성.
- Screw식 : Screw에 의해 용융된 수지를 동일 Screw의 압출공정에서 사출하는 방식.
- Plunger & Screw식 : 한 개의 실린더는 수지를 용융시키고 다른 실린더는 용융된 수지를 사출하는 방식.

6.2 성형기 작동법

6.2.1 TRY시 성형기 작업FLOW

① 안전제일을 명심한다.

② TRY 준비물(금형, 도면, 측정기, 설치공구 등)을 확인한다.

③ 금형 설치 전에 금형최소크기(182×158), 로케트링(∅100),
노즐반경(R13), E.J 로드 등을 확인한다.

④ 금형설치순서

- 운전S/W를 금형설치에 놓고 펌프 모터 운전을 누른다.
- 금형S/W를 후퇴로 한 후 형판후퇴 한계까지 이동시킨 후 중립에 놓는다.
- 노즐S/W를 후퇴로 한 후 노즐후퇴 한계까지 이동시킨 후 중립에 놓는다.
- 펌프 모터 정지를 누른다.
- 금형을 올려 로케이트링으로 위치결정을 한다.
- 펌프 모터S/W 운전을 눌러 펌프모터를 작동시킨 후 금형S/W를 전진으로 한 후 가동측을 고정측 금형과 접촉하게 한 후 중립에 놓는다.
- 펌프 모터 정지를 누른다.
- 고정측을 볼트 또는 클램프로 고정 한 후 같은 방법으로 가동측을 고정한다.
- 고정 상태를 재확인 한 후 펌프모터를 운전 시키고 후퇴 전진을 반복사용하여 E.J 로드의 길이 등을 조정, 확인한다.
- 형체위치 "O"점 조정을 반드시 실시한다.

⑤ 냉각수 밸브를 설치 한 후 온도를 조정한다.

⑥ 성형수지를 확인하고 재료교환 작업을 한다.
건조상태, 재료부번, 색깔, 호퍼청결 등을 확인

⑦ 화면 Page 에서 형체 장치부를 조정한다. (저속→고속→저속)

⑧ 노즐 전진, 후진 한계를 조정 한 후 위치를 고정시킨다.
(O=연속접촉, A=냉각완료, B=계량완료, C=사출완료)

⑨ 히터온도를 설정한다. (일반적으로 중>>고>>중>>저 순으로 한다.)

⑩ P의 사출장치를 조정한다.

⑪ 수동사출>>반자동사출>>자동사출 순으로 Sample을 채취한다.

⑫ Sample 채취가 끝나면 계량, 사출을 반복하여 재료교환 작업을 한다. 이때, 반드시 교환할 재료의 용융온도로 히터를 상승시킨 후 퍼지(Purge) 작업을 한다.

⑬ 퍼지가 끝나면 히터S/W를 Off시킨다.

⑭ 운전S/W를 수동에 넣고 노즐을 후퇴 시킨 후 Screw 절환 S/W를 조작하여 계량, 사출을 반복해서 잔류수지를 제거한다.
⑮ 금형을 청소 한 후 금형S/W를 금형설치 상태에서 분해하고 설치상태로 보관할 때는 금형을 닫아둔다.
⑯ 전원스위치를 Off시킨다.
⑰ 주변은 정리정돈을 철저히 한다.

주의

장시간 사출하지 않을 경우 반드시 히터를 Off하고 Start 할 때에 히터 온도기가 적정온도로 상승하였는가를 확인한 후 펴지 한다.

6.2.2 성형운전 (成形運轉)

(1) 성형운전 시작 전의 준비

- 노즐선택 : 오픈노즐, 니들노즐
- Screw 헤드의 선택 : A헤드, C헤드, UC헤드
- 가열실린더의 온도설정 : HN, H1, H2, H3
- 배압조정
- Screw 회전수의 설정

(2) 성형운전

성형운전을 시작할 때는 먼저, 수동으로 시험사출을 몇 회 실시한 다음, 반자동에 이어서 자동운전으로 전환한다.

① 수동 성형운전

- 오일 쿨러 외 호퍼 밑으로 냉각수가 흐르는가를 확인하고, 가열실린더의 온도가 설정온도까지 상승하였는가를 확인한다.
- 조작상자의 운전 절환스위치는 수동, 기타 다른 스위치는 중립에 있는가를 확인 한다.
- 반조작측(뒤쪽문)의 안전문을 닫고, 펌프모터용 운전 누름버턴을 눌러 펌프를 운전 시킨다.
- 안전문을 닫는다.
- 조작상자의 Screw 절환스위치를 회전으로 하여 계량이 완료되면 중립으로 돌려놓는다.
- 조작상자의 금형 절환스위치를 회전으로 하여 형판을 전진 시킨 후, 형체결이 완료되면 형체용 입력계의 형체입력이 소정의 압력으로 상승하였는가를 확인한다.
  (스위치는 그대로)

- 노즐 절환스위치를 전진으로 하여 노즐선단을 금형의 스프루 부시에 압착시킨다. (스위치는 그대로)
- Screw 절환스위치를 사출로 하면, 설정 시출속도까지 전진하면 사출압력(PI,PP)으로 금형의 공간 안으로 수지가 충전된다.
- Screw가 Screw 전진한계 직전의 보압절환 위치(LS4)까지 전진하면 사출압력(P1,PP)은 보압(PH)으로 바뀌고 사출속도(VI)는 보압설정 속도(VH)로 변한다.
- 보압시간을 대략 재면서 Screw 절환스위치를 중립에서 회전으로 바꾼다. Screw용 유압모터가 회전하여 Screw가 계량완료의 위치까지 후퇴하면 절환스위치를 조립에 놓는다.
- 노즐 절환스위치를 후퇴로 하여 노즐을 금형에서 10~20 ㎜ 후퇴시킨다. 이때, 노즐 끝에서 수지가 흘러내리면 흘림방지 완료우치(LS10)를 Ten Key로 설정한 후 사출 후퇴 버튼(INJ RAM)을 누른다 (흘림방지행정은 계량완료 위치에서부터의 거리이다.)
- 성형품의 냉각시간을 재면서 금형 절환스위치를 중립>후퇴로하면 이동형판은 저속>고속>저속으로 후퇴한다.
- 최초에 형판은 성형품을 분리시키기 위해 저속으로 후퇴하고, 저속후퇴 위치신호(LS3A)를 받으면 저속으로 된다. 사이클 단축을 위하여 저속에서의 행정을 최소로 설정하는 것이 중요하다.
- 제품배출에 있어서 압출 완료 후 자동적으로 떨어지는 경우를 제외하고, 압출 후에도 금형에 부착되어 있는 것이 있으면 안전문을 열고 제품을 뽑아낸다.

② 반자동 성형운전

- 수동에서 시험사출의 성형조건이 안정되면 반자동 운전으로 절환하여 성형을 실시한다.
- 조작상자의 모든 절환스위치가 중립에 있는가를 확인한다.
- 운전 절환스위치를 반자동으로 바꾼다.
- 안전문을 열고, 닫는 동작을 수행한다.
- 1 사이클마다 안전문을 열고, 닫으면 사이클은 계속된다.

③ 자동 성형운전

- 제품이 금형에서 이형에 문제가 되지 않으면 자동운전을 행한다.
- 조작상자의 운전 절환스위치를 자동에 놓는다.
- 안전문을 열고, 닫는 동작을 실시하면 자동적으로 운전이 연속적으로 이루어진다.
- 멈춤시간 타이머(TR4)는 제품, 스프루, 러너의 배출시간에 맞추어 반자동 운전 때보다 짧게 설정한다.

주의

냉각 타이머를 계량 완료 전에 설정시간이 완료하도록 설정해도 계량완료 또는 흘림 방지가 완료되지 않으면 형판은 열리지 않는다.

6.2.3 성형기에 사용되는 기호

① **화면구성**

- 화면 - 1 (P1) : 형체측 조작상태 및 설정값 표시.
- 화면 - 2 (P2) : 사출측 및 온도상태 설정값 표시.
- 화면 - 3 (P3)
  - Shift / 0 : 작업기록 표시.
  - Shift / 1 : 작업상황 별 기록 표시.
  - Shift / 2 : 메모기록 표시.
- 화면 - 4 (P4)
  - Shift / 0 : 시스템별 설정값 화면 표시.
  - Shift / 1 : 지연 타이머 설정값 표시.
  - Shift / 2 : Program 감시화면.
  - Shift / 3 : 사출속도 및 압력에 대한 그래프 화면.

② **Enter : 설정값 입력시**

③ **Set/Disp**

설정값 입력 및 변화시는 Set Mode, 자동적인 화면변화 표시는 Disp Mood.

④ **Clear**

Data 수정 필요시.

⑤ **(*)**

- Data Setting의 시작. 설정값 메모, 기억번호 호출Code로 사용.
- 형체측 및 사출측의 위치제어용 Encoder의 영점조정에 사용.

⑥ **Set / Lock**

Data 입력 및 변경시 Set, 변경하면 안 될 때는 Lock.

⑦ **형체측 위치 영점 조정**

- 운전 절환스위치를 금형설치에, Lock 및 Display Mode를 Set에 놓는다.
- 금형 절환스위치를 전진하여 금형을 닫는다.
- 화면 1에서 * Key를 5초 이상 눌러서 금형 위치값이 0 이 되도록 한다.

주의

형체측 영점조정은 금형 교체 시에 반드시 해야 한다.

⑧ **형체측화면 : Page1**

- LS30 : 코어, 이젝터의 동작개시 위치.
- LS2 : 형폐 완료 위치.
- LS2B : 형폐 고속 절환위치.
- LS2A : 형폐 저속 절환위치. (금형보호 구간설정)
- LS3 : 형개 완료 위치.
- LS3A : 형개 고속 절환위치.
- LS3B : 형개 저속 절환위치.
- V01 : 형개 저속. (LS2에서 LS3A 구간)
- V02 : 형개 고속. (LS3A에서 LS3B 구간)
- V03 : 형개 저속. (LS3B에서 LS3 구간)
- VC1 : 형폐 저속. (LS3D에서 LS2B 구간)
- VC2 : 형폐 고속. (LS2B에서 LS2A 구간)

⑨ **형체측화면 : Page2**

- V11~V13 : 충전 행정중의 속도.
- V14 : 보충 행정중의 속도.
- VH : 보압 행정중의 속도. (압력제어가 있으므로 설정속도 비례하지 않음)
- P11, P12 : 충전 압력.
- PP : 머무르는 압력.
- PH1, PH2, PH3 : 보압.
- TRH1, TRH2 : 보압시간.
- TR1- INJ : 사출 타이머.
- TR3-Cool : 냉각 타이머.
- LS4 : 보압 절환위치.
- LS4C : Packing 속도 절환위치.
- LS4B : 충전 3차속도 절환위치.
- LS4A : 충전 2차속도 절환위치.
- LS5B : 계량시 2차배입 절환위치.
- LS5A : 계량시 감속절환 및 배입 절환위치.
- LS10 : Suck Back 완료위치.

6.3 사출성형 용어 및 조건설정의 이론

사출성형에서 성형품의 양품, 불량품에 영향을 주는 제일 중요한 요소는

1) 성형기
2) 성형재료
3) 금형

의 3가지가 있다.

이 중에 성형기는 취급하는데 있어서 각종의 조건설정을 해야 한다. 조건설정 여하에 따라 성형품의 품질에 큰 영향을 미친다.

사출 성형품을 변화시키는 주요 요인은

1) 온도
2) 압력
3) 속도

이다.

6.3.1 성형 Cycle의 구성

Screw식 사출성형에서 제품을 성형할 경우에 동작은 다음 순서로 진행한다.

① 형닫힘

금형을 저압으로 Start하여 고정측형판과 가동측형판을 만나게 하는 공정.

② 형체결

금형을 닫고 소정의 형체력의 고압으로 금형을 세게 조여 밀어주는 힘.

③ Nozzle전진

사출장치가 전진하여 Nozzle부가 금형에 만나게 하는 공정.

④ 사출

금형 내에 필요량의 수지를 흐르게 하여 성형품의 형상을 만드는 공정으로 다음의 2가지로 나눈다.

- (충전) : 금형 내에 수지가 흘러 가득 할 때까지의 공정으로 속도에 구속되는 영역.
- (보압) : 충전 후 캐비티 내압에 의한 수지역류나 수축을 방지하기 위해 게이트가 얼 때까지 사출압력을 보지(保持)하는 공정으로 압력에 구속되는 영역.
  (보압 또는 2, 3, 4차압력)

⑤ **냉각**

금형 내의 수지를 성형품으로써 이형가능 할 때까지 금형을 닫은 상태에서 냉각하여 고화시키는 공정.

⑥ **계량**

사출 후 실린더 내에, 다음 Shot분의 필요 수지량을 가소화 하고 준비하는 공정으로 냉각과 동시에 행한다.(냉각시간보다 길 경우에는 계량 완료 후 다음 공정으로 돌아간다.)

⑦ **형열림**

냉각(또는 계량) 종료 후, 금형을 여는 공정.

⑧ **제품 밀어냄**

금형(가동측)으로부터 유입압출장치에 의해 성형품을 이형하는 공정.

• 사출성형사이클선도

<table>
<tr><td colspan="5">←------------------------- 총사이클 타임 -------------------------→</td></tr>
<tr><td>사출시간(스크루전진)</td><td>계량시간(스크루후퇴)</td><td rowspan="2">금형열림</td><td rowspan="2">제품이형</td><td rowspan="2">금형닫힘</td></tr>
<tr><td>사출시간(충전, 보압)</td><td>냉각시간</td></tr>
<tr><td colspan="2">←-------- 금형이 닫혀있는 시간 --------→</td><td colspan="3">←---- 금형이 열려있는 시간 ----→</td></tr>
</table>

6.3.2 사출성형 조건설정 - 게이지압 140 kgf/ cm^2기준

사출성형 조건 설정 시 가장 중요한 것은 수지의 특성, 즉 결정성, 비결정성 수지를 구분하여 사출성형의 시간, 압력선도 패턴에 의해 기본적으로 이루어져야 한다.

(1) 계량

계량은 다음 Shot에 필요한 수지를 가소화하는 공정으로, 사용할 성형재료의 특성에 따라 Screw 회전수 및 배압을 조정하고 설정할 필요가 있다. 이것은 주로 사용할 성형재료의 점성에 의해 결정되며, 또 설정할 성형수지 온도와 밀접한 관계가 있어 사출성형의 본질적인 조건설정 부분이라고도 말한다. 계량설정은 초기에 성형품 용량의 70%정도로 설정하고 Screw 회전수는 70~120 rpm정도로 한다.

(2) 사출속도(V1~V4)와 Screw포지션(S1~S4)

사출성형에서 성형재료가 캐비티에 사출되는 단위시간당 질량. (cc/sec) 적절한 포지션으로 속도를 절환 하여 양품영역으로 통과하도록 설정하며, 일반적으로 게이트를 통과할 때는 느리게(40%), 중간은 빠르게(60%), 보압 절환점 앞에서는 느리게(30%)하지만 제품의 형성, 수지의 종류에 따라서 변화시켜 준다.

(3) 사출

사출공정은, 사출성형에서의 각종 조건 중에 성형품의 미묘한 품질변화에 큰 영향을 주는 공정이다. 때문에 사출성형기에서는 사출공정의 조건설정이론을 알고 있는 것이 조작하는데 최소한의 필요조건이 된다.

① 보압을 약간 낮게 설정한다. (게이지압 : 유압회로압력)으로 20 kg.f/cm^2)

② 사출시간, 냉각시간은 충분히 길게 한다.

③ 사출속도를 중속으로 하여 지금까지 설정한 성형조건으로 사출하면 성형품은 쇼트가 된다. 이 때, 수지의 유동상태, 웰드라인의 위치나 러너밸런스를 확인한다.

④ 계량을 서서히 증가시켜 성형품 형상이 80%정도 되는 시점에서 완전한 형상이 가능하다고 생각되는 계량의 30%정도의 위치에 보압 절환점을 설정한다.

⑤ 성형품의 중량이 큰 경우(30%가 Screw위치의 10 ㎜ 위치보다 클 경우)는 10 ㎜위치에 보압 절환점을 설정한다.

⑥ 계량을 10 ㎜의 위치에서 보압 20 kg.f/㎠로 절환 되기 때문에 Screw는 3 ㎜위치에서 정지하여 성형품은 쇼트형태가 된다.

⑦ 보압을 20 kg.f/㎠에서 서서히 올려 사출을 하고 Screw가 3 ㎜ (보압 절환점)보다 전진할 때까지 되풀이한다.

⑧ Screw가 보압 절환점보다 전진하면 다시 계량을 늘려간다. 이때, 계량을 늘린 만큼만 보압 절환점 위치도 이동시킨다.

⑨ Screw가 보압 절환 한 위치를 통과 후, 정지한 위치에서 성형품이 완전히 충전되지 않을 경우는 다시 *1, *2의 조작을 반복한다.

⑩ 충전압력의 경우, 설정한 사출속도를 얻기 위해서는 수지의 유동저항을 이길 수 있을 정도의 사출압력을 필요로 한다. 이 압력이 충전압력이며 이 압력이 적으면 필요한 사출속도는 얻을 수 없다. 일반적으로 최대속도를 얻기 위해 최고압력을 설정하지만 과충전 (보압절환 전에 필요 수지량 충전)의 경우에는 큰 압력이 직접 금형에 걸리기 때문에 과충전에 충분히 주의할 필요가 있다.

(4) 보압절환 Point(S4)

금형 캐비티내에 수지가 거의 충전되면, 사출공정에의 압력은 급격히 상승한다. 이 시점이 충전Point이며 여기서부터 압력에 의한 제어영역이다. 보압 절환Point는 이 부근에 설정할 필요가 있다. 특히, 높은 충전압력을(P1)으로 충전Point를 지나지 못할 경우 과충전이 되어 Burr & 금형파손의 원인이 되므로 주의해야한다.

(5) Cushion & 계량(S9)

쿠션은, 수지의 충전이 완료한 캐비티에서의 반발력(캐비티내압)과 사출압력이 맞아떨어져 Screw의 전진이 정지하는 포지션으로 사출압력 또는 계량(S9)에 의해 크게 변화한다. 일반적으로, 쿠션은 3~10 ㎜정도에 맞추는 것이 보통이다.

계량(S9)은, 1Shot분의 필요한 수지포지션이다. 이 설정에 의해 성형품의 충전부족 또는 과충전이 발생하기 때문에 주의할 필요가 있다. 성형품 Sample이 있는 경우는 중량을 측정하고 계량치를 환산하지만, 없는 경우는 미성형 상태부터 서서히 계량을 올라가며 설정해야할 필요가 있다.

(6) 사출시간의 설정

① **충전시간**

Screw가 보압 절환 위치에 도달할 때까지의 시간.

(사출속도가 느린 경우 충전시간은 길어진다.)

② **보압시간**

Screw가 보압 절환 위치에서 쿠션량 설정위치까지 이동하는 시간 + 쿠션량 설정위치에서 설정압력(보압)으로 계속 저지하고 있는 시간.

(7) 보압(P1~P3) & 보압 시간(T1~T3)

- 충전시간 캐비티 내의 용융수지는 냉각에 의해서 고화하고 이것 때문에 체적수축이 일어난다. 이것을 보충하기 위해 게이트부가 고화할 때까지 2, 3, 4차 사출압을 걸어 그대로 보지(保持)하는 단계가 보압 이다.
- 사출시간이 끝나면 Screw는 후퇴하여 계량에 들어가 성형품에 압력은 걸리지 않게 되지만 그것에 의한 체적변화를 일으키지 않도록 보압 시간을 설정한다. (보압 공정은 시간에 의해 제어되는 영역이다.)
- 최대한으로 게이트를 밀폐시켜 출입구에서 수지의 역류방지를 할 수 있도록 한다.

(8) Gate Seal

- 사출공정에 있어서 어느 일정한 사출시간(충전+보압) 경과 후는 성형품 중량에 변화가 보이지 않는데 이것은 게이트가 냉각 고화한 상태이며 이것이 Gate Seal이다. 이후, 아무리 사출압력을 올려도 성형품에는 압력이 전달되지 않아 무의미하다.
- 고화에 필요한 시간을 Gate Seal 시간이라 하며 이것보다도 사출시간이 짧으면 치수불안정(수축불안정), 제품 변형량 증대(增大), 가공 등이 발생한다.
- Gate Seal 시간보다도 사출시간(충전+보압)을 길게 한다.
- Gate 크기에 따라 사출시간(충전+보압)을 바꾸어 주어야한다.

(9) 냉각공정

고온의 수지를 금형에서 이형 가능할 때까지 냉각고화 시키기 위해 비교적 긴 시간을 필요로 하고 성형 사이클에도 큰 비율을 차지한다. 또한, 냉각시간은 성형품의 살 두께, 금형Size, 금형온도, 外온도등 여러 가지 요소에 의해 변화하기 때문에 금형 각각의 특성을 충분히 파악하지 않고서는 Cycle 단축은 어렵다.

(10) 형개폐와 Ejector 및 휴지시간

- 형개폐 시간은 사이클 단축의 의미에서 짧게 하는 것이 바람직하다. 단, PL면에 이물질, 슬라이더코어 금형의 경우 적당한 타이밍을 주지 않으면 파손위험이 있으므로 주의할 것.
- 이젝터를 빨리하는 것은 사이클이 단축되지만 이형의 상태를 잘보고 안정적으로 설정할 것.
- 휴지시간은 형개폐 & 이젝터에 필요한 시간이지만 휴지시간이 길 경우 연속성형에서 성형품의 이젝터 후 성형기의 無동작시간이 길어지기 때문에 사이클 단축을 위해 너무 길게 하지 않도록 한다.

(11) 마무리

사출성형에 의한 조건설정은 '여러 가지 요소가 있기 때문에 이렇게 한다.'라고 말할 수는 없다. 그러나 성형기의 기본적인 동작원리는 앞에서 설명하였다. 이것은 어떤 성형기에서도 꼭 필요한 내용이므로 성형기를 취급하는 사람이라면 최소한 앞의 내용에 대해서 이해하고 있어야 한다.

6.4 Kopo社 보유 사출성형기 사양

6.4.1 동신유압 : 170 ton

	Model			170 ton		
	항목		단위	S	A	B
	스크류 직경		mm	36	40	45
사출장치	표준	사출 압력	kg/cm²	2300	1863	1472
			Mpa	225	183	144
		사출 보압	kg/cm²	1840	1490	1178
			Mpa	180	146	115
		사출 속도	mm/sec	250	250	250
		사출률	cm³/sec	254	314	398
	고속	사출압력	kg/cm²	2300	1863	1472
			Mpa	225	183	144
		사출보압	kg/cm²	1840	1490	1178
			Mpa	180	146	115
		사출속도	mm/sec	500	500	500
		사 출 률	cm³/sec	509	628	795
	사출 스트로크		mm	180	180	180
	이론사출용적		cm³	183	226	286
	사출 중량 (PS)		g	167	206	261
	가소화 능력		kg/hr	78	103	141
	계량 속도		rpm	0~350		

	항목	단위	값
형체장치 (Double toggle)	형체력	ton	170
	타이바 간격	mm	520 x 520
	형판 크기	mm	740 x 740
	형개 거리	mm	400
	최대 금형 중량	kg	904
	최소 금형 두께	mm	220
	최대 금형 두께	mm	500
	이젝터력	ton	4.0
	이젝터 거리	mm	120
일반	히터 용량	kW	12.65
	기계 중량	ton	8.6
	기계치수(LxWxH)	m	5.96 x 1.98 x 1.86

6.4.2 LS 산전 : LGE30II / LGE50II

Model			LGE30II			LGE50II		
사출장치								
스크류기호			Y	*A	B	Y	*A	B
스크류 직경		mm	18	20	22	22	25	28
이론사출용적		㎤	18	22	27	38	49	62
사출량	PS	g	17	20	25	35	45	57
	PE	g	13	16	20	28	36	45
표준	최대 사출압력	Mpa				253	196	156
		kgf/cm2				2,580	2,000	1,590
	최대보압	Mpa				228	177	140
		kgf/cm2				2,322	1,800	1,431
	사출율	cm3/s				76	98	123
	사출속도	mm/sec				200		
고속(옵션)	최대사출압력	Mpa	242	196	162	253	96	187
		kgf/cm2	2,470	2,000	1,650	2,580	2,000	1,910
	최대보압	Mpa	218	177	146	228	177	169
		kgf/cm2	2,223	1,800	1,485	2,322	1,800	1,719
	사출율	cm3/s	76	94	114	114	147	154
	사출속도	mm/sec	300			300	300	250
계량	가소화 능력	kg/h	17	23	33	33	45	59
	스크류 회전수	rpm	~500			~500		
형체장치								
형체력		ton(kN)	30(294)			50(490)		
타이바 간격		mm	260 x 260			335 x 335		
형체행정		mm	230			270		
최대형판간격		mm	480			590		
형판치수		mm	380 x 400			470 x 480		
금형두께		mm	120 ~ 250			150 ~ 320		
압출력		ton	0.8			2		
압출행정		mm	60			70		
공통								
히터 용량		kw	4.4	4.8	5.3	5.3	8.4	10.0
기계크기: L x W x H		m	3.32 x 0.9 x 1.47			4.05 x 0.97 x 1.55		
기계중량		ton	2.2			2.8		

6.4.3 우진프라임 TB series

*** 사출 / Injection Unit**

Item	Unit	IB 6.4		
스크류&바렐타입		O	A	B
스크류 직경	mm	35	40	45
사출압력	kg/cm²	3000	2297	1815
	Mpa	294.0	225.0	178.0
이론 사출 용적	cm³	212	276	350
사출 중량 (PS)	g	195	255	322
사출률	cm³/s	105	137	173
스크류 스트로크	mm	220	220	220
사출 속도	mm/s	109	109	109
가소화 능력 (PS)	kg/h	68	97	132
스크류 회전수	rpm	264	264	264

*** 형체 / Clamping Unit * 일반 / General**

Item	Unit	IB 6.4	Item	Unit	IB 6.4
형체력	ton(kN)	160(1568)	히터 용량	kW	9.2
타이바 간격 (HxV)	mm	460 x 460	전동기 용량	kW	28.3
형판 크기 (HxV)	mm	700x 700	총 전기용량	kW	37.5
형개 거리	mm	405	작동유 용량	ℓ	270
최대 형개 거리	mm	855	기계 무게	ton	5.7
최소 금형 두께	mm	180	기계크기 (LxWxH)	m	5.8 x 1.4 x 1.7
최대 금형 두께	mm	450	냉각수 소비량	ℓ /min	30
에젝터 출력	ton(kN)	3.3 (32.3)			
에젝터 스트로크	mm	120			

6.4.4 현대사출성형기

EDIS 1600DL

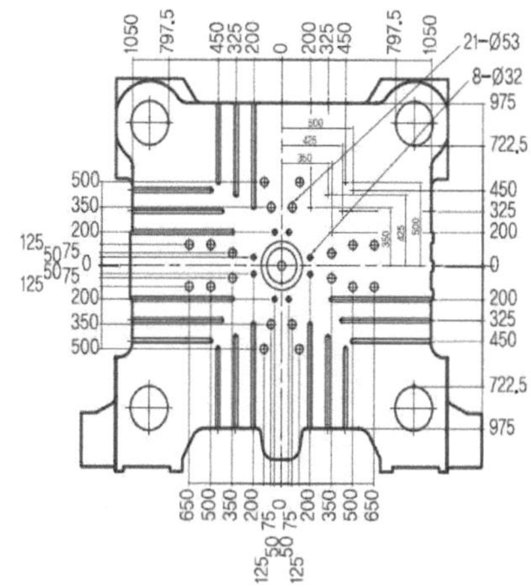

EDIS 1800DL

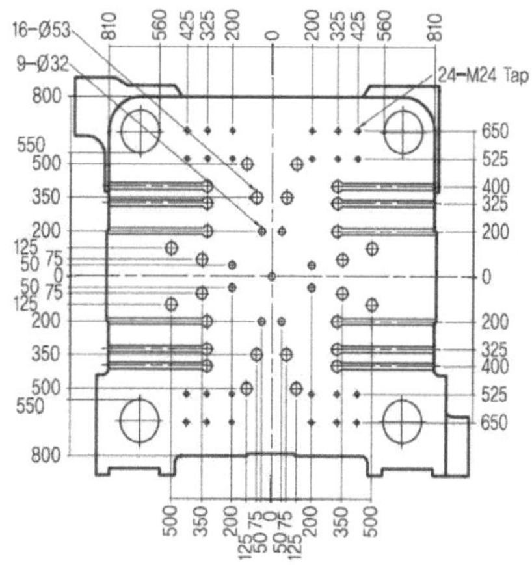

EDIS 2500DL

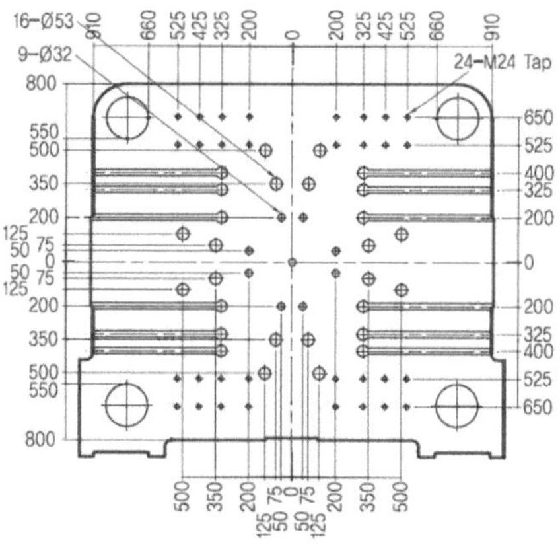

EDIS 3000DL

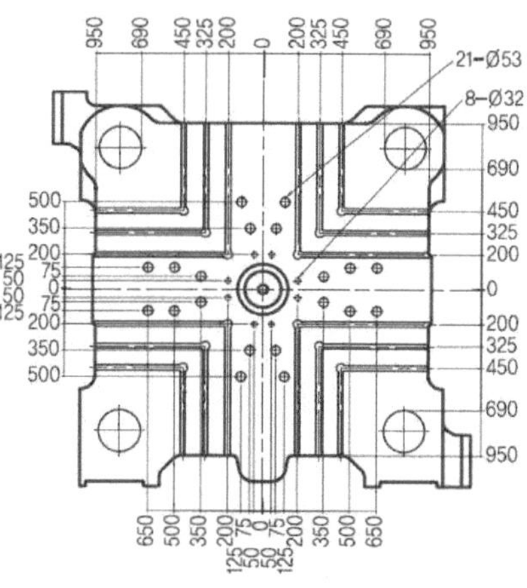

7

성형품 트러블

7.1 사출성형 불량의 종류와 원인

(1) Sink Mark(收縮 : 수축)

성형품의 표면에 생기는 오목현상으로 금형 내에 주입된 용융수지가 냉각될 때 체적수축이 생기는 것이다. 즉, 성형품의 냉각이 비교적 늦은 부분에 있는 수지의 응집력에 의해 표면의 수지가 내부의 기포발생을 없애는 방향으로 끌려서 오목면이 발생하는 현상.

원인 수지공급량 부족, 성형조건설정 부정확, 성형품 살 두께의 불균일, 금형의 냉각 불균일, 재료의 수축이 큰 경우 등.

(2) Silver Streaks(銀條 : 은조 , 銀白色의 線)

성형품의 표면에 수지의 흐름 방향으로 발생하는 가는 선의 다발로 투명 재료에서 은백색의 선으로 보이는 현상.

원인 수지에 수분 및 휘발분이 다량함유, 성형 중 공기혼입, 이형제 및 첨가제 과다, 수지온도의 급냉 고화로 엷은 층 현상, 이종(異種)수지혼입 등.

(3) Flow Mark

게이트 또는 가늘게 짜여진 부분에 흐름 무늬가 발생하는 현상으로, 캐비티내에 최초로 유입한 수지의 온도가 저하되고 다음에 흘러 들어오는 수지와의 사이에 경계가 생겨서 발생하는 현상.

원인 성형기의 용량부족, 성형조건설정의 부정확, 냉각수로의 불구합, 수지의 유동성이 나쁠 때, 금형온도 및 수지온도의 불균일 등.

(4) Weld Line

용융수지가 금형 내의 핀, 코어 등의 주위를 흐르다가 재차 합류하는 곳에 생기는 용착불량의 가는 선을 말하며 표면과 이면(裏面) 모두 동일한 곳에 가느다란 선이 되어서 나타남으로 외관불량과 더불어 강도 결함이 되는 경우도 있기 때문에 금형 설계 시 주의가 필요하다.

원인 모든 성형품에 반드시 발생하며 수지온도가 낮아 완전융합 하지 않을 때, 유동성 부족, 공기 및 휘발분의 배출불량 등.

(5) Crack 및 Crazing

크레이징이란, 연신율이 비교적 적은 열가소성 플라스틱에 내부응력으로 인하여 표면 및 내부에 생기는 가는선 모양의 미세한 금을 말하며 이 잔금이 더욱 진행되어 커진상태가 크랙이다

원인 살 두께의 급격한 변화, Corner부의 Edge, 수지의 흐름이 갑자기 바뀌는 장소 등의 금형설계 부적합, 수지내의 수분, 노즐온도 및 금형온도가 낮을 때, 보압이 높을 때, 과열분해, 이물질의 혼입 등.

(6) Flash

금형의 분할면, Ejector Pin, Air Vent가 있는 곳에 수지가 빠져나오는 현상

원인 성형기 형체력 부족, 성형조건설정 부적합, 금형 PL면 조정의 부적절 등.

(7) Short Shot (未成形 : 미성형)

Cavity에 수지가 완전히 충전되지 않은 상태로 성형품의 일부가 불완전한 형상의 성형품으로 나타나는 현상

원인 성형기 성능 부족(사출용량, 가역화능력등), 성형기 노즐 ∅가 너무 작을 때, Air Vent 부적합, Gate 단면적이 적을 때, 성형품 살 두께가 얇을 때, 수지의 공급량 및 유동성 부족 등.

(8) Black Streaks (黑線 : 흑선)

가열실린더 內에서 수지나 첨가제 및 윤활제가 열분해하고 연소해서 성형품에 검은 줄 모양으로 되어 나타나는 형상

원인 성형 Cycle이 길 때, 성형기 용량에 비해 성형품이 과소(過小)할 때, 수지의 과열분해에 의해 발생, 가스빼기 불량으로 단열압축에 의한 연소 등.

(9) 변형 (變形)

성형품이 성형 직후 또는 시간이 경과한 후 휘어지는 현상, 성형 할 때의 잔류응력이 완화 또는 수축 때문에 생기는 현상

원인 성형조건의 부정확, 냉각기구의 부정확, 성형품 살 두께의 불균일 등.

(10) Air Hole (氣泡 : 기포)

성형품 내부에 생기는 공간상의 결함을 말하며, 성형품의 두꺼운 부분에 생기는 진공 기포 외 수분 또는 휘발분에 의해 살 두께와 관계없이 모든 부분에 비교적 적게 산재하는 기포로 분류한다.

원인 수지에 수분 및 휘발분의 함유, Sprue, Runner, Gate 등에 압력손실이 클 때, 내부에 비해 외부의 냉각고화가 너무 빠를 때, 압력이 낮고 보압 시간이 짧을 때 등.

(11) 이형불량 (離形不良)

금형의 Cavity 또는 Core 면에 수지가 달라붙어 이형이 곤란한 현상으로 강하게 Ejecting하면 Pin등이 파손(破損)되는 현상이다. 경우에 따라서 Sleeve식 또는 Stripper식으로 금형구조 변경이 필요하다.

원인 금형의 勾配不足(Taper), 사출압력이 높음, 금형 Lapping의 불량 등.

(12) Burn(태움)

성형재료의 급속한 충전에 의해 Cavity내의 공기가 단열 압축되며 고온의 공기가 된다. 이것에 의하여 수지가 Weld Line부 근처에서 검게 타는 현상.

원인 공기의 배출불량(Air Vent 부족 및 위치설정이 나쁨), 사출속도가 너무 너무 빠를 때 등.

(13) Jetting

사출성형의 충전과정에서 Gate로부터 수지흐름 방향에 뱀과 같은 형태로 고화해서 성형품의 표면에 남겨지는 현상으로, 먼저 사출된 저온의 수지가 고화하고 나중에 사출된 고온의 수지에 밀려 흐르게 되어 서로 융화 되지 않은 상태로 표면에 나타남.

원인 살 두께에 비해 Gate면적이 적고 위치부적당, 유로가 너무 길고 사출속도가 너무 빠를 때 등.

(14) 표면흐림, 광택불량

성형품의 표면이 수지 원래의 광택과 다르고 층상에 유백색의 막이 형상되어 안개가 낀 것과 같은 광택불량의 현상.

원인 성형재료에 이물질 함유, 금형면에 수분 또는 휘발분 부착, 금형 Lapping 상태가 나쁨, 성형 조건의 부정확, 형설계의 불합리 등.

(15) 치수(Data)안정성의 불량

성형품의 치수변화가 심하며 Balance가 맞지 않는 현상.

원인 성형조건이 부정확, 유로설계의 불구합, 냉각수로설계의 불합리 등.

(16) Cavity 및 Sprue에 수지용착

성형사출 후 이형 할 때 수지가 금형의 캐비티 및 스프루에 달라붙어 이형불량이 되는 현상.

원인 성형조건의 부정확, 유로(流路)설계 및 표면Lapping 부족 등.

(17) 수지색의 변색(變色)

성형기의 실린더 내에 고온의 수지가 오래 체류한 상태 일 때나 금형 내의 배기불충분으로 공기의 단열압축에 의해 수지가 변색하는 현상.

원인 실린더 내에서 수지의 과열, 체류시간이 갈 때, Screw 회전수가 고속일 때, Cycle Time이 길 때 등.

(18) 흑점, 오점(汚点)

성형품의 일정한 장소가 아닌 여기저기에 이물 또는 이종(異種)수지가 혼입되어 표면에 불량으로 나타나는 현상.

원인 재료건조 시 이종수지혼입, 호퍼의 청소 미흡, Screw내의 퍼지상태 불량 등.

주의

이상 사출성형 불량의 종류와 원인에 대해서 나열했지만 성형품의 불량현상은 수지별로 유동성이 다르기 때문에 특히, 금형의 게이트 종류와 크기 및 냉각회로의 설계 등에 따라 큰 영향을 주기 때문에 불량원인이 동일하다고 말할 수는 없다. 다만, 일반적으로 성형품의 불량현상은 어떤 수지라도 거의 비슷한 불량이 발생하므로 불량의 원인도 거의 비슷하다고 생각해도 좋다. 불량원인도 여러 개의 원인이 합쳐져서 일으키므로 여기에 기록된 것만은 아니며 실제로 조건설정을 해 보면서 이해하는 것이 필요하다.

7.2 사출성형 불량의 종류와 대책

불량종류	No.	불량종류	No.
Sink mark	1	이형불량	11
Silver streaks	2	Burn	12
Flow Mark	3	Jetting	13
Weld Line	4	표면의 흐림, 광택불량	14
Creak 및 Creazing	5	치수안정성의 불량	15
Flash	6	Cavity 및 Sprue에 수지용착	16
Short Short	7	수지색의 변색	17
Black Streaks	8	오점	18
변형	9	노즐과 스프루부시 사이에 수지가 샘	19
Air Hole	10	스프루가 후퇴 안됨	20

대책 \ 불량종류	1	2	3	4	5	6	7	8	9	10	11	12	13	14	15	16	17	18	19	20
사출압력을 올린다	◎		◎	◎			◎			◎					◎					
사출압력을 내린다		◎			◎	◎			◎		◎	◎				◎				
사출속도를 올린다	◎		◎	◎			◎													
사출속도를 내린다		◎		◎		◎		◎		◎	◎	◎	◎							
보압을 올리고 보압시간을 길게 한다	◎		◎	◎			◎			◎					◎					
보압을 올리고 보압시간을 짧게 한다					◎			◎	◎		◎					◎				
배압을 올린다	◎	◎	◎	◎			◎		◎	◎			◎							
배압을 내린다												◎								◎
실린더의 온도를 올린다 수지의 온도를 올린다			◎	◎	◎		◎						◎	◎						◎
실린더의 온도를 올린다 수지의 온도를 내린다	◎	◎				◎		◎	◎	◎	◎	◎			◎	◎	◎			◎
Screw 회전수를 올린다							◎													◎
Screw 회전수를 내린다	◎	◎	◎	◎	◎					◎		◎	◎							◎
형체력을 올린다			◎			◎														
냉각시간을 길게한다	◎								◎		◎				◎					
노즐터치를 정확하게 조절한다	◎						◎				◎								◎	
노즐직경 및 스프루 직경을 검사한다											◎								◎	
노즐 선택이 부적당하다			◎				◎					◎	◎	◎	◎				◎	
사이클 타임을 짧게 한다	◎	◎						◎		◎		◎					◎			

불량종류	No.	불량종류	No.
Sink mark	1	이형불량	11
Silver streaks	2	Burn	12
Flow Mark	3	Jetting	13
Weld Line	4	표면의 흐림, 광택불량	14
Creak 및 Creazing	5	치수안정성의 불량	15
Flash	6	Cavity 및 Sprue에 수지용착	16
Short Short	7	수지색의 변색	17
Black Streaks	8	오점	18
변형	9	노즐과 스프루부시 사이에 수지가 샘	19
Air Hole	10	스프루가 후퇴 안됨	20

대책 \ 불량종류	1	2	3	4	5	6	7	8	9	10	11	12	13	14	15	16	17	18	19	20
성형기의 선택이 부적당하다		◎	◎			◎	◎	◎									◎			
계량이 부적당하다	◎		◎			◎	◎							◎	◎					
사출시간을 길게 한다	◎		◎	◎			◎			◎										
금형온도를 올린다		◎	◎	◎	◎		◎						◎	◎			◎			
금형온도를 내린다	◎					◎			◎	◎	◎				◎	◎				
스프루와 러너 및 게이트를 넓게 한다	◎	◎	◎	◎	◎		◎		◎	◎		◎	◎	◎					◎	
살 두께가 불균일 하다	◎		◎				◎		◎	◎	◎		◎							
금형의 콜드슬러그를 크게 한다	◎		◎	◎	◎		◎			◎		◎	◎		◎					
에어밴드를 추가 설치한다		◎	◎	◎			◎	◎		◎		◎		◎						
게이트 수량 및 위치설계가 부적절하다			◎	◎	◎		◎		◎	◎	◎		◎	◎	◎					
금형에 이형제 및 오일이 묻어 있다		◎		◎				◎				◎		◎			◎			
금형을 검사한다				◎	◎	◎	◎				◎	◎	◎							
금형의 냉각이 불균일하다	◎	◎							◎	◎	◎			◎	◎	◎				
랩핑보강 및 코너에 R을 준다			◎		◎						◎			◎		◎				
캐비티의 밸런스가 불균일하다	◎						◎					◎								
이젝터 핀의 위치불량 및 수량이 부족하다					◎				◎		◎									
랩핑부족 및 테이퍼가 부족하다									◎							◎				
수지의 건조가 불충분하다		◎	◎	◎	◎			◎		◎		◎		◎	◎		◎			◎
재료에 이물질이 함유되어있다		◎	◎		◎			◎		◎				◎	◎		◎	◎		◎
성형기 주변기기를 깨끗이 청소한다		◎						◎		◎				◎	◎		◎	◎		

8

성형품 측정

8.1 측정의 개념

기계는 많은 부품으로 조립되어 있다. 도면에 표시된 일정한 요구를 충족시킬 때, 재료 제외한 치수, 형상 및 면을 가공중이나 가공 후에 측정(Measurement)을 하게 된다.

따라서 각 부품을 가공할 때마다 모양과 치수를 검사하기 위하여, 또는 제품의 합격, 불합격을 판정할 때도 측정을 하게 된다.

- 측정 : 부품의 형상과 치수를 어떠한 방법에 의해서든 측정하여 그것을 수치로 나타낸 것.
- 검사 : 부품을 측정하여 그 결과를 판정기준과 비교하여 양부(良否)를 결정하거나, 어느 치수가 일정한 한계 내에 있는가를 확인하여 합격, 불합격을 결정하는 것.

※ 측정은 광범위하므로 여기서는 성형품 측정에 관해서 기본적인 내용만 기록하므로 자세한 것은 전문서적을 참조하도록 한다.

8.2 측정기의 종류

- 도기 : 일정한 길이나 각도를 눈금이나 면으로 구체화한 것.
- 지시측정기 : 측정 시 표점이 눈금에 따라 이동하거나 눈금이 표선에 따라 이동하는 것.
- 시준기 : 기계적인 접촉을 하지 않고 광학적으로 확대하여 측정하기 위해 조준선 또는 시준선을 점이나 물체의 형상에 맞추도록 되어있는 것.
- 인디케이터 : 일정량의 조정이나 지시에 사용하는 것.
- 게이지 : 측정할 때 움직이는 부분을 갖지 않고 전용으로 측정할 수 있도록 되어있는 것.

8.3 측정의 종류

8.3.1 직접측정

일정한 길이나 각도가 표시되어있는 측정기를 사용하여 측정하고자하는 부품에 직접 접촉하여 눈금을 보는 방법 : 버니어캘리퍼스, 마이크로미터, 측정기, 각도자 등

8.3.2 비교측정

이미 알고 있는 기준치수와 비교하여 측정하는 방법 : 다이얼게이지, 미니미터, 옵티미터, 공기마이크로미터, 전기마이크로미터, 컴퍼레이터 등

8.4 측정기의 특성

- 감도 : 측정량의 변화에 의한 지시량의 변화. 측정기의 최소 눈금
- 지시범위 : 눈금 위에서 읽을 수 있는 측정량의 범위.
- 측정범위 : 조정 가능한 측정기에서의 조정 범위와 지시 범위의 합.
- 정확도와 정밀도 : 계통 오차와 우연오차를 구분하기 위해서 정확도와 정밀도가 있다. 어떤 측정에 있어서 계통오차가 작은 정도, 즉, 참값에 대한 치우침이 작은 정도를 정확도라하고, 우연오차의 작은 정도, 즉, 측정값에 대한 산포가 작은 정도를 정밀도라 한다. 따라서 정확도는 정밀도가 높으면 높게 되고, 정밀도가 낮으면 정확도도 낮게 된다.
- 정도 : 측정 결과의 신뢰도를 표시하는 객관적인 척도를 정도라 한다. 즉, 정도는 오차의 크고 작은 정도를 나타내는 지표로써, 오차가 작을수록 정도가 좋다고 하며 정도를 좋게 하기 위해서는 정확도와 정밀도가 다 좋아야 한다. 따라서 정도는 정확도와 정밀도를 합한 개념이라 할 수 있다.

8.5 측정오차의 종류와 원인

측정결과의 신뢰정도는 사용된 측정기술, 측정기의 질적 수준, 측정자의 측정능력 등에 의하여 좌우되며 그 결과가 명확한 의미를 지나기 위해서는 측정조건과 측정오차에 기인하는 여러 가지 요소들의 의심스러운 정도가 일률적인 방법을 통해 평가되어야 한다.

측정오차란, 측정값과 참값과의 사이를 말하며, 참값에 대한 오차의 비율을 오차율이라 한다.

8.5.1 오차의 종류

(1) 과실오차

측정 결과의 계산이나 측정방법의 과실, 측정값의 잘못 읽음, 측정기의 취급 부주의 등에 의하여 나타나는 오차로 측정자의 숙련에 의해 최소화 시킬 수 있으며 일반적으로 측정 결과의 부정확도 산정에는 무시한다.

(2) 계통오차

계통오차는 측정결과의 편위(Bias)의 원인이 되며 교정기의 교정검사 및 보정, 측정 장소의 환경조절, 정확한 이론식 사용, 측정자의 기기숙달 및 주의 등으로 줄일 수 있다.

- 계기오차 : 측정기를 제작할 때 불완전성이나 마모, 손실 등에서 오는 오차.
- 환경오차 : 측정 장소의 온도나 습도등과 같은 환경조건에 의해서 발생하는 오차.
- 측정실 최적조건 : 온도 20℃, 기압 760 mg, 습도 58%
- 이론오차 : 복잡한 이론식을 실제로 적용시키기 편리하게 하기 위해서 사용한 것.
- 개인오차 : 눈금을 읽을 때 측정자의 습관에서 생기는 오차.

(3) 우연오차

계통오차나 과실오차를 완전히 제거하여도 불분명한 많은 원인들이 독립적이고 불규칙적으로 작용하여 피할 수 없어 나타나는 오차를 말한다. 우연오차는 측정값에 산포를 주는 오차로 기온의 미소한 변동, 측정기기의 미세한 탄성적 진동, 측정기기 접촉부의 전기저항 변화 등 수많은 요인이 원인으로 작용한다. 따라서 우연오차의 요인과 크기를 분석 한다는 것은 불가능하며 측정 결과를 통계적으로 처리하여 복합요인의 정도를 표시한다.

8.5.2 오차의 원인

어떤 양(量)의 측정할 때 얻어지는 측정값은 반드시 어느 정도의 오차를 포함하게 되며 참값을 얻는다는 것은 불가능하다. 그러나 측정을 가능한 한 정확히 실시하고 여러 번 실시하여 그 평균값을 구하면 참값에 가까이 접근할 수 있다.

(1) 고정오차

- 측정기의 고유오차 : 측정기의 구조성 또는 취급상에서 일어나는 것.
  눈금, 나사 피치의 백래시, 측정압의 변화, 귀환오차 등
- 측정자의 개인오차 : 측정자의 버릇, 부주의, 숙련도에서 일어나는 것.
  눈금을 읽는 버릇, 시차, 취급방법 등

- 환경에 의한 오차 : 실온, 기압, 채광, 진동 등에서 일어나는 것.
  온도변화, 압력변화, 탄성변형, 조명방법 등

(2) 우연오차

- 복잡한 영향에 의한 오차 : 갖가지 조건이 겹쳐서 일어나는 원인 불명인 경우.
  외부 상황의 미세한 변동 등

8.6 측정기의 선택방법

어떤 부품의 치수를 측정하려고 할 경우, 그 부품에 필요한 정도, 크기, 형상 등을 고려하여 수많은 측정기 중에서 그 조건에 맞는 것을 선택하여야만 신뢰할 수 있는 측정치를 얻을 수 있다.

- 제품공차에 따른 측정기의 선택
- 측정대상물의 기능성에 의한 선택
- 측정대상물의 크기에 의한 선택
- 측정대상물의 형상에 의한 선택
- 측정 능률에 따른 선택

8.6.1 Kopo社 측정기 구분기호

N	버니어 캘리퍼스	M	마이크로미터
DG	디지털 게이지	BG	블록 게이지
PG	핀 게이지	CMM	3차원 측정기
T	투영기	C	공구 현미경
G	전용 게이지	**전원도 측정기**	
표면거칠기		**기어 흔들림**	

8.6.2 측정기별 측정범위

1) 버니어 캘리퍼스 : 외측, 내측, 깊이, 단차 등
2) 마이크로미터 : 외경, 내경, 폭 등
3) 디지털 게이지 : 높이, 평탄도, 변형량 등
4) 블록 게이지 : 비교측정용, 내측 홈 등
5) 핀 게이지 : 비교측정용, 내경 등
6) 3차원 측정기 : 각도, Center, Pitch, Taper, 교점, 평면도, 직각도, 길이, 내경, 외경, 진원도, 변형량, 3차원형상 등
7) 투영기, 현미경 : 각도, Center, Pitch, Taper, 교점, 길이, 내경, 외경, 진원도, 변형량 등

8.6.3 측정기 사용방법

(1) 버니어 캘리퍼스

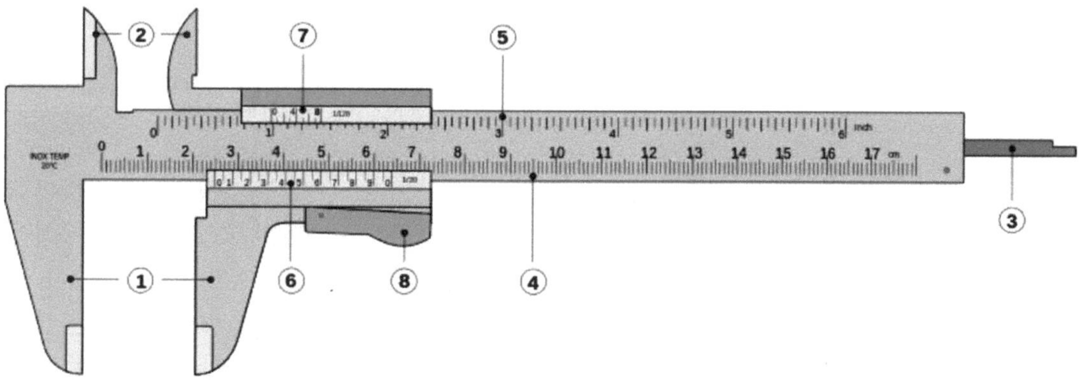

1, 죠우 (Outside large jaws; 외부 측정면 외부 용)
2, 부리 (Inside small jaws; 내부 측정면 내부 용)
3, 딥스바 (Depth probe: 객체 또는 구멍의 깊이를 측정)
4, 본 척 눈금 (Main scale: cm)
5, 본 척 눈금 (Main scale: inch)
6, 부 척 눈금 (Vernier scale; 버니어 눈금, cm)
7, 부 척 눈금 (Vernier scale; 버니어 눈금 inch)
8, 손가락 걸이 (Retainer)
9, 베이스((base)

- 측정전 슬라이더면, 측정면 및 눈금면의 먼지나 기름을 제거한 후 영점조정을 한다.
- 이베의 원리에 벗어난 측정기 이므로 될 수 있는 한 턱의 안쪽 부위로 측정한다.
- 외경 및 두께 측정시는 최대값을 홈을 측정시는 최소값으로 읽어야 한다.
- 측정압을 일정하게 하는 장치(정압장치)가 없으므로 무리한 측정력을 주지 않는다. (자유낙하)
- 눈금을 읽을 때에는 시차방지를 위해 눈금면에서 부터 직각의 위치에서 읽는다.

(2) 마이크로미터

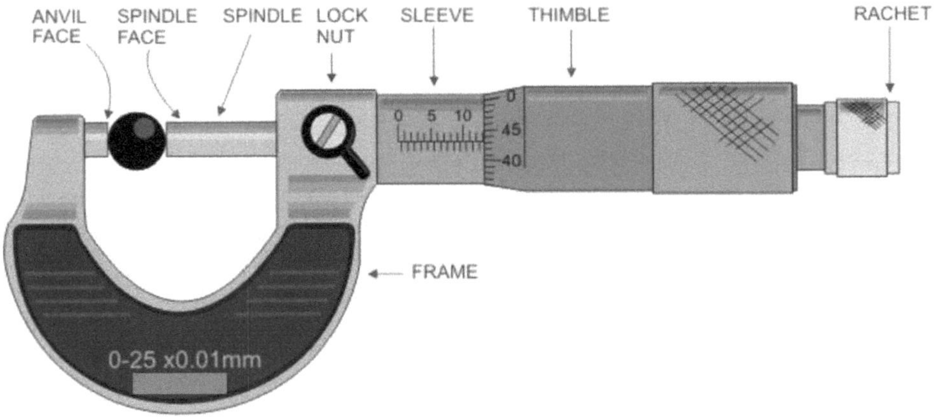

- 마이크로 미터를 손으로 잡을 때는 부드럽고 자연스럽게 잡는다.
- 그림과 같이 종이를 물린 후 잡아당겨 오물을 제거한 후 영점을 확인한다.
- 측정 시 라쳇 스톱(Rachet Stop)을 회전, 똑똑하는 소리가 3번 날 때 의 치수값을 읽는다.
- 성형품 측정 시 자유낙하 상태의 data값을 읽어준다.

(3) 디지털 게이지 (다이얼 게이지)

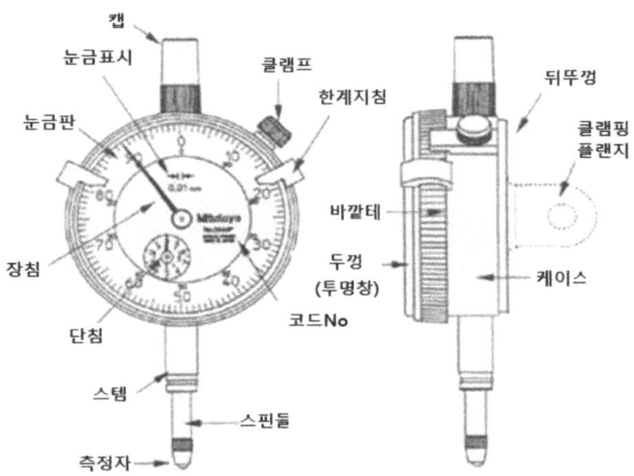

- 정반부 및 측정자를 깨끗이 닦는다.
- 상, 하 조절나사를 이용하여 측정자가 정반부에 닿는가를 확인한다. 석정반 사용 시는 정반이 깨질 우려가 있으므로 블록게이지를 이용, 영점조절 해야 한다.
- 정반부에 닿을 경우 영점 셋팅 스위치를 눌러 영점을 잡는다.
- 측정자는 제품의 특성에 알맞은 형상을 선택한다.
- 플라스틱을 측정 시는 제품이 눌리므로 최소의 힘으로 측정을 해야 하며 또한, 측정자도 될 수 있으면 면적이 넓은 것을 사용하도록 한다.

8.7 성형품 측정시 검토항목

8.7.1 제품사양서 확인 및 측정준비

- 금형설계에서 출도 된 검사용 도면인가.
- 제품 기능은 이해하고 있는가.
- 측정기준은 명확하며 측정 치구는 필요하지 않는가.
- 주의사항은 확인 하였으며 측정하는데 특별한 문제는 없는가.
- 측정 포인트가 정해진 것은 지정한대로 번호를 입력하고, 정하지 않은 것은 보기 편하며 글씨 크기를 도면의 치수보다 크게 작성하였는가.
- 측정 곤란한 부 또는 측정 불가부는 없는가.
- 측정기 선정은 치수 허용공차에 적당하다고 판단하는가.
- 외관범위와 부식 및 윤활면 사양은 명확히 지시되어 있는가.
- 100% 또는 80% 적용인가는 확인 하였는가.
- 게이트 절단 등 2차 가공부의 처리대책은 확인 하였는가.
- 부적합한 내용은 설계에 전달하였는가.

8.7.2 성형품 측정

- 검사용 도면과 부품형상은 일치하는가.
- TRY후 초도 제품 측정 시는 반드시 조건이 인정된 것인가를 확인하기 위하여 중요부(5개소이하)를 먼저 확인하고 적당하다고 판단될 때 측정을 계속한다. 부적합시 설계자 혹은 조립자에게 연락, 대책을 강구하도록 지시한다.
- 외관 상태는 Data Sheet 비고란에 기록하되 그 상태가 심한 경우 측정 하지 말고 설계자와 협의 하도록 한다.
  - Burr, Short Shot, Weld Line, Flow mark, Shink mark, 긁힘, 이물혼입, 휨, 게이트 잔류, 언더컷 등
- 도면의 지시대로 기준을 설정하는 것을 우선으로 하되 가능하면 평행부가 길거나, 안정된 부분을 골라서 잡도록 한다.
- 기준면이 나쁠 경우는 어느 특정부분을 설정하여 재측정 또는 수정 후에도 기준에 의한 치수 오차가 발생하지 않도록 한다.
- 기준을 도면과 일치하게 설정하지 않고 어느 특정한 부분을 설정 할 경우 Data Sheet 비고란에 기준부분을 기록 하도록 한다.

- 측정부에 긁힘, 찍힘, 아크, 변형, 플래시 등을 피하여 측정하되 그 형상 및 치수의 크기를 비고란에 기입한다.
- 측정 Data가 이상할 경우 다른 측정기로 재확인 한다.
- 근본 혹은 선단이 분리되지 않은 경우는 기본적으로 내측은 최소값을, 외측은 최대값을 기록하는 것을 원칙으로 한다. 단, 측정부를 기입하도록 한다.
- 0.05/100 이하의 정밀 공차부는 근본, 선단을 동시에 기입한다.
- 측정이 불안정한부 혹은 값이 크게 차이가 나타날 때는 3개 또는 5개를 측정하여 평균값을 기록, 오차를 최소한으로 줄이도록 한다.
- 성형품은 취약하므로 측정시 무리한 힘을 주지 않도록 한다.
- 성형품은 기본적으로 측정기에서 성형품이 낙하되는 시점의 Data를 읽는다. 단, 직각이거나 무게중심이 비슷할 때이며, 불안정할 때에는 다소의 오차가 발생할 수 있으므로 주의한다.
- 전원의 내경 혹은 외경 측정 시에는 원을 8등분 하여 측정 하는 것을 기본으로 한다.
- 될 수 있으면 성형품은 절단하지 않는 것이 바람직하며 부득이 절단 할 경우, 변형되지 않도록 주의한다.
- 외형 또는 외경은 가능하면 마이크로미터로, 내측 또는 내경은 핀 게이지 혹은 블록게이지로 측정하도록 한다. (오차의 최소화를 위하여)

8.7.3 성형자의 마음가짐

- 측정이란 반드시 여러 가지의 오차가 발생한다는 것을 명심하자.
- 어떻게 하면 오차를 최소화 할 것인가를 항상 연구하자.
- 자신이 측정한 것에 대한 Data 및 외관검사는 책임감을 갖고 최대한 오차를 적게 하고 판정미스를 줄여 신뢰도를 높이자.
- 측정데이터는 제3자가 보기 쉽고 이해하기 쉽도록 간단명료하게 기록하는 습관을 갖자.
- 측정데이터는 그대로 금형 수명과 연관되므로 측정기 선정 및 방법에 신중해야한다.
- 측정 후 기록 시에 오타가 발생하지 않도록 주의하자.
- Kopo社의 측정자는 측정뿐만 아니라 검사 기능까지 병행한다.
- 형상은 물론 외관 품질 문제 까지 확인하는 마음 자세가 필요하다.

8.8 성형품 측정시 셋팅방법

- 가능하면 도면 기준대로 수직으로 Setting한다.
- 정확한 설정이 어려울 경우 Block 또는 치구를 사용한다.

8.8.1 성형품 측정시 셋팅(Setting)방법

이 경우 양면 테이프의 두께로 인한 셋팅 미스에 주의한다.

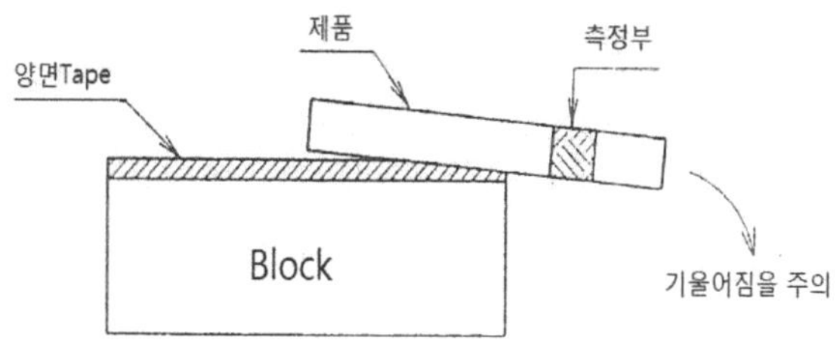

8.8.2 Block에 강력본드를 사용한 Setting

본드의 량 조절을 적당히 하여 두께가 불균일하지 않도록 주의한다.

8.8.3 치구를 사용한 Setting

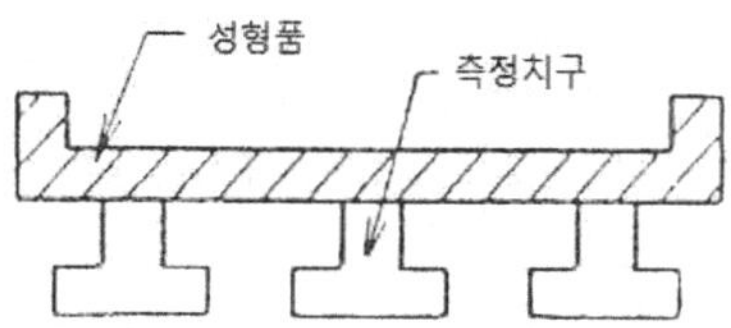

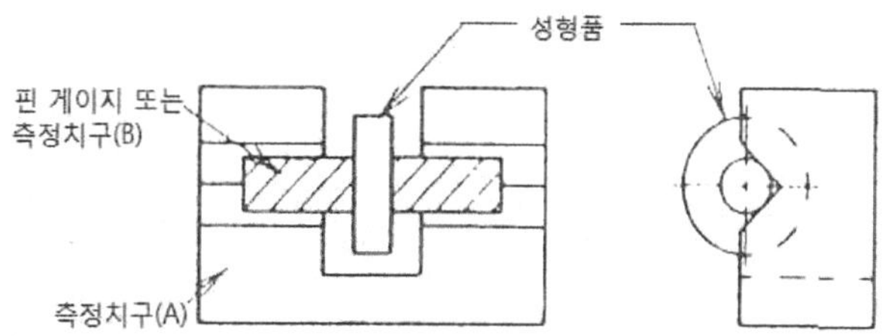

부 록

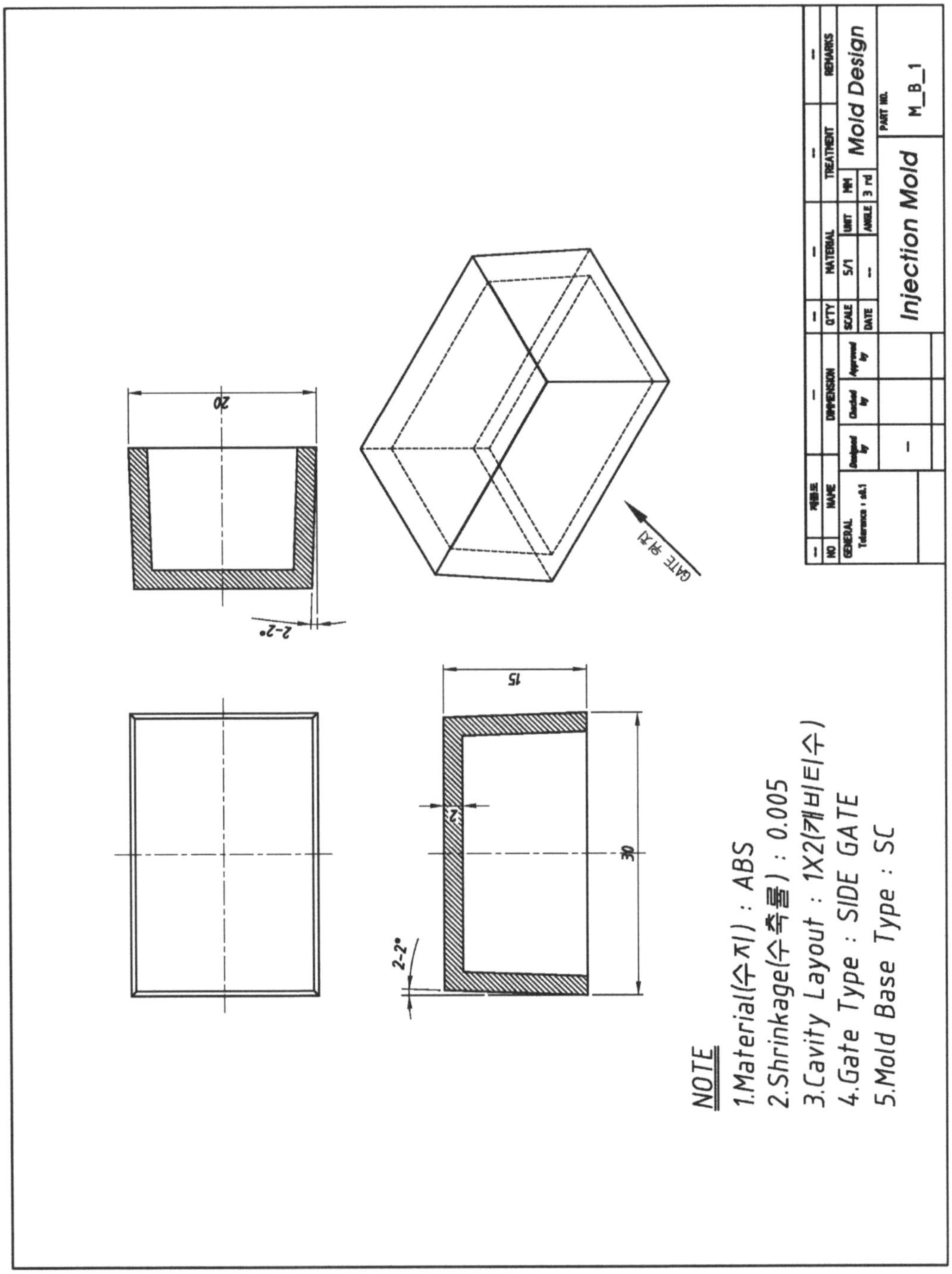

20
2-2°
15
30
2
GATE 위치
NOTE
1.Material(수지) : ABS
2.Shrinkage(수축률) : 0.005
3.Cavity Layout : 1X2(캐비티수)
4.Gate Type : SIDE GATE
5.Mold Base Type : SC
NO
NAME
QTY
MATERIAL
TREATMENT
REMARKS
DIMENSION
GENERAL
SCALE
UNIT
MM
DATE
ANGLE
3 rd
Designed by
Checked by
Approved by
Mold Design
Injection Mold
PART NO.
M_B_1

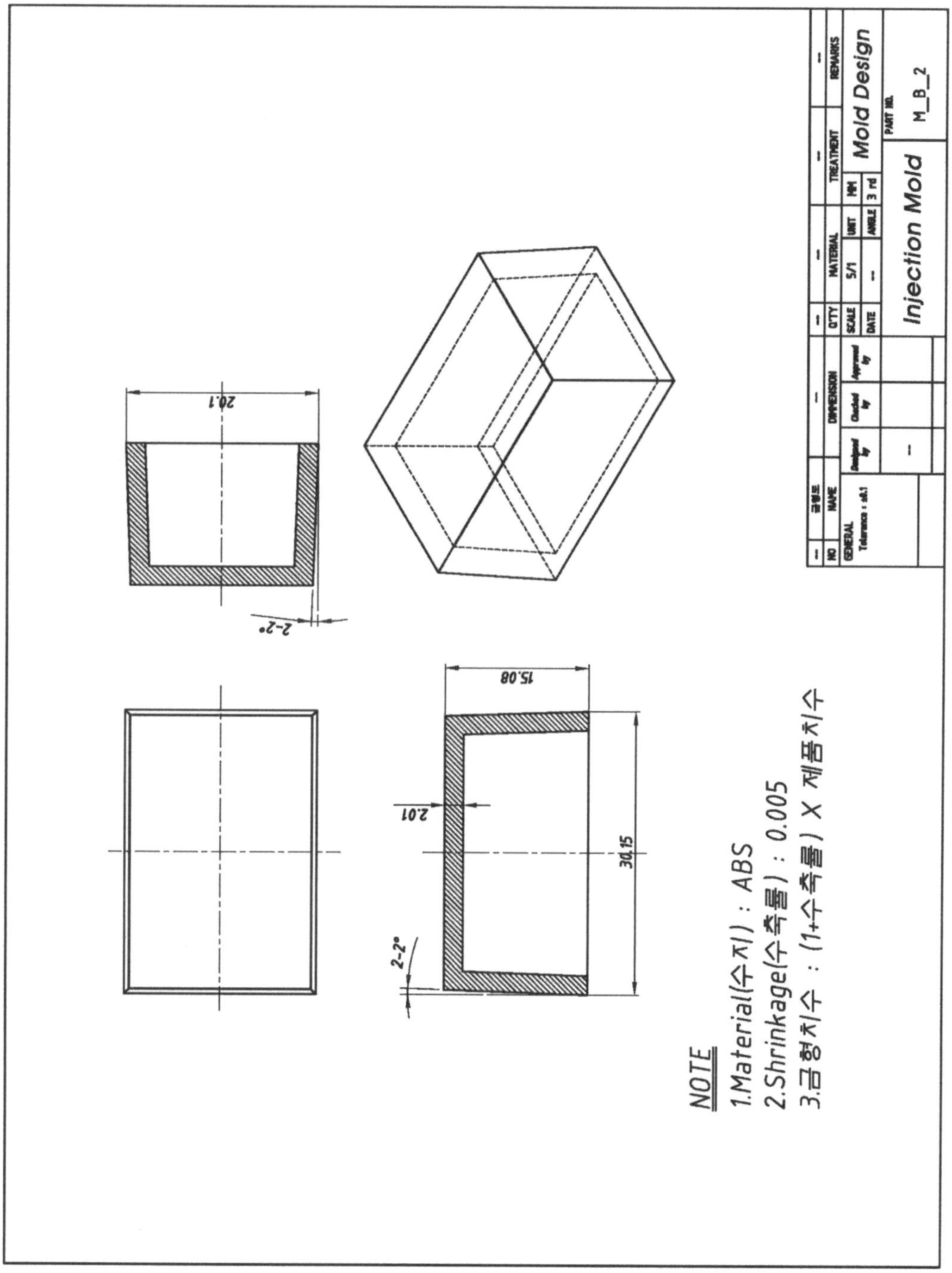
20.1
2-2°
15.08
2.01
30.15
2-2°
NOTE
1.Material(수지) : ABS
2.Shrinkage(수축률) : 0.005
3.금형치수 : (1+수축률) X 제품치수
NO
NAME
DIMMENSION
Q'TY
MATERIAL
TREATMENT
REMARKS
GENERAL
Tolerance : ±0.1
Designed by
Checked by
Approved by
SCALE
5/1
UNIT
MM
DATE
ANGLE
3 rd
Mold Design
PART NO.
M_B_2
Injection Mold

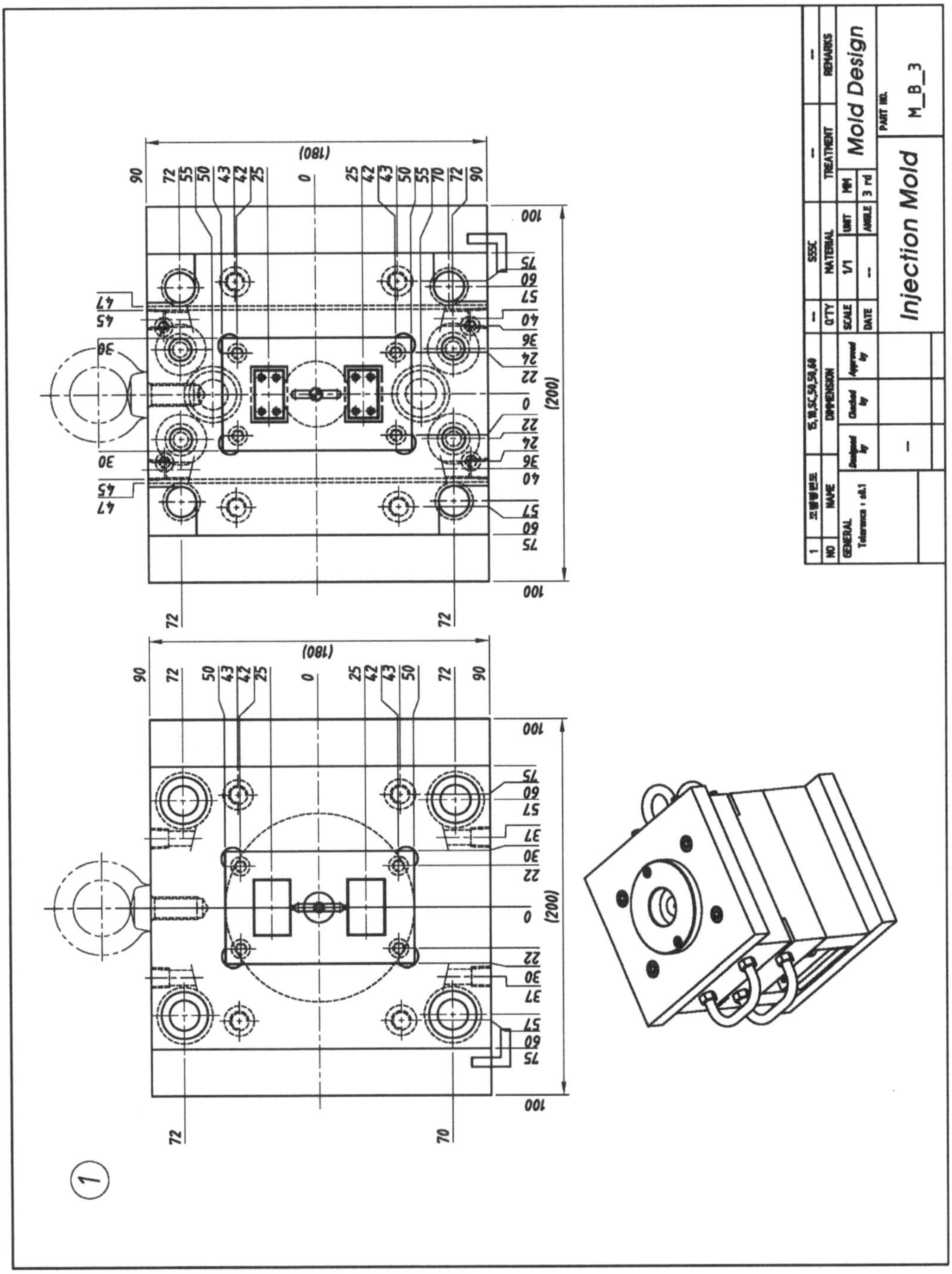
Mold Design
Injection Mold
M_B_3

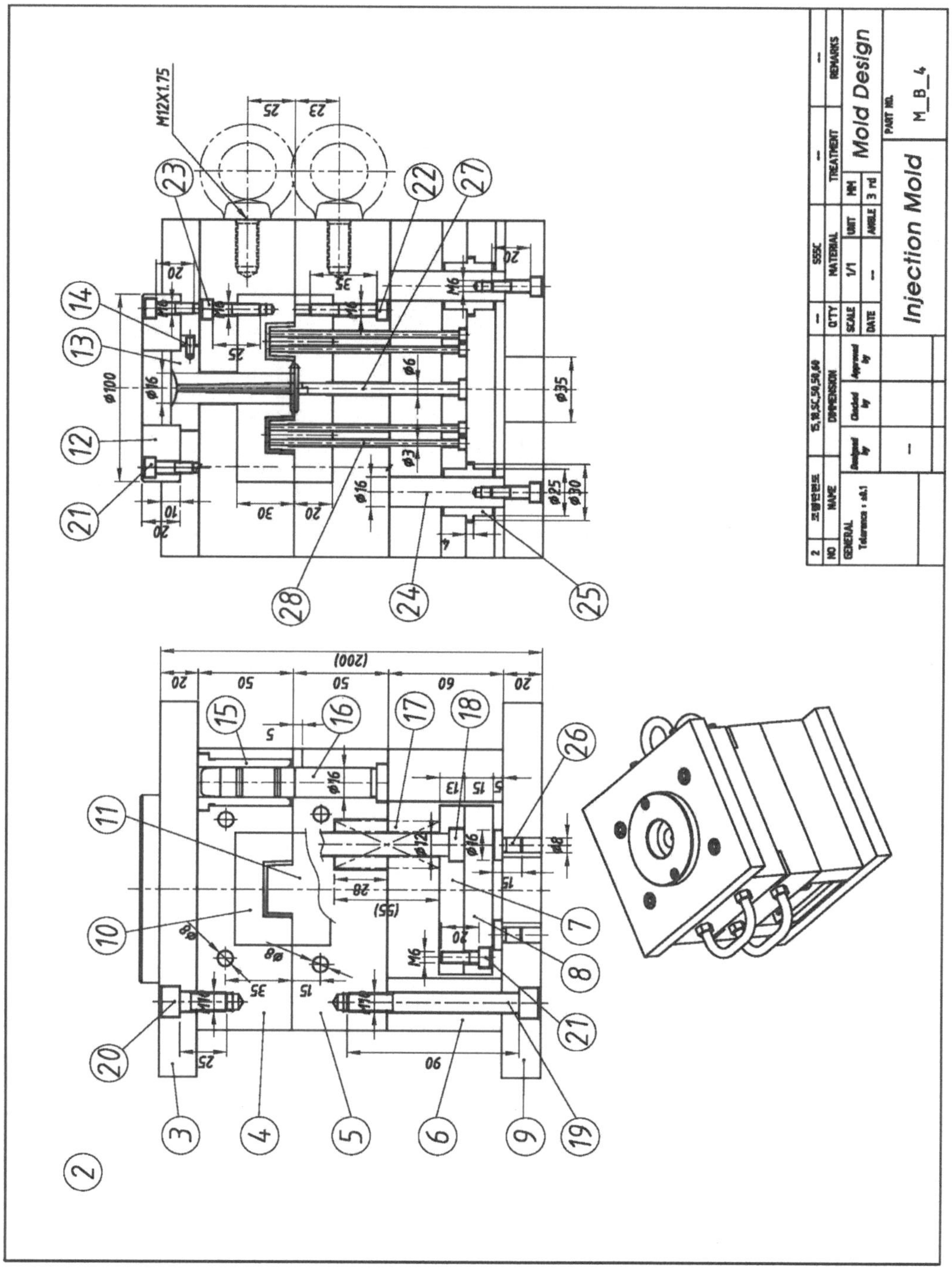
M12X1.75
Injection Mold
Mold Design
PART NO.
M_B_4
GENERAL
Tolerance : ±0.1
NAME
DIMENSION
Q'TY
MATERIAL
TREATMENT
REMARKS
SCALE
1/1
UNIT
MM
ANGLE
3 rd
DATE

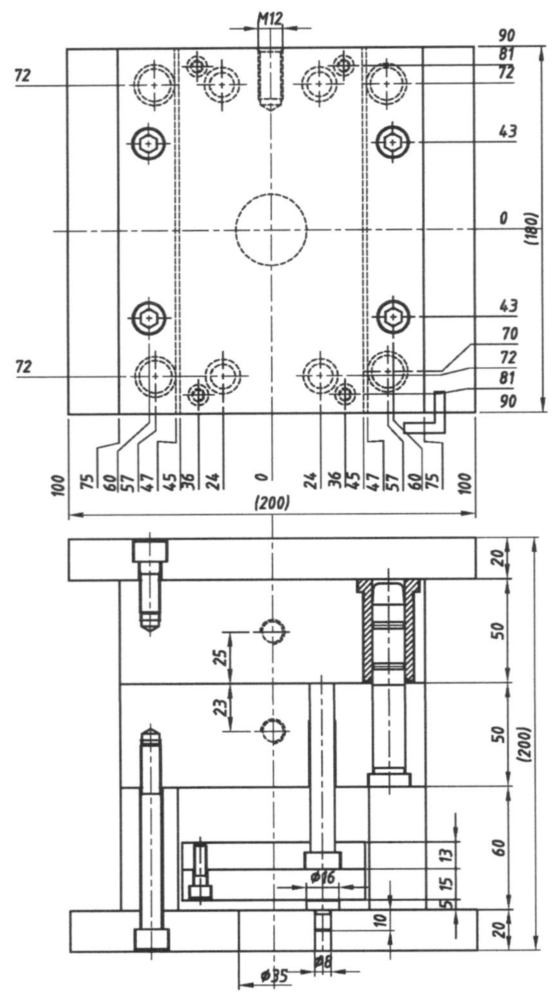

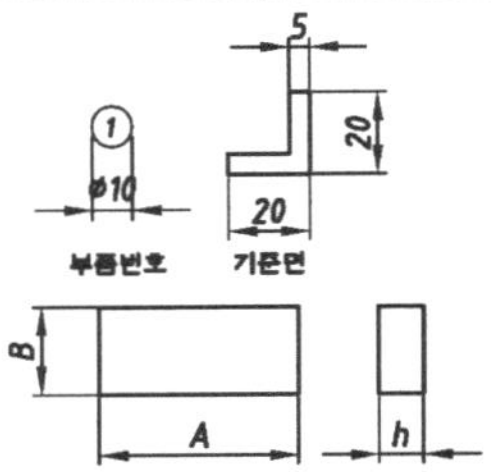

완성치수 : AXBXh

- 아이볼트 무게 중심구하기

$$X = \frac{A \times B \times C}{2 \times D \times (G1+G2+G3) + 2 \times E \times (F1+F2) - B \times C}$$

$$= \frac{38.5 \times 27 \times 90}{2 \times 150 \times (50+50+60) + 2 \times 200 \times (20+20) - 27 \times 90}$$

$$= 1.5195 = 2$$

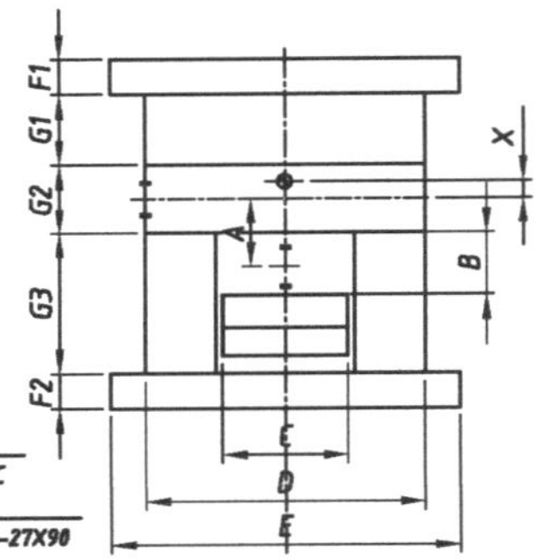

28	이젝터핀	ø3X103.07	8	SKD61	HRC 48±2	--
27	런너록핀	ø6X86	1	SKD61	HRC 48±2	--
26	스톱핀	ø16X15	4	SK-3	HRC 50±2	--
25	이젝트가이드부시	ø16X26	2	SUJ2	HRC 60±2	--
24	이젝트가이드핀	ø16X60	2	SUJ2	HRC 60±2	--
23	렌치볼트	M6X25	4	SCM440	--	--
22	렌치볼트	M6X35	4	SCM440	--	--
21	렌치볼트	M6X20	6	SCM440	--	--
20	렌치볼트	M10X25	4	SCM440	--	--
19	렌치볼트	M10X90	4	SCM440	--	--
18	리턴핀	ø12X90	4	SUJ2	HRC 60±2	--
17	스프링	SWF 25X60	4	SWP	--	--
16	가이드핀	ø16X98	4	SUJ2	HRC 60±2	--
15	가이드부시	ø16X49	4	SUJ2	HRC 60±2	--
14	핀	ø4X10	1	SKD61	HRC 48±2	--
13	스푸루부시	ø45X65	1	SKD61	HRC 48±2	--
12	로케이트링	ø100X20	1	S55C	--	--
11	하코어	60X100X33.07	1	SKD61	HRC 48±2	--
10	캐비티	60X100X30	1	SKD61	HRC 48±2	--
9	하고정판	200X180X20	1	S55C	--	--
8	이젝터플레이트(하)	90X180X15	1	S55C	--	--
7	이젝터플레이트(상)	90X180X13	1	S55C	--	--
6	다리	28X180X60	2	S55C	--	--
5	하원판	150X180X50	1	S55C	--	--
4	상원판	150X180X50	1	S55C	--	--
3	상고정판	200X180X20	1	S55C	--	--
2	조립단면도	15,18,SC,50,50,60	--	S55C	--	--
1	조립평면도	15,18,SC,50,50,60	--	S55C	--	--
NO	NAME	DIMMENSION	Q'TY	MATERIAL	TREATMENT	REMARKS

GENERAL Tolerance : ±0.1	Designed by	Checked by	Approved by	SCALE	1/1	UNIT	MM	Mold Design
				DATE	--	ANGLE	3 rd	
	–			Injection Mold				PART NO. M_B_5

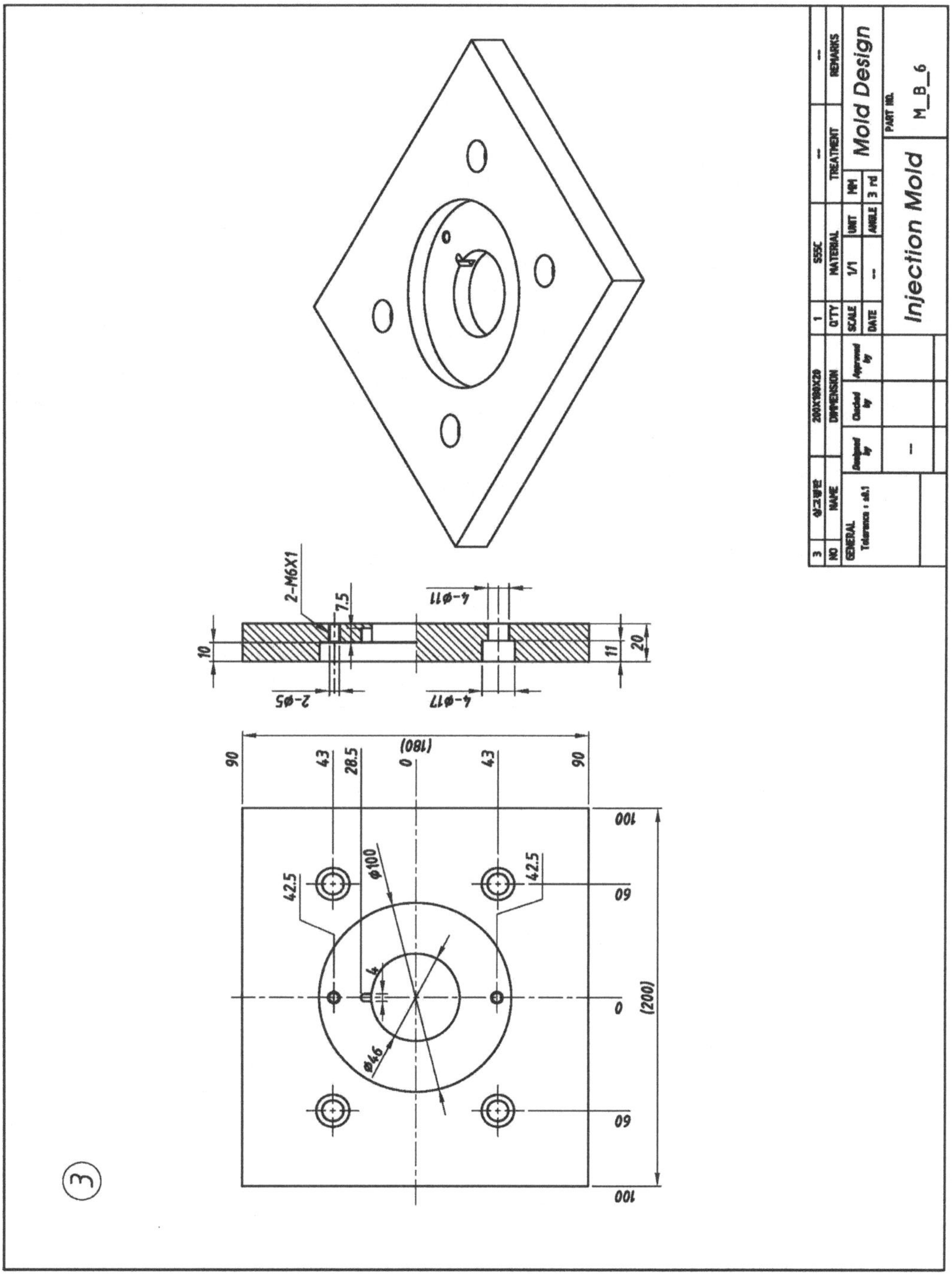
③
2-M6X1
7.5
10
2-φ5
4-φ11
4-φ17
11
20
(180)
90
43
28.5
0
43
90
100
60
0
60
100
(200)
42.5
φ100
φ46
4
3
NO
NAME
200X180X20
DIMMENSION
1
Q'TY
S55C
MATERIAL
TREATMENT
REMARKS
GENERAL
Designed by
Checked by
Approved by
SCALE
1/1
UNIT
MM
DATE
ANGLE
3 rd
Mold Design
Injection Mold
PART NO.
M_B_6

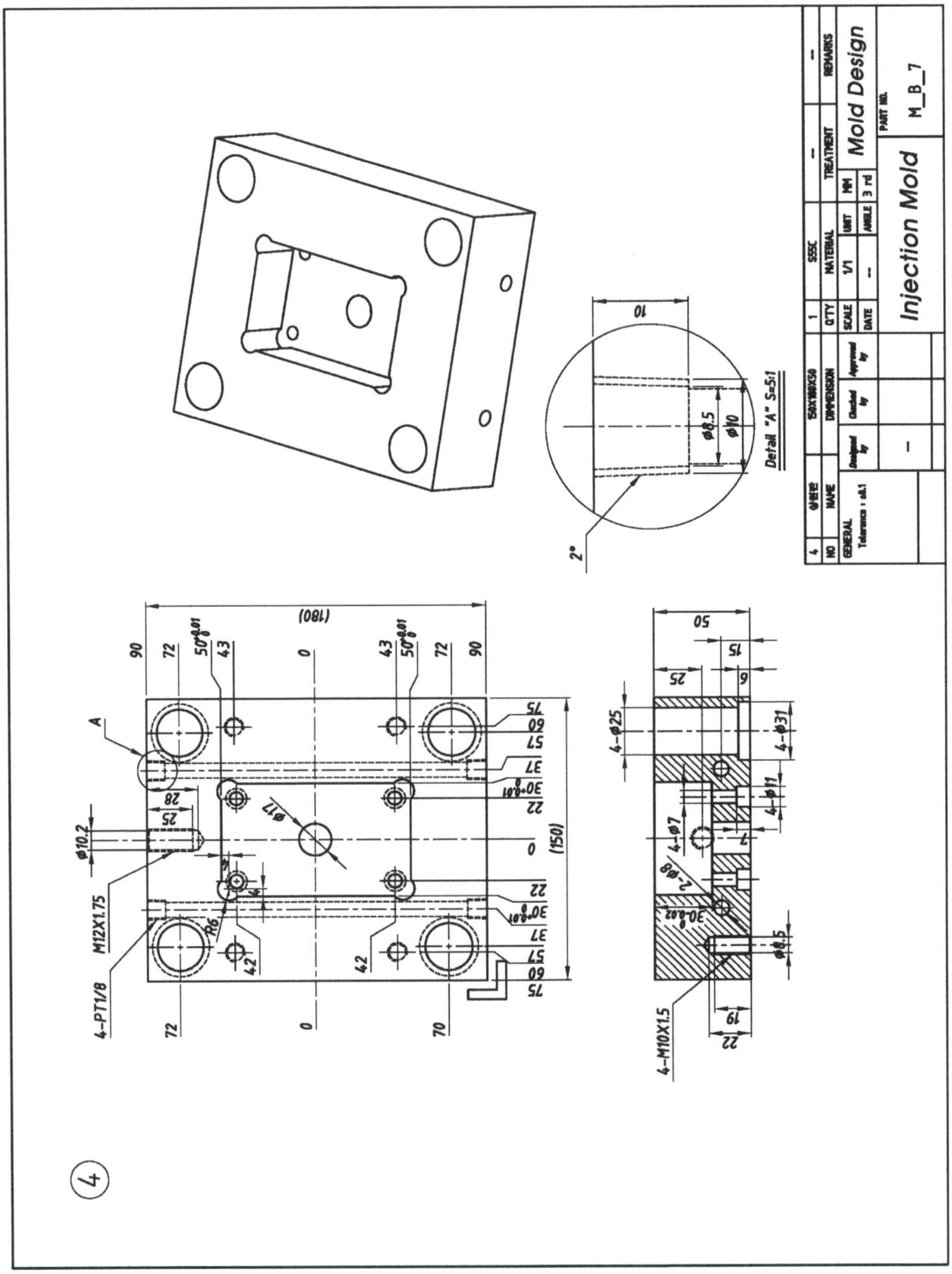
④
Detail "A" S=5:1
SM55C
150X180X50
Injection Mold
Mold Design
M_B_7
Tolerance : ±0.1
4-PT1/8
M12X1.75
4-M10X1.5
4-Ø25
4-Ø31
4-Ø11
4-Ø7
2-Ø8

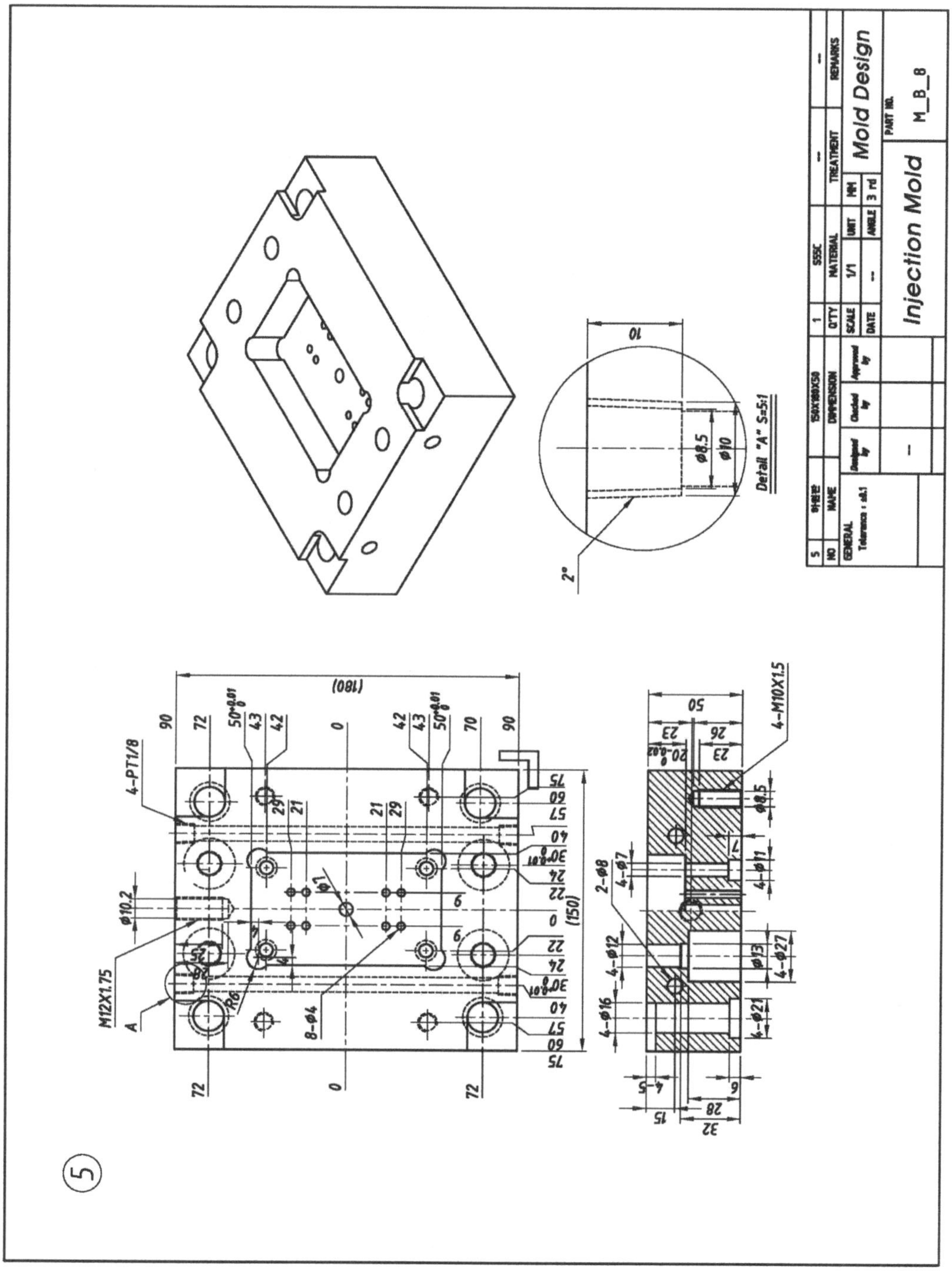

Detail "A" S=5:1
Injection Mold
Mold Design
M_B_8
SS5C
150X180X50

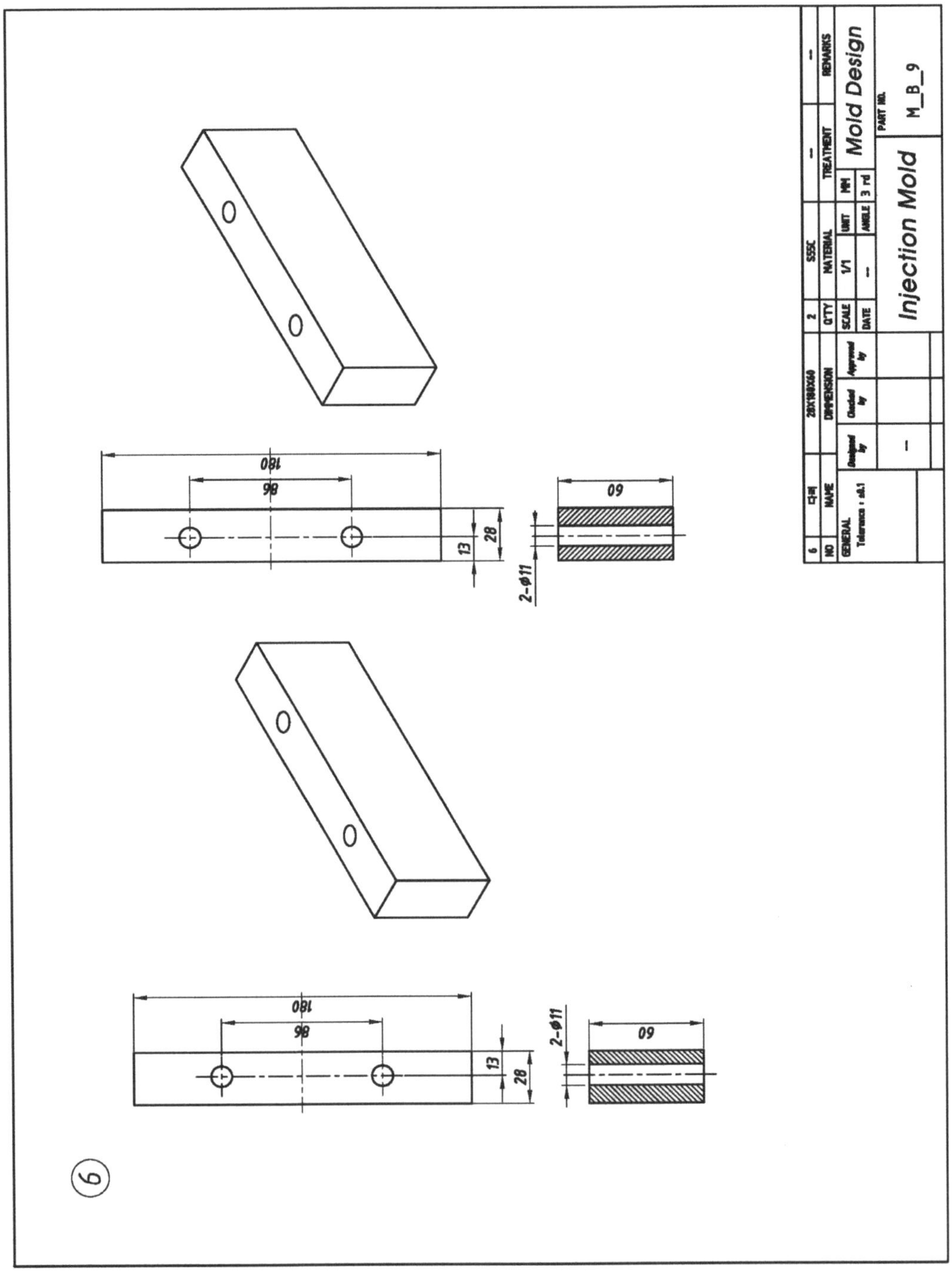

⑥
180
96
13
28
2-Ø11
60
Mold Design
Injection Mold
PART NO.
M_B_9
REMARKS
TREATMENT
MATERIAL
Q'TY
DIMENSION
NAME
NO
SCALE
1/1
UNIT
MM
ANGLE
3 rd
DATE
GENERAL

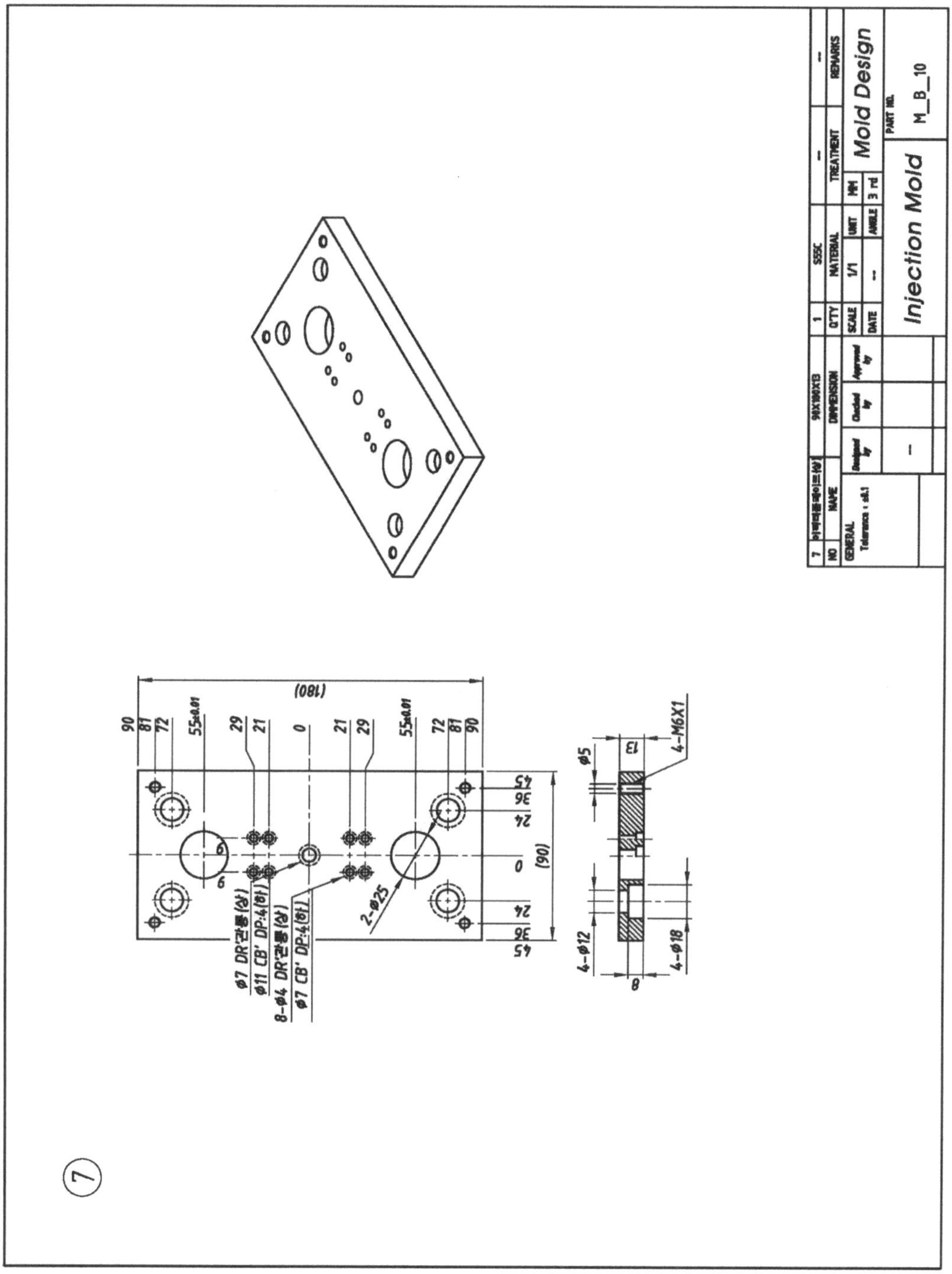

Injection Mold
Mold Design
M_B_10
SS5C
1/1
3 rd
MM

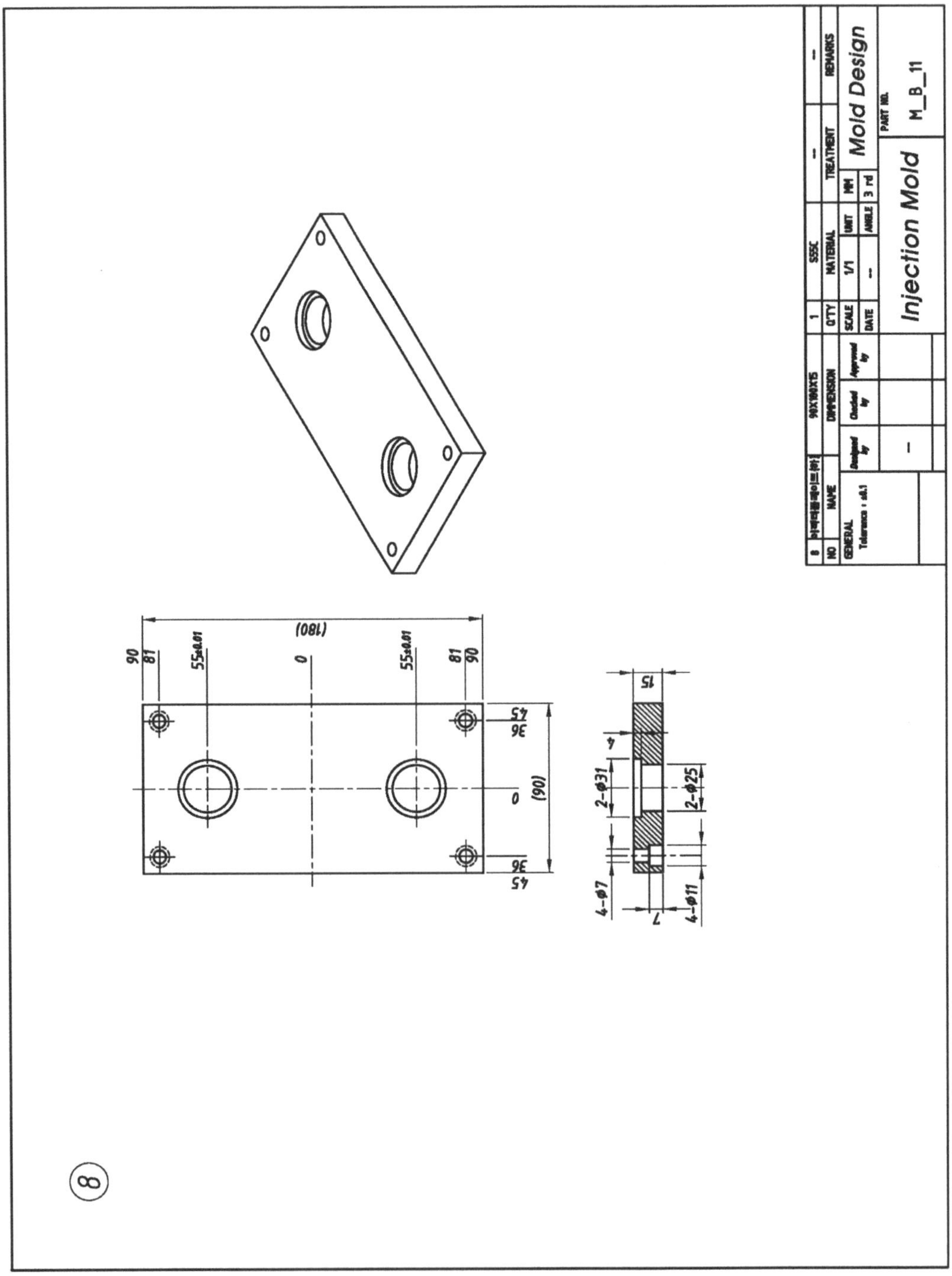
⑧
DIMENSION
Q'TY
MATERIAL
TREATMENT
REMARKS
SCALE
UNIT
DATE
ANGLE
1/1
MM
3 rd
Mold Design
PART NO.
M_B_11
Injection Mold

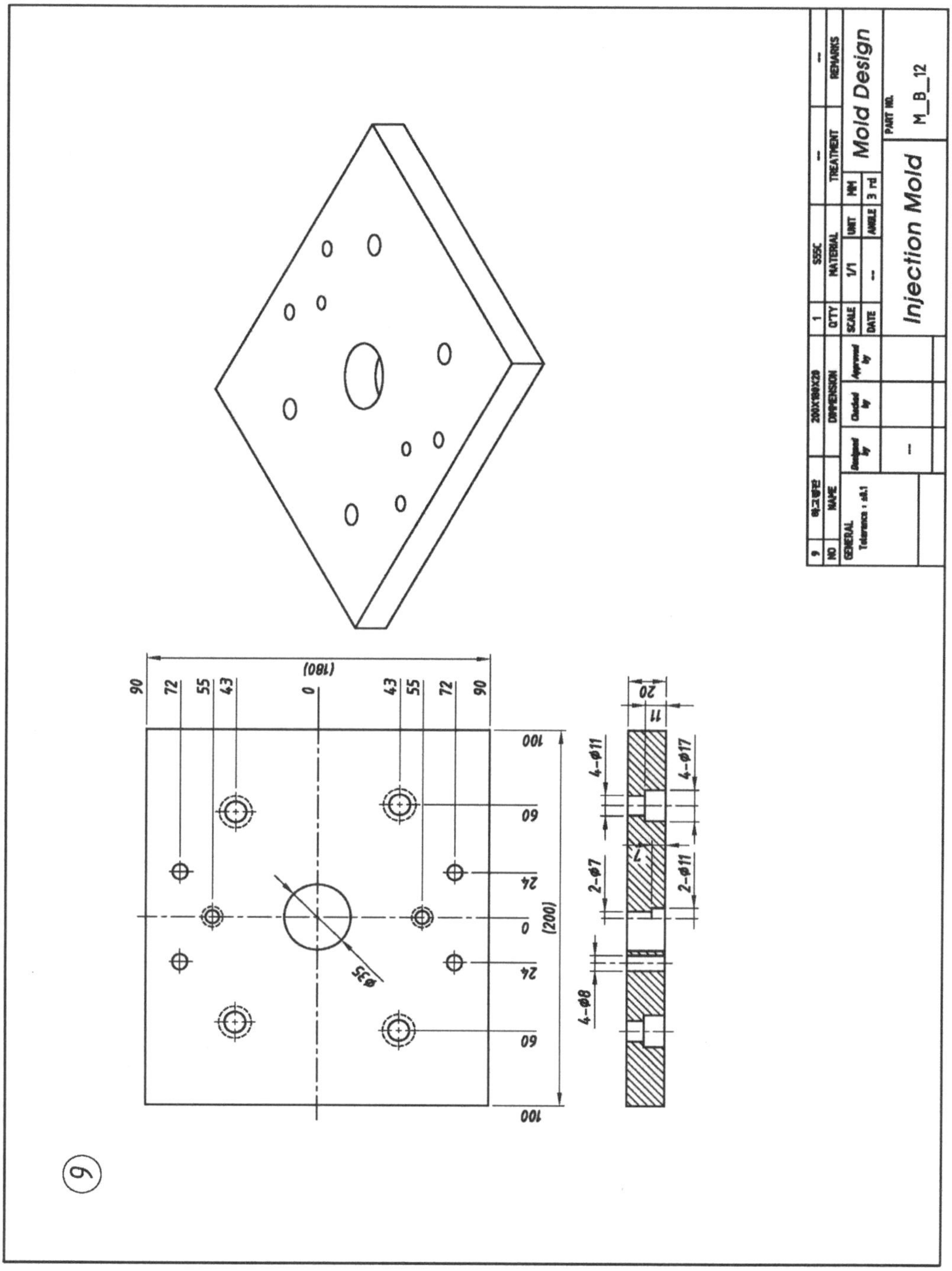
Injection Mold
Mold Design
M_B_12

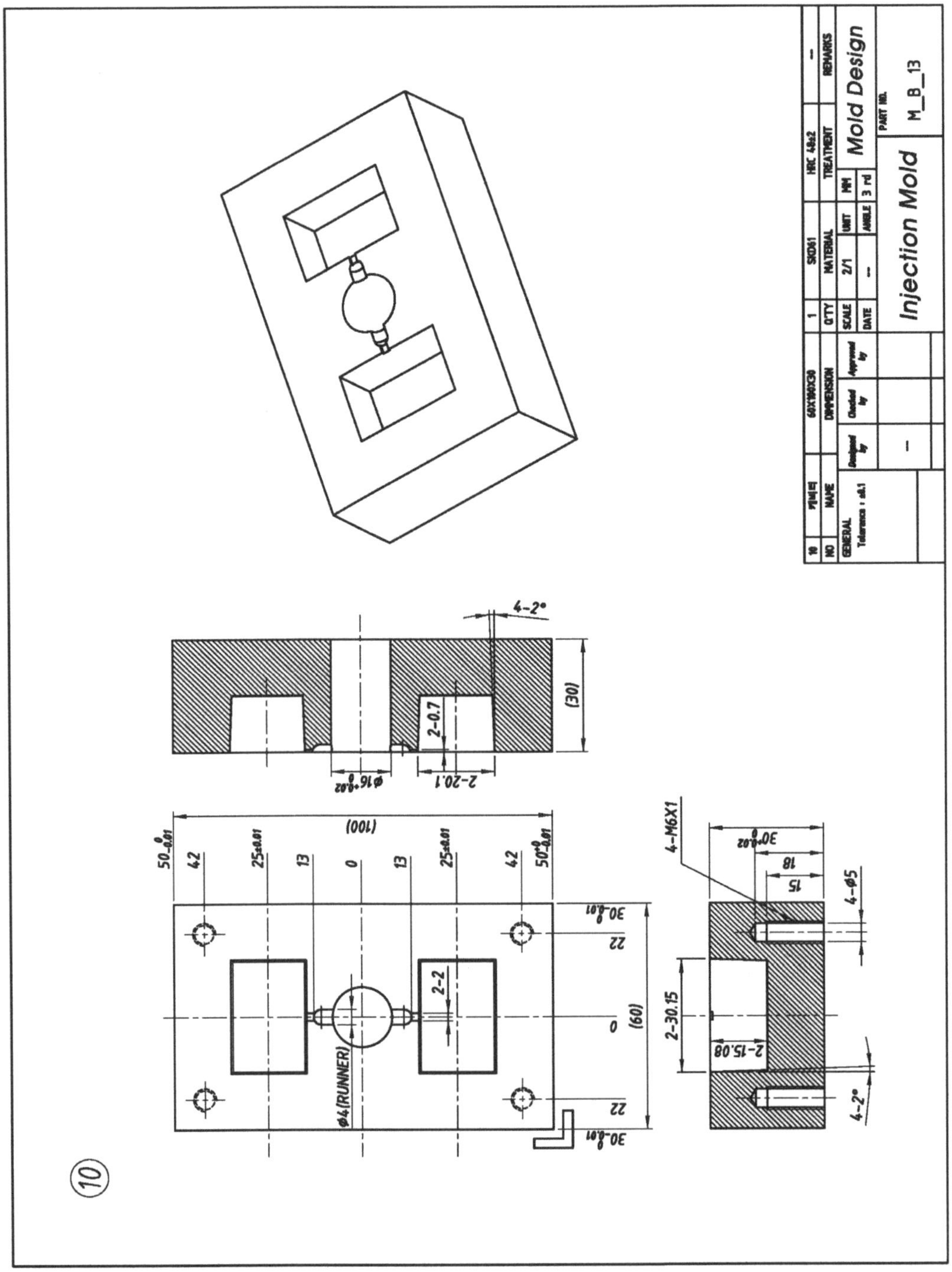
⑩
Injection Mold
Mold Design
M_B_13
SKD61
HRC 48±2
60X100X30

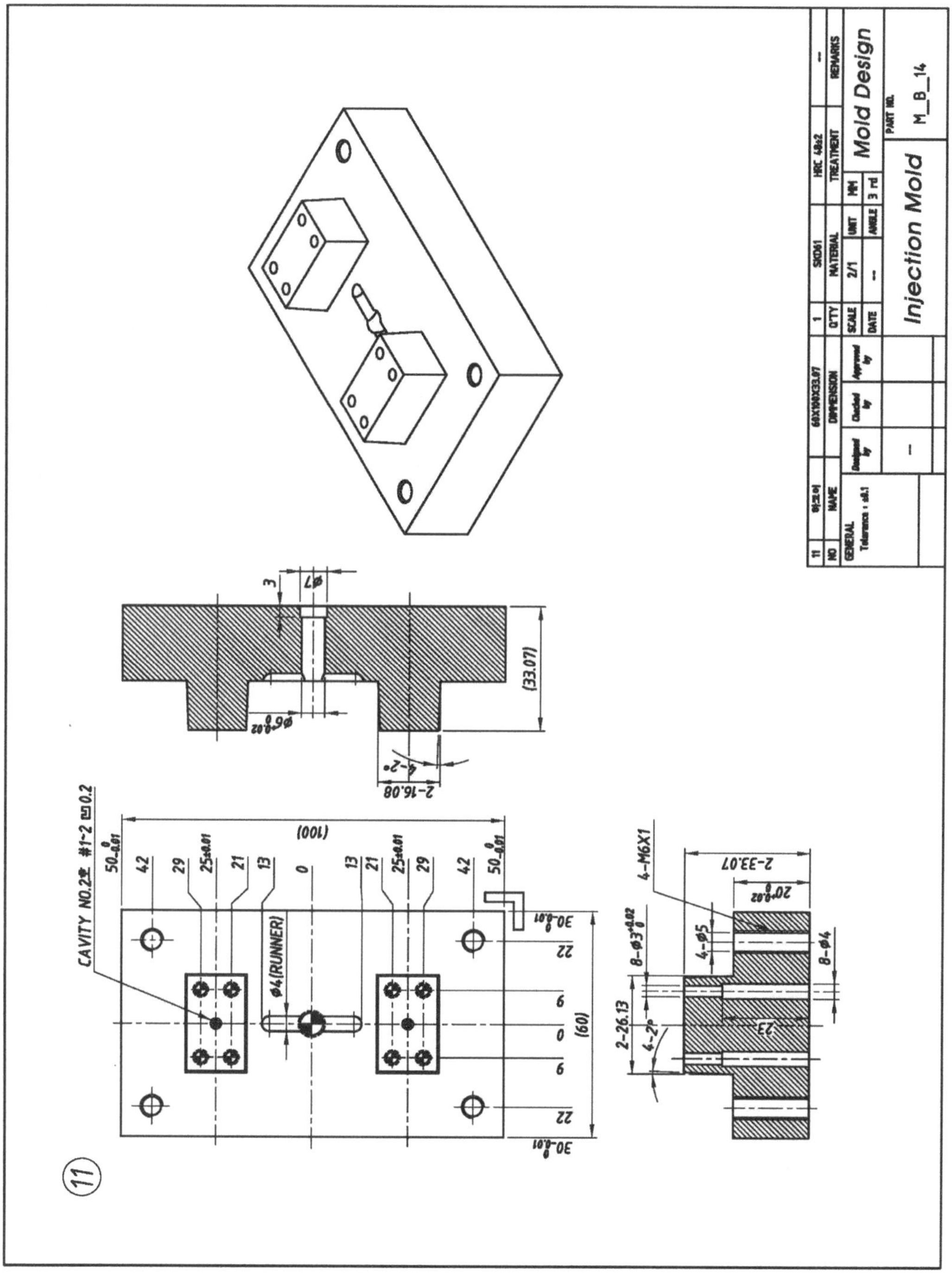
11
CAVITY NO.2호 #1-2 ㅁ0.2
ø4(RUNNER)
4-M6X1
Injection Mold
Mold Design
M_B_14
SKD61
HRC 48±2
60X100X33.07

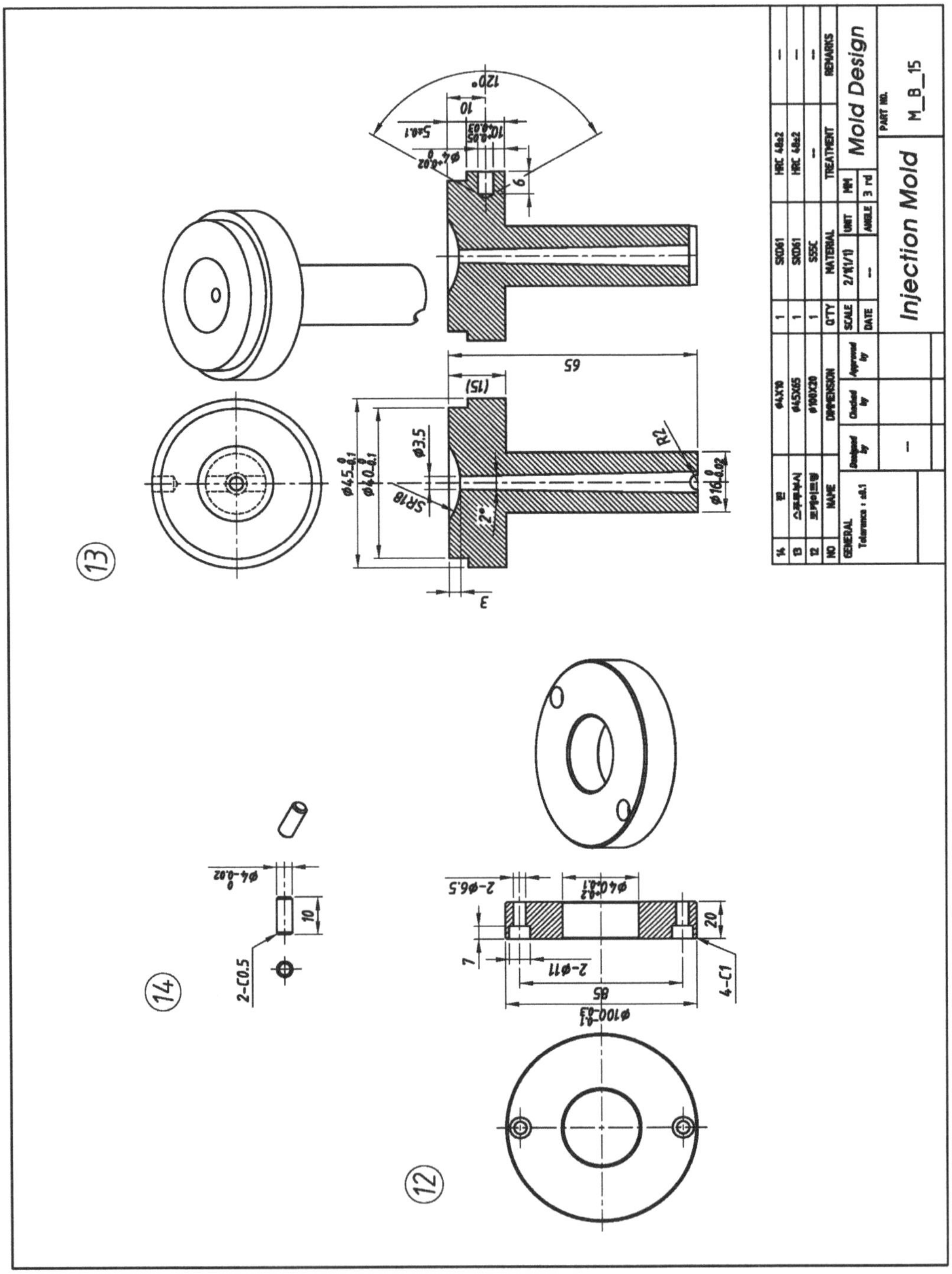

Injection Mold
Mold Design
M_B_15

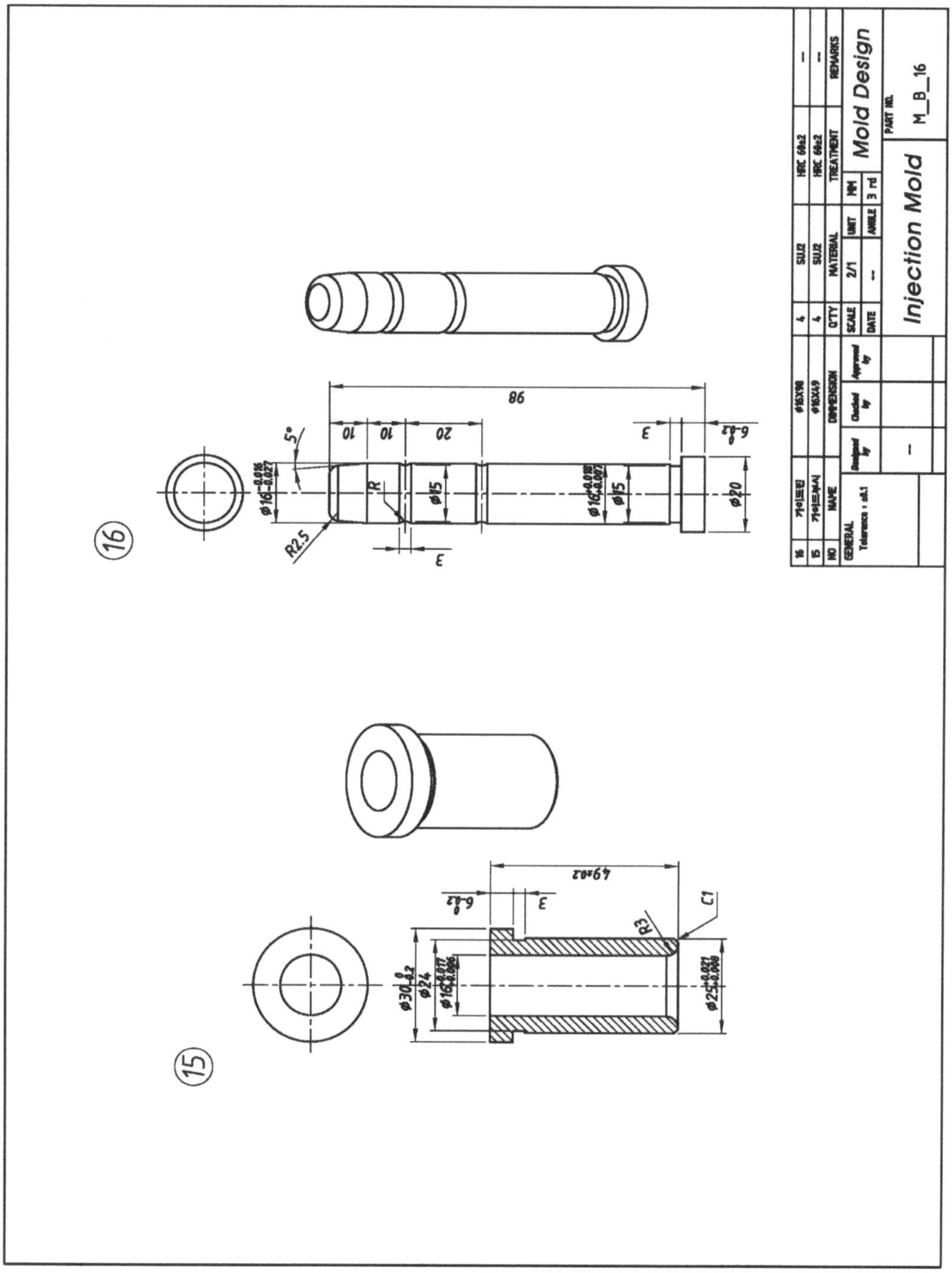

16
15
98
49±0.2
Mold Design
Injection Mold
PART NO.
M_B_16
SUJ2
HRC 60±2
SCALE 2/1
UNIT MM
ANGLE 3 rd

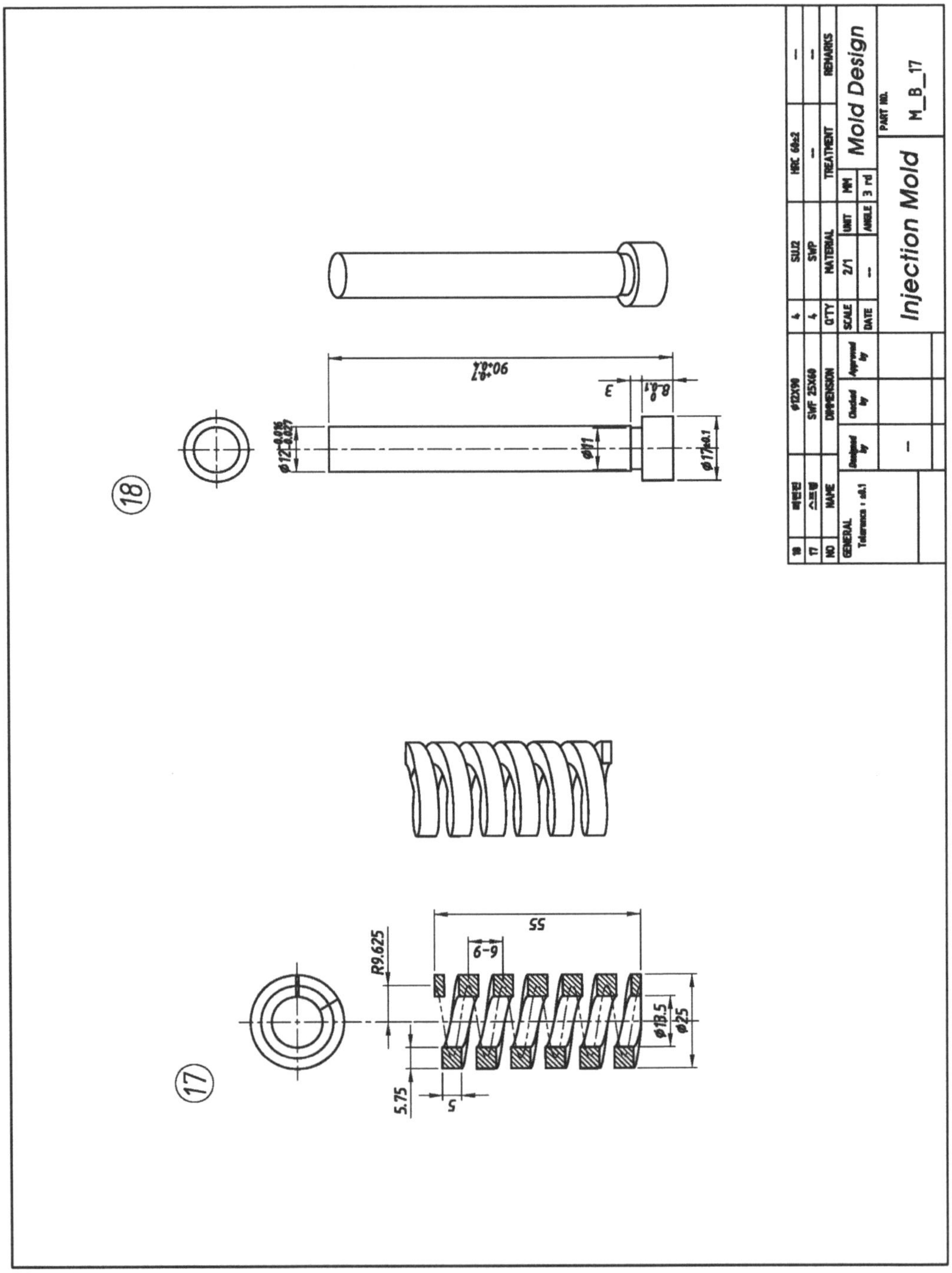

18
17
55
6-9
R9.625
5.75
5
ø13.5
ø25
ø11
3
ø17±0.1
SWF 25X60
SUJ2
SWP
HRC 60±2
QTY
DIMENSION
NAME
NO
MATERIAL
TREATMENT
REMARKS
SCALE
2/1
DATE
UNIT
MM
ANGLE
3 rd
Mold Design
Injection Mold
PART NO.
M_B_17

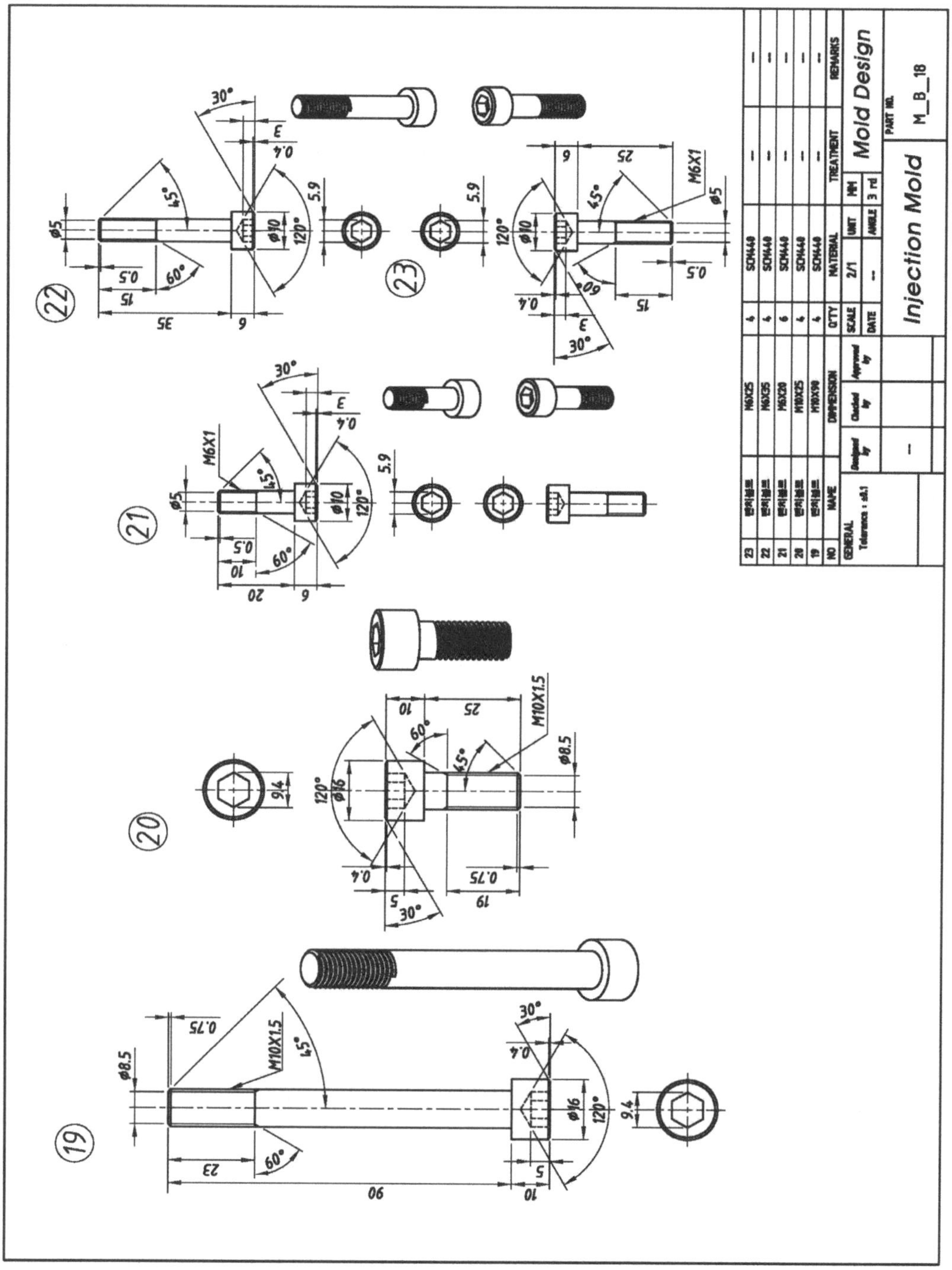
Mold Design
Injection Mold
PART NO.
M_B_18

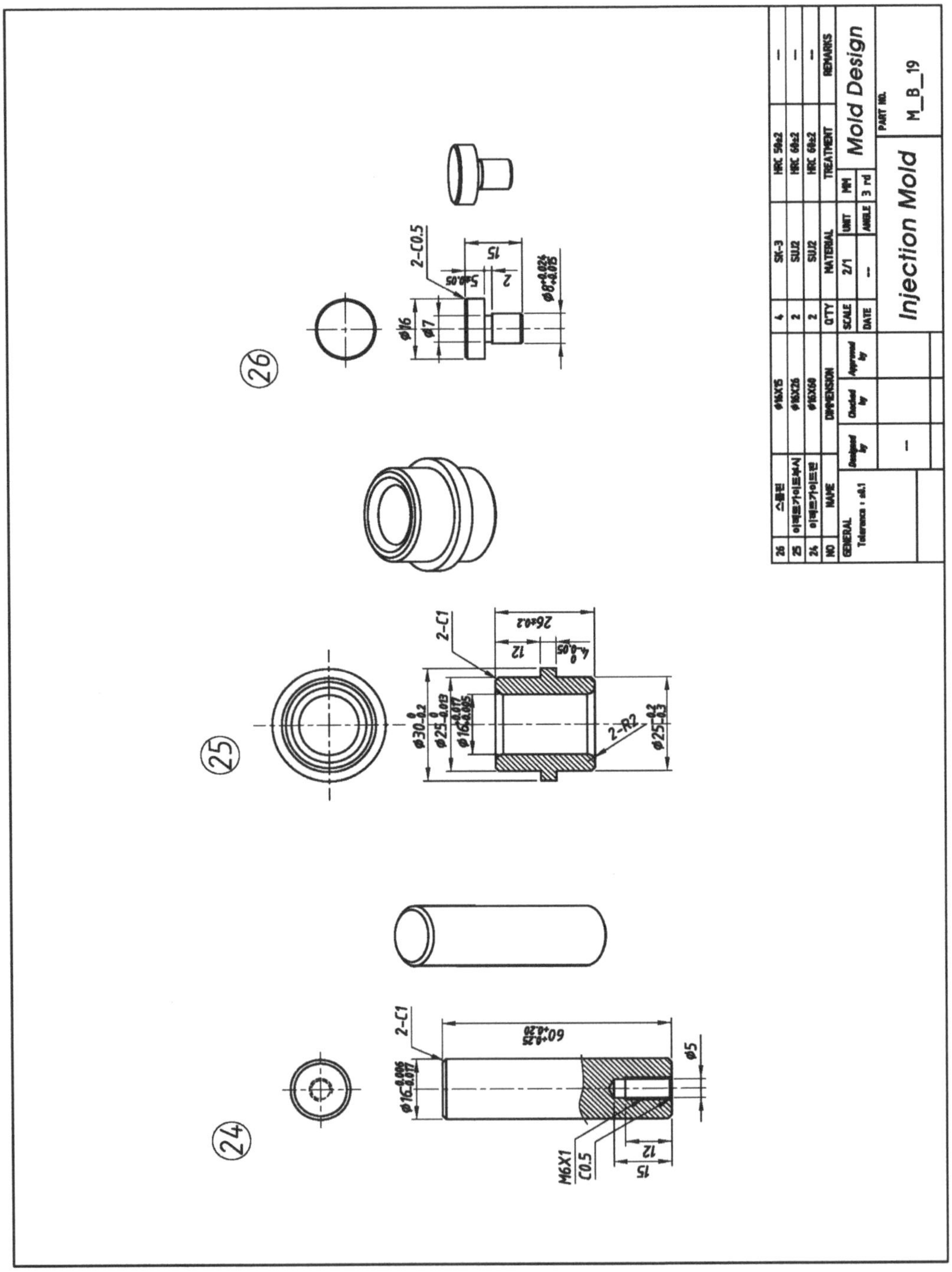
26
2-C0.5
15
2
ϕ16
ϕ7
25
2-C1
26±0.2
12
2-R2
24
2-C1
M6X1
C0.5
12
15
ϕ5
26 스풀핀 ϕ16X15 4 SK-3 HRC 59±2 —
25 이젝트가이드부시 ϕ16X26 2 SUJ2 HRC 60±2 —
24 이젝트가이드핀 ϕ16X60 2 SUJ2 HRC 60±2 —
NO NAME DIMMENSION Q'TY MATERIAL TREATMENT REMARKS
GENERAL Tolerance : ±0.1
Designed by
Checked by
Approved by
SCALE 2/1
UNIT MM
DATE --
ANGLE 3 rd
Mold Design
Injection Mold
PART NO.
M_B_19

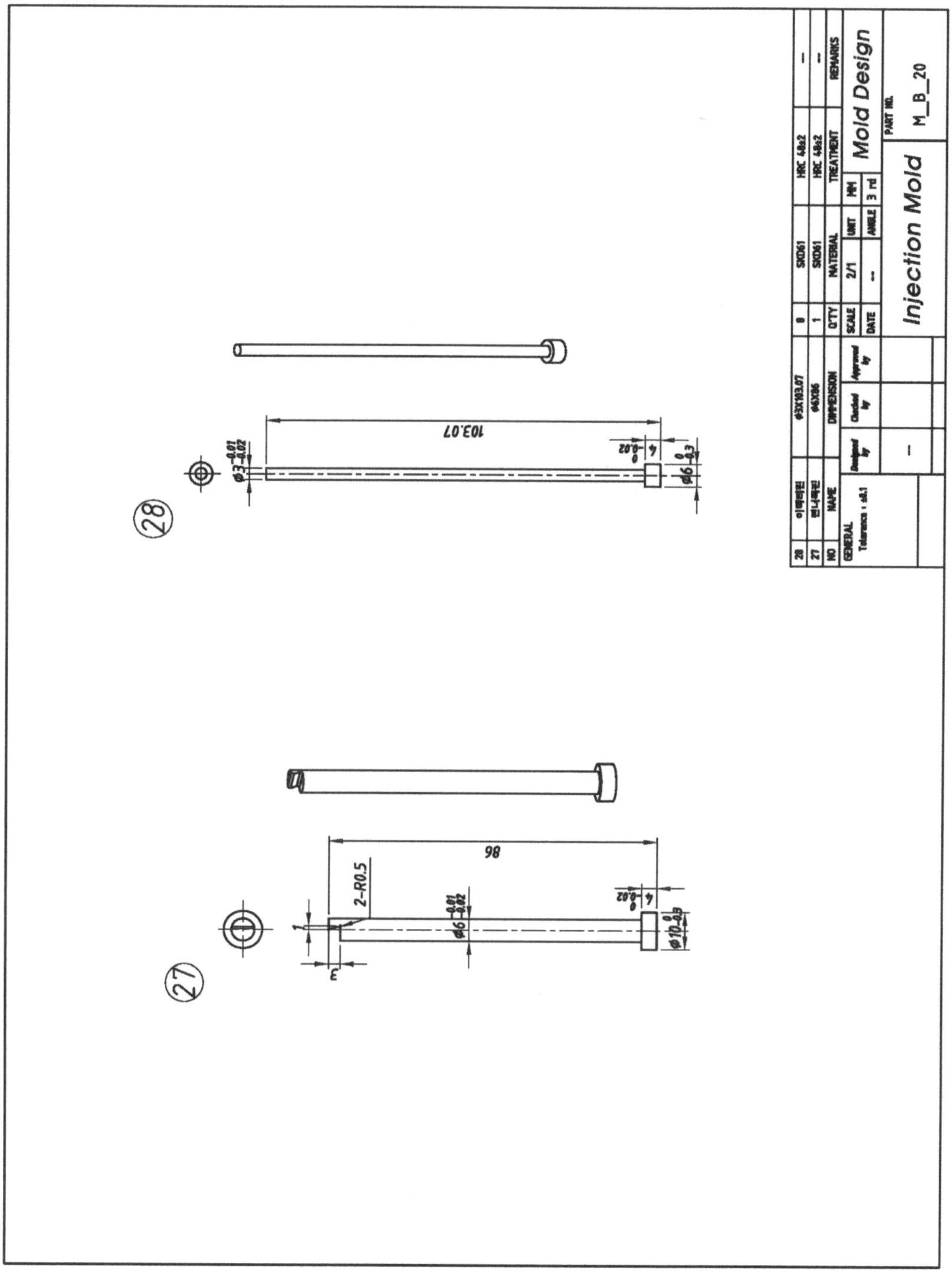

27
28
2-R0.5
103.07
Injection Mold
Mold Design
PART NO.
M_B_20
SKD61
HRC 48±2
MATERIAL
TREATMENT
REMARKS
DIMENSION
NAME
Q'TY
SCALE
2/1
UNIT
MM
ANGLE
3 rd
DATE
GENERAL

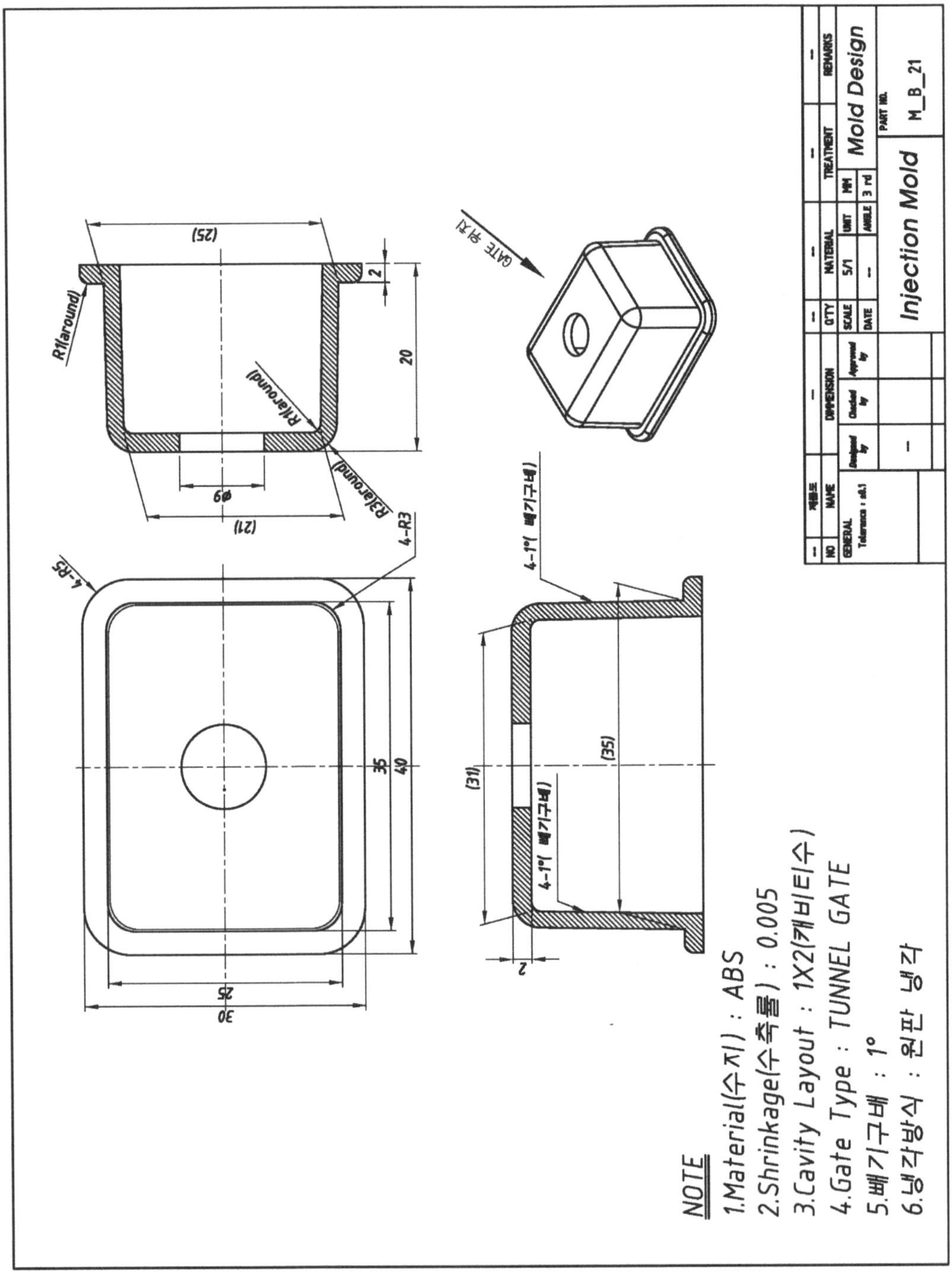
NOTE
1.Material(수지) : ABS
2.Shrinkage(수축률) : 0.005
3.Cavity Layout : 1X2(캐비티수)
4.Gate Type : TUNNEL GATE
5.빼기구배 : 1°
6.냉각방식 : 원판 냉각
GATE 위치
4-R5
4-R3
R1(around)
R3(around)
4-1°(빼기구배)
Mold Design
Injection Mold
M_B_21
PART NO.
SCALE 5/1
UNIT MM
ANGLE 3 rd
QTY
MATERIAL
TREATMENT
REMARKS
DIMMENSION
NO
NAME
GENERAL
DATE

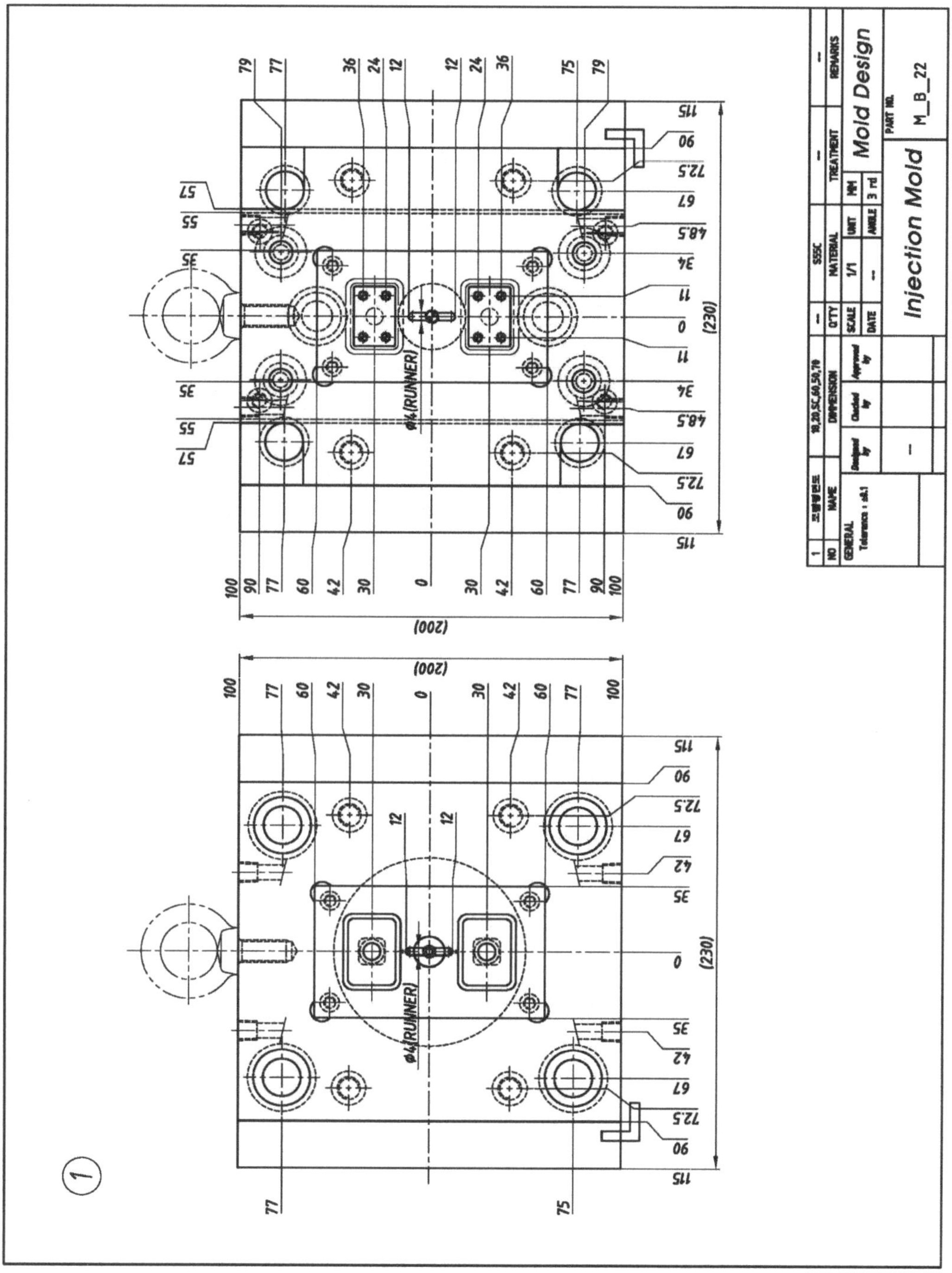
①
Injection Mold
Mold Design
M_B_22
ø4(RUNNER)
SS5C
Tolerance : ±0.1

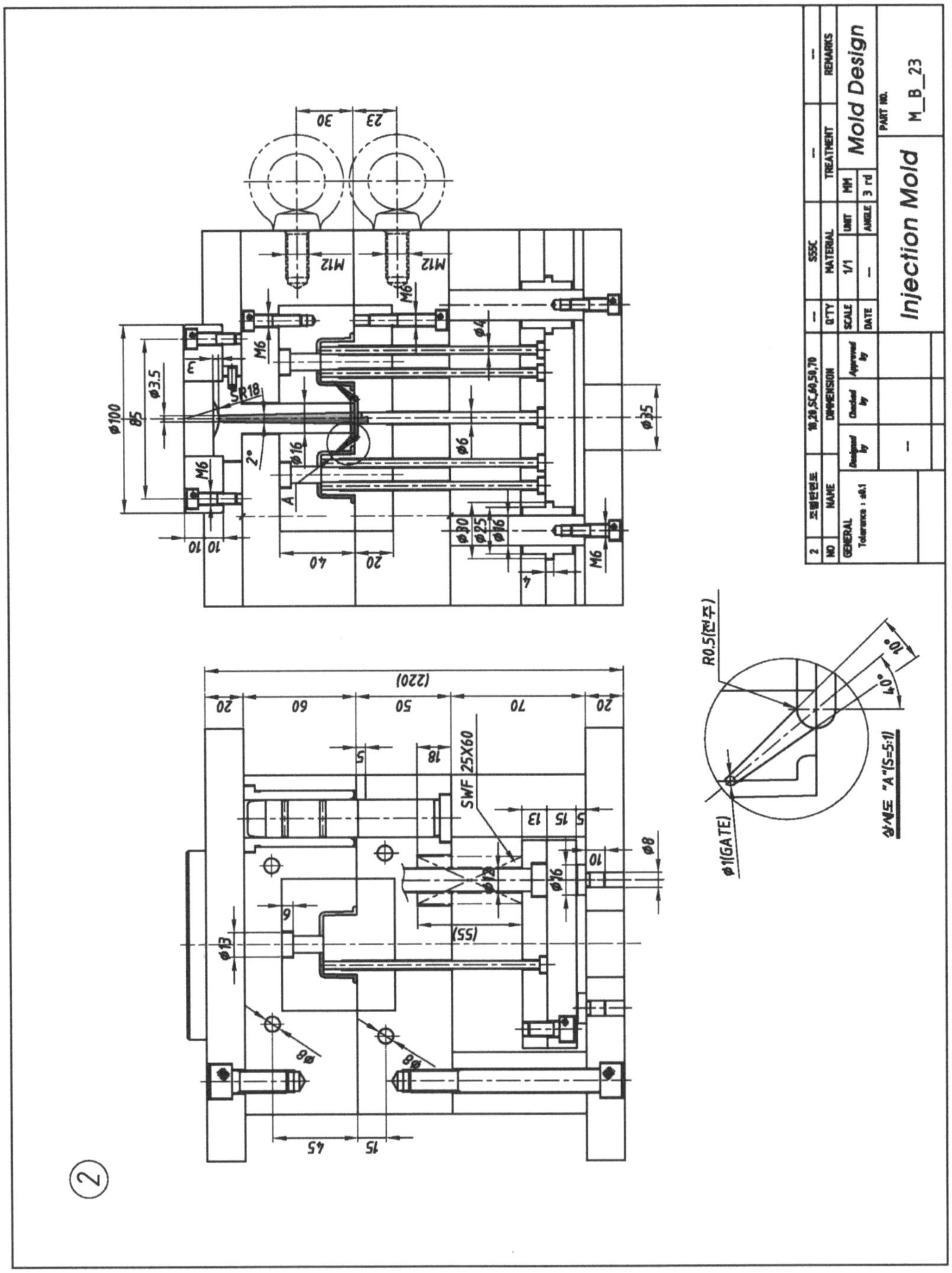
②
Injection Mold
Mold Design
M_B_23
상세도 "A"(S=5:1)
ϕ1(GATE)
R0.5(전주)
SWF 25X60
(220)

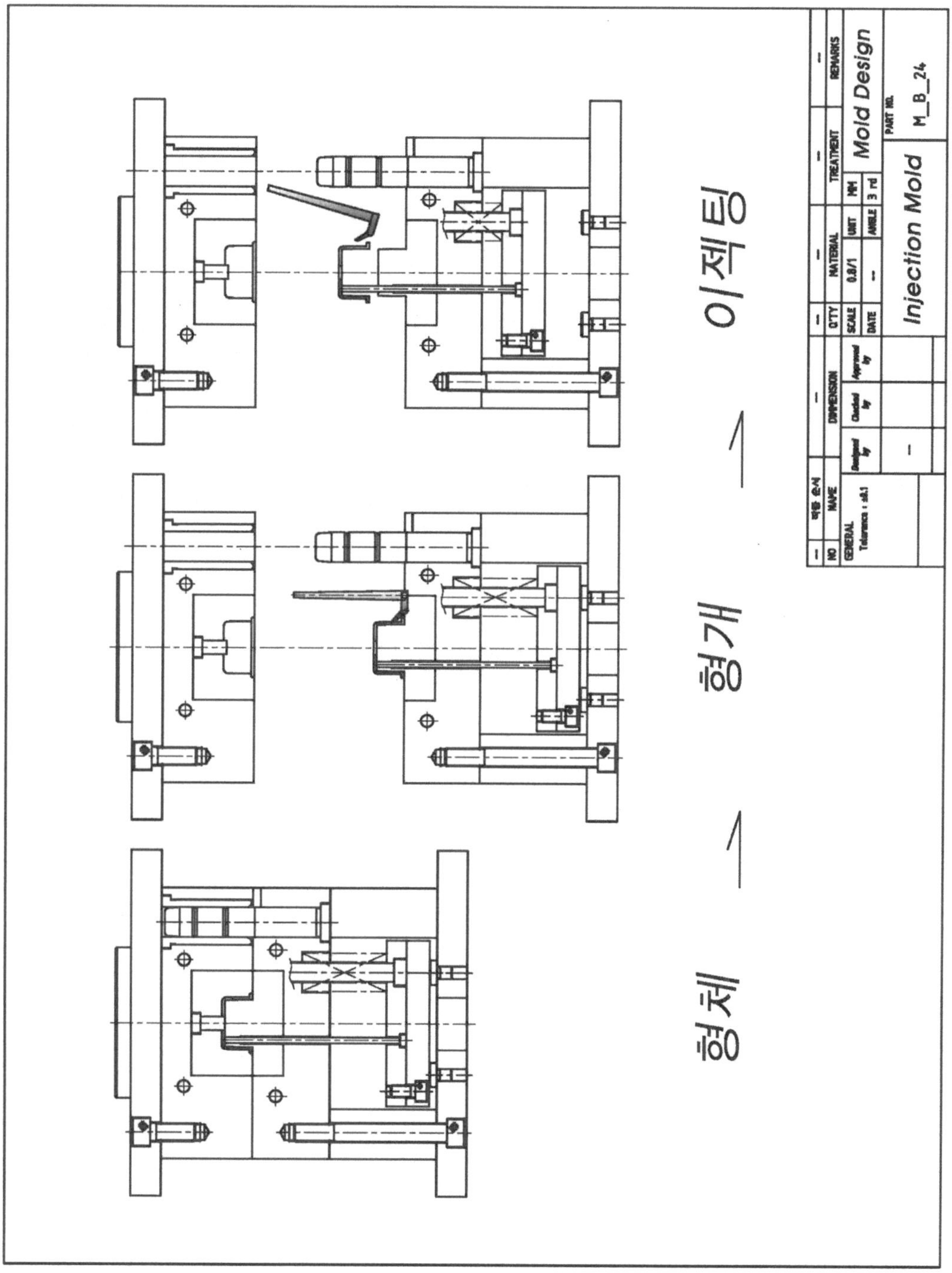
형체
형개
이젝팅
Mold Design
Injection Mold
M_B_24
NO
NAME
Q'TY
MATERIAL
TREATMENT
REMARKS
SCALE
0.8/1
UNIT
MM
DATE
ANGLE
3 rd
PART NO.
DIMMENSION
GENERAL

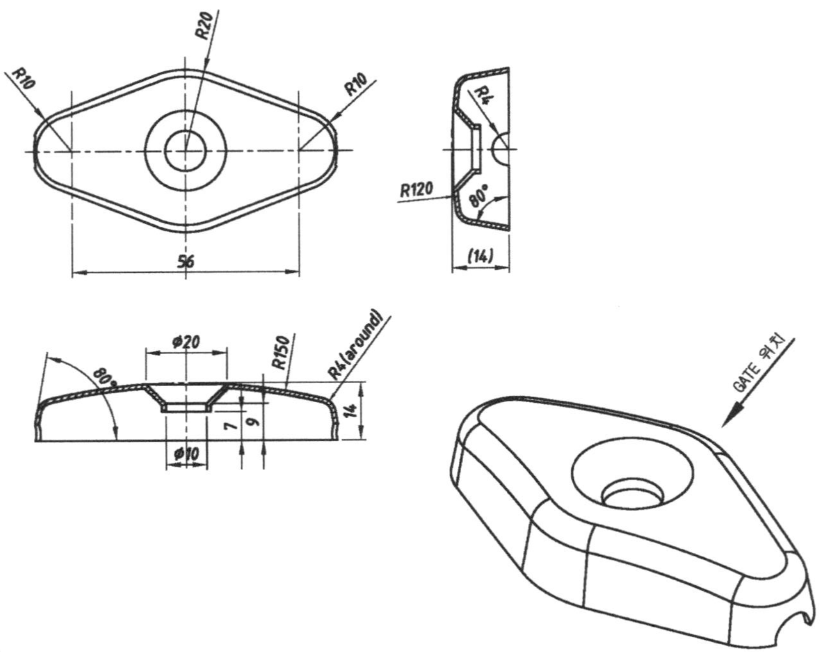

<u>NOTE</u>

1.Material(수지) : ABS
2.Shrinkage(수축률) : 0.005
3.Cavity Layout : 1X2(캐비티수)
4.Gate Type : SIDE GATE
5.평균 살두께 : 1mm
6.냉각방식 : 코어 냉각

—	제품도	—	—	—	—	—
NO	NAME	DIMMENSION	Q'TY	MATERIAL	TREATMENT	REMARKS
GENERAL Tolerance : ±0.1	Designed by / —	Checked by	Approved by	SCALE 2/1, UNIT MM, DATE --, ANGLE 3 rd	Mold Design	
				Injection Mold	PART NO. M_B_25	

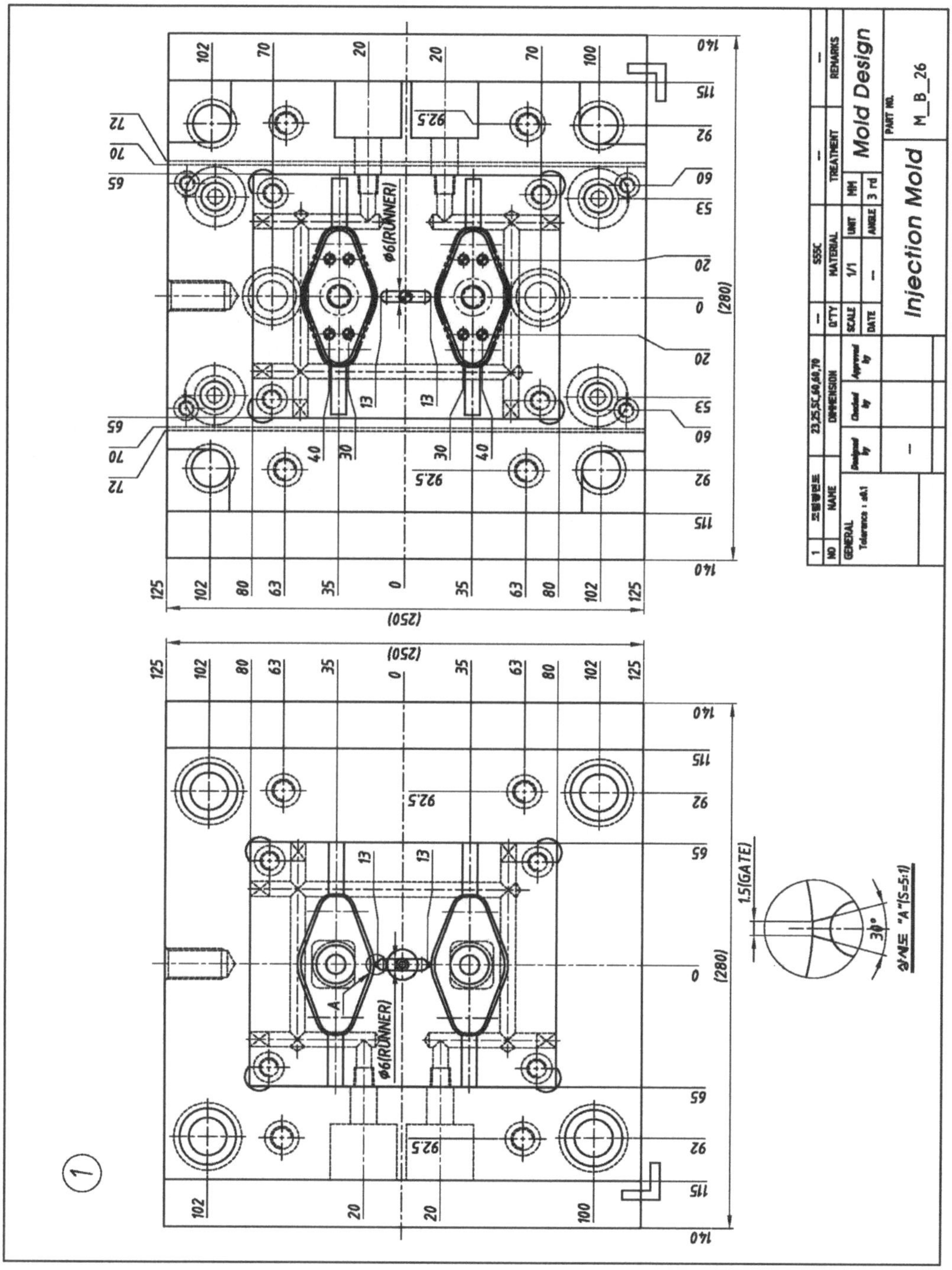
1
Injection Mold
Mold Design
M_B_26

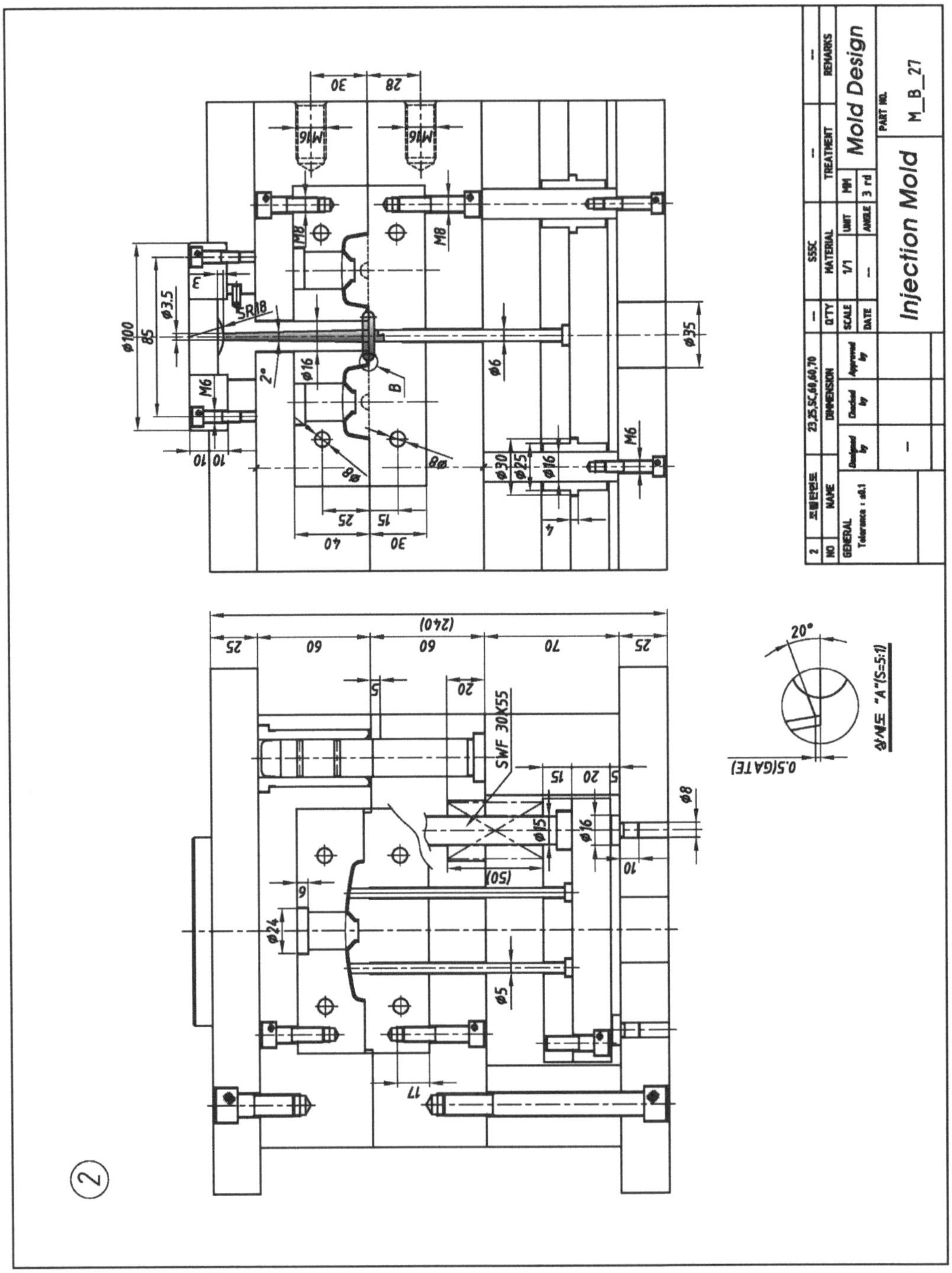
Injection Mold
Mold Design
M_B_27
상세도 "A"(S=5:1)
0.5(GATE)
SWF 30X55

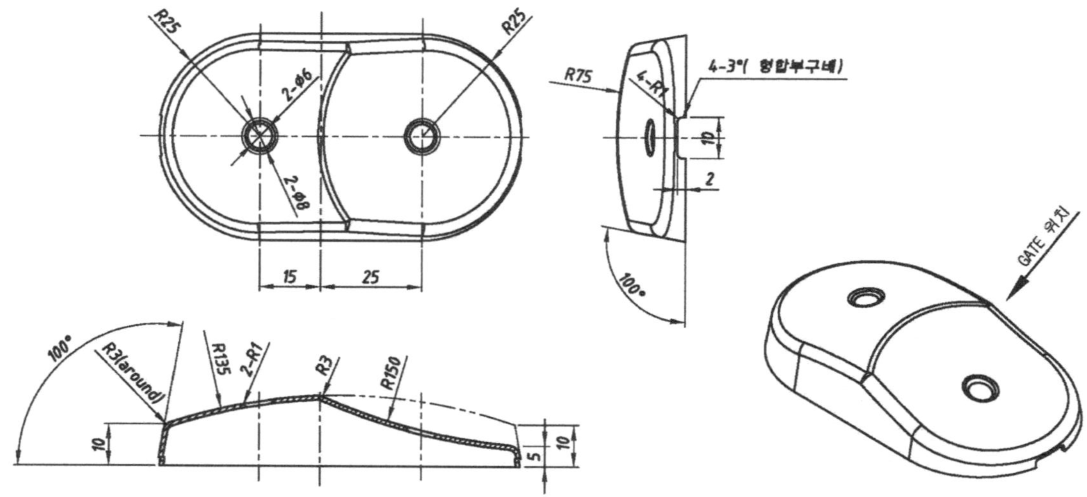

NOTE

1.Material(수지) : ABS
2.Shrinkage(수축률) : 0.005
3.Cavity Layout : 1X2(캐비티수)
4.Gate Type : OVER LAP GATE
5.평균 살두께 : 1mm
6.형합부 구배 : 3°
7.냉각방식 : 캐비티냉각

—	제품도	—			—	—	—	—
NO	NAME	DIMMENSION			Q'TY	MATERIAL	TREATMENT	REMARKS
GENERAL Tolerance : ±0.1		Designed by	Checked by	Approved by	SCALE 2/1	UNIT MM	Mold Design	
					DATE —	ANGLE 3 rd		
		—			Injection Mold		PART NO. M_B_28	

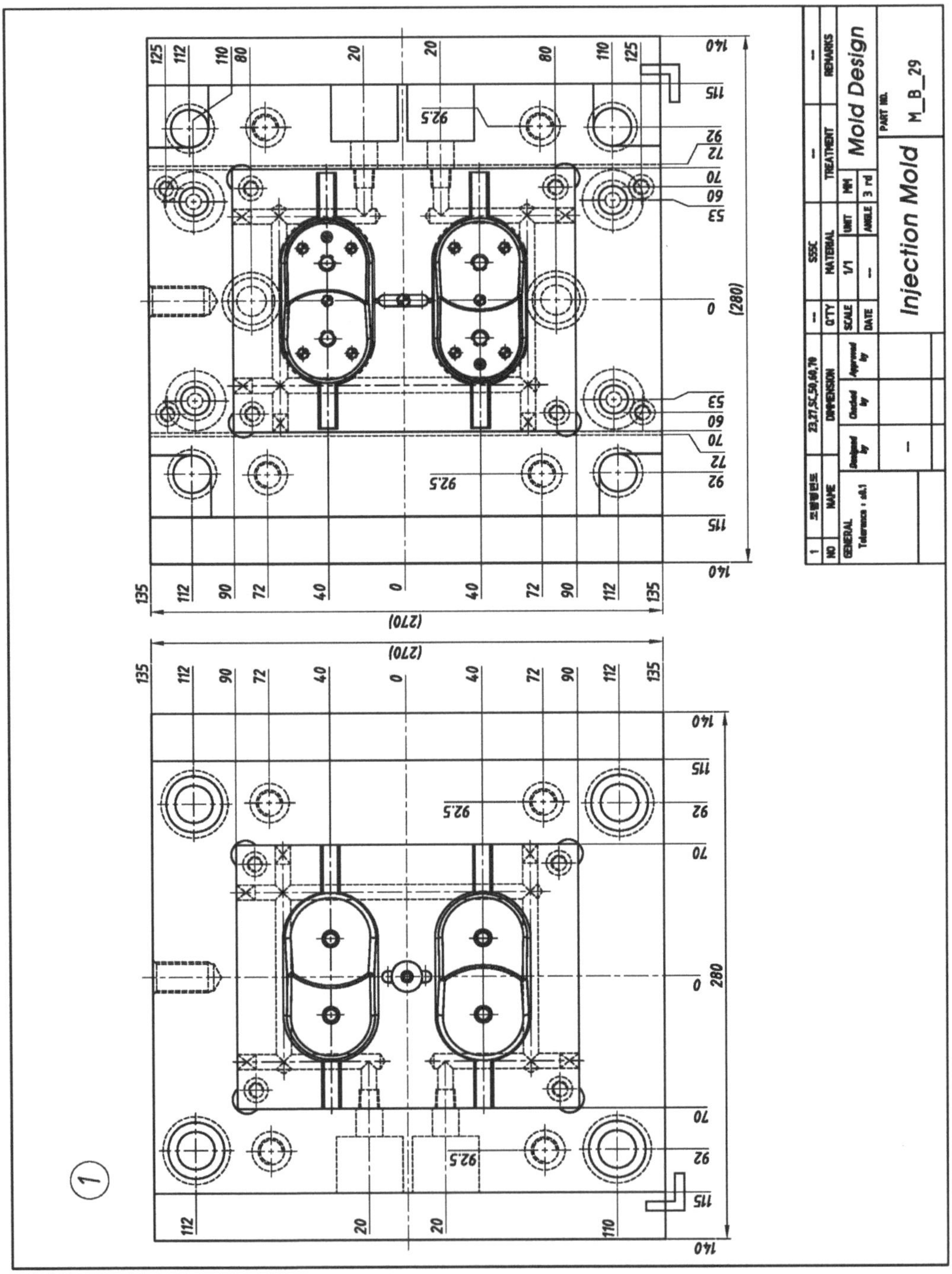
Mold Design
Injection Mold
M_B_29

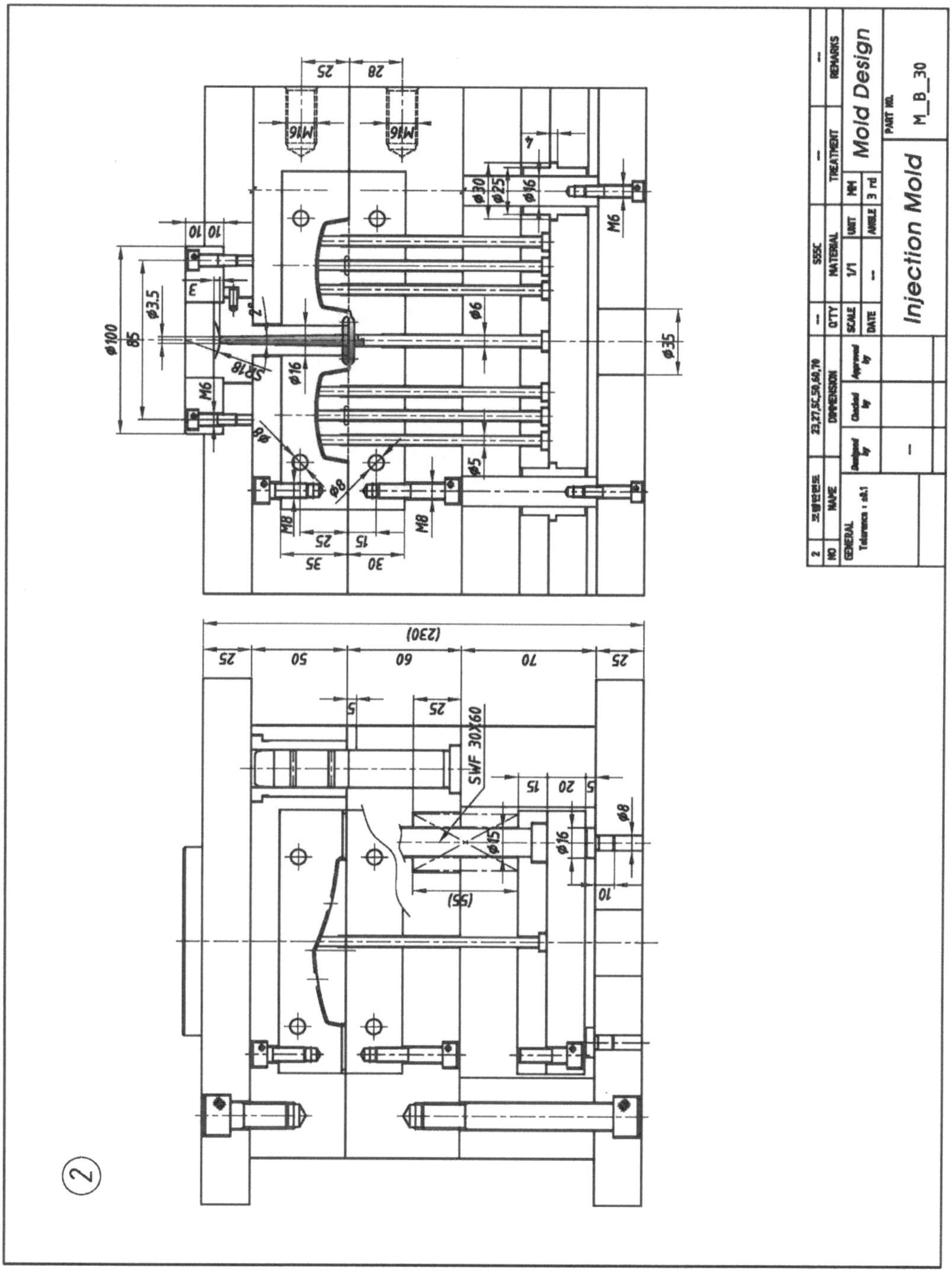
②
Injection Mold
Mold Design
M_B_30
S55C
MATERIAL
TREATMENT
REMARKS
SCALE
1/1
UNIT
MM
ANGLE
3 rd
PART NO.

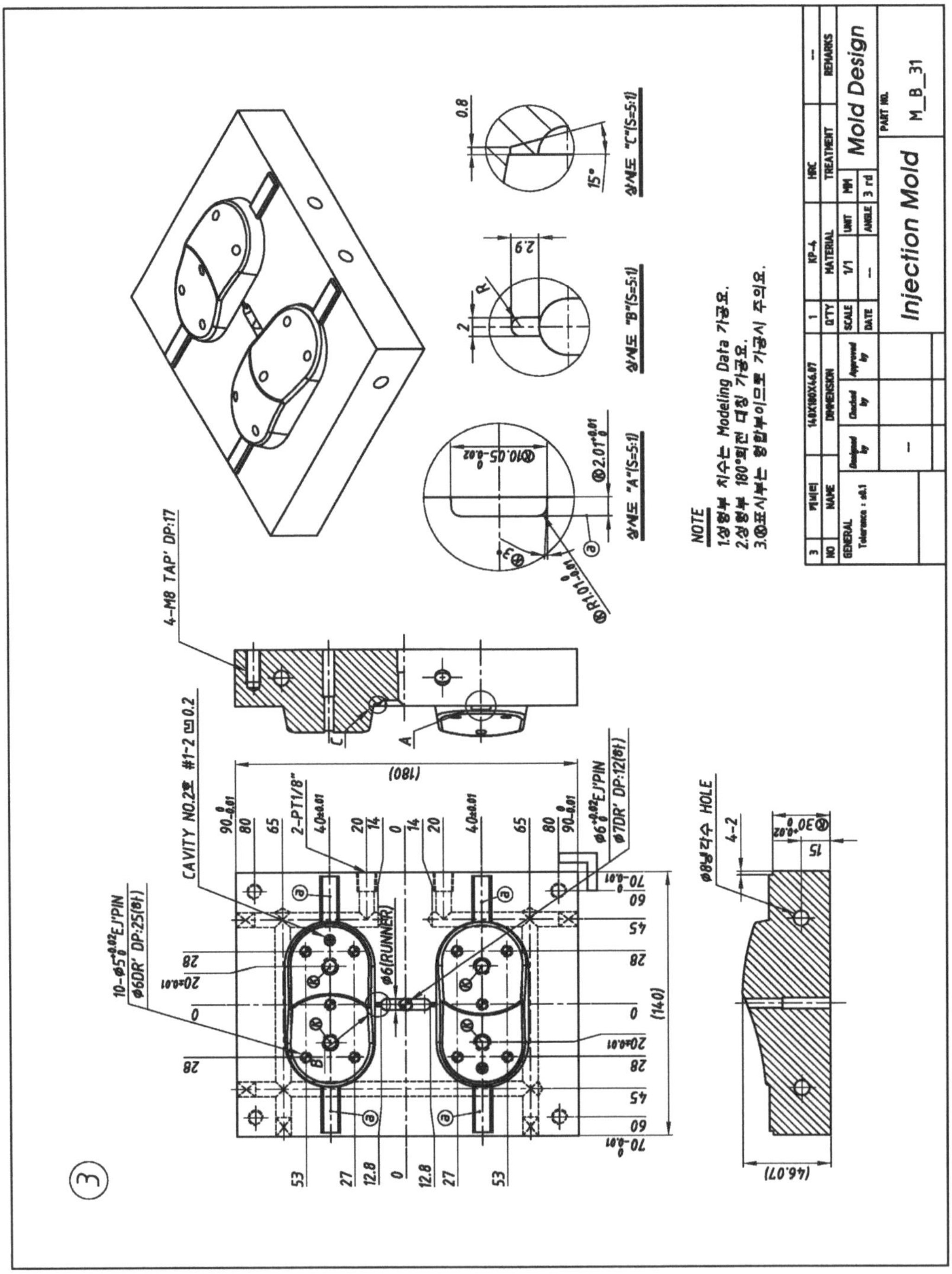
③
NOTE
1.성형부 치수는 Modeling Data 가공요.
2.성형부 180°회전 대칭 가공요.
3.ⓐ표시부는 형합부이므로 가공시 주의요.
상세도 "A"(S=5:1)
상세도 "B"(S=5:1)
상세도 "C"(S=5:1)
CAVITY NO.2호 #1-2 면 0.2
4-M8 TAP' DP:17
Injection Mold
Mold Design
M_B_31

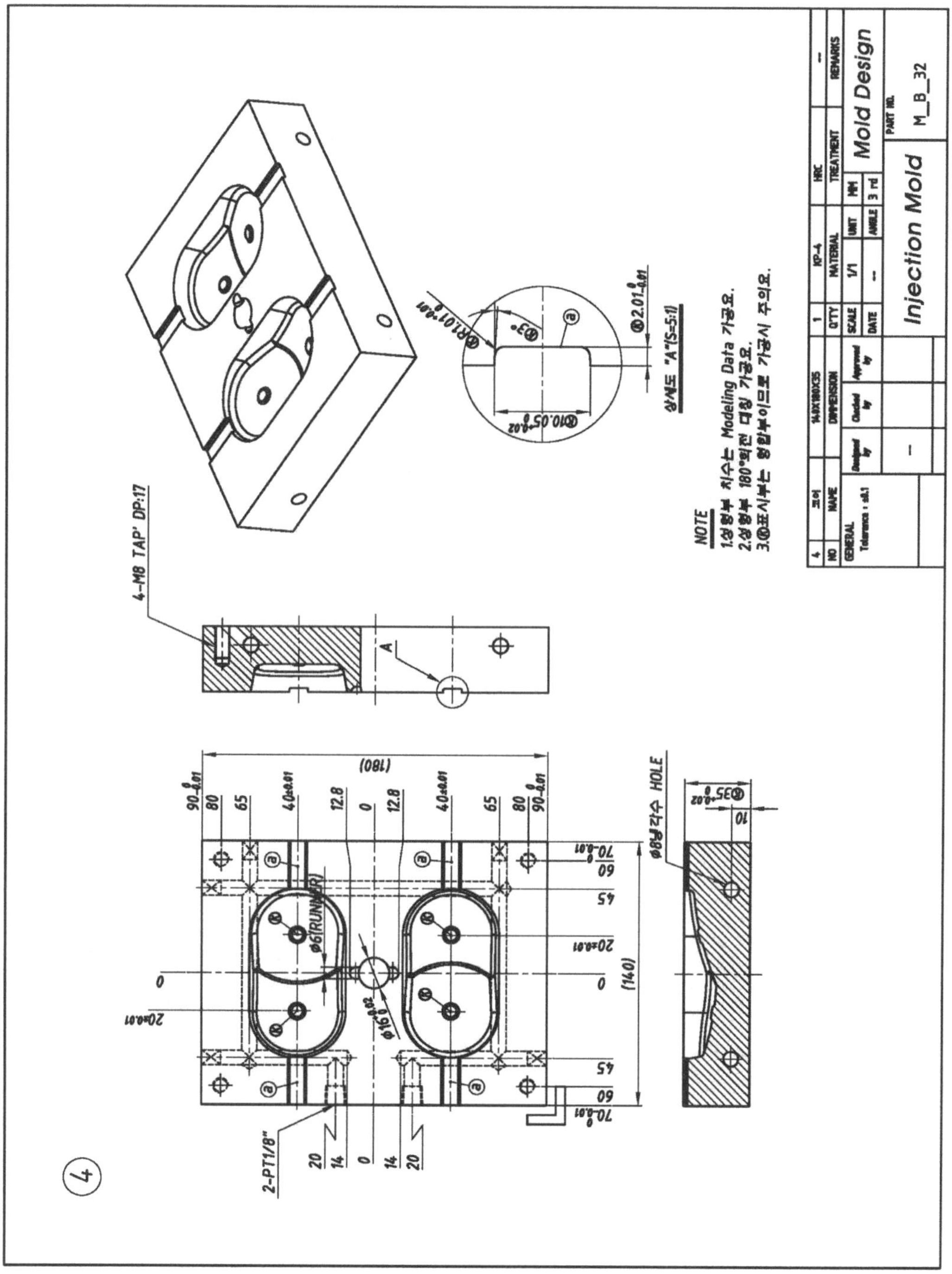
4
4-M8 TAP' DP:17
2-PT1/8"
φ6(RUNNER)
φ8냉각수 HOLE
상세도 "A"(S=5:1)
NOTE
1.성형부 치수는 Modeling Data 가공요.
2.성형부 180°회전 대칭 가공요.
3.ⓐ표시부는 열합부이므로 가공시 주의요.
4 코어 140X180X35 1 KP-4 HRC -
NO NAME DIMENSION Q'TY MATERIAL TREATMENT REMARKS
GENERAL Tolerance : ±0.1
SCALE 1/1 UNIT MM
DATE -- ANGLE 3 rd
Mold Design
Injection Mold
PART NO.
M_B_32

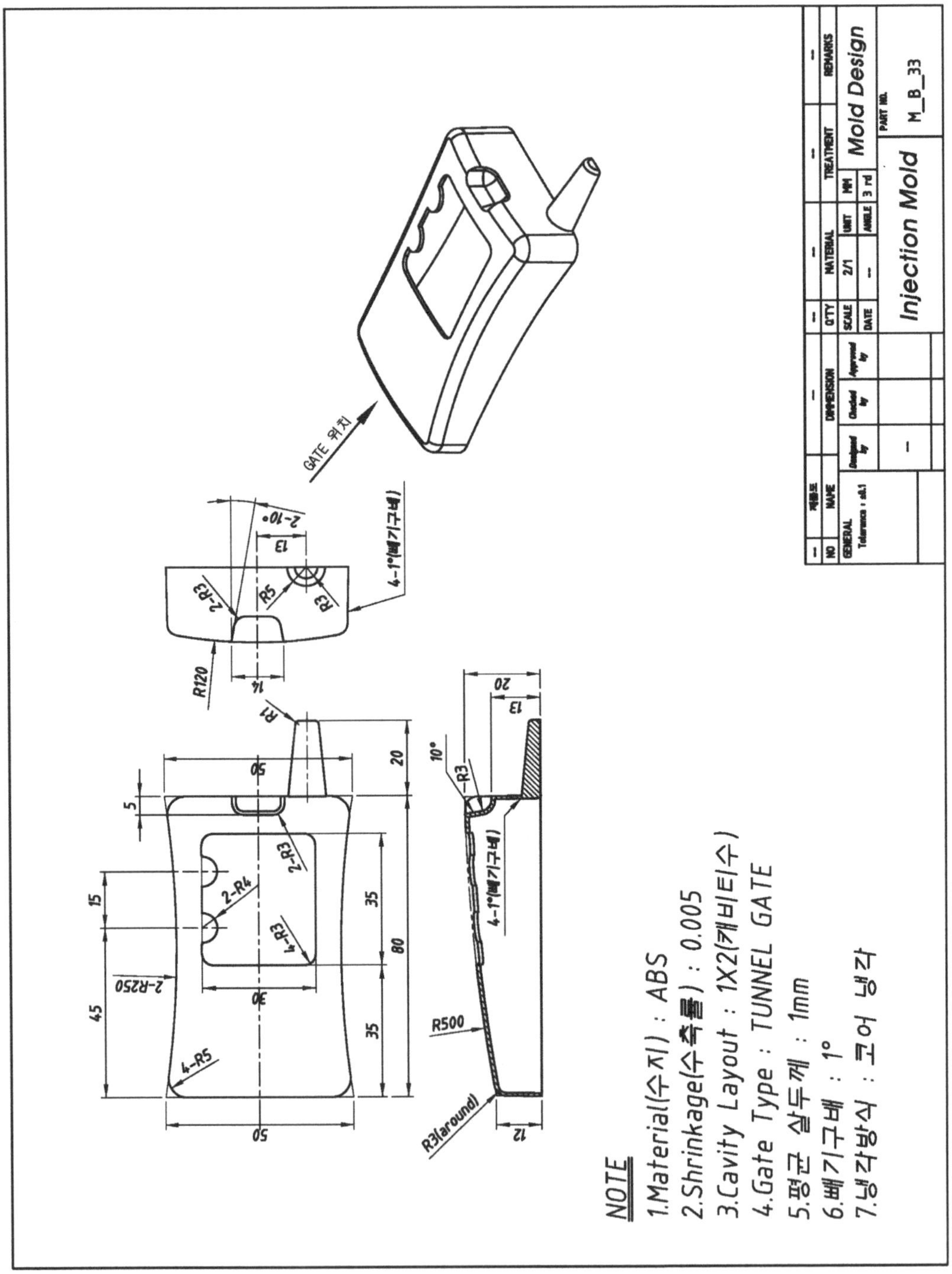
GATE 위치
4-1°(빼기구배)
2-10°
R120
2-R3
R5
R3
13
14
R1
20
50
5
15
2-R4
2-R3
4-R3
35
80
45
2-R250
30
4-R5
R500
R3(around)
12
10°
R3
NOTE
1.Material(수지) : ABS
2.Shrinkage(수축률) : 0.005
3.Cavity Layout : 1X2(캐비티수)
4.Gate Type : TUNNEL GATE
5.평균 살두께 : 1mm
6.빼기구배 : 1°
7.냉각방식 : 코어 냉각
Mold Design
Injection Mold
PART NO.
M_B_33
SCALE 2/1
UNIT MM
ANGLE 3 rd

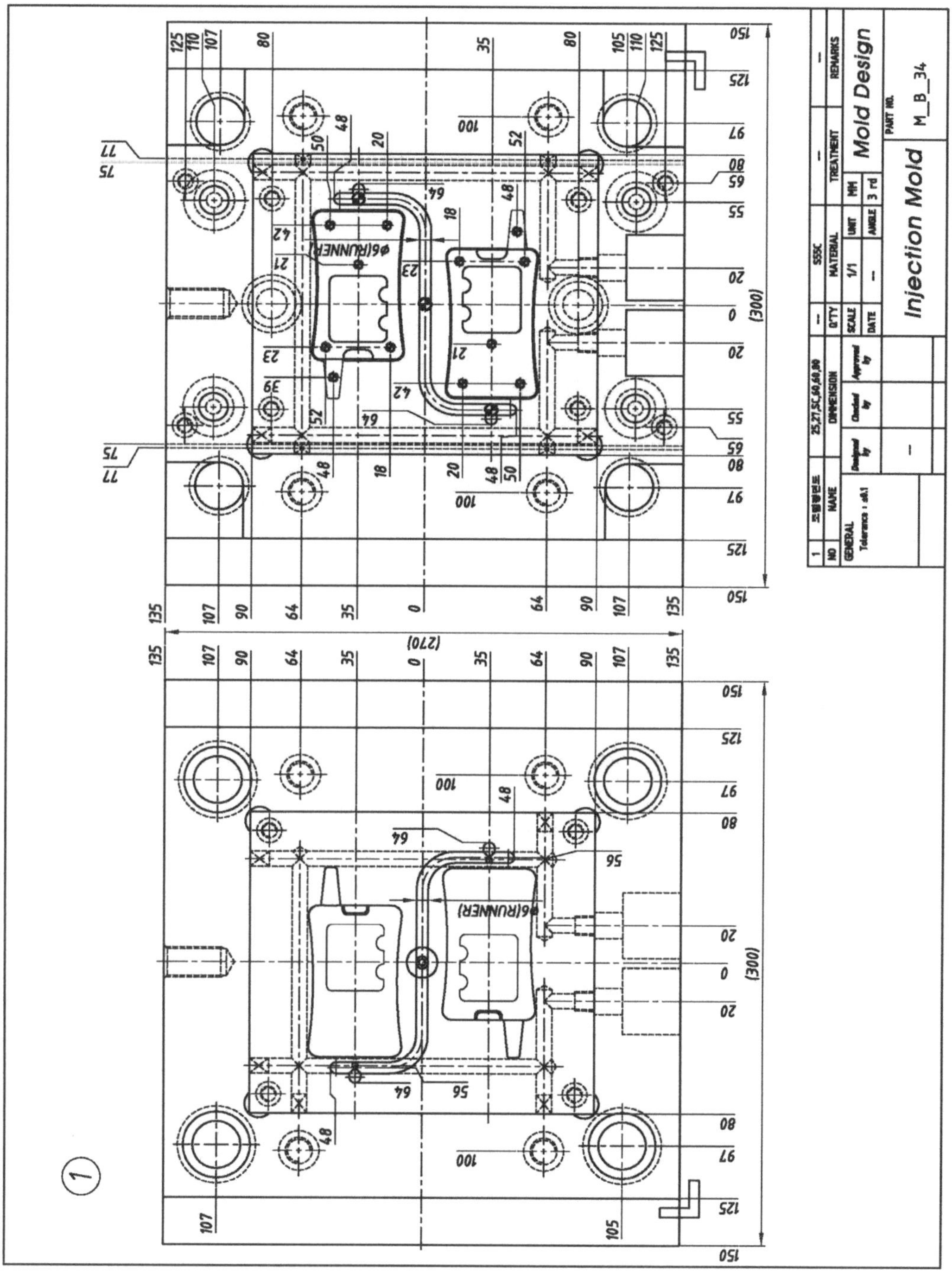
①
Injection Mold
Mold Design
M_B_34
φ6(RUNNER)
(300)
(270)

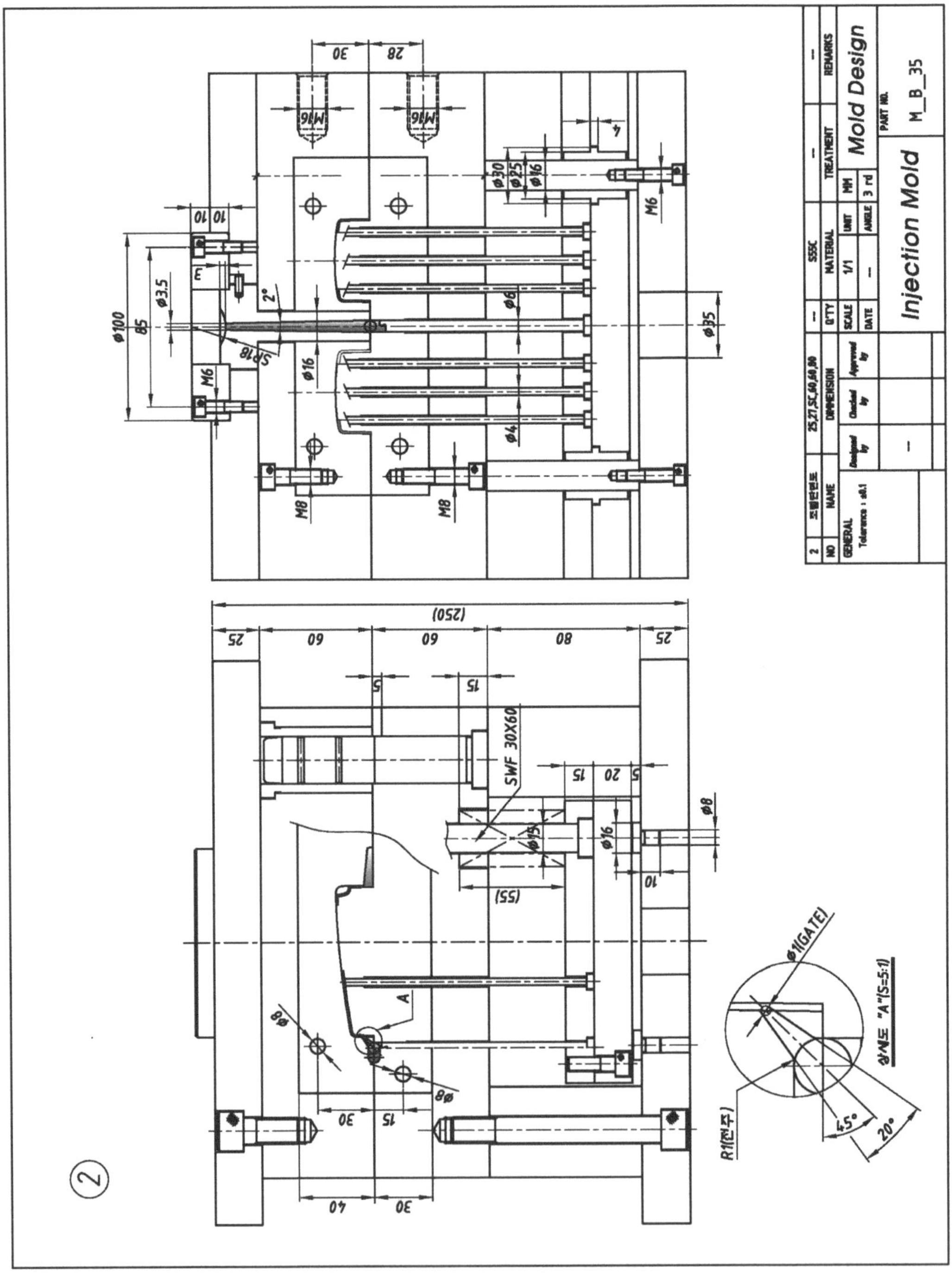
Injection Mold
Mold Design
M_B_35
조립단면도
S55C
Tolerance : ±0.1

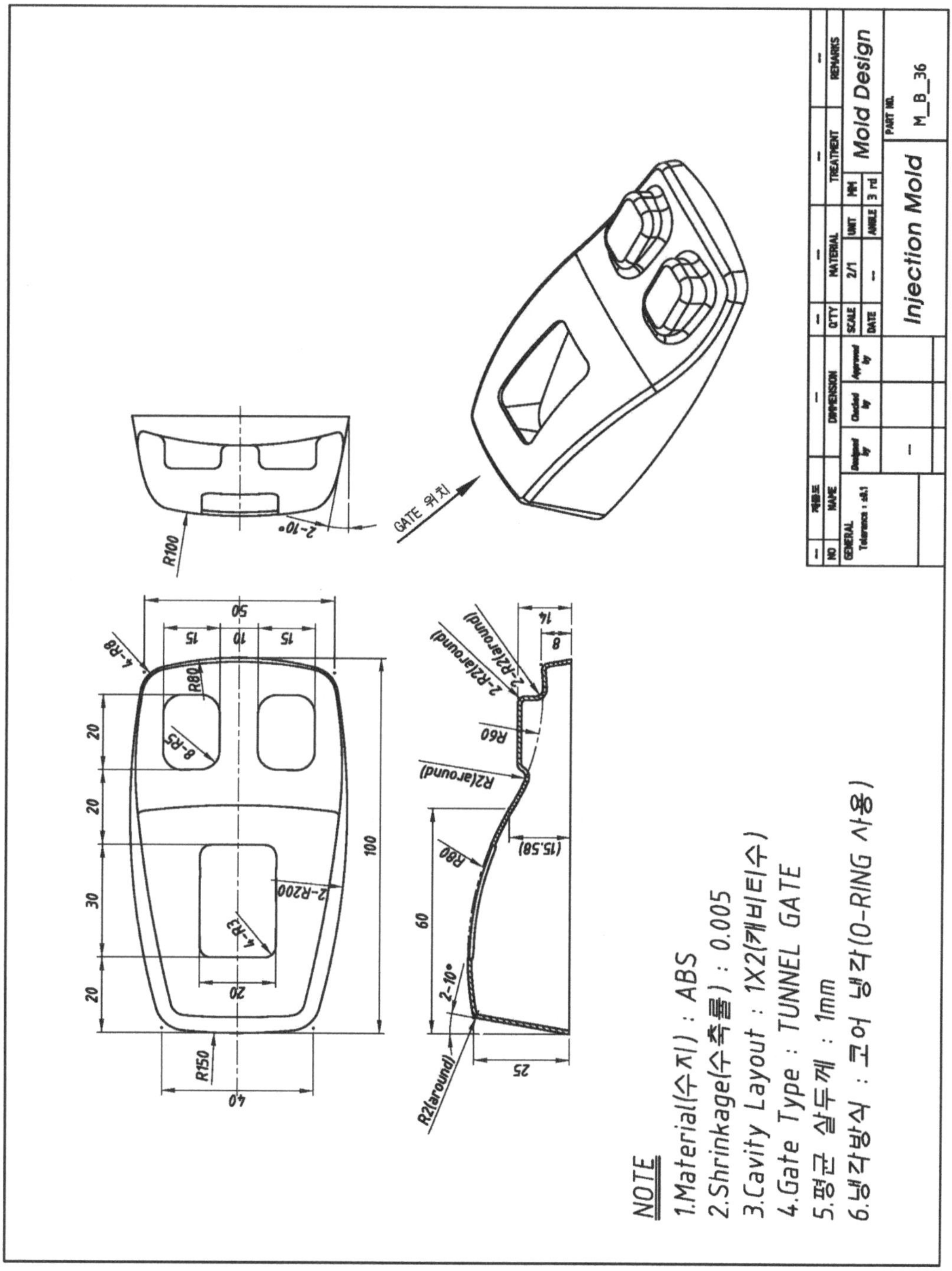
NOTE
1.Material(수지) : ABS
2.Shrinkage(수축률) : 0.005
3.Cavity Layout : 1X2(캐비티수)
4.Gate Type : TUNNEL GATE
5.평균 살두께 : 1mm
6.냉각방식 : 코어 냉각(O-RING 사용)
GATE 위치
Mold Design
Injection Mold
PART NO.
M_B_36
SCALE 2/1
UNIT MM
ANGLE 3 rd

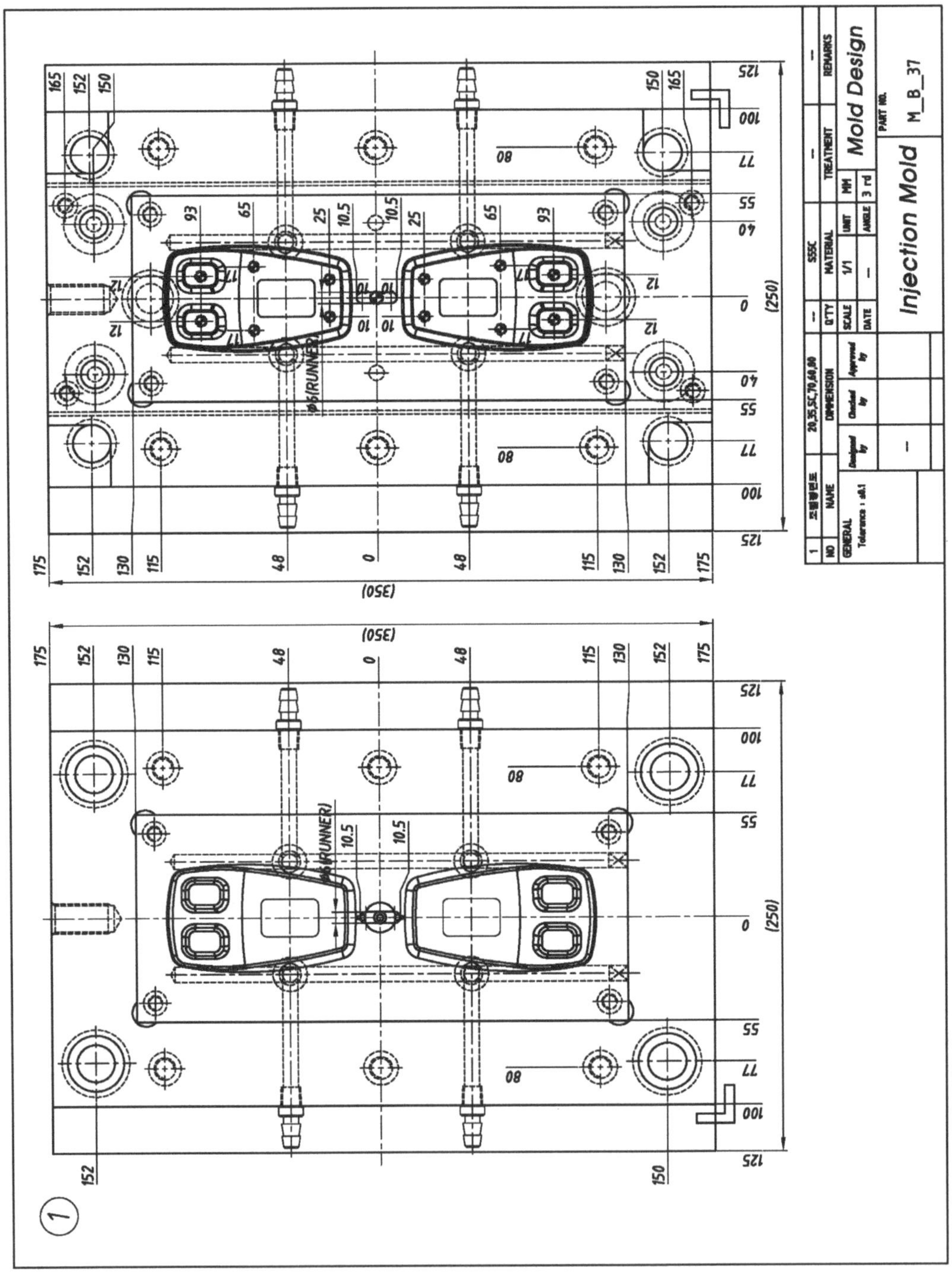
Injection Mold
Mold Design
M_B_37

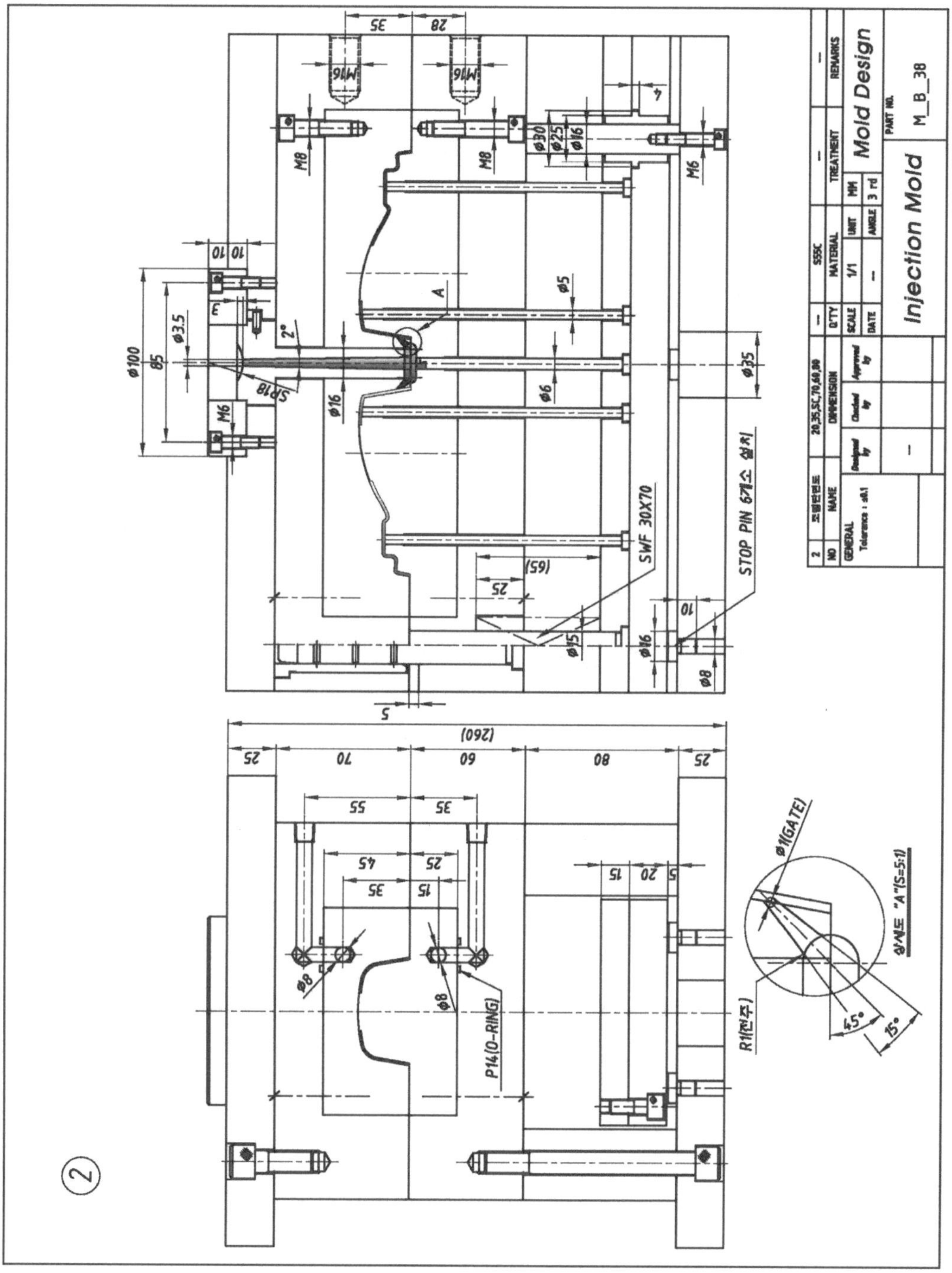
②
Injection Mold
Mold Design
PART NO.
M_B_38
NO
NAME
DIMENSION
Q'TY
MATERIAL
TREATMENT
REMARKS
2
20,35,SC,70,60,80
SS5C
GENERAL
Tolerance : ±0.1
SCALE
1/1
UNIT
MM
DATE
ANGLE
3 rd
Designed by
Checked by
Approved by
SWF 30X70
STOP PIN 6개소 설치
P14(O-RING)
R1(전주)
Ø1(GATE)
상세도 "A"(S=5:1)
45°
15°
SR18
Ø100
85
Ø3.5
Ø16
Ø35
Ø30
Ø25
Ø15
Ø8
Ø6
Ø5
M16
M8
M6
(260)
(65)
2°
A

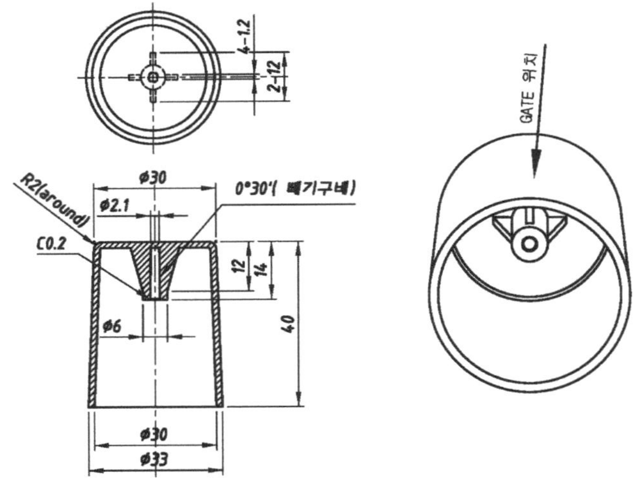

NOTE

1.Material(수지) : ABS
2.Shrinkage(수축률) : 0.005
3.Cavity Layout : 1X4(캐비티수)
4.Gate Type : TUNNEL GATE
5.EJECTOR 방식 : STRIPPER PLATE & EJECTOR SLEEVE 방식
6.빼기구배 : 0°30'
7.MOLD BASE TYPE : SB
8.냉각방식 : 원판 냉각

—	제품도	—			—	—	—	—
NO	NAME	DIMMENSION			Q'TY	MATERIAL	TREATMENT	REMARKS
GENERAL Tolerance : ±0.1		Designed by	Checked by	Approved by	SCALE 2/1 UNIT MM		Mold Design	
					DATE -- ANGLE 3 rd			
		—			Injection Mold		PART NO. M_B_39	

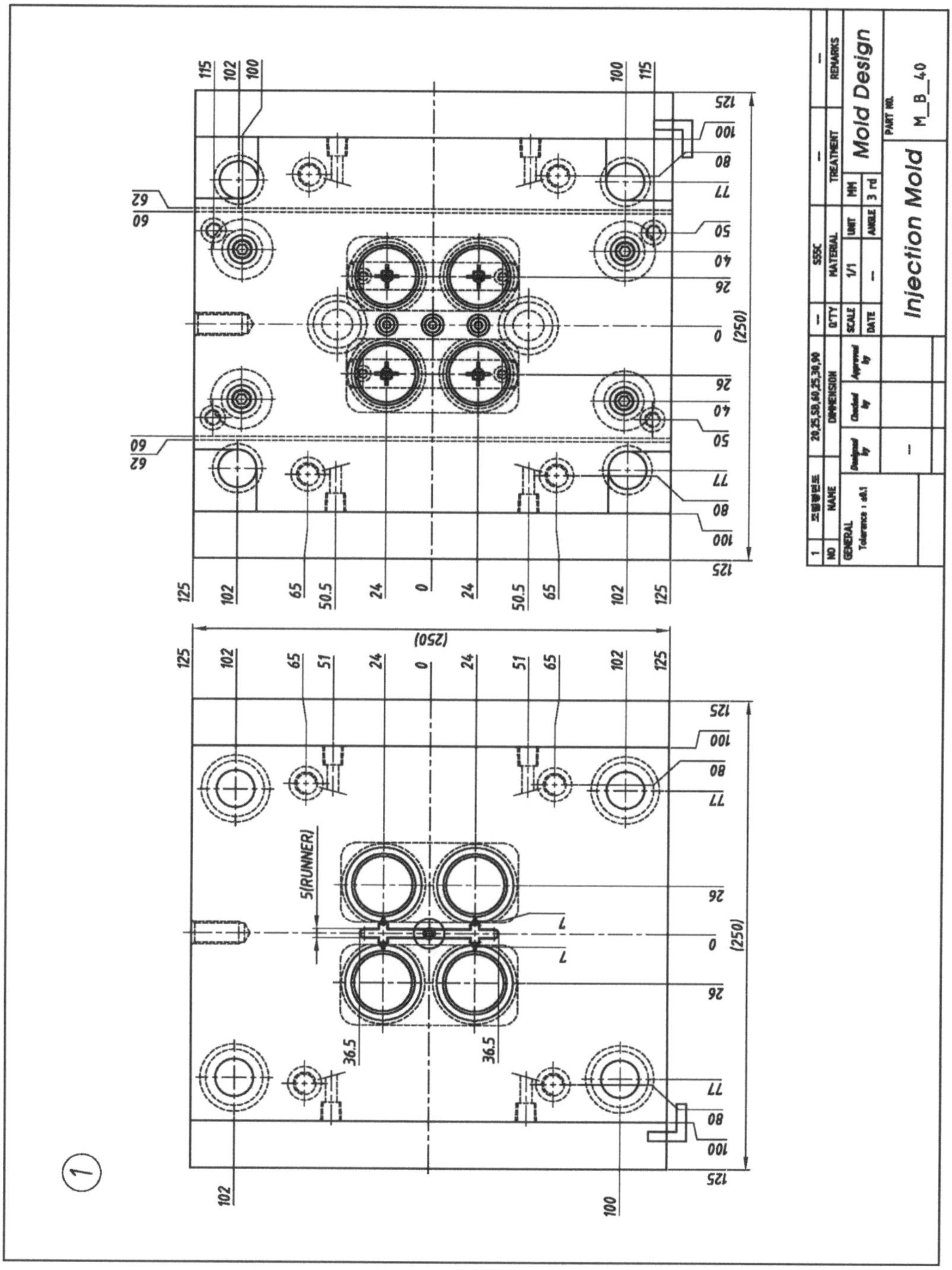
Injection Mold
Mold Design
M_B_40

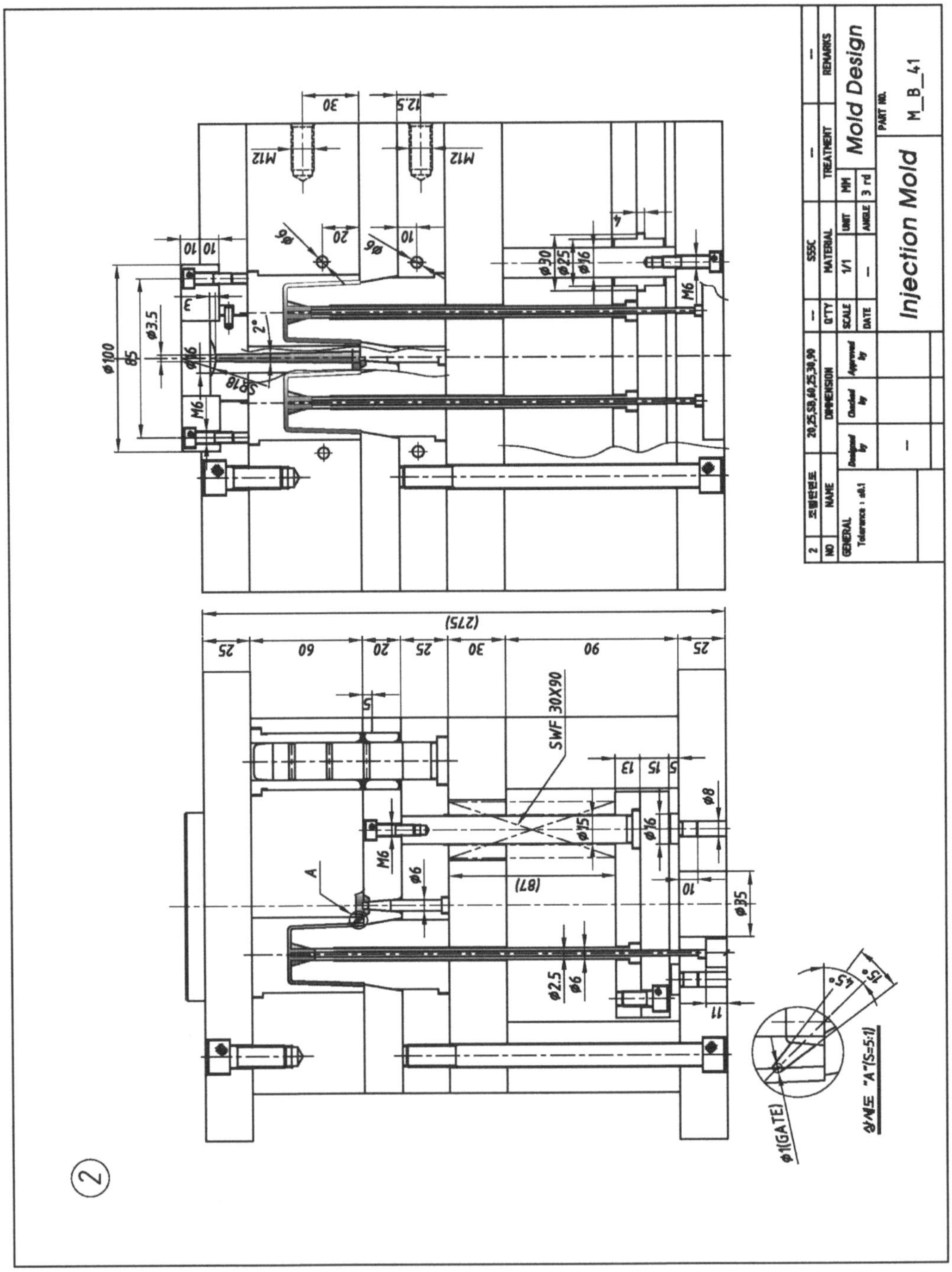
②
Injection Mold
Mold Design
PART NO.
M_B_41
SWF 30X90
(275)

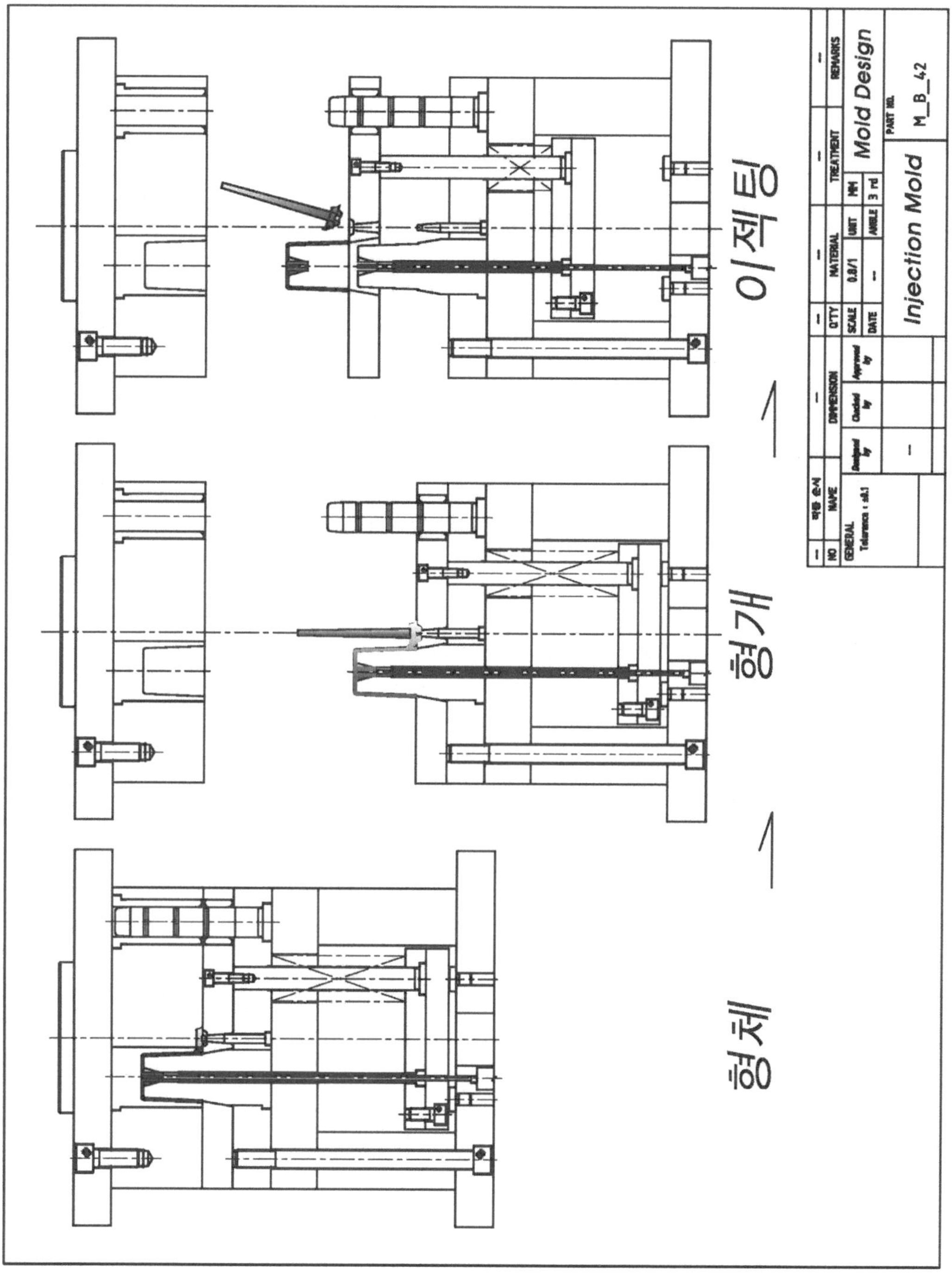
형폐
형개
이젝팅
Mold Design
Injection Mold
M_B_42
NO
NAME
GENERAL
DIMMENSION
Q'TY
MATERIAL
TREATMENT
REMARKS
SCALE
0.8/1
UNIT
MM
DATE
ANGLE
3 rd
PART NO.

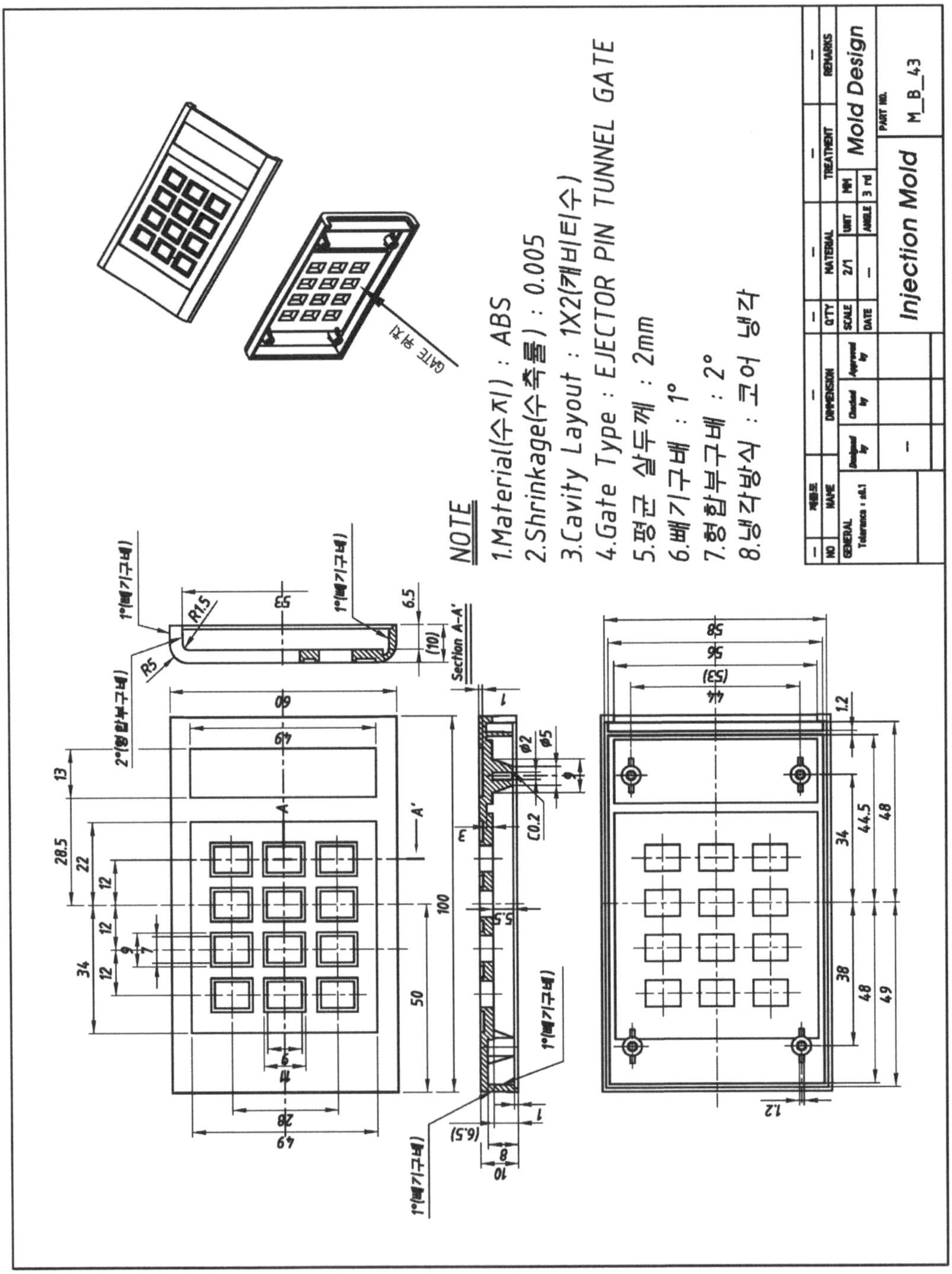
NOTE
1.Material(수지) : ABS
2.Shrinkage(수축률) : 0.005
3.Cavity Layout : 1X2(캐비티수)
4.Gate Type : EJECTOR PIN TUNNEL GATE
5.평균 살두께 : 2mm
6.빼기구배 : 1°
7.형합부구배 : 2°
8.냉각방식 : 코어 냉각
GATE 위치
Section A-A'
Mold Design
Injection Mold
PART NO.
M_B_43

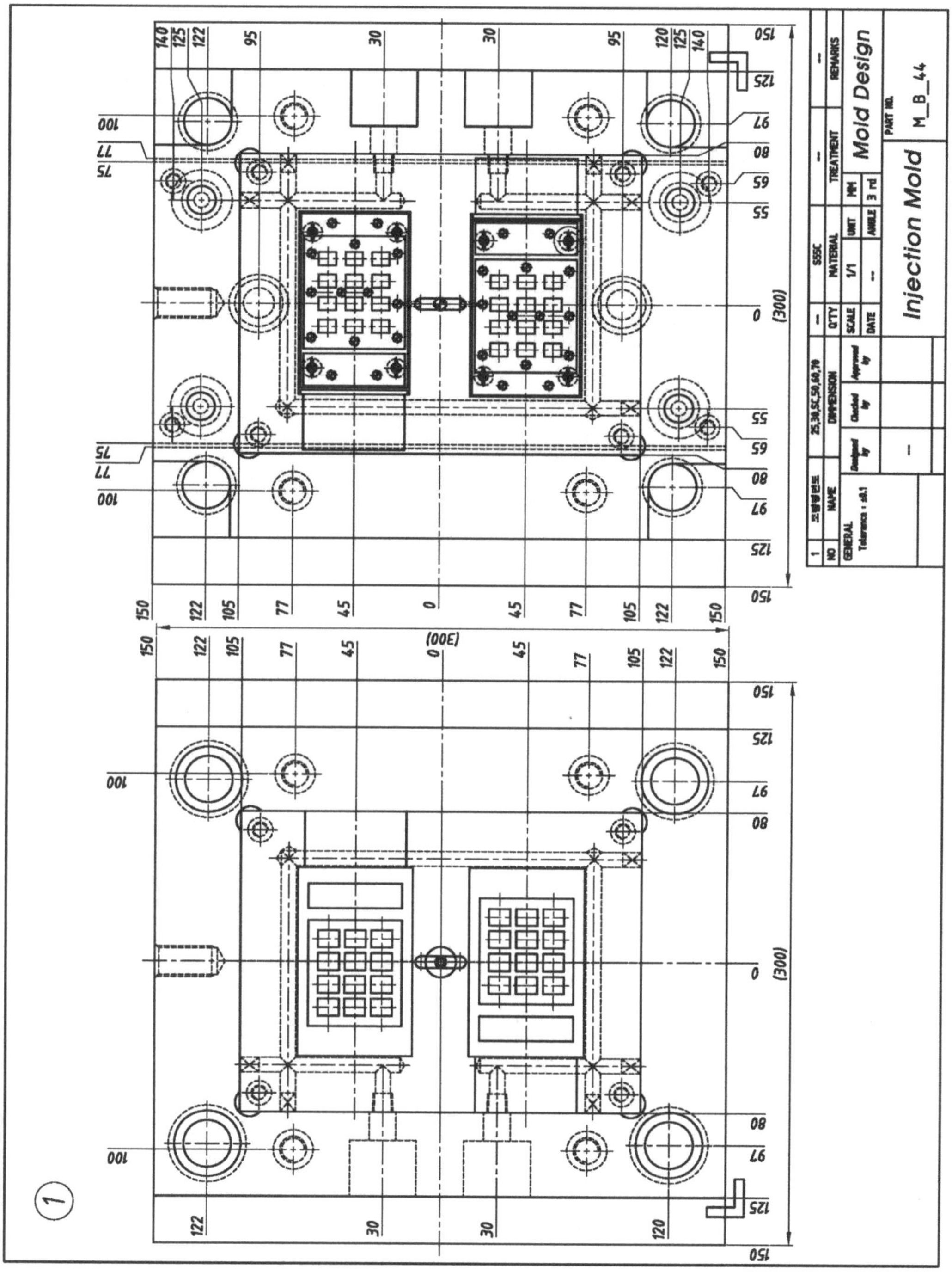
Mold Design
Injection Mold
M_B_44
SCALE 1/1
UNIT MM
ANGLE 3 rd
MATERIAL
TREATMENT
REMARKS
QTY
DIMENSION
NAME
GENERAL
Designed by
Checked by
Approved by
DATE
PART NO.
(300)

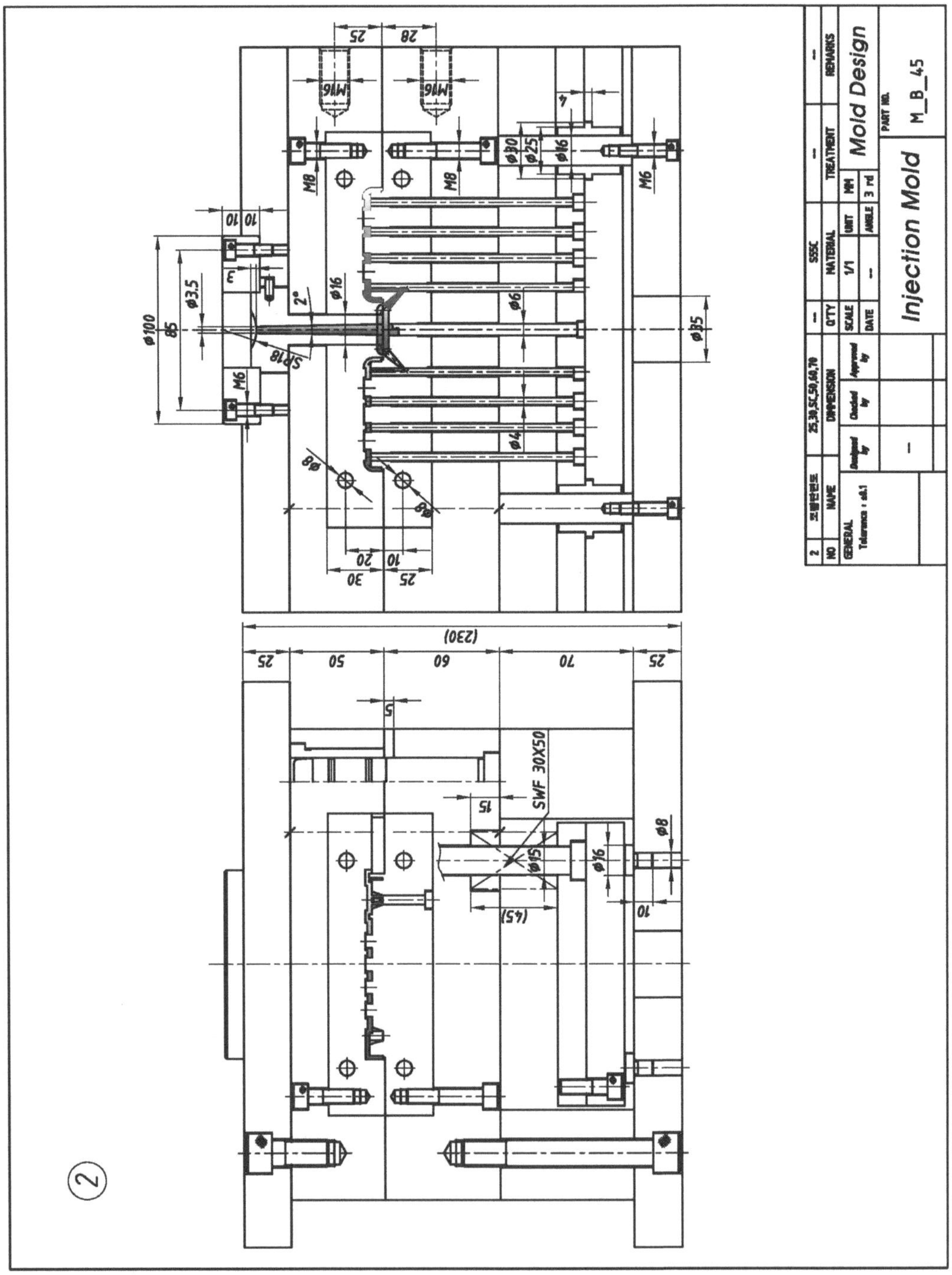
②
Injection Mold
Mold Design
PART NO.
M_B_45
SCALE 1/1
UNIT MM
ANGLE 3 rd
QTY
MATERIAL S55C
TREATMENT
REMARKS
DIMENSION 25,30,50,60,70
NAME 조립단면도
NO 2
GENERAL Tolerance : ±0.1
Designed by
Checked by
Approved by
DATE
SWF 30X50
(230)
(45)
SR18

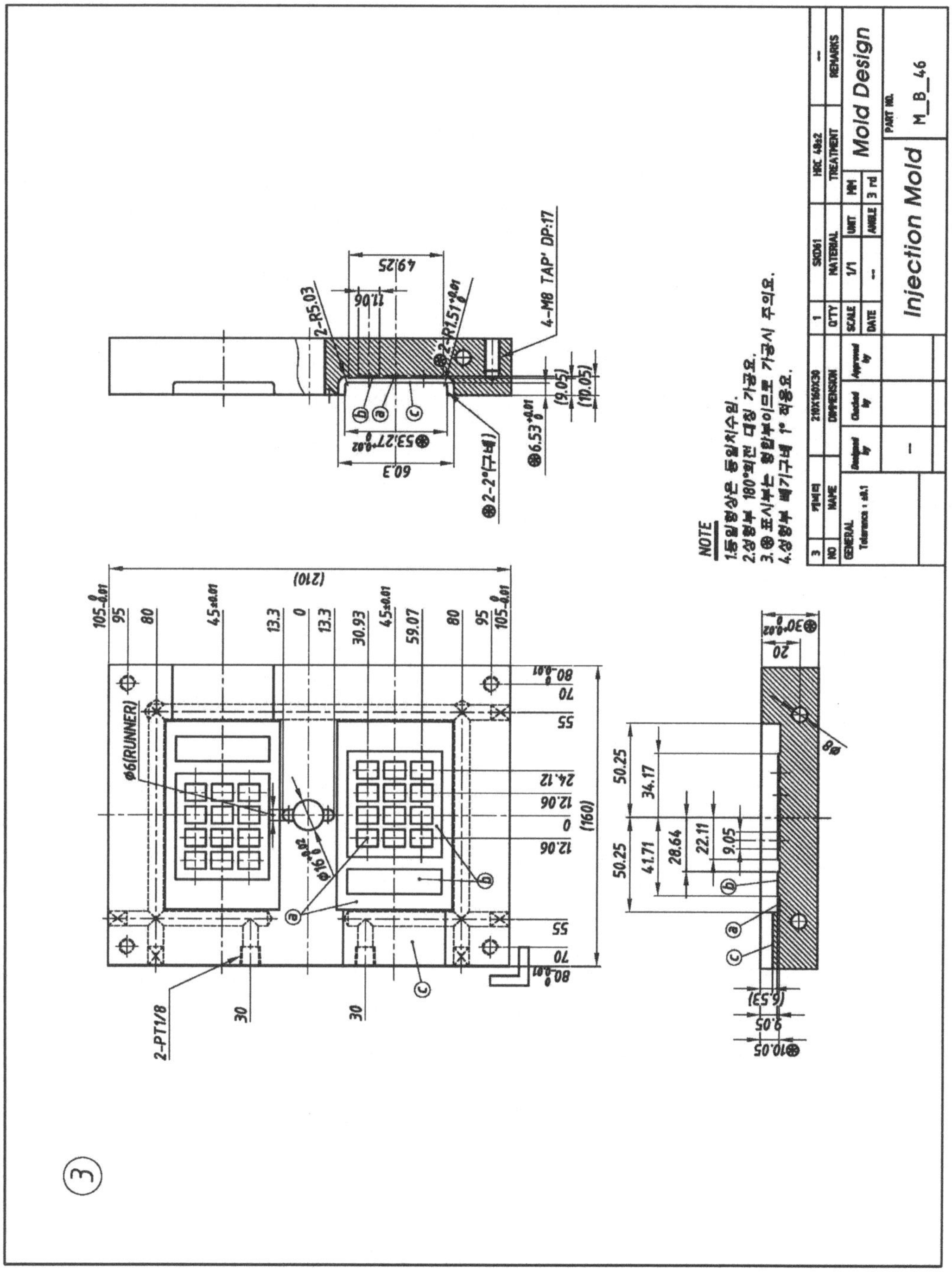
NOTE
1.동일형상은 동일치수임.
2.성형부 180°회전 대칭 가공요.
3.⊕ 표시부는 형합부이므로 가공시 주의요.
4.성형부 빼기구배 1° 적용요.
3 | 캐비티 | 210X160X30 | 1 | SKD61 | HRC 48±2 | -
NO | NAME | DIMENSION | Q'TY | MATERIAL | TREATMENT | REMARKS
GENERAL Tolerance : ±0.1
SCALE 1/1 UNIT MM
DATE -- ANGLE 3 rd
Mold Design
Injection Mold
PART NO. M_B_46
4-M8 TAP' DP:17
2-PT1/8
ø6(RUNNER)

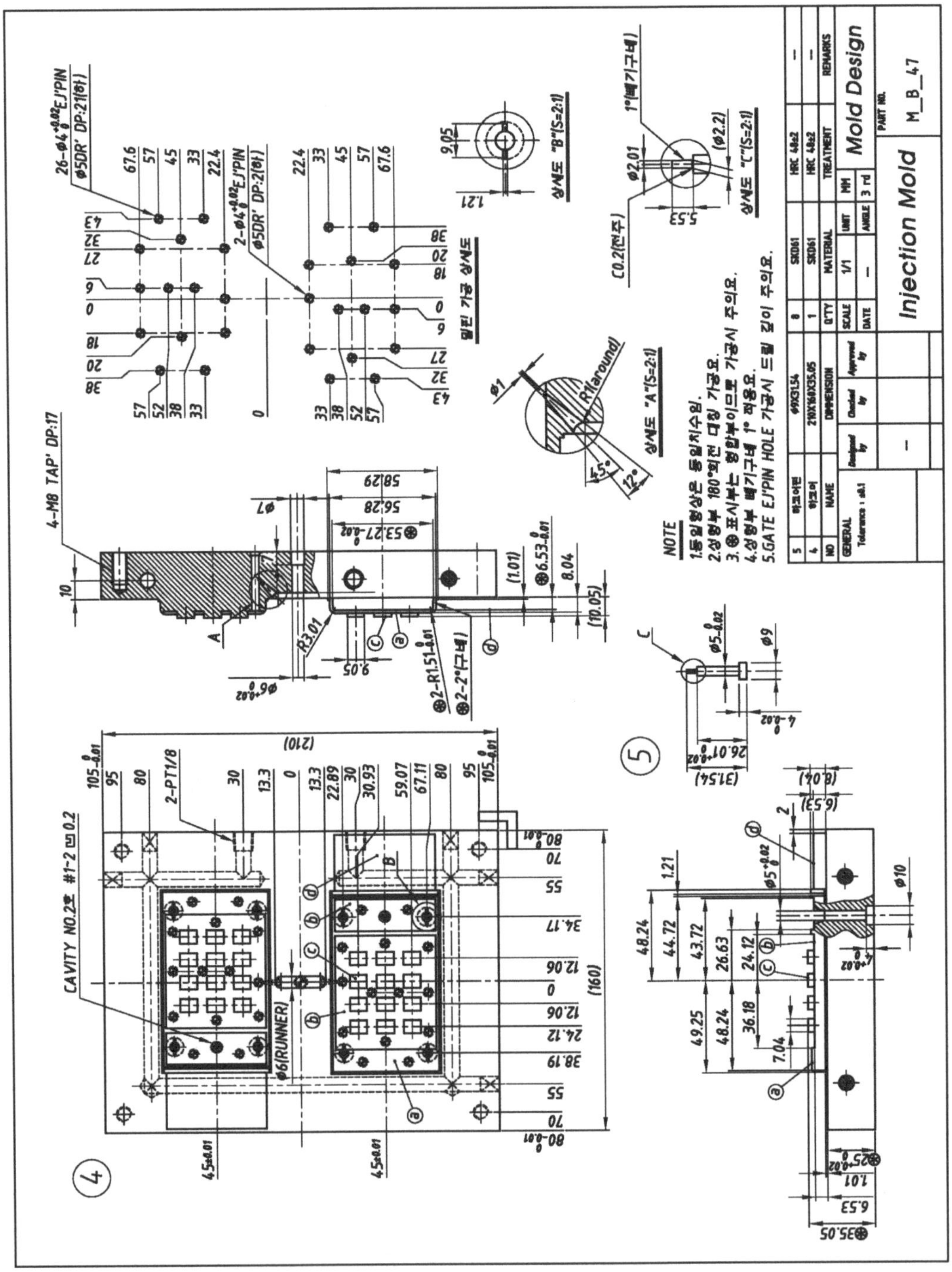
NOTE
1.동일형상은 동일치수임.
2.성형부 180°회전 대칭 가공요.
3.⊕표시부는 형합부이므로 가공시 주의요.
4.성형부 빼기구배 1° 적용요.
5.GATE EJ'PIN HOLE 가공시 드릴 깊이 주의요.
Mold Design
Injection Mold
M_B_47

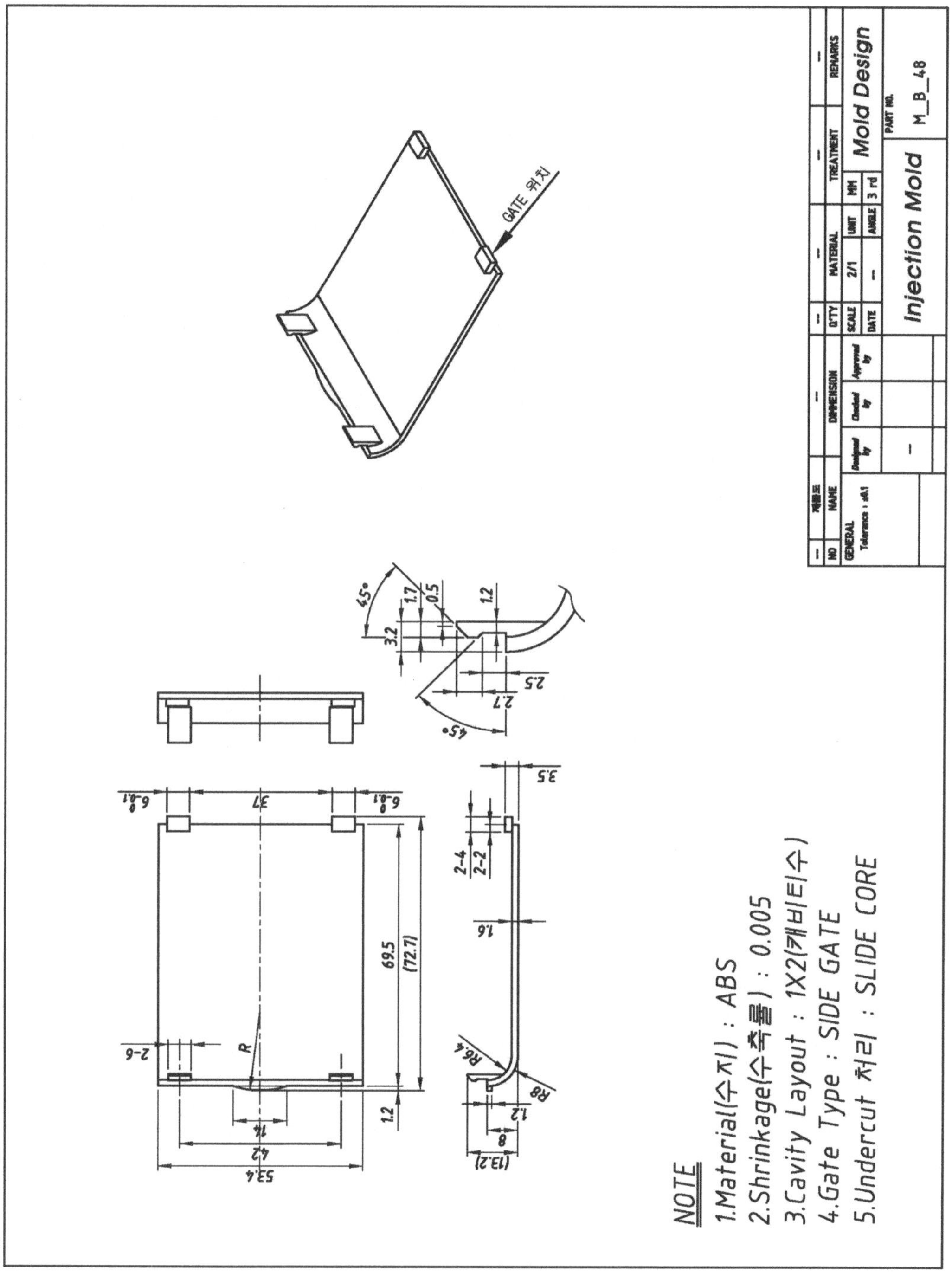
NOTE
1.Material(수지) : ABS
2.Shrinkage(수축률) : 0.005
3.Cavity Layout : 1X2(캐비티수)
4.Gate Type : SIDE GATE
5.Undercut 처리 : SLIDE CORE
GATE 위치
Injection Mold
Mold Design
PART NO.
M_B_48
SCALE 2/1
UNIT MM
ANGLE 3 rd
GENERAL Tolerance : ±0.1
NO NAME QTY MATERIAL TREATMENT REMARKS DIMENSION
Designed by
Checked by
Approved by
53.4
42
14
1.2
69.5
(72.7)
37
2-6
(13.2)
8
R8
R6.4
1.6
2-4
2-2
3.5
2.5
2.7
45°
3.2
1.7
0.5

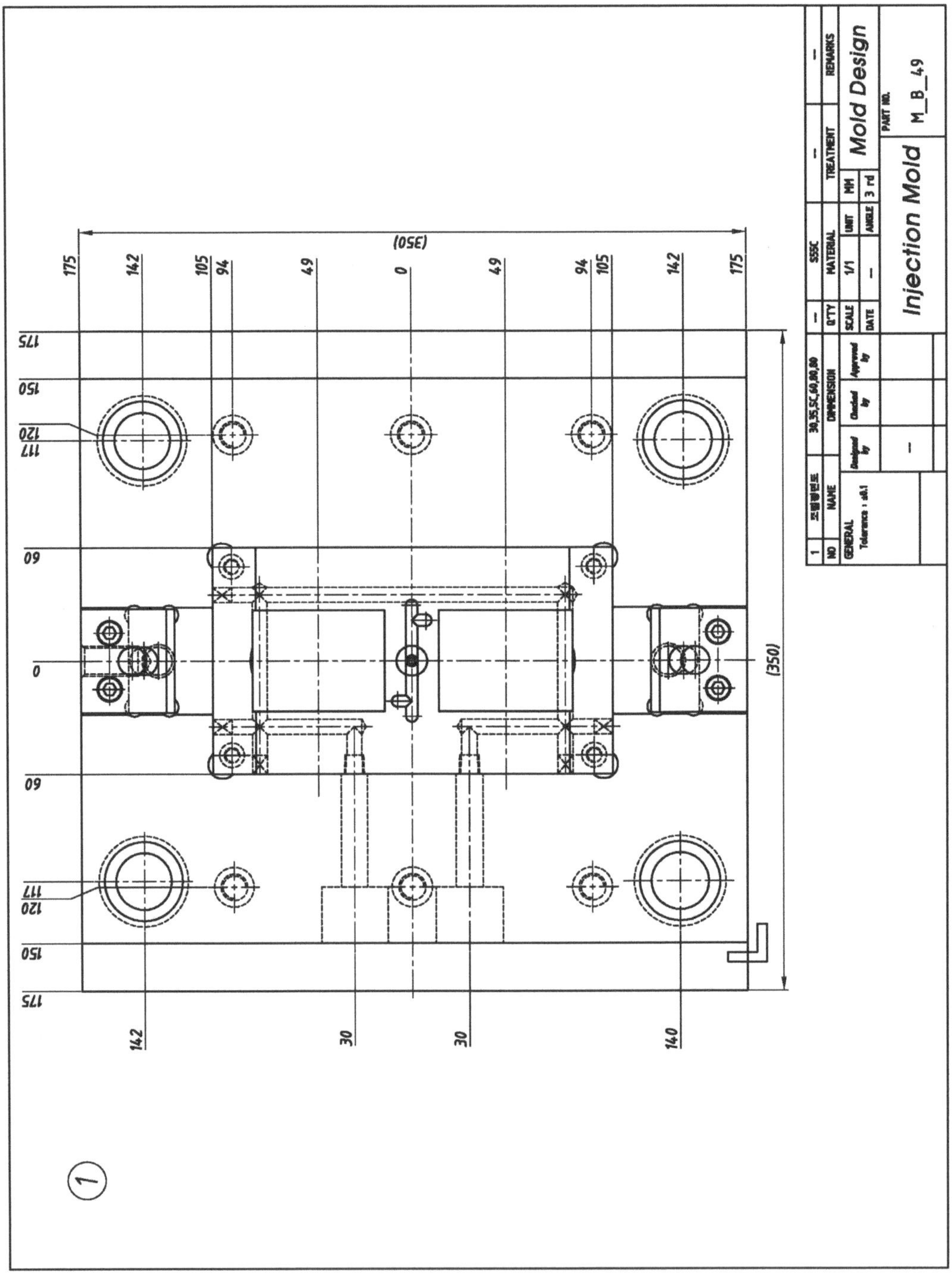
Mold Design
Injection Mold
PART NO.
M_B_49

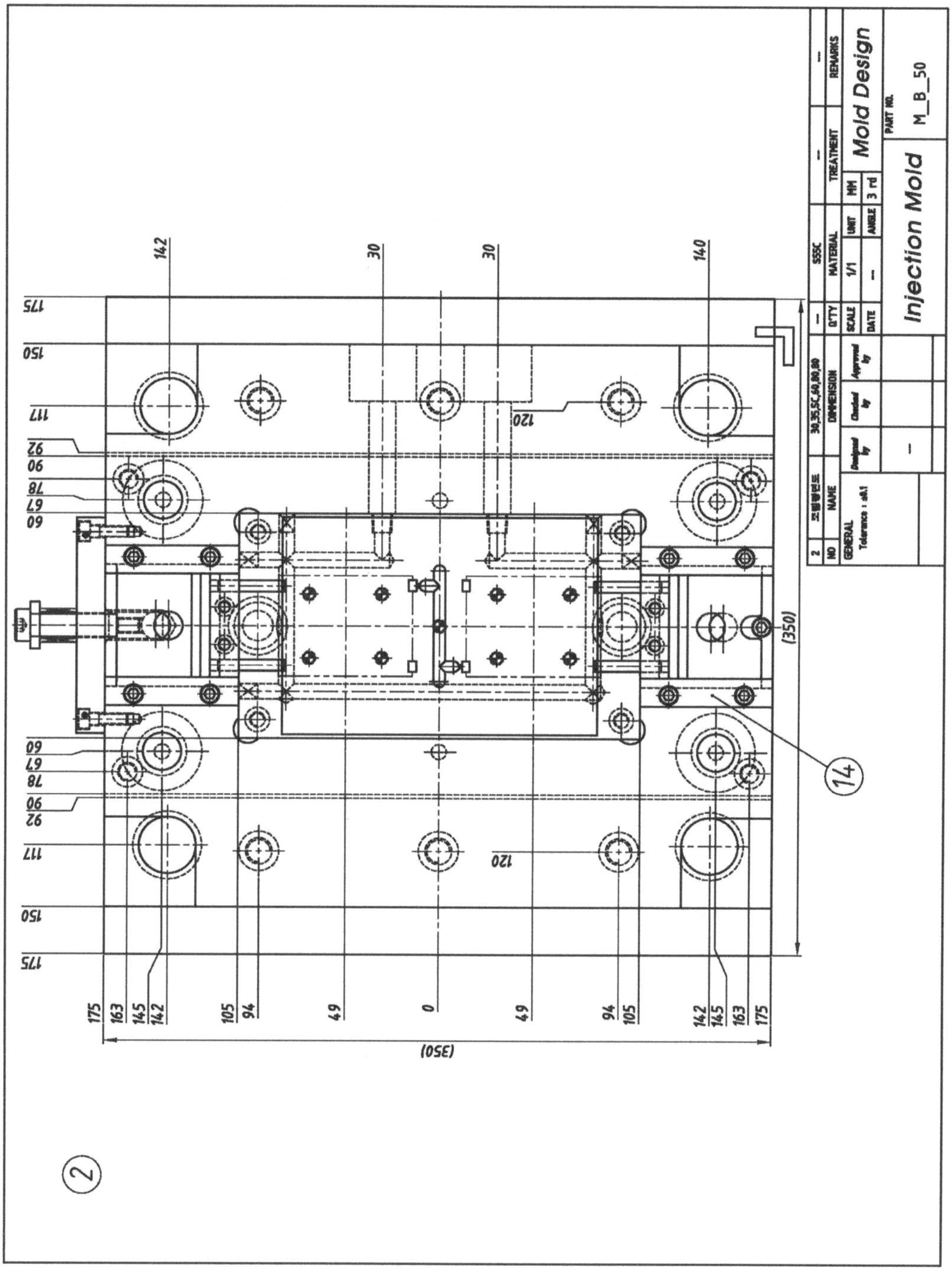
Injection Mold
Mold Design
M_B_50
(350)

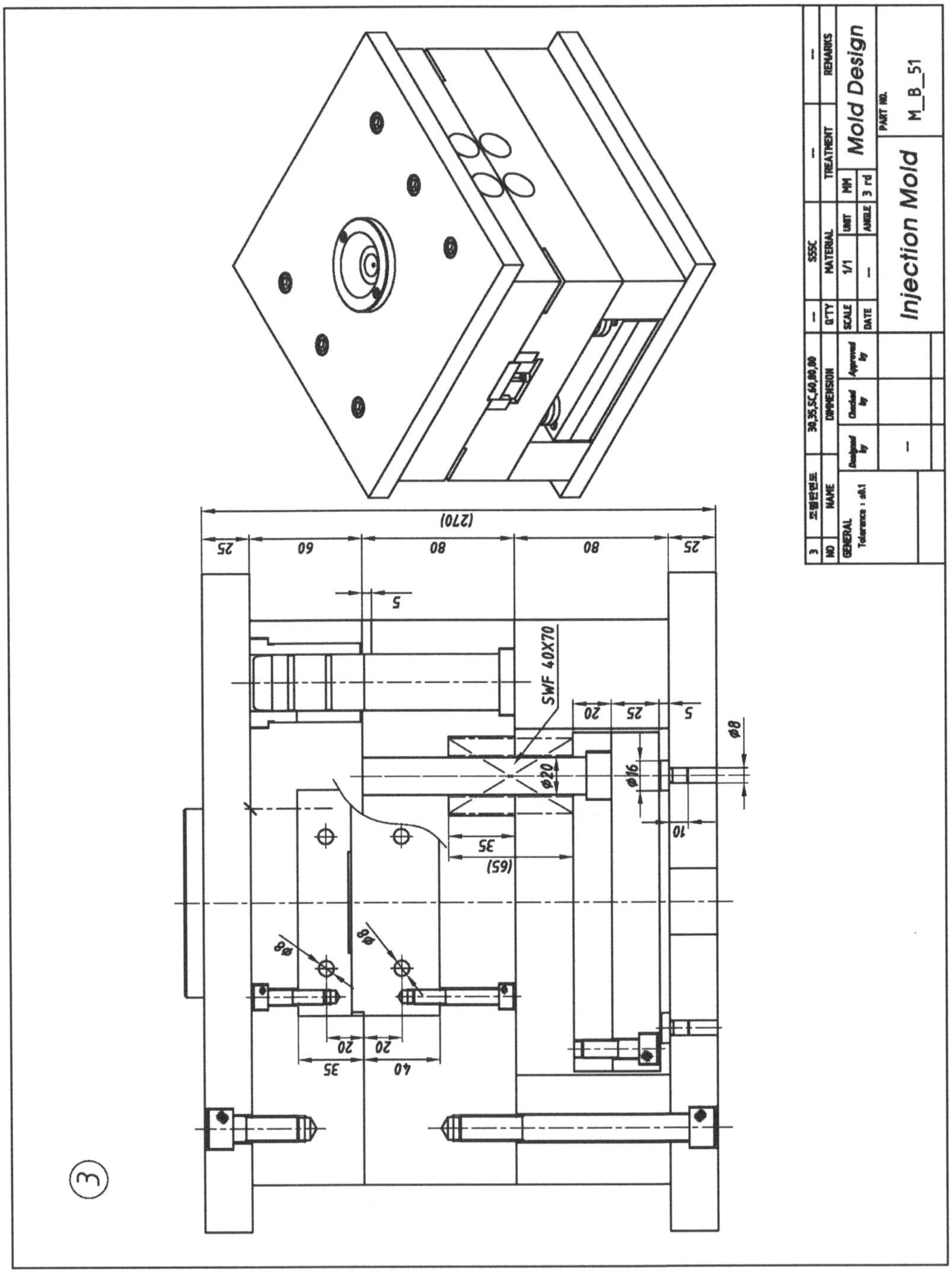
③
SWF 40X70
(270)
(65)
Injection Mold
Mold Design
M_B_51
PART NO.
S55C
MATERIAL
Q'TY
TREATMENT
REMARKS
SCALE
1/1
UNIT
MM
ANGLE
3 rd
DATE
DIMMENSION
30,35,SC,60,80,80
NAME
GENERAL
Tolerance : ±0.1

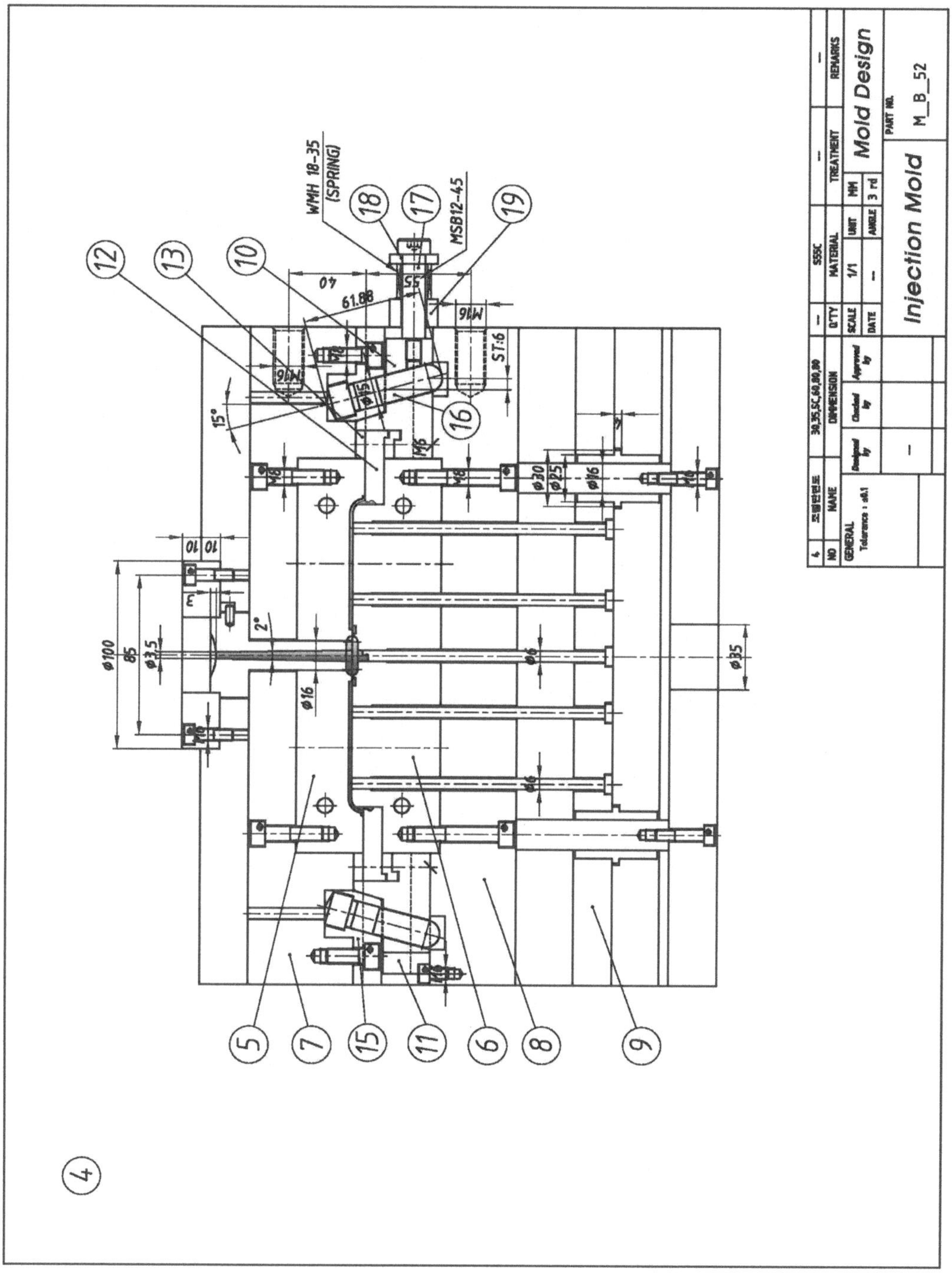
Injection Mold
Mold Design
PART NO. M_B_52
NO NAME Q'TY MATERIAL TREATMENT REMARKS
4 고정판볼트 30,35,SC,60,80,90 S55C
DIMENSION
SCALE 1/1 UNIT MM
DATE ANGLE 3 rd
GENERAL Tolerance : ±0.1
Designed by Checked by Approved by
WMH 18-35 (SPRING)
MSB12-45
61.88
40
55
M16
ST:6
15°
2°
ø100
85
ø3.5
ø16
ø6
ø35
ø30
ø25
ø15
M8
10 10
4
5
6
7
8
9
10
11
12
13
15
16
17
18
19

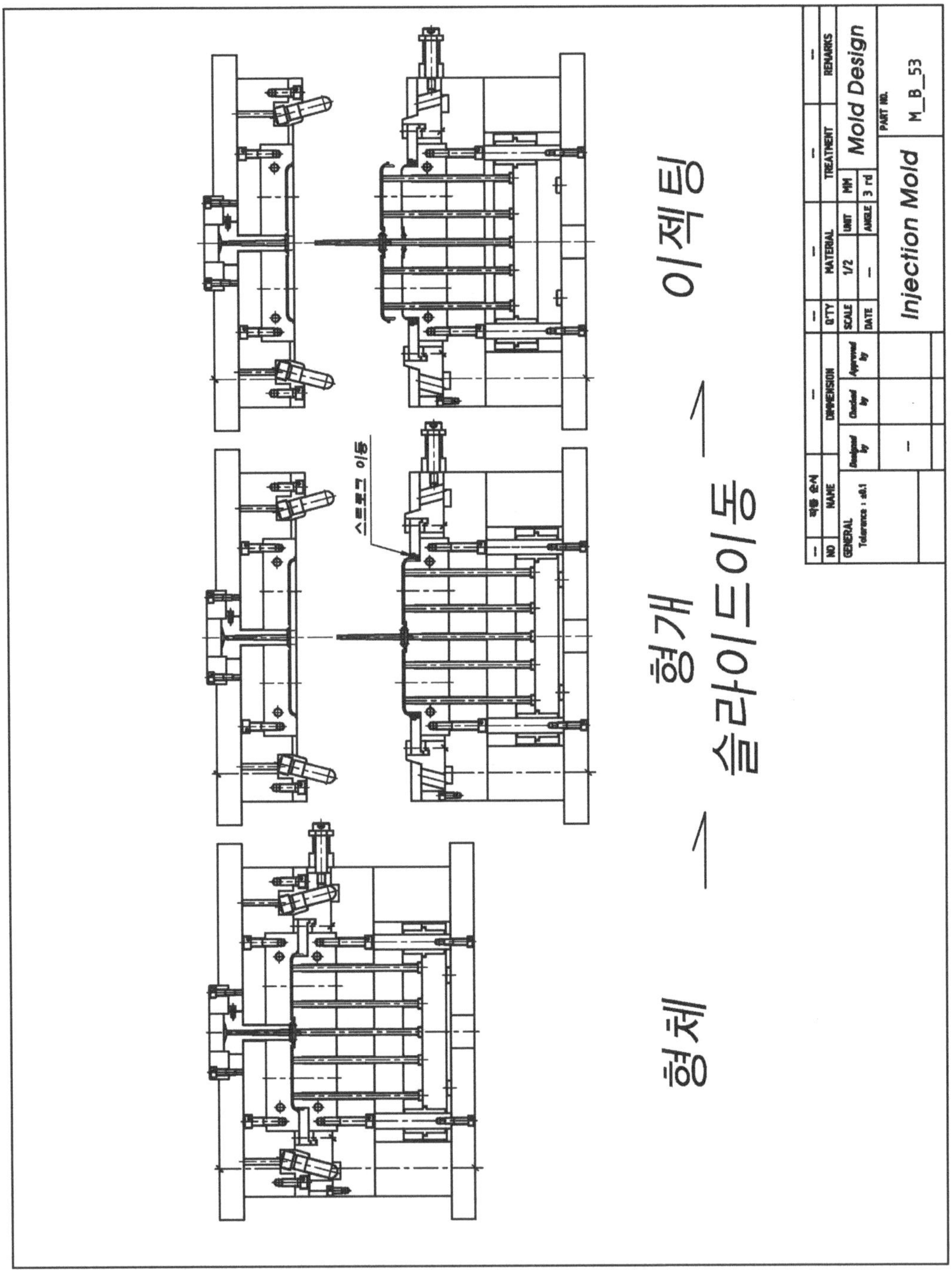
형체
형개
슬라이드이동
이젝팅
스트로크 이동
작동 순서
NO
NAME
GENERAL
Tolerance : ±0.1
DIMENSION
Q'TY
MATERIAL
TREATMENT
REMARKS
SCALE
1/2
UNIT
MM
ANGLE
3 rd
DATE
Mold Design
Injection Mold
PART NO.
M_B_53

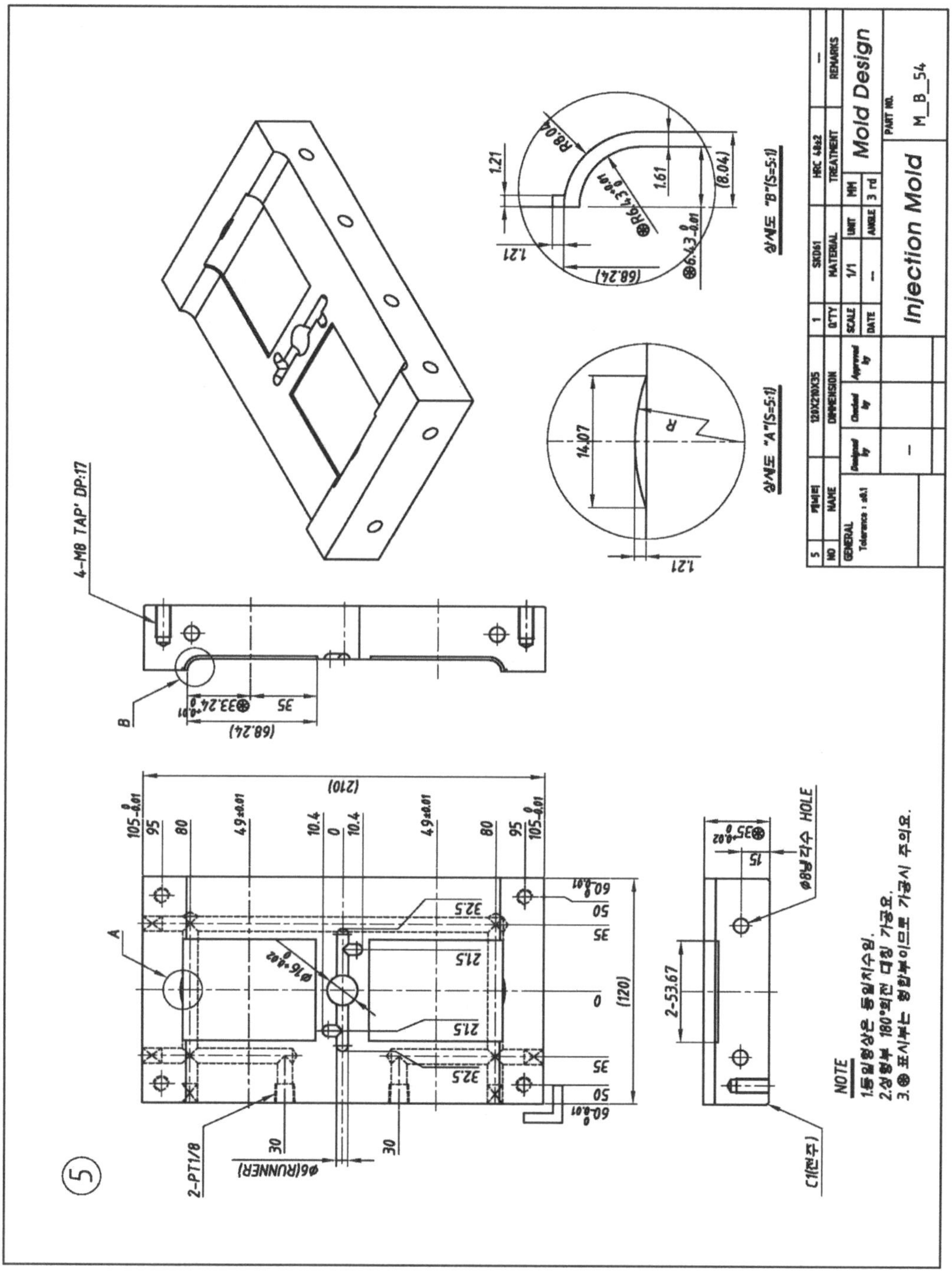

5
4-M8 TAP' DP:17
2-PT1/8
φ6(RUNNER)
C1(전주)
φ8보링각수 HOLE
2-53.67
상세도 "A"(S=5:1)
상세도 "B"(S=5:1)
NOTE
1.동일형상은 동일치수임.
2.성형부 180°회전 대칭 가공요.
3.⊕ 표시부는 형합부이므로 가공시 주의요.
5
형판(하)
120X210X35
1
SKD61
HRC 48±2
-
NO
NAME
DIMENSION
Q'TY
MATERIAL
TREATMENT
REMARKS
GENERAL Tolerance : ±0.1
Designed by
Checked by
Approved by
SCALE
1/1
UNIT
MM
DATE
ANGLE
3 rd
Injection Mold
Mold Design
PART NO.
M_B_54

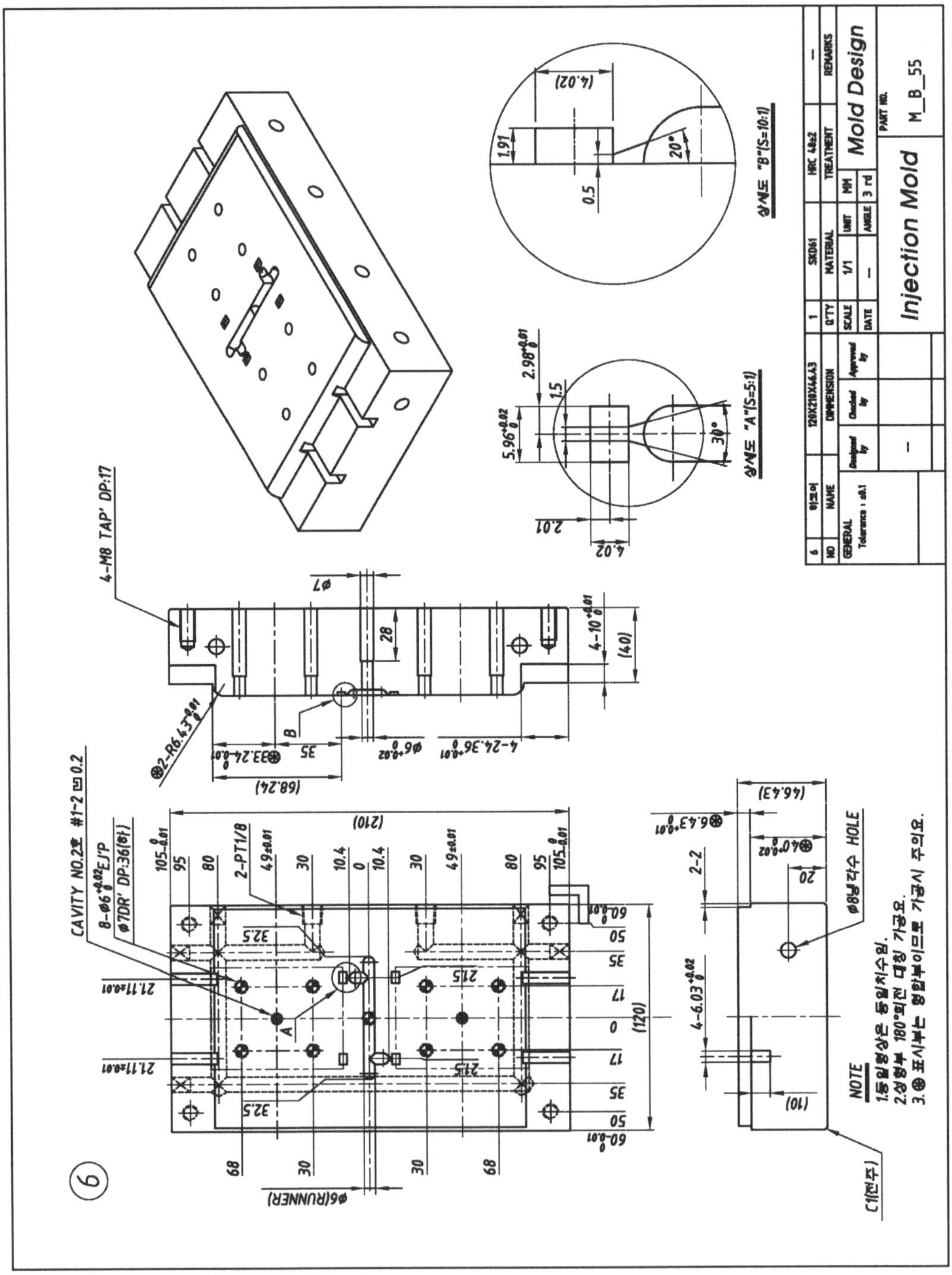

6
NOTE
1.동일형상은 동일치수임.
2.성형부 180°회전 대칭 가공요.
3.⊕ 표시부는 형합부이므로 가공시 주의요.
상세도 "A"(S=5:1)
상세도 "B"(S=10:1)
4-M8 TAP' DP:17
CAVITY NO.2호 #1-2 면 0.2
Ø8냉각수 HOLE
C1(전주)
Ø6(RUNNER)
120X210X46.43
SKD61
HRC 48±2
Injection Mold
Mold Design
M_B_55

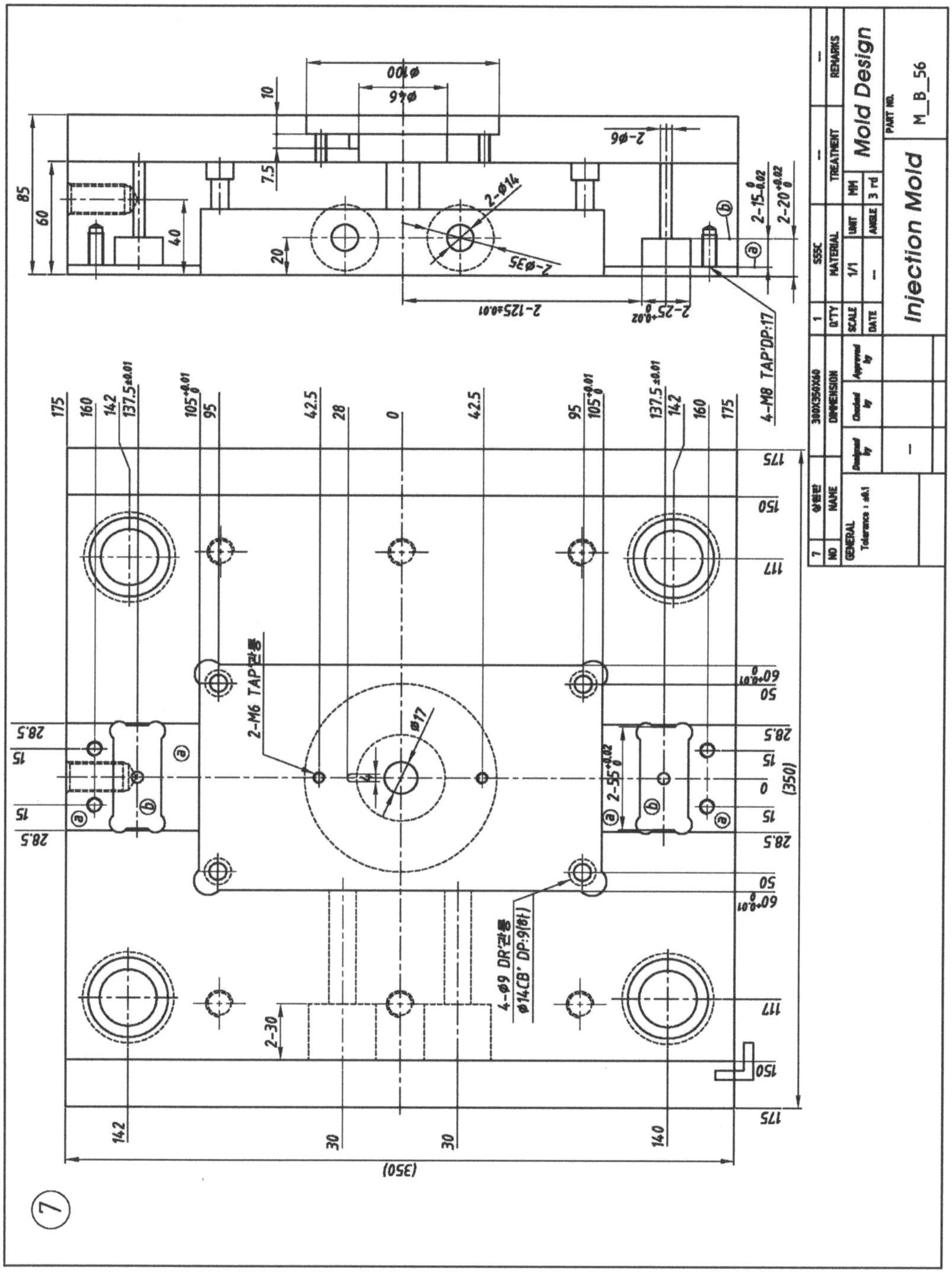
Injection Mold
Mold Design
M_B_56
S55C
300X350X160

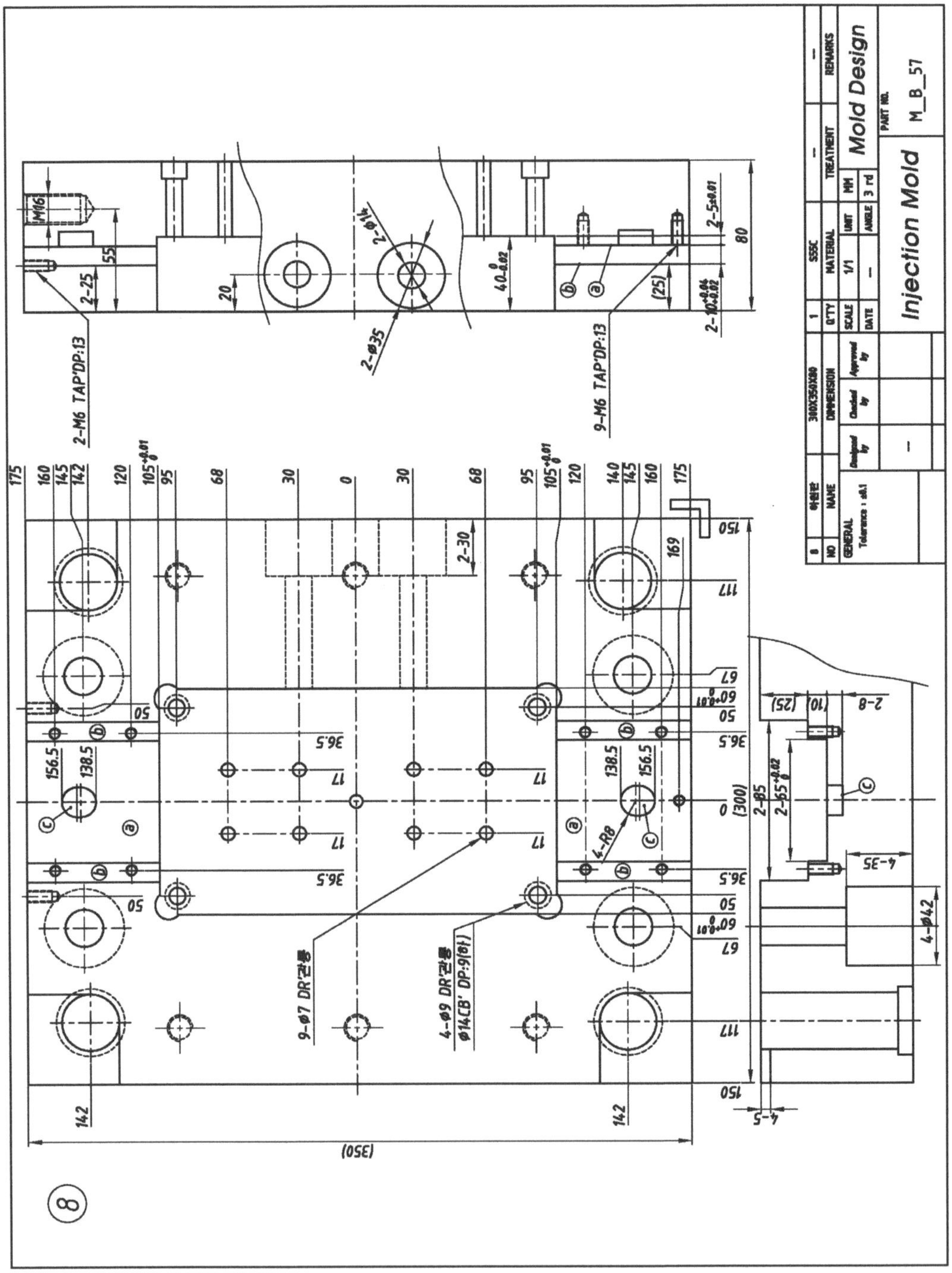

Injection Mold
Mold Design
PART NO.
M_B_57
REMARKS
TREATMENT
MATERIAL
SS5C
DIMENSION
300X350X80
QTY
SCALE
1/1
UNIT
MM
ANGLE
3 rd
DATE
NAME
NO
GENERAL
9-M6 TAP'DP:13
2-M6 TAP'DP:13
9-Ø7 DR'관통
4-Ø9 DR'관통
Ø14CB' DP:9(하)
(350)
(300)

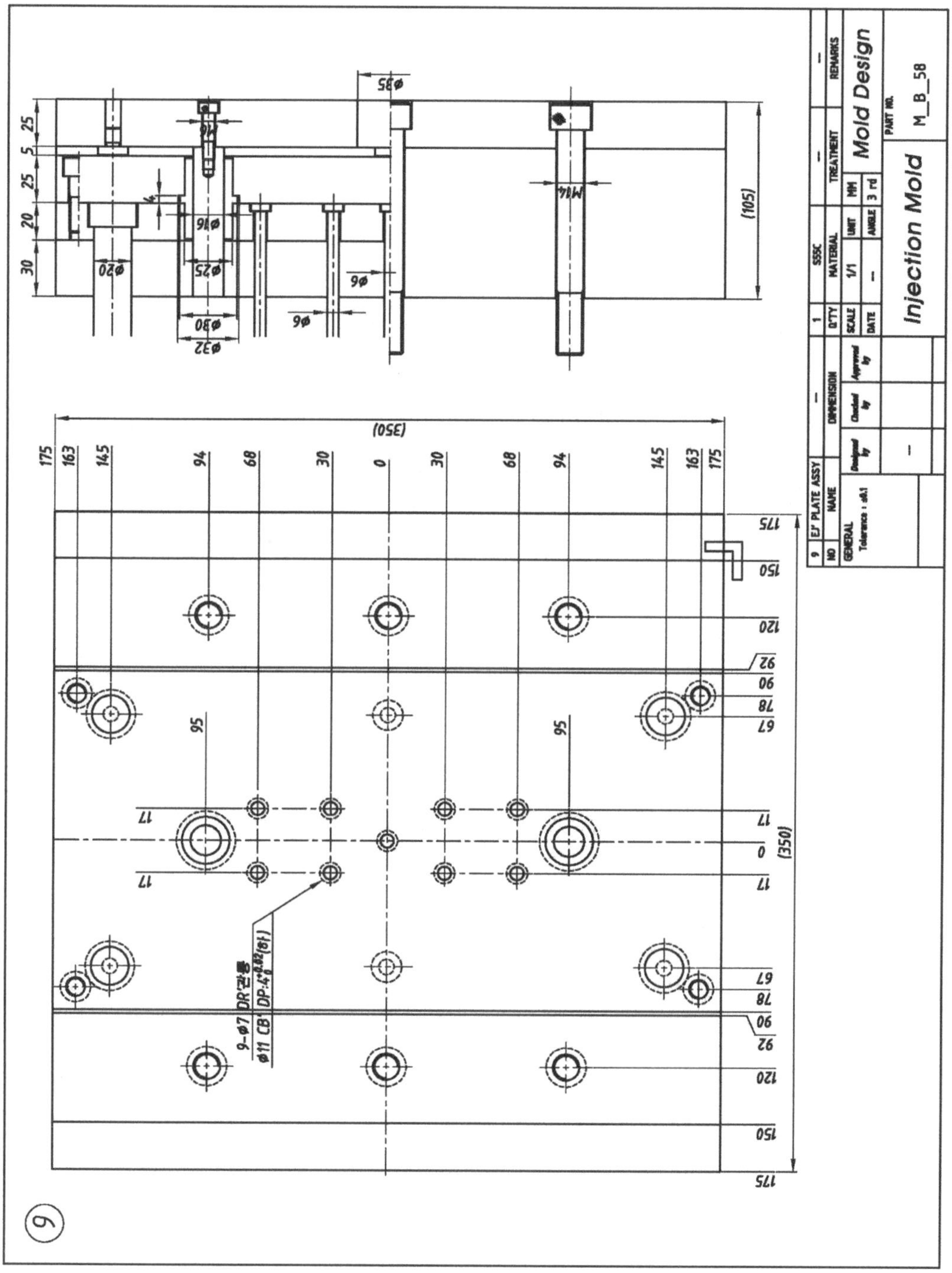
9
EJ' PLATE ASSY
NO
NAME
Q'TY
MATERIAL
SS5C
TREATMENT
REMARKS
GENERAL
Tolerance : ±0.1
DIMMENSION
Designed by
Checked by
Approved by
SCALE
1/1
UNIT
MM
ANGLE
3 rd
DATE
Mold Design
Injection Mold
PART NO.
M_B_58
9-ø7 DR 관통
ø11 CB DP:4
(350)
(105)

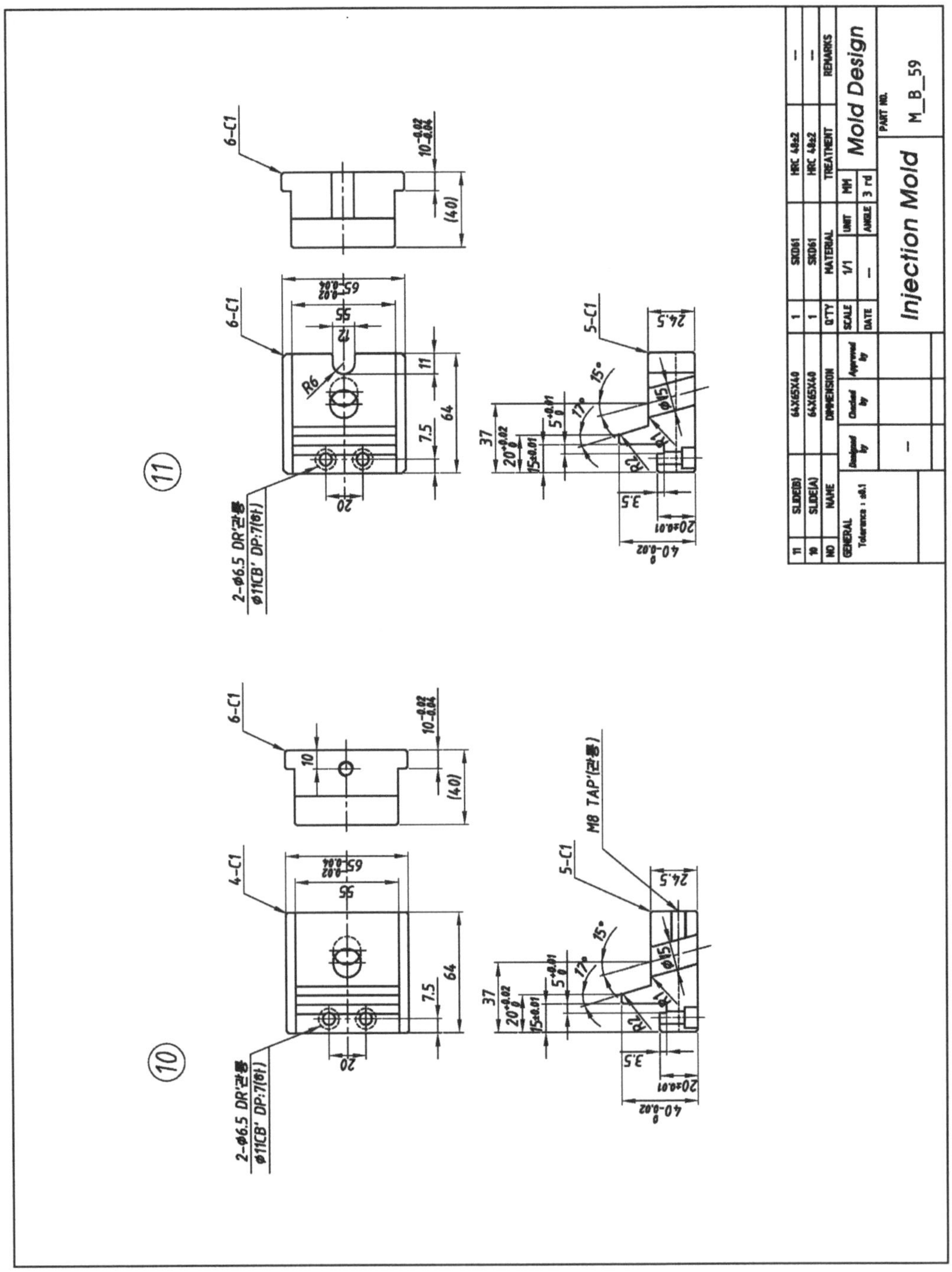
11
10
2-Ø6.5 DR'관통
Ø11CB' DP:7(8)
6-C1
4-C1
5-C1
M8 TAP'(관통)
SLIDE(B)
SLIDE(A)
64X65X40
SKD61
HRC 48±2
NAME
DIMMENSION
Q'TY
MATERIAL
TREATMENT
REMARKS
SCALE
1/1
UNIT
MM
ANGLE
3 rd
DATE
Mold Design
PART NO.
M_B_59
Injection Mold

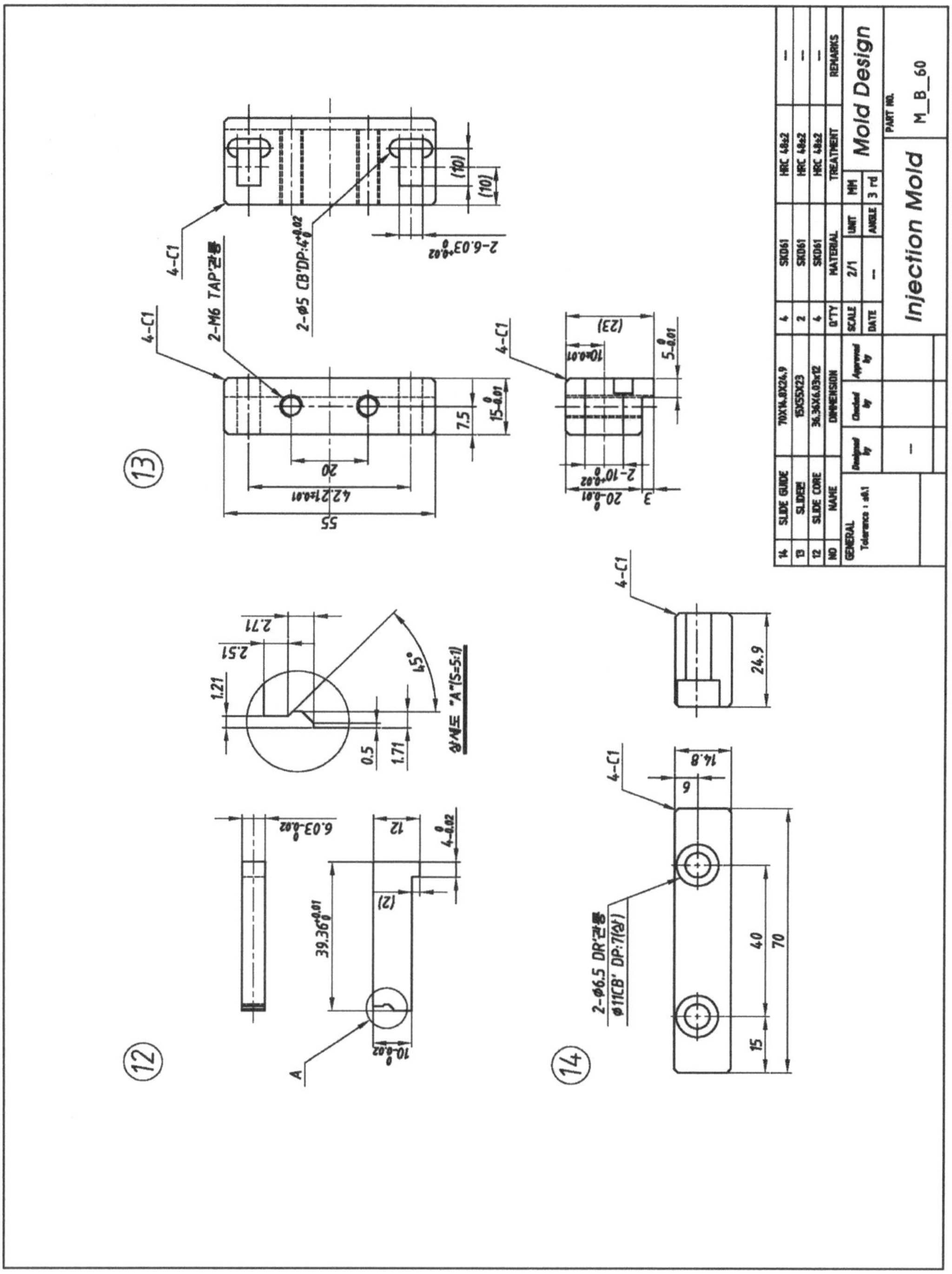
14 SLIDE GUIDE 70X14.8X24.9 4 SKD61 HRC 48±2 -
13 SLIDER 15X55X23 2 SKD61 HRC 48±2 -
12 SLIDE CORE 36.36X6.03X12 4 SKD61 HRC 48±2 -
NO NAME DIMENSION Q'TY MATERIAL TREATMENT REMARKS
GENERAL Tolerance : ±0.1
SCALE 2/1 UNIT MM
DATE - ANGLE 3 rd
Injection Mold
Mold Design
PART NO. M_B_60

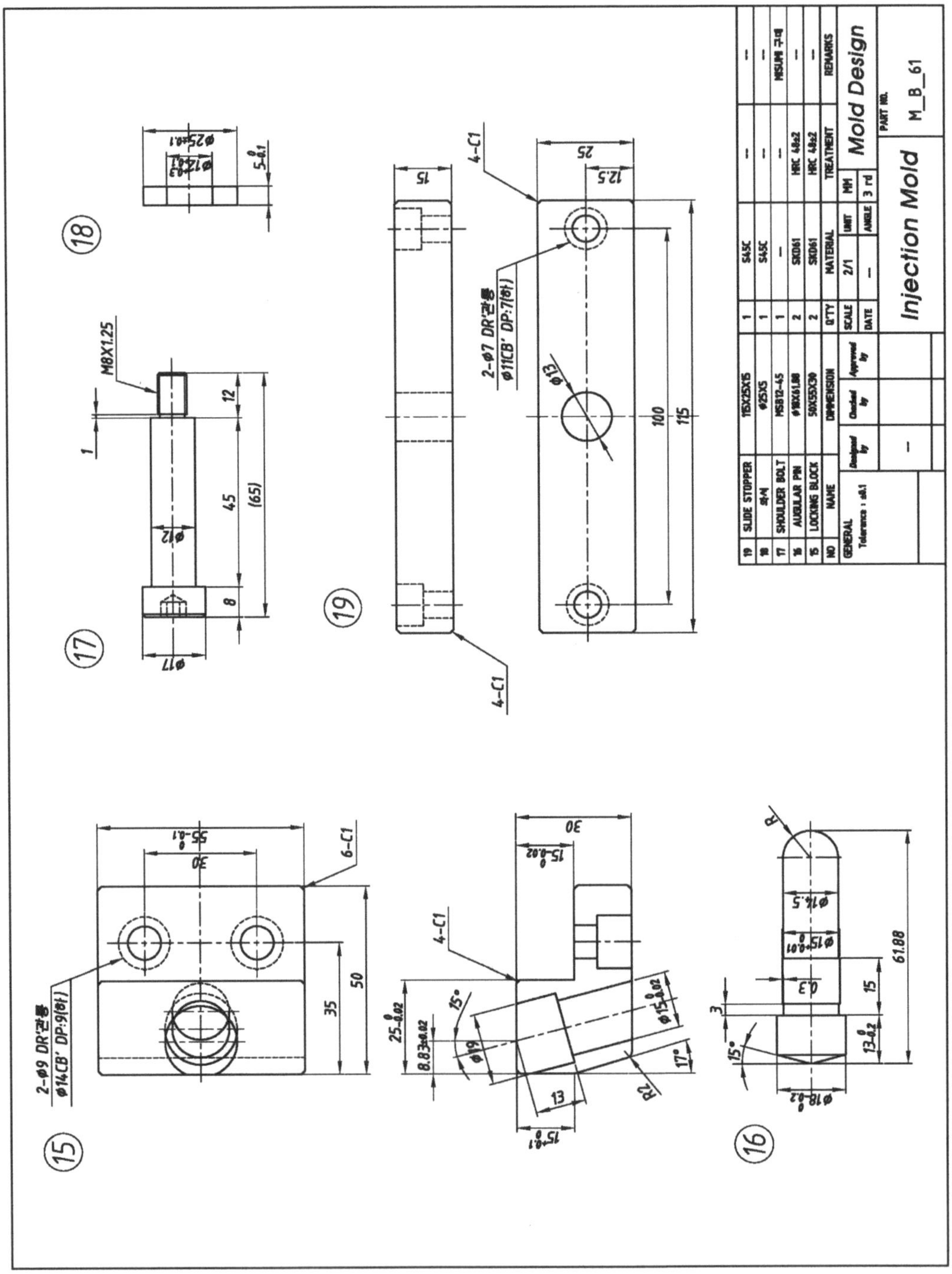

15
2-Ø9 DR'관통
Ø14CB' DP:9(하)
6-C1
4-C1
16
17
M8X1.25
18
19
2-Ø7 DR'관통
Ø11CB' DP:7(하)
19 SLIDE STOPPER 115X25X15 1 S45C — —
18 와셔 Ø25X5 1 S45C — —
17 SHOULDER BOLT MSB12-45 1 — — MISUMI 구매
16 AUGULAR PIN Ø18X61.88 2 SKD61 HRC 48±2 —
15 LOCKING BLOCK 50X55X30 2 SKD61 HRC 48±2 —
NO NAME DIMMENSION Q'TY MATERIAL TREATMENT REMARKS
GENERAL
Tolerance : ±0.1
Designed by
Checked by
Approved by
SCALE 2/1
UNIT MM
DATE —
ANGLE 3 rd
Mold Design
Injection Mold
PART NO.
M_B_61

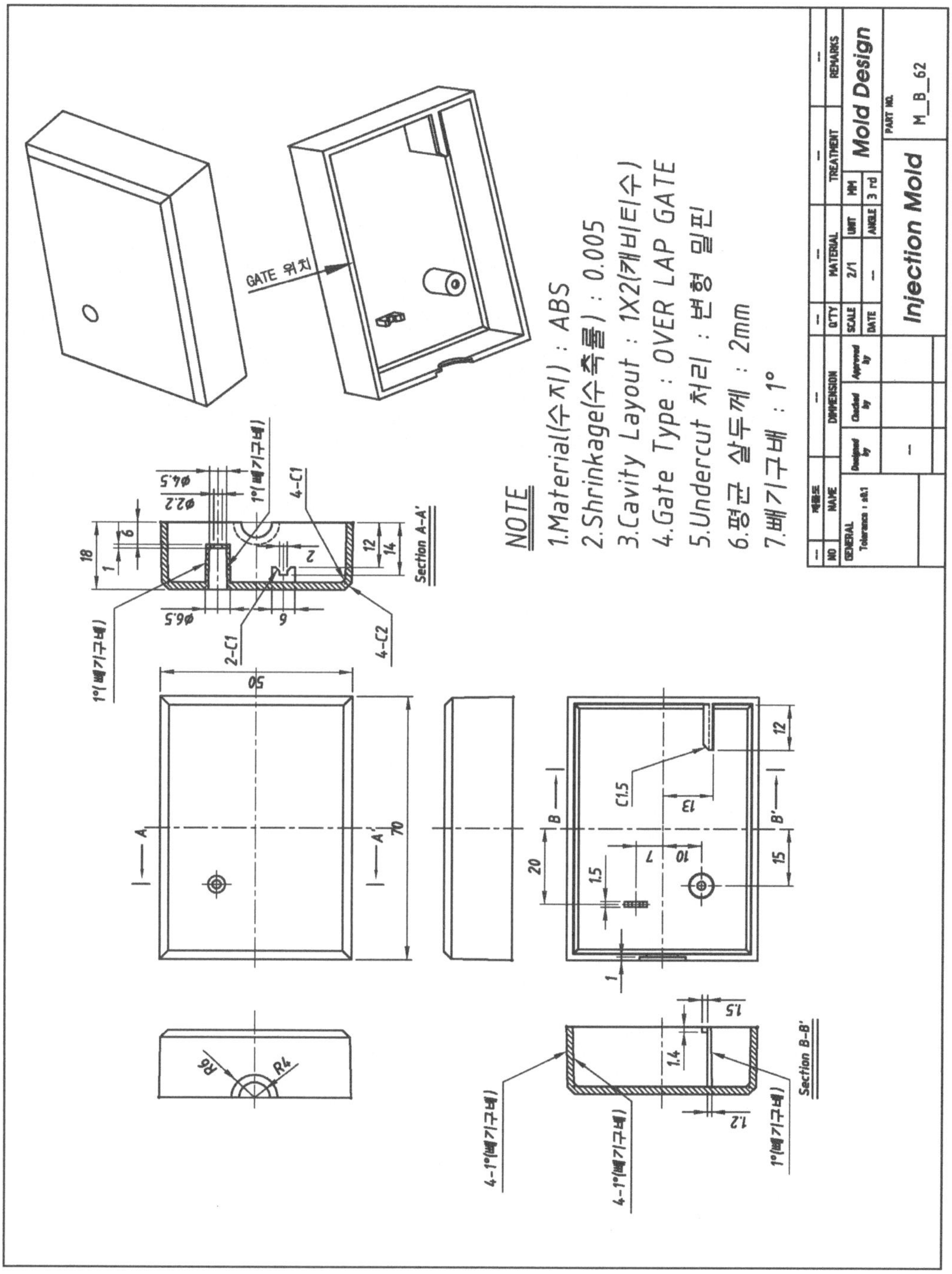
GATE 위치
Section A-A'
Section B-B'
NOTE
1.Material(수지) : ABS
2.Shrinkage(수축률) : 0.005
3.Cavity Layout : 1X2(캐비티수)
4.Gate Type : OVER LAP GATE
5.Undercut 처리 : 변형 밀핀
6.평균 살두께 : 2mm
7.빼기구배 : 1°
Injection Mold
Mold Design
PART NO.
M_B_62
SCALE 2/1
UNIT MM
ANGLE 3 rd

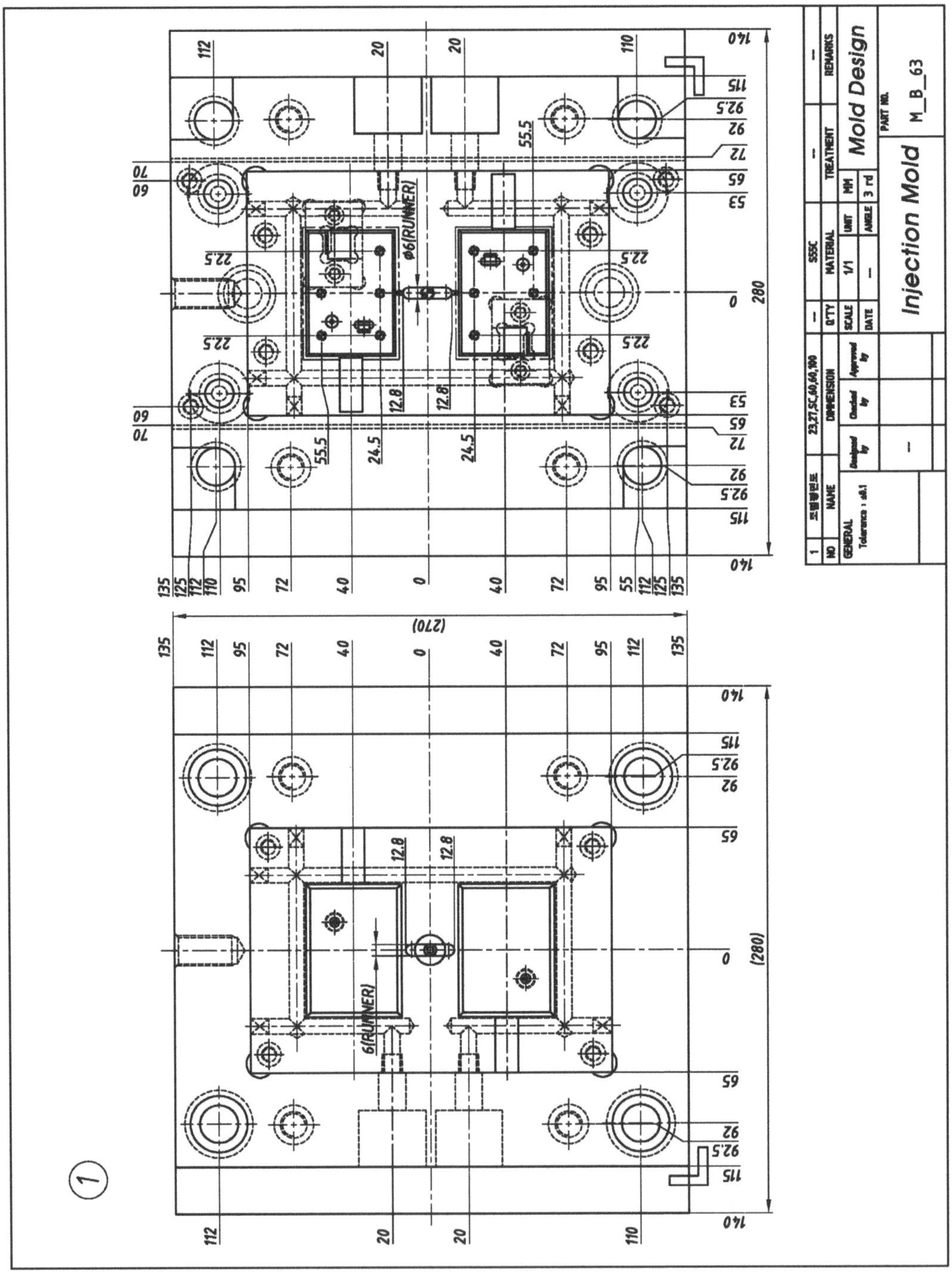
Injection Mold
Mold Design
M_B_63
S55C
1/1
MM
3 rd
(1)

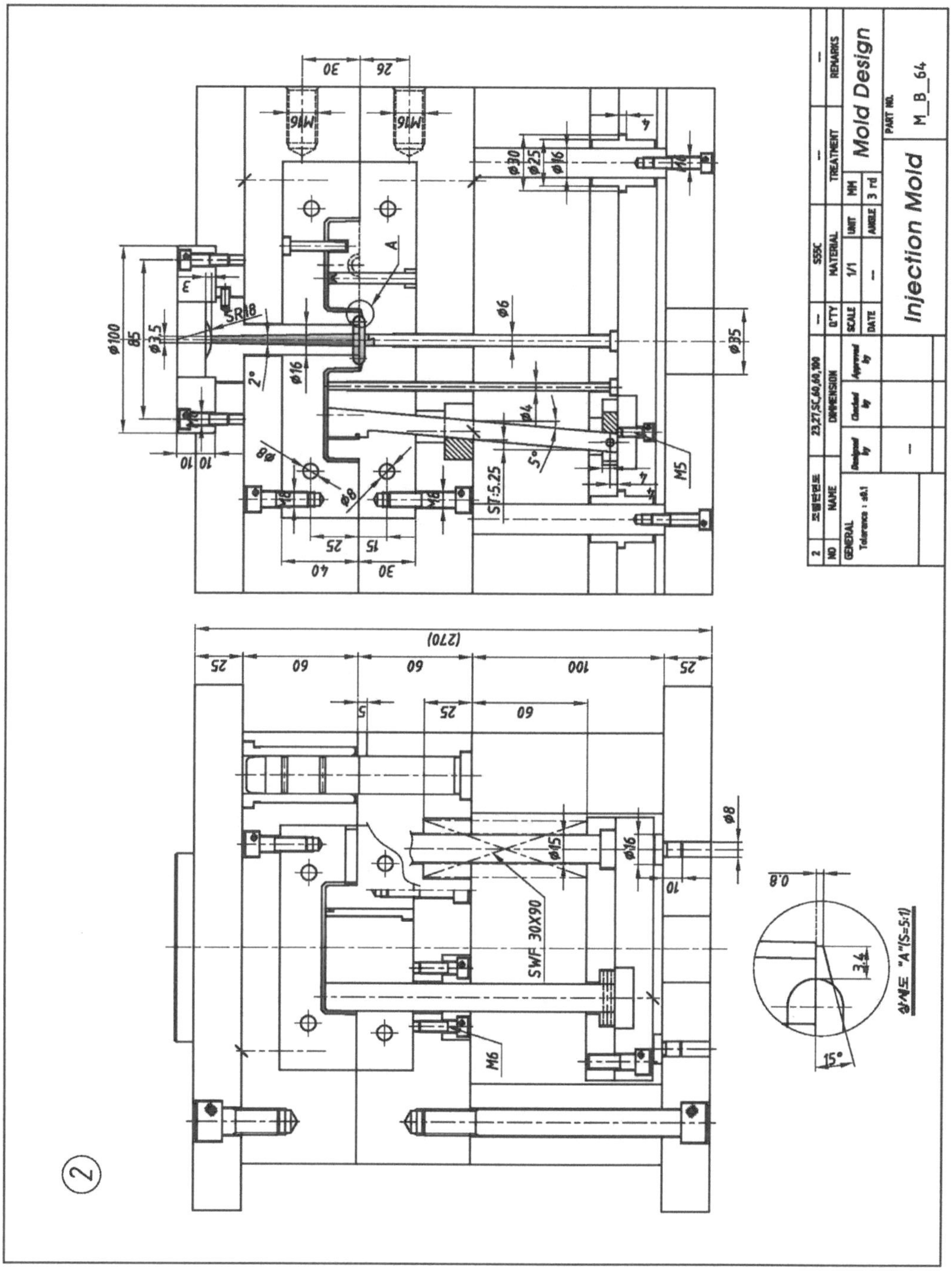
Injection Mold
Mold Design
M_B_64
SWF 30X90
상세도 "A"(S=5:1)

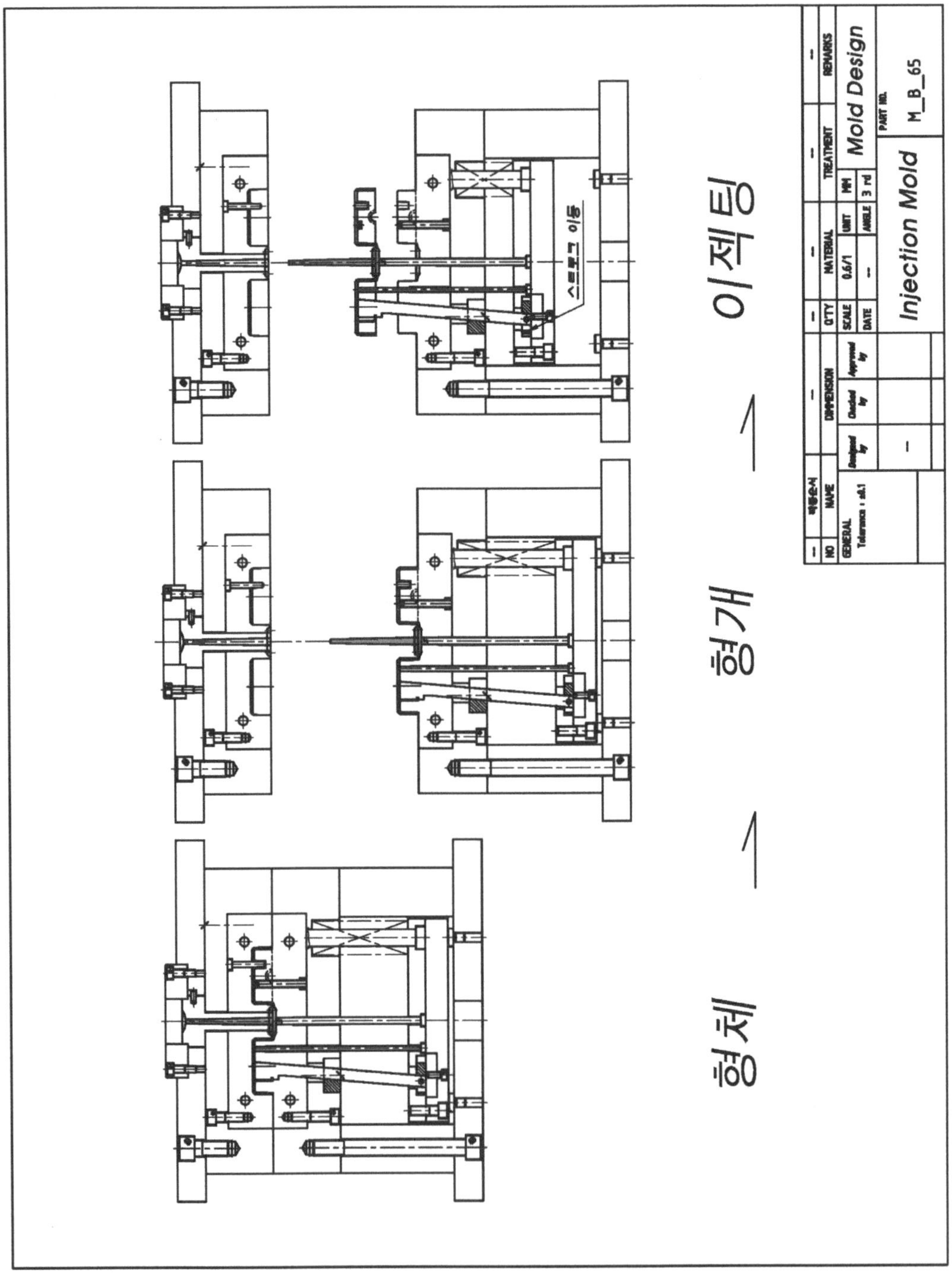
형체
형개
이젝팅
스트로크 이동
Mold Design
Injection Mold
PART NO.
M_B_65
NO
NAME
GENERAL
Tolerance : ±0.1
DIMMENSION
QTY
MATERIAL
TREATMENT
REMARKS
SCALE
0.6/1
UNIT
MM
DATE
ANGLE
3 rd
Designed by
Checked by
Approved by

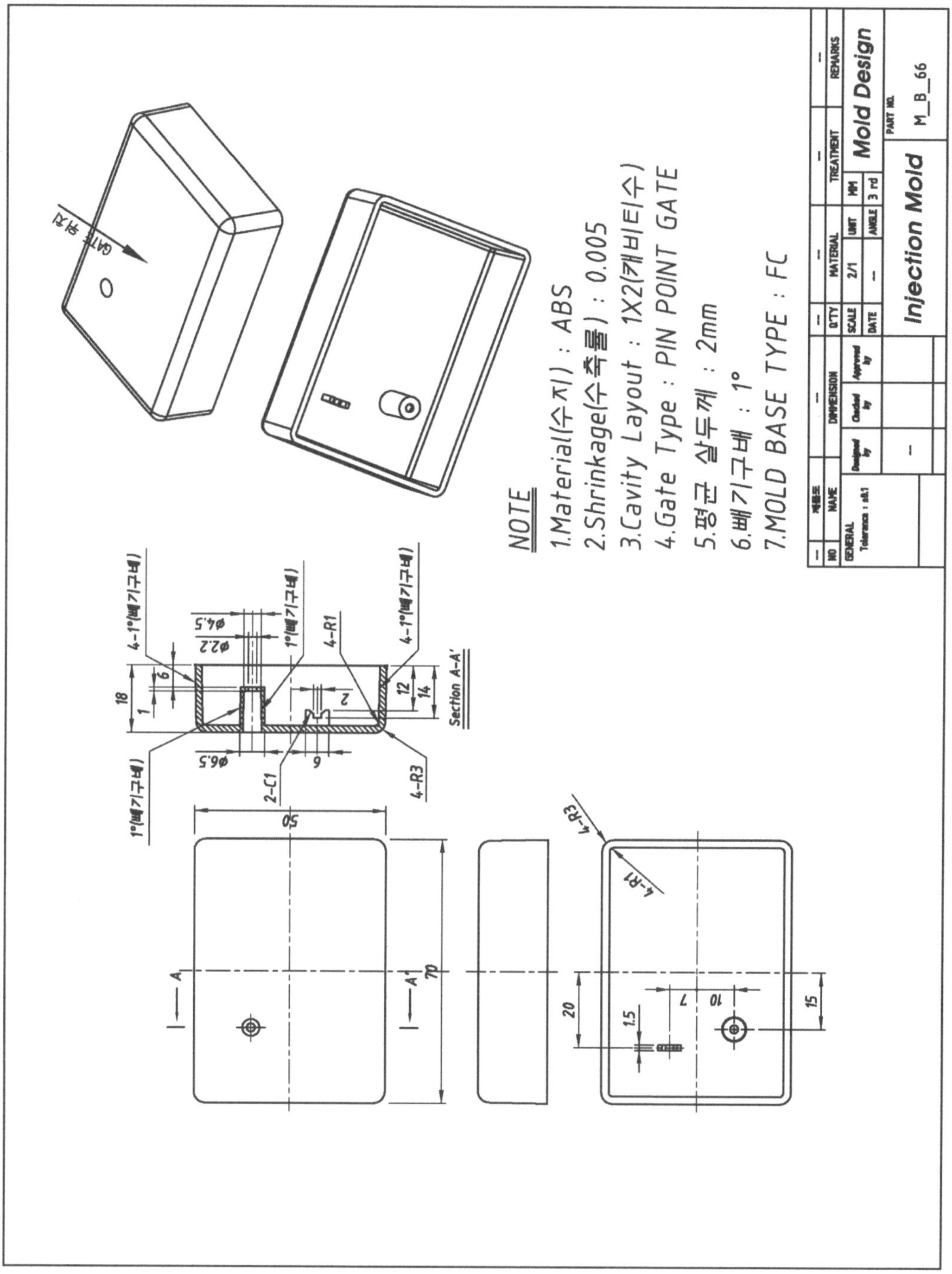
NOTE
1.Material(수지) : ABS
2.Shrinkage(수축률) : 0.005
3.Cavity Layout : 1X2(캐비티수)
4.Gate Type : PIN POINT GATE
5.평균 살두께 : 2mm
6.빼기구배 : 1°
7.MOLD BASE TYPE : FC
GATE 위치
Section A-A'
Injection Mold
Mold Design
PART NO.
M_B_66

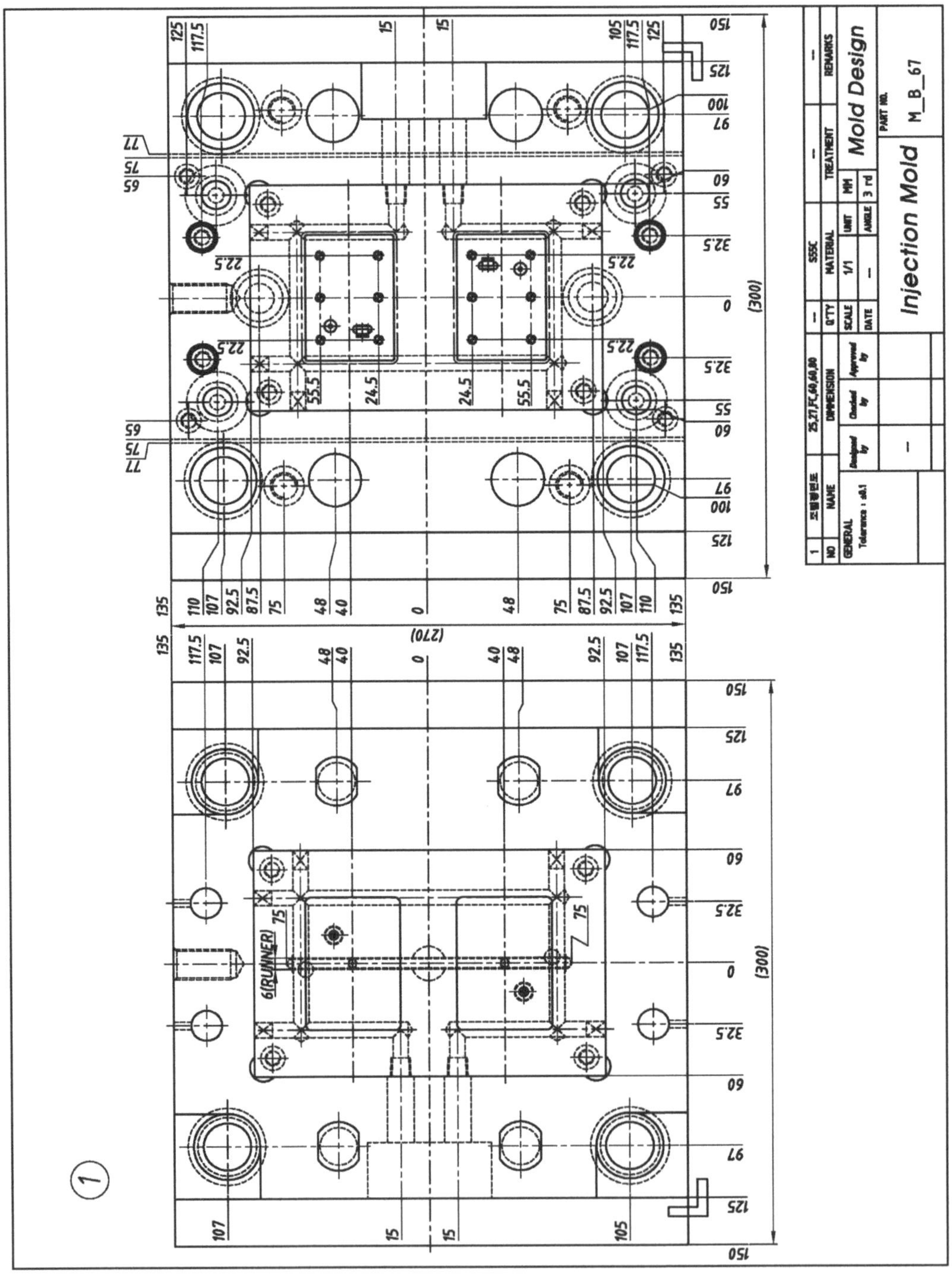
Injection Mold
Mold Design
M_B_67

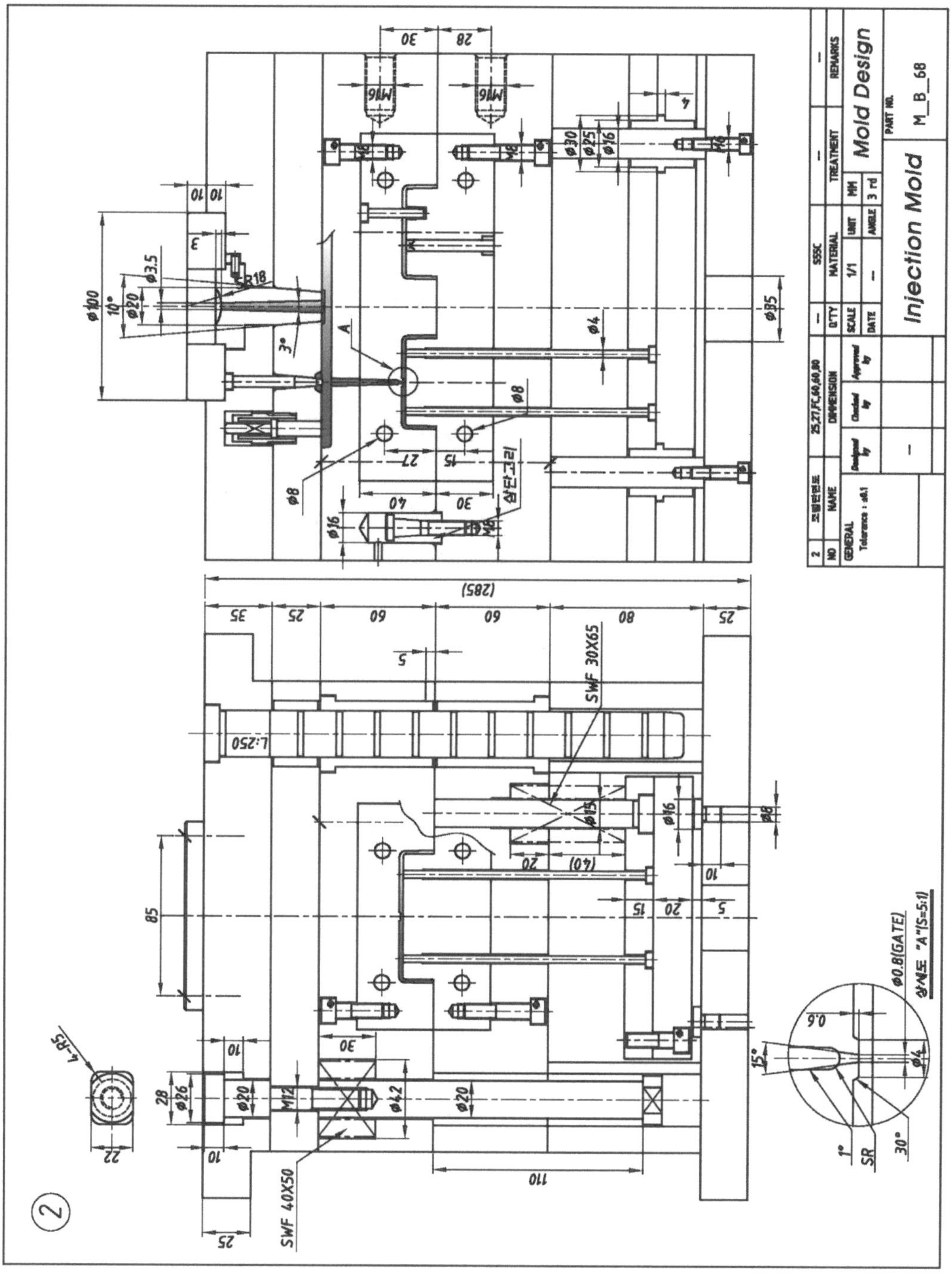
②
Injection Mold
Mold Design
M_B_68
SWF 40X50
SWF 30X65
L:250
Ø0.8(GATE)
상세도 "A"(S=5:1)

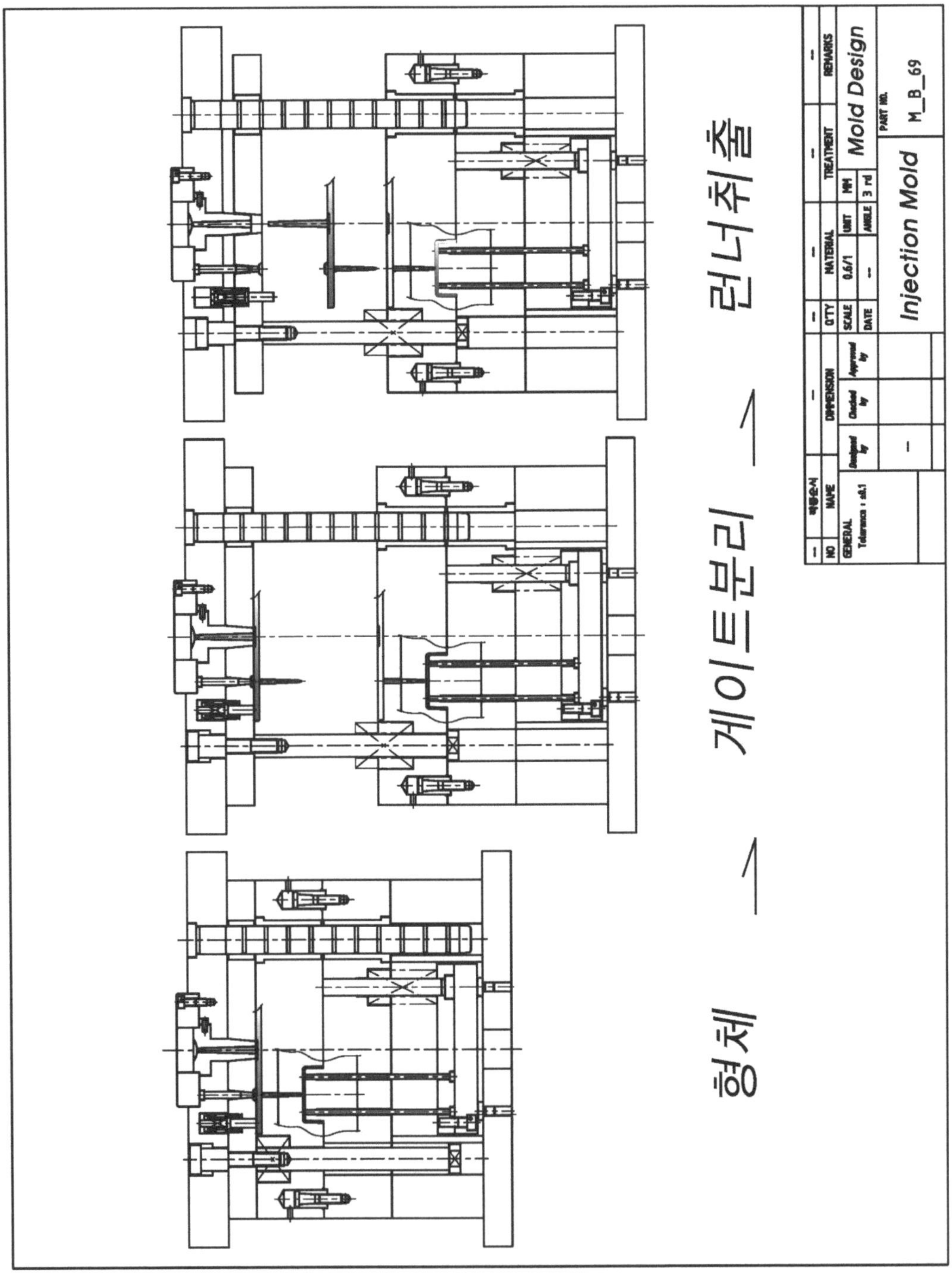

형체
게이트분리
런너취출
Mold Design
Injection Mold
M_B_69

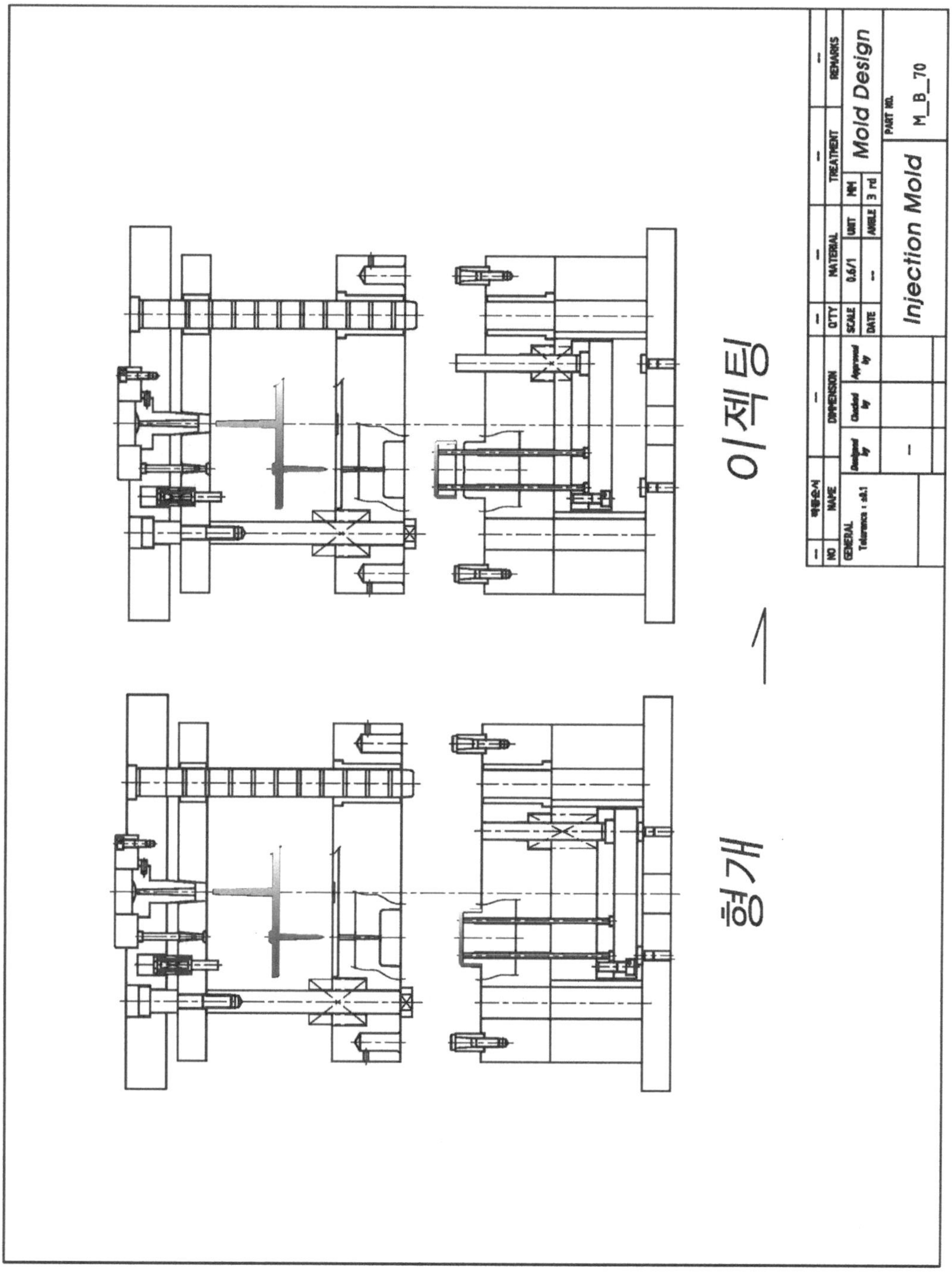
이젝팅
형개
Mold Design
Injection Mold
M_B_70

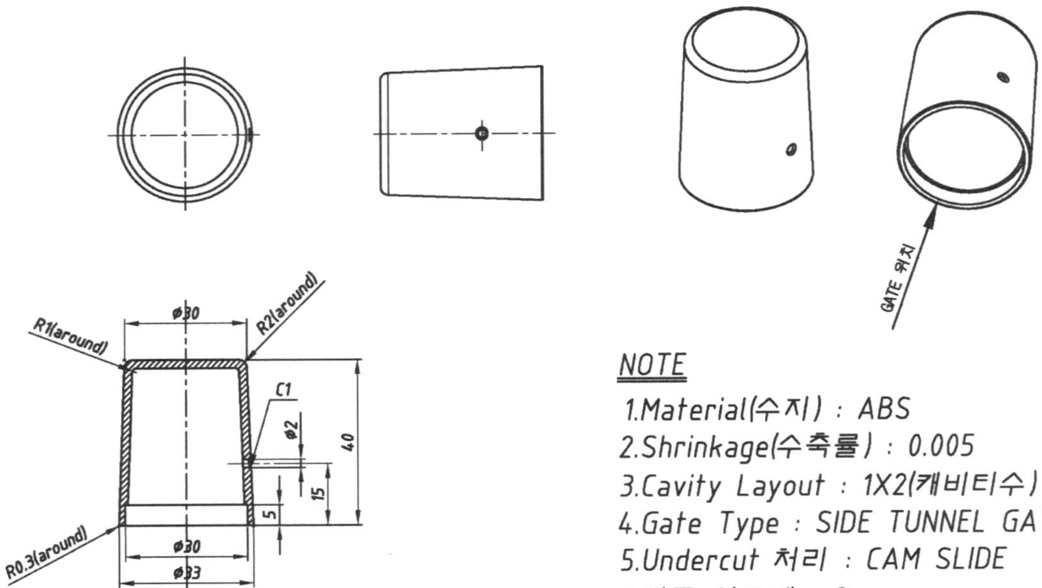

NOTE

1.Material(수지) : ABS
2.Shrinkage(수축률) : 0.005
3.Cavity Layout : 1X2(캐비티수)
4.Gate Type : SIDE TUNNEL GATE
5.Undercut 처리 : CAM SLIDE
6.평균 살두께 : 2mm
7.MOLD BASE TYPE : GC

—	제품도	—			—	—		—	—
NO	NAME	DIMMENSION			Q'TY	MATERIAL		TREATMENT	REMARKS
GENERAL Tolerance : ±0.1		Designed by	Checked by	Approved by	SCALE	2/1	UNIT	MM	Mold Design
					DATE	—	ANGLE	3 rd	
		—			Injection Mold				PART NO. M_B_71

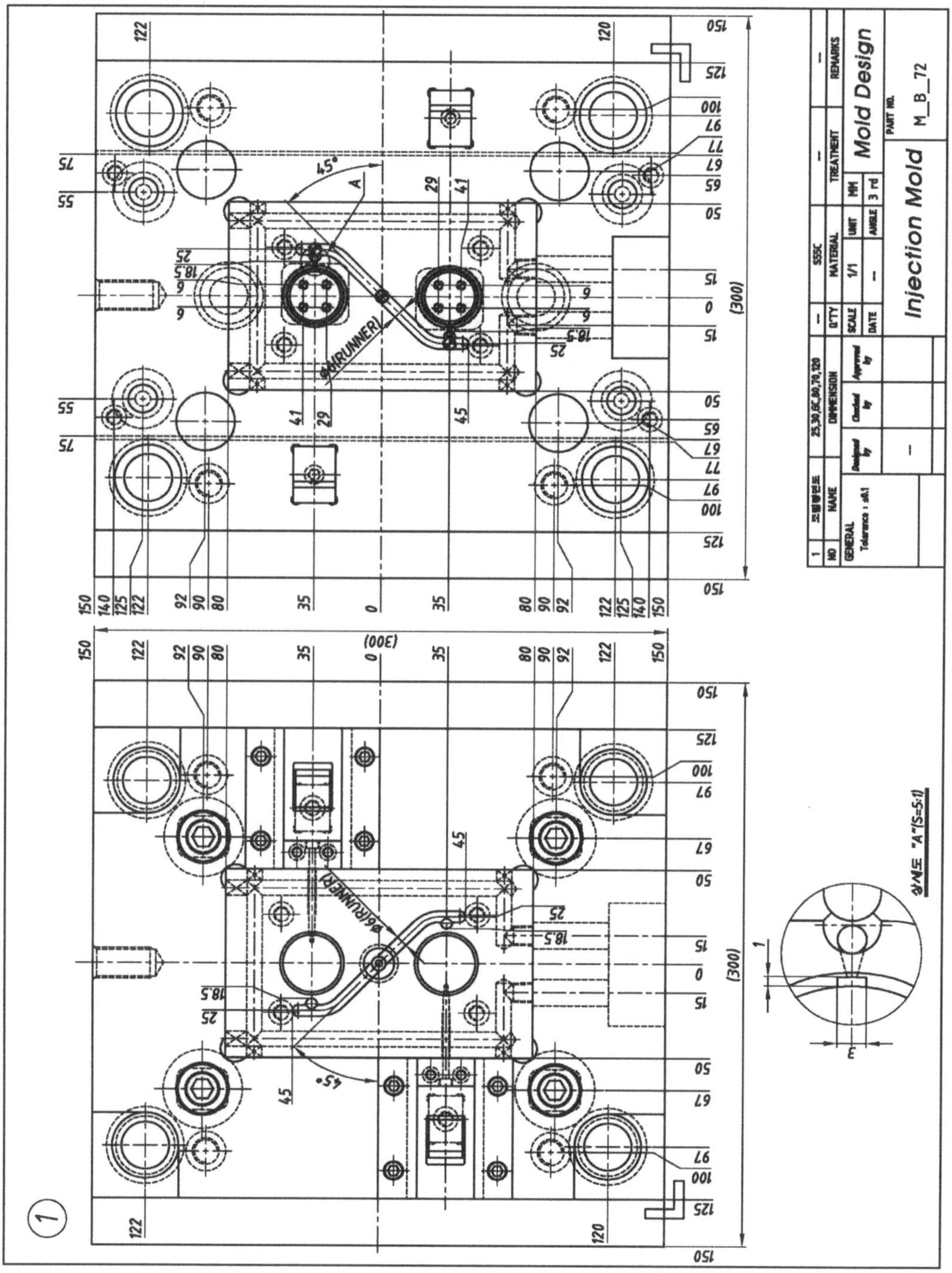
Injection Mold
Mold Design
M_B_72
PART NO.
GENERAL
Tolerance : ±0.1
SCALE
1/1
UNIT
MM
ANGLE
3 rd
MATERIAL
S55C
TREATMENT
REMARKS
DIMMENSION
25,30,60,80,70,120
NAME
Q'TTY
DATE
Designed by
Checked by
Approved by

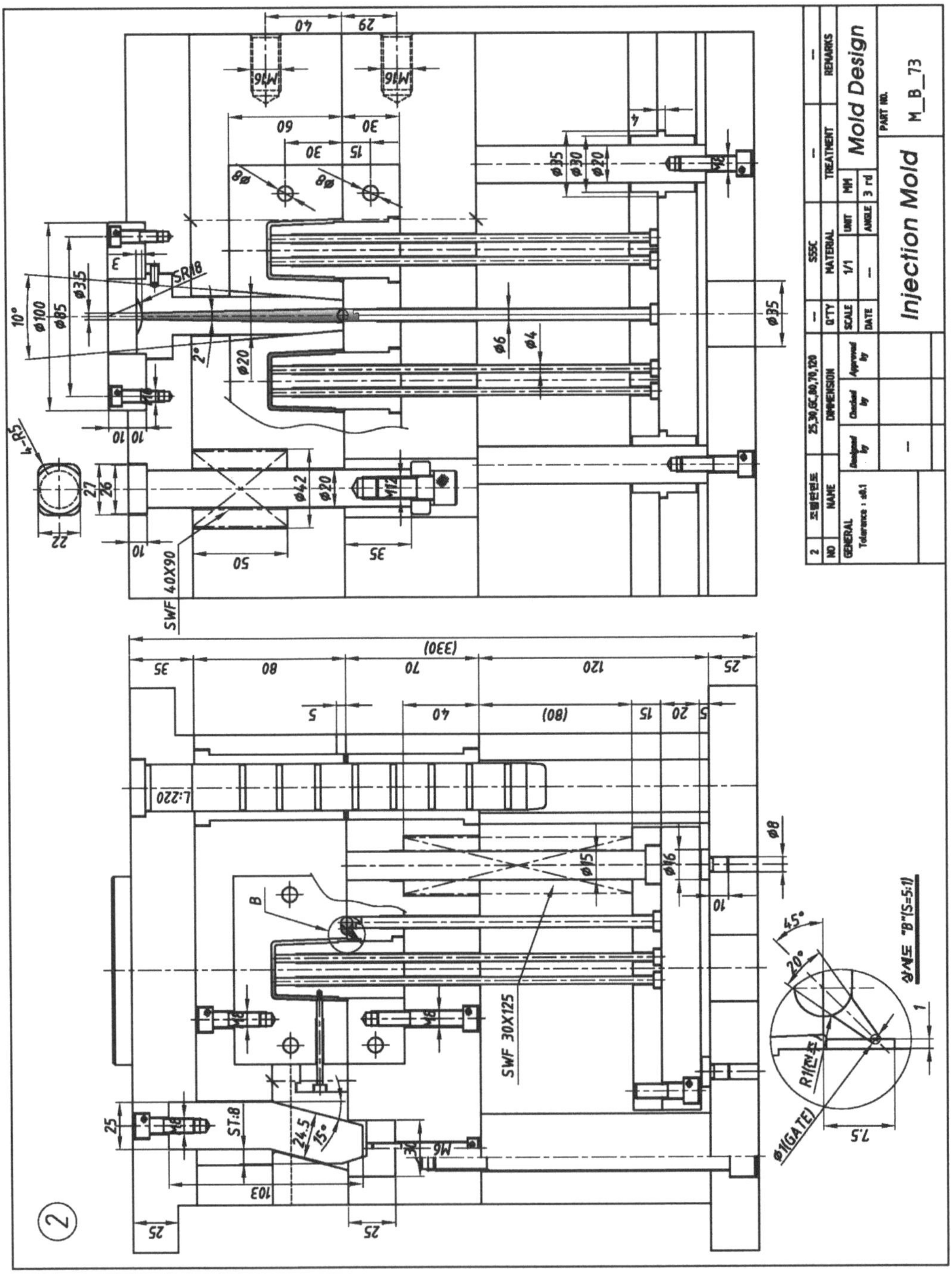
②
Injection Mold
Mold Design
PART NO.
M_B_73
SWF 40X90
SWF 30X125
(330)
L:220
ST:8
상세도 "B"(S=5:1)
Ø1(GATE)
SR18
NO
NAME
QTY
MATERIAL
TREATMENT
REMARKS
S55C
DIMENSION
25,30,50,80,70,120
GENERAL
SCALE
1/1
UNIT
MM
ANGLE
3 rd
DATE
Designed by
Checked by
Approved by

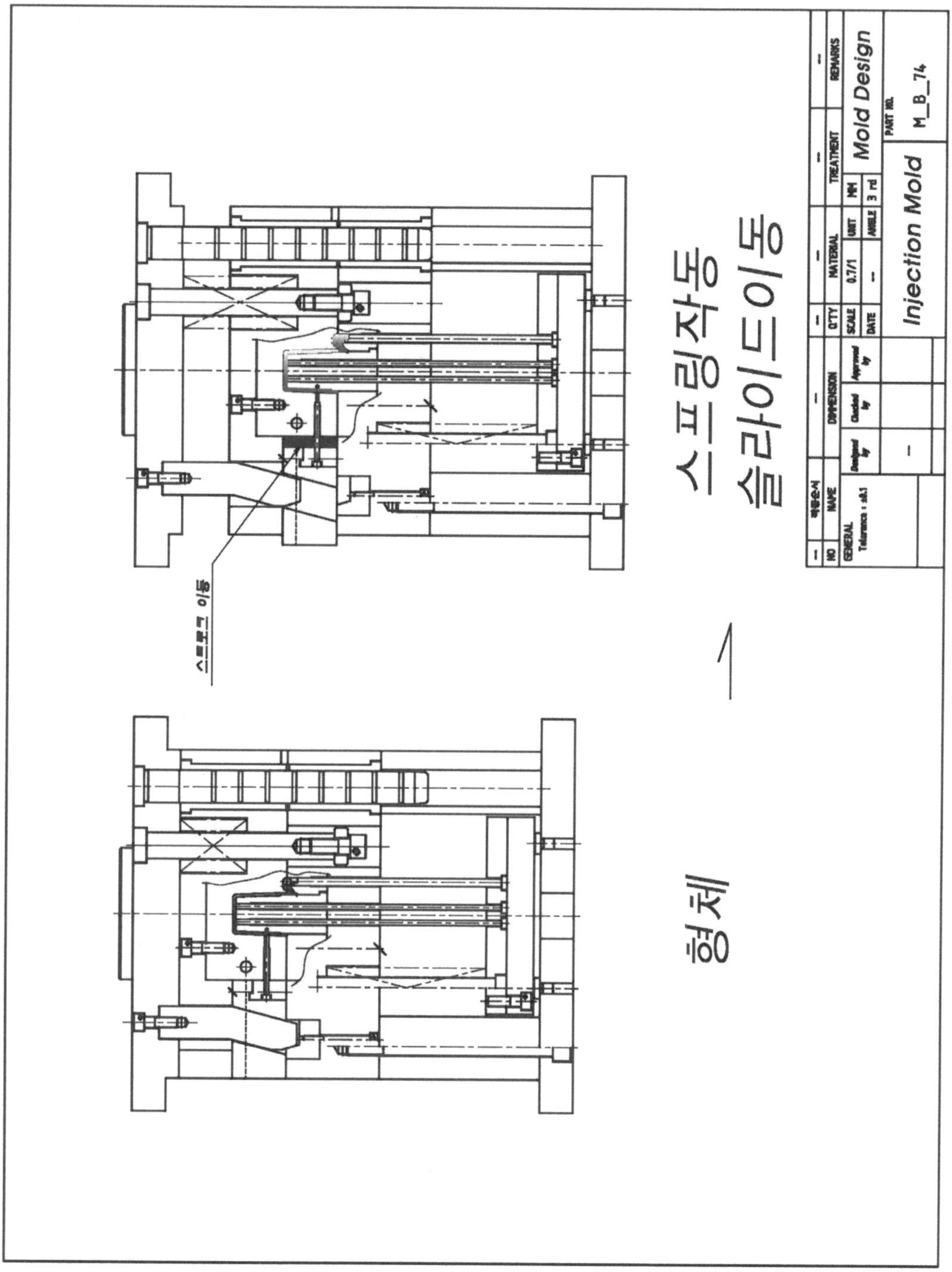

형체
스프링작동
슬라이드이동
스프링 이동
NO
NAME
DIMENSION
Q'TY
MATERIAL
TREATMENT
REMARKS
GENERAL
Tolerance : ±0.1
Designed by
Checked by
Approved by
SCALE
0.7/1
DATE
UNIT
MM
ANGLE
3 rd
Mold Design
PART NO.
Injection Mold
M_B_74

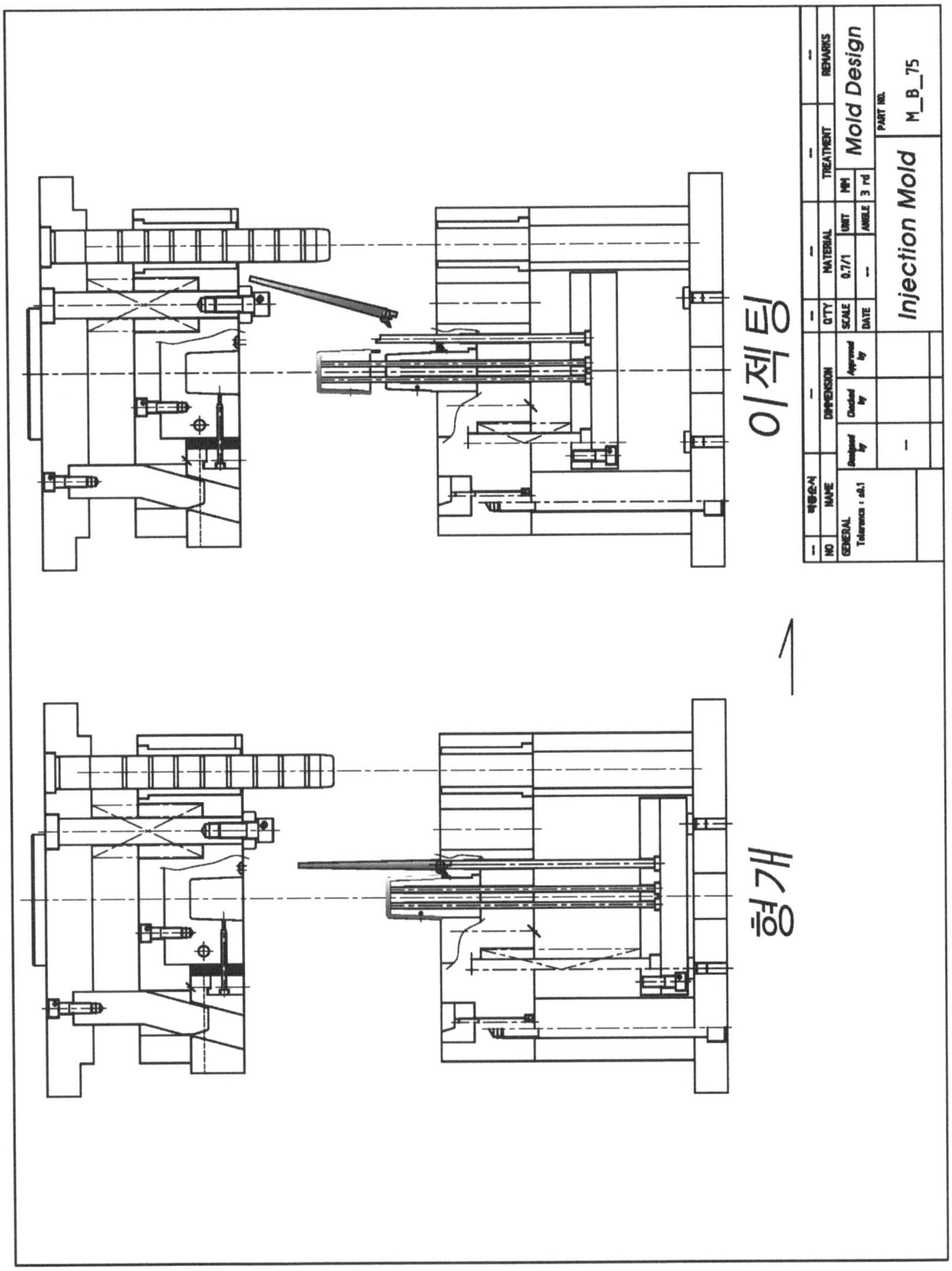
이젝팅
형개
Mold Design
Injection Mold
M_B_75

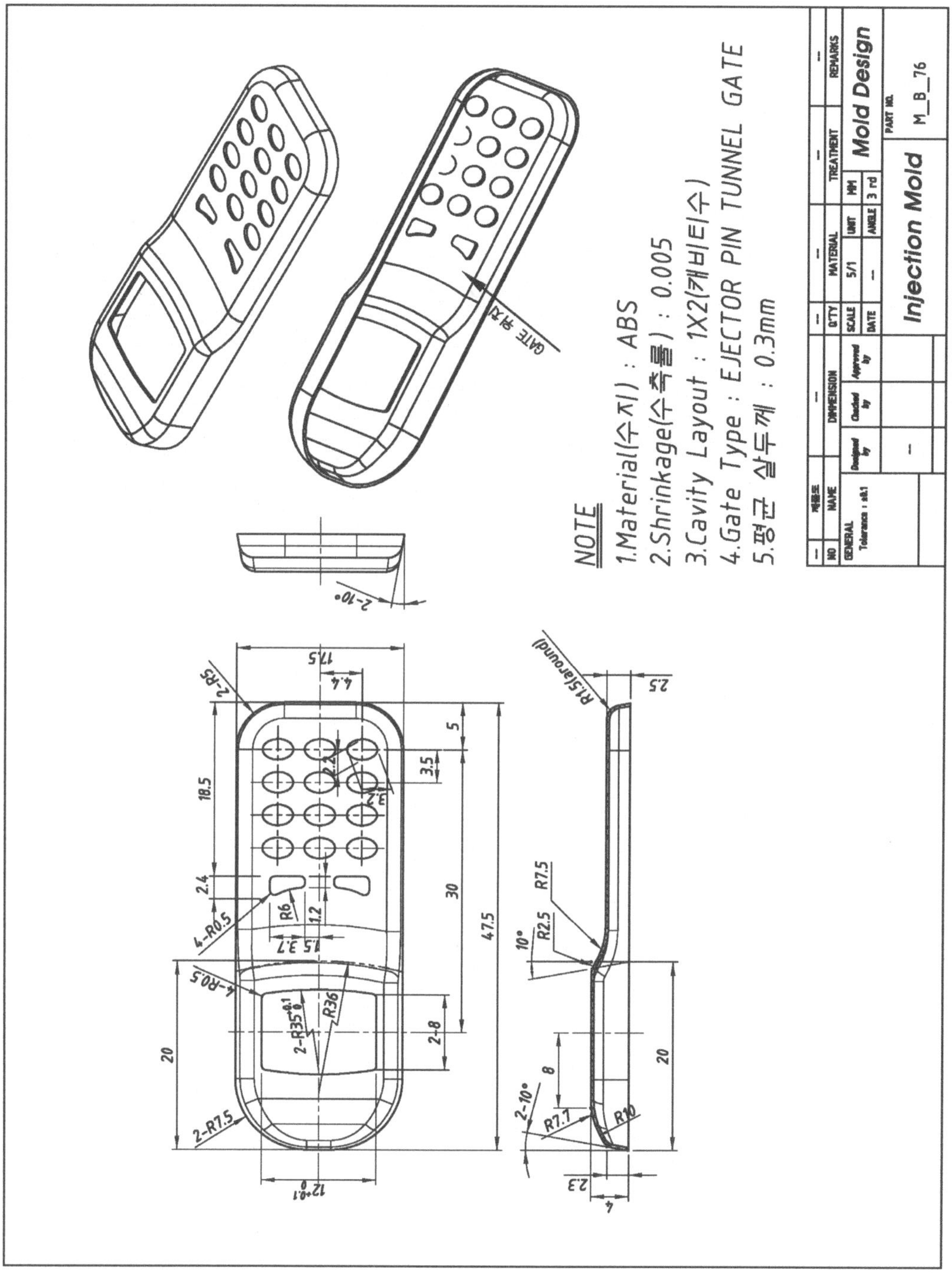
GATE 위치
NOTE
1.Material(수지) : ABS
2.Shrinkage(수축률) : 0.005
3.Cavity Layout : 1X2(캐비티수)
4.Gate Type : EJECTOR PIN TUNNEL GATE
5.평균 살두께 : 0.3mm
Injection Mold
Mold Design
M_B_76

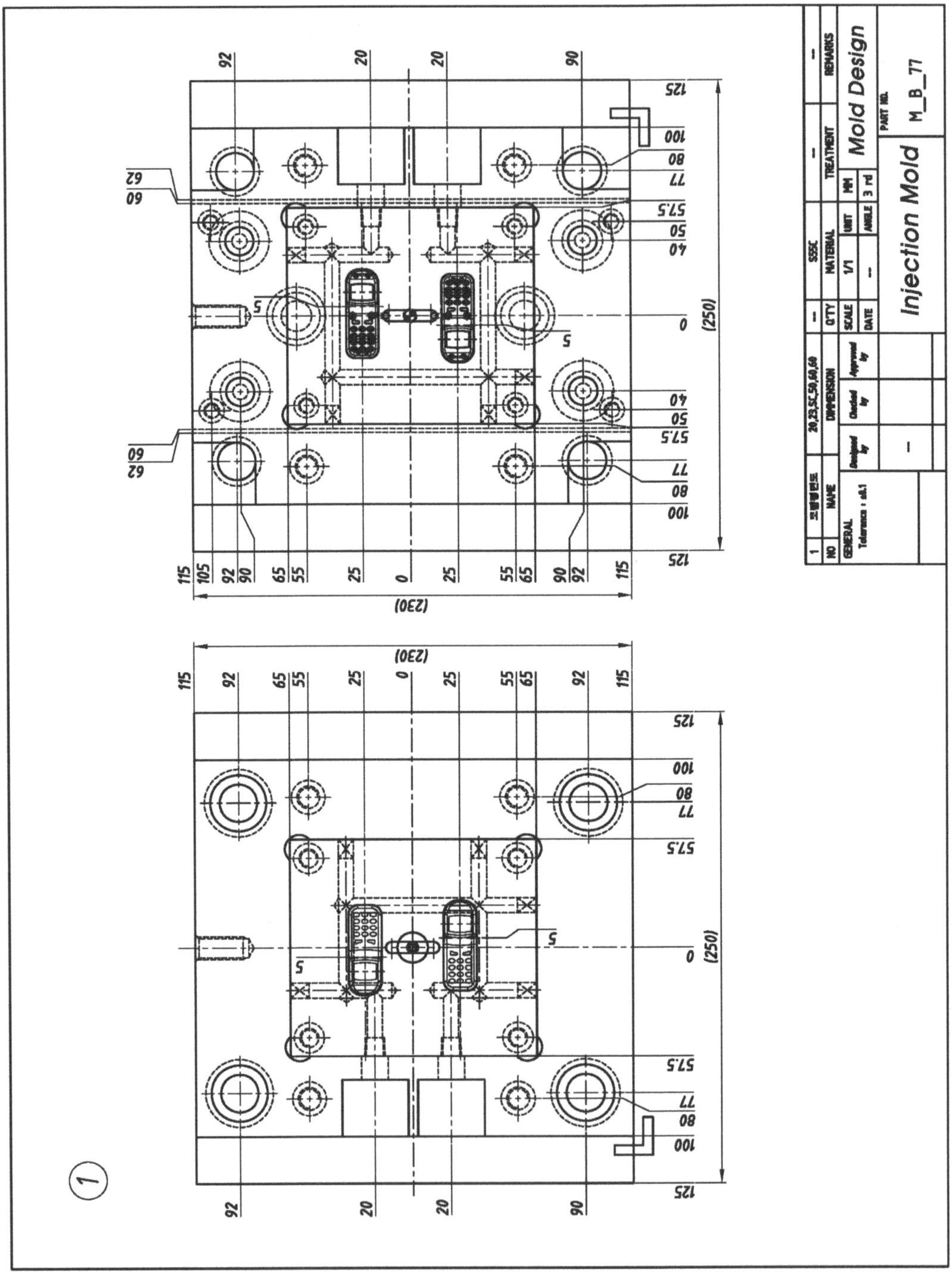
Injection Mold
Mold Design
PART NO.
M_B_77
S55C
MATERIAL
SCALE 1/1
UNIT MM
ANGLE 3 rd
TREATMENT
REMARKS

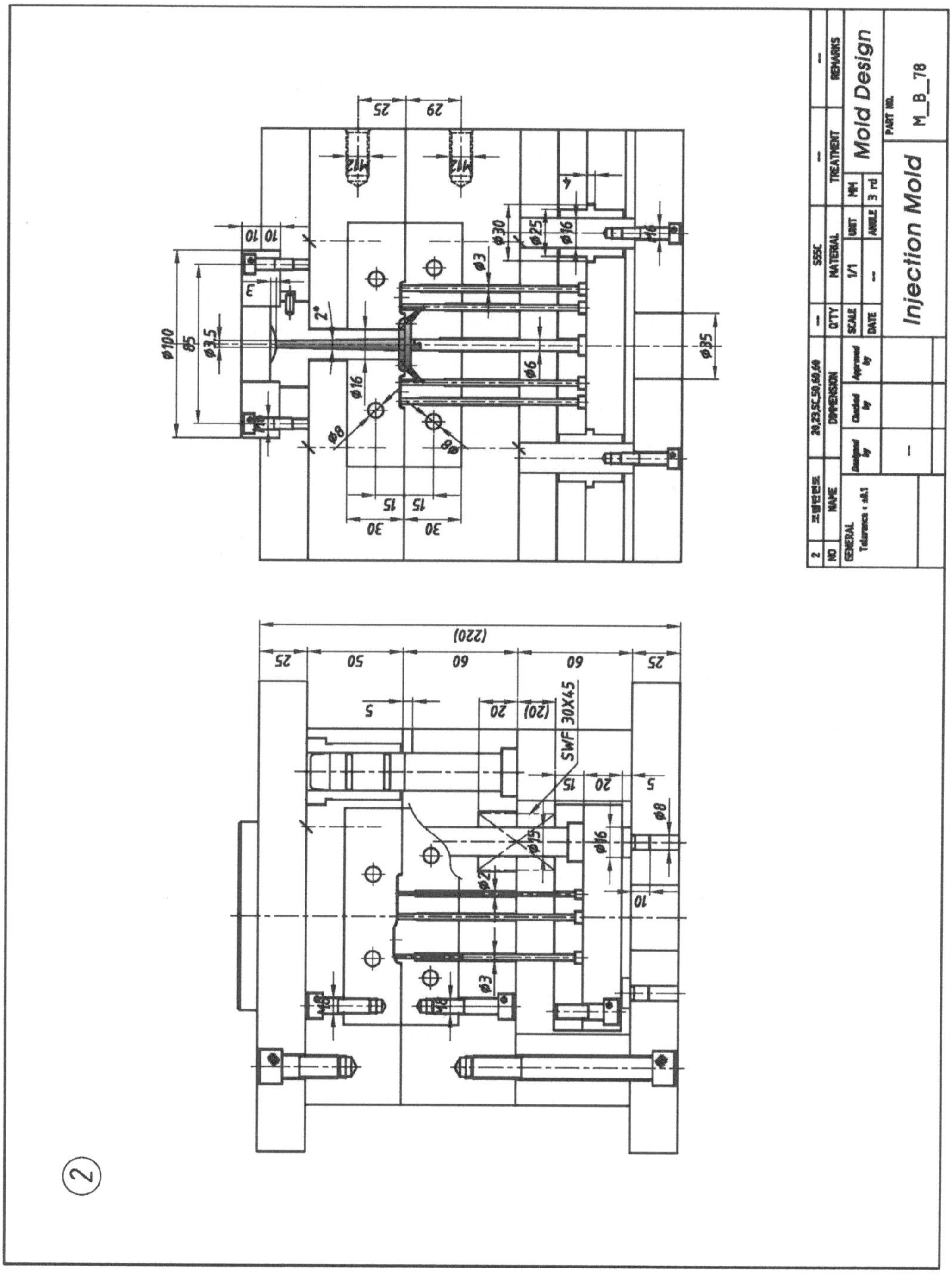
②
Injection Mold
Mold Design
PART NO.
M_B_78
SCALE 1/1
UNIT MM
ANGLE 3 rd
MATERIAL S55C
NAME
DIMENSION
Q'TY
TREATMENT
REMARKS
GENERAL Tolerance : ±0.1
SWF 30X45
(220)

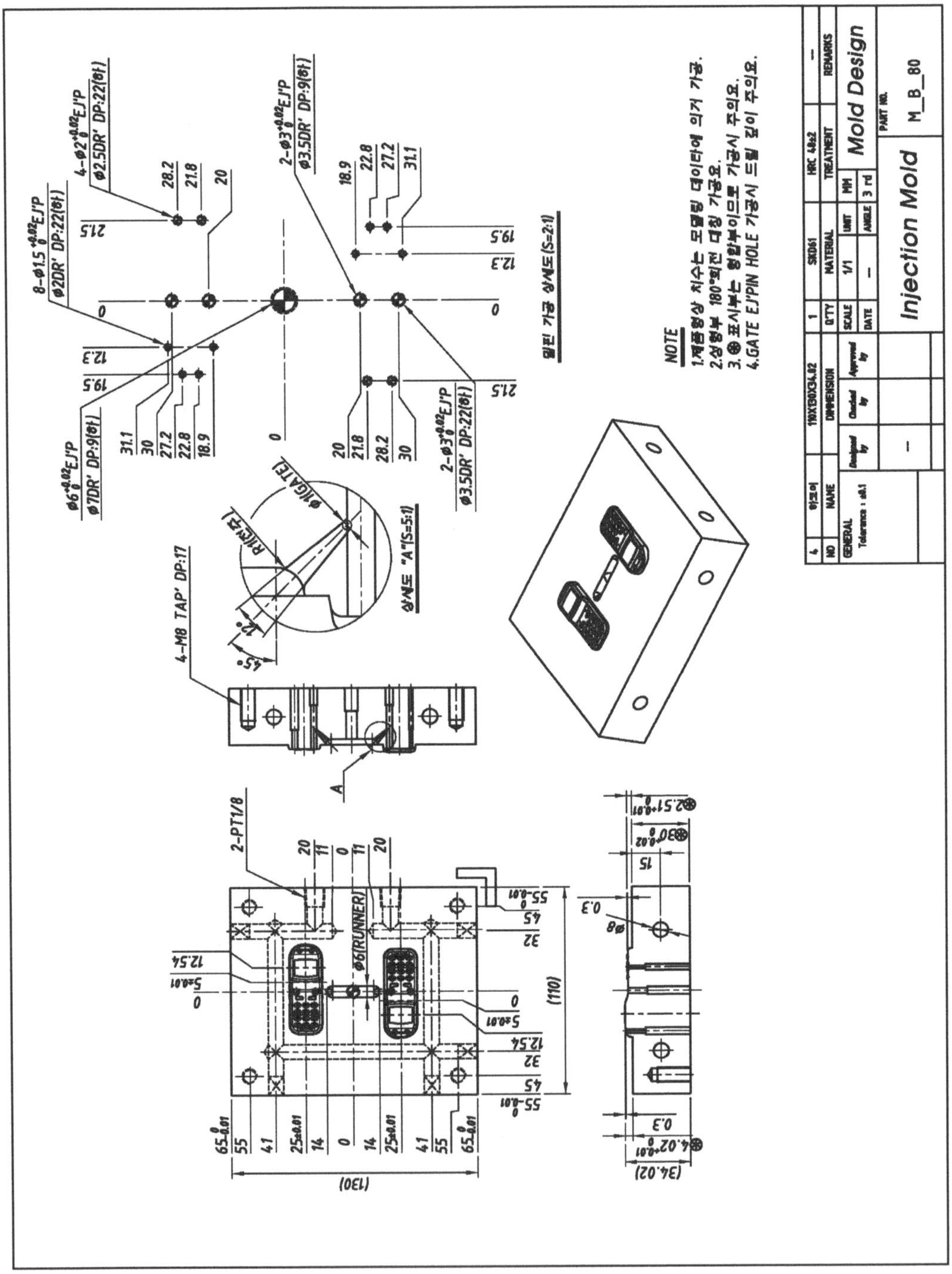
NOTE
1.제품형상 치수는 모델링 데이터에 의거 가공.
2.성형부 180°회전 대칭 가공요.
3.⊕표시부는 형합부이므로 가공시 주의요.
4.GATE EJ'PIN HOLE 가공시 드릴 깊이 주의요.
핀 가공 상세도(S=2:1)
상세도 "A"(S=5:1)
110X130X34.02
SKD61
HRC 48±2
Mold Design
Injection Mold
M_B_80

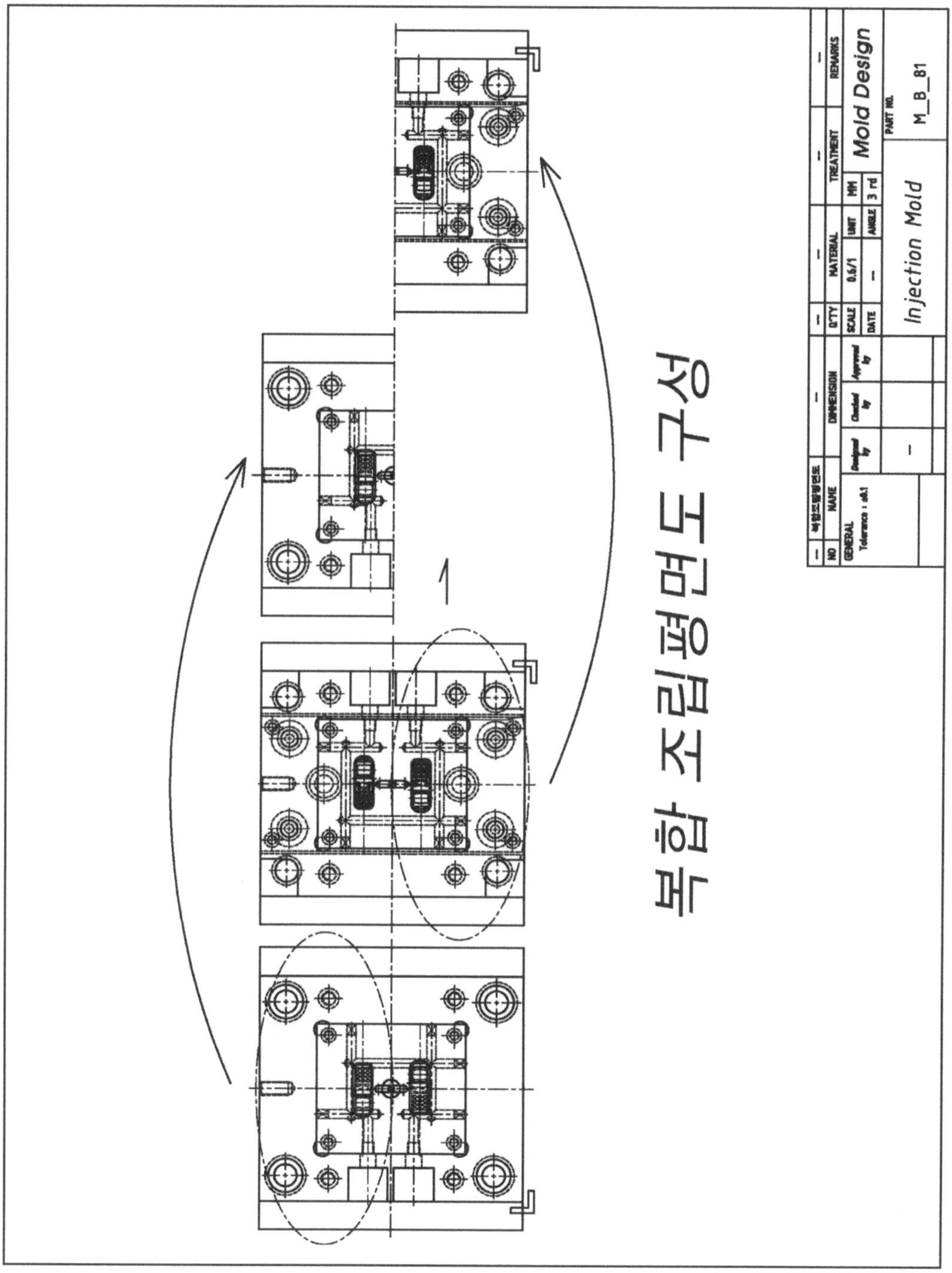
복합 조립평면도 구성
Mold Design
PART NO.
M_B_81
Injection Mold

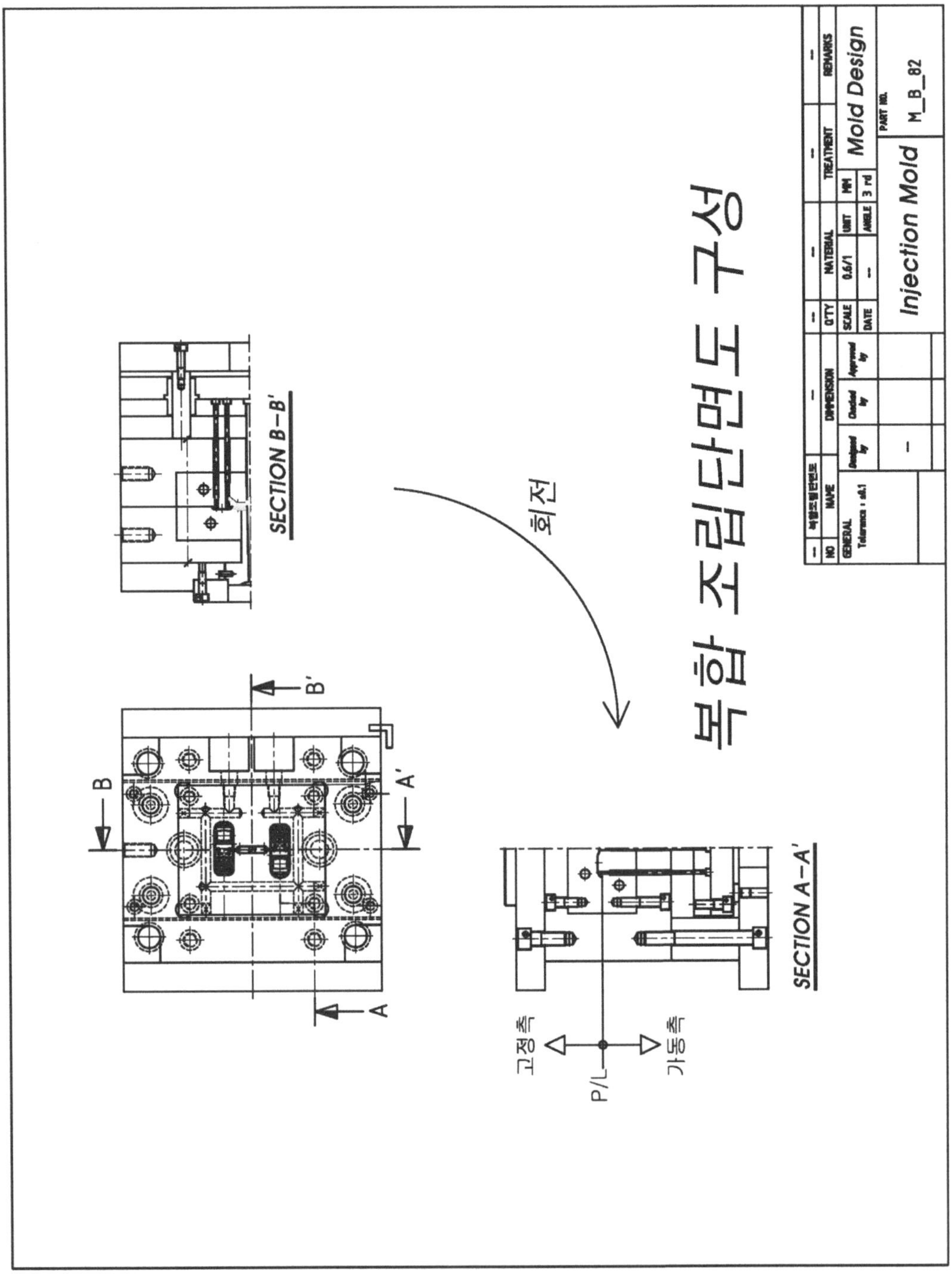

복합 조립단면도 구성
SECTION B-B'
SECTION A-A'
회전
고정측
가동측
P/L
Mold Design
Injection Mold
M_B_82

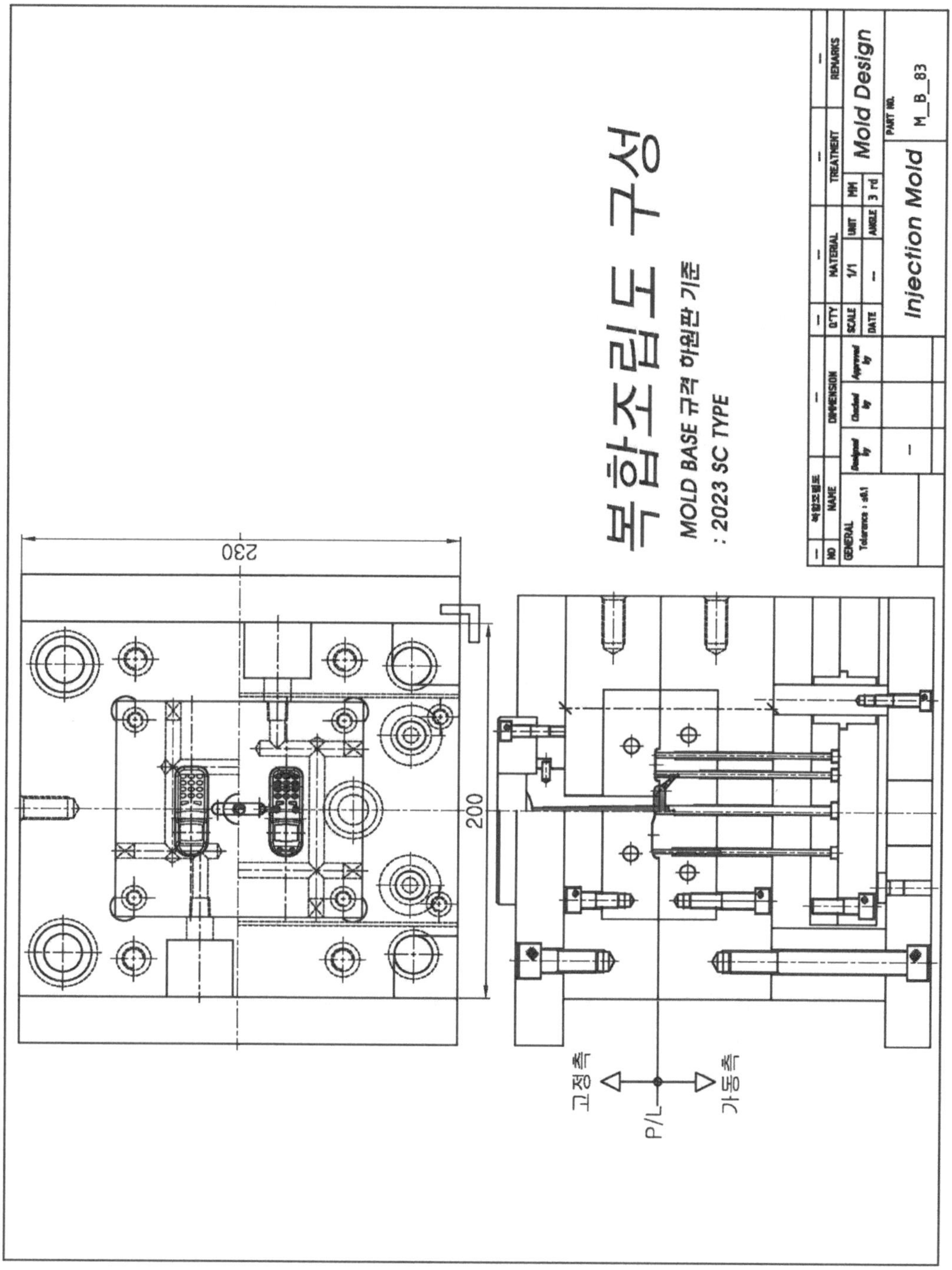
복합조립도 구성
MOLD BASE 규격 하원판 기준
: 2023 SC TYPE
230
200
고정측
P/L
가동측
NO
NAME
DIMENSION
Q'TY
MATERIAL
TREATMENT
REMARKS
GENERAL
Tolerance : ±0.1
Designed by
Checked by
Approved by
SCALE
1/1
UNIT
MM
DATE
ANGLE
3 rd
Mold Design
Injection Mold
PART NO.
M_B_83

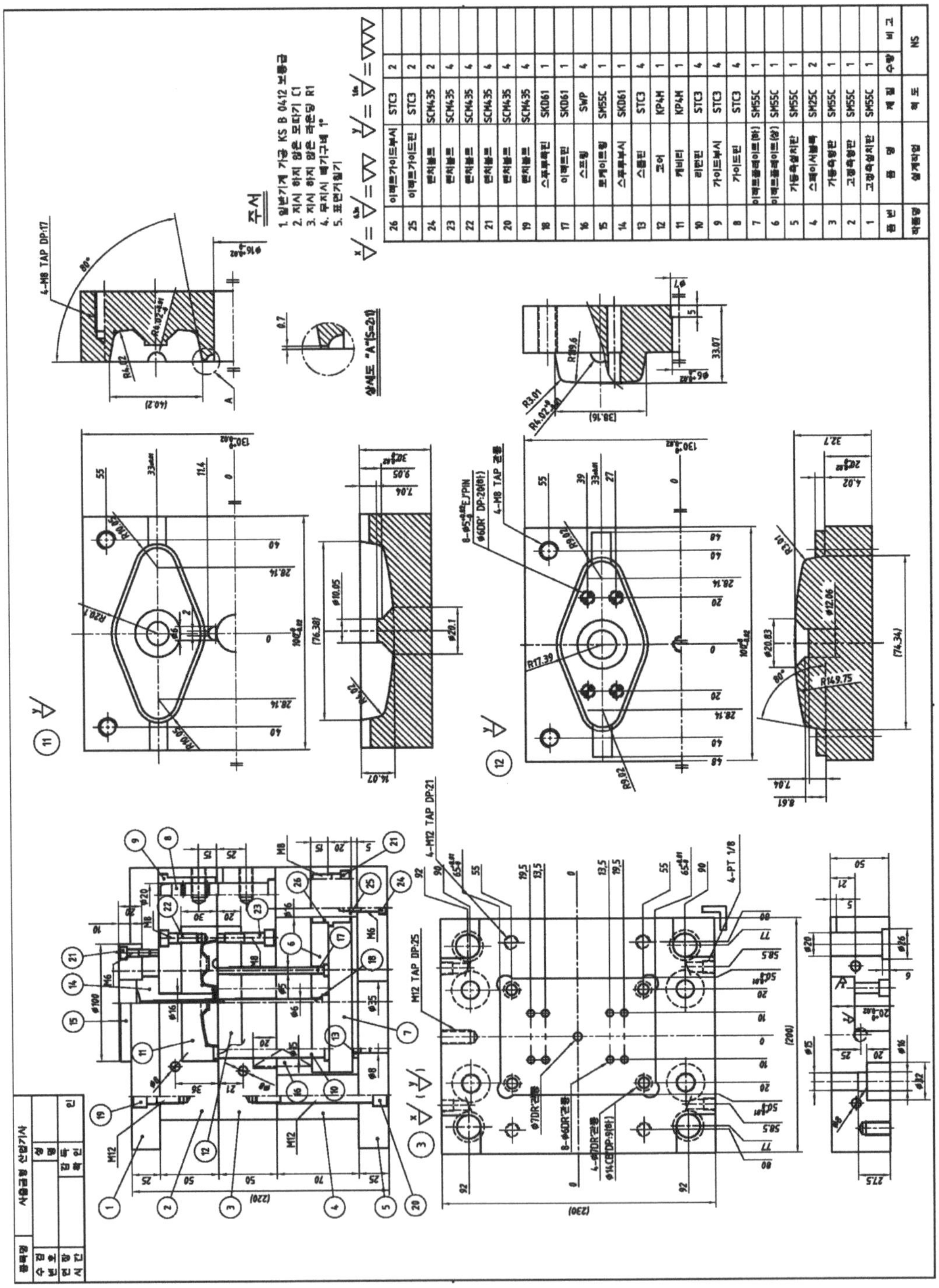
종목명 사출금형 산업기사
주서
1. 일반기계 가공 KS B 0412 보통급
2. 지시 하지 않은 모따기 C1
3. 지시 하지 않은 라운딩 R1
4. 무지시 빼기구배 1°
5. 표면거칠기
상세도 "A"(S=2:1)
4-M8 TAP DP:17
M12 TAP DP:25
4-M12 TAP DP:21
4-PT 1/8
8-φ5 EJ'PIN φ6DR' DP:20(하)
4-M8 TAP 관통
26 이젝트가이드부시 STC3 2
25 이젝트가이드핀 STC3 2
24 렌치볼트 SCM435 2
23 렌치볼트 SCM435 4
22 렌치볼트 SCM435 4
21 렌치볼트 SCM435 4
20 렌치볼트 SCM435 4
19 렌치볼트 SCM435 4
18 스프루록핀 SKD61 1
17 이젝트핀 SKD61 1
16 스프링 SWP 4
15 로케이트링 SM55C 1
14 스프루부시 SKD61 1
13 스톱핀 STC3 4
12 코어 KP4M 1
11 캐비티 KP4M 1
10 리턴핀 STC3 4
9 가이드부시 STC3 4
8 가이드핀 STC3 4
7 이젝트플레이트(하) SM55C 1
6 이젝트플레이트(상) SM55C 1
5 가동측설치판 SM55C 1
4 스페이서블록 SM25C 2
3 가동측형판 SM55C 1
2 고정측형판 SM55C 1
1 고정측설치판 SM55C 1
품번 품명 재질 수량 비고
작품명 설계작업 척도 NS

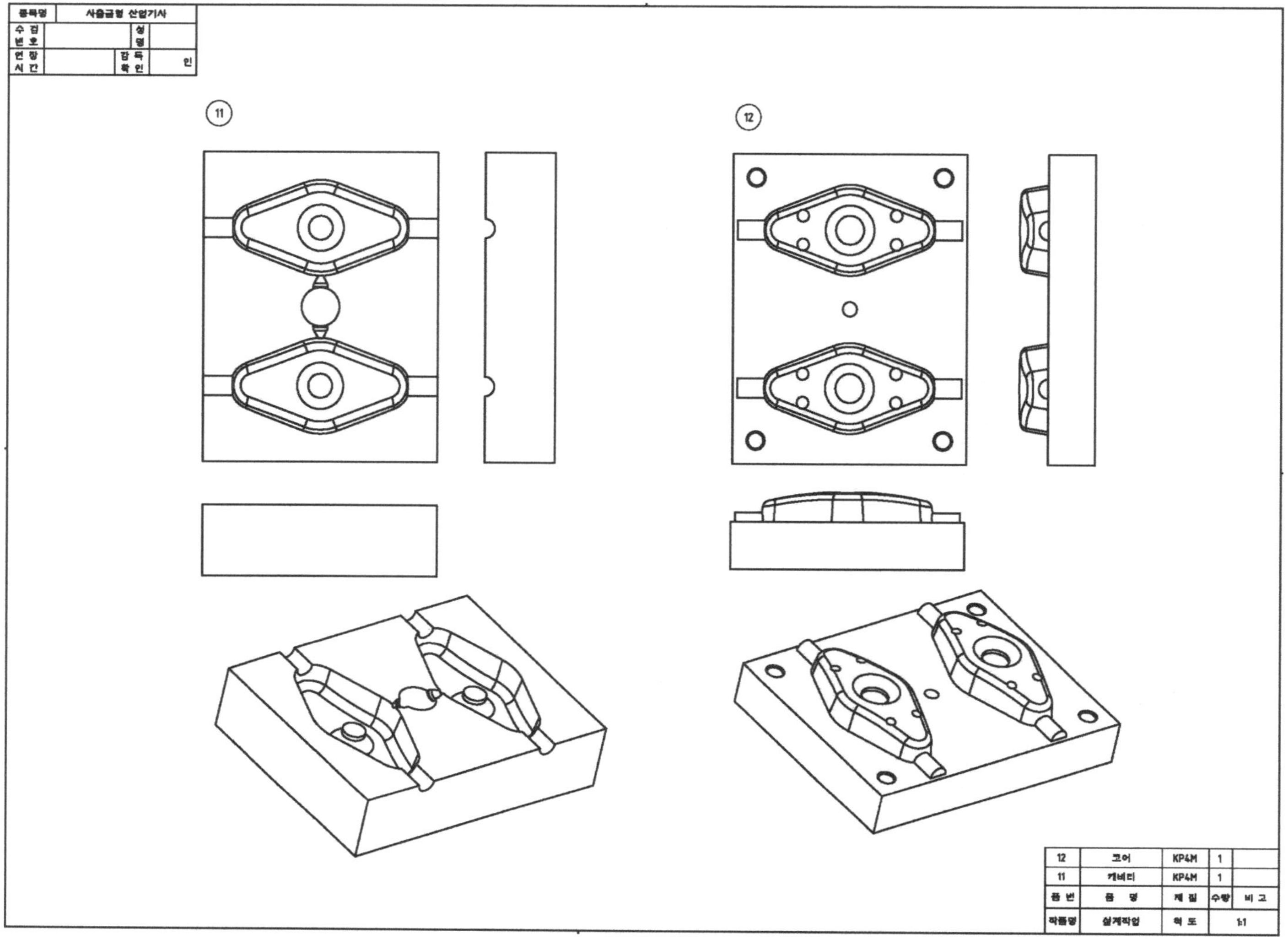
종목명 사출금형 산업기사
수검번호
성명
연장시간
감독확인 인
11
12
12 코어 KP4M 1
11 캐비티 KP4M 1
품번 품명 재질 수량 비고
작품명 설계작업 척도 1:1

찾아보기

N

O

P

R

S

T

W

ㄱ

ㅎ

현장밀착형
사출금형설계

2019년 8월 20일 초판 인쇄
2024년 2월 28일 2쇄 발행

저 자 박태원, 최수진, 장석주
발 행 인 송기수
발 행 처 도서출판 GS인터비전
편 집 처 도서출판 GS인터비전
편 집 자 공예서
인 쇄 처 트윈벨 미디어
등록번호 제 25100-2016-000050호
ISBN 979-11-5576-300-1(93550)

주 소 서울 은평구 증산로 15길 69 2층
전 화 02-976-7898, 02-3272-7898
팩 스 02-6468-7898
홈페이지 gsintervision.kr
E-Mail gsinter7@gmail.com

정 가 30,000원